D1726942

ALLE ZEIT WACH
1842

Bernd Ramm

Physik und Physikalisches Praktikum

Mit Fehlerrechnung und Statistik
Ein Lehrbuch speziell für MTA

Unter Mitarbeit von
Sabine Gurk Evelyn Knobloch
Arnim K. Schmidt

Mit 197 Abbildungen

Springer-Verlag
Berlin Heidelberg New York 1982

Dr. rer. nat. Bernd Ramm
Akademischer Direktor an der Radiologischen Klinik
Klinikum Charlottenburg, Freie Universität Berlin
Spandauer Damm 130, D-1000 Berlin 19

Sabine Gurk
MTA-Schülerin der Lette-Schule Berlin
Landgrafenstraße 17a, D-1000 Berlin 30

Evelyn Knobloch
MTA-Schülerin der Lette-Schule Berlin
Iserlohnerstraße 73e, D-4750 Unna

Arnim K. Schmidt
Diplomphysiker und Studienrat
Fechnerstraße 14, D-1000 Berlin 31

ISBN 3-540-11245-6 Springer-Verlag Berlin Heidelberg New York
ISBN 0-387-11245-6 Springer-Verlag New York Heidelberg Berlin

CIP-Kurztitelaufnahme der Deutschen Bibliothek
Ramm, Bernd: Physik und physikalisches Praktikum:
mit Fehlerrechnung u. Statistik; e. Lehrbuch speziell für MTA/
Bernd Ramm. Unter Mitarb. von Sabine Gurk... –
Berlin; Heidelberg, New York: Springer, 1982.
ISBN 3-540-11245-6 (Berlin, Heidelberg, New York)
ISBN 0-387-11245-6 (New York, Heidelberg, Berlin)

Printed in Germany
Satz: Daten- und Lichtsatz-Service, Würzburg
Druck und Einband: Konrad Triltsch, Graphischer Betrieb Würzburg
2119/3140-543210

Meinen lieben Neffen
Alexander Olek und Sven Stefan Olek
in der Hoffnung gewidmet,
daß sie später einmal an
der Physik Freude finden werden

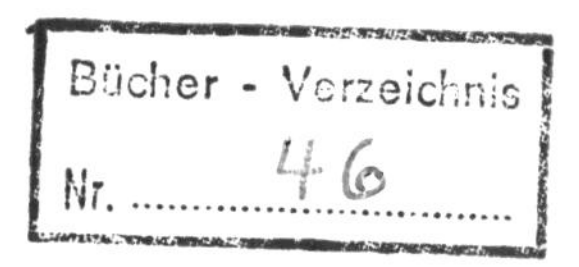

Vorwort

Es gibt in der Bundesrepublik bisher kein Physiklehrbuch, das speziell auf die Bedürfnisse von MTA-Schüler(innen) zugeschnitten ist. Dieser Zustand ist sowohl für die Lernenden als auch für die Lehrkräfte gleichermaßen unerfreulich. Dies ist der Grund für das Entstehen dieses Buches. Es soll den MTA-Schülerinnen und -Schülern ermöglichen, sich neben dem Unterricht in einer verständlichen, ausführlichen und ihrem Niveau entsprechenden Darstellung mit der Physik vertraut zu machen. Wir haben außerdem den in Physikbüchern bisher nicht üblichen Versuch gemacht, neben dem Vorlesungsstoff ein dazu passendes Praktikum darzustellen und zwar mit echten Meßergebnissen sowie mit der dazugehörigen Auswertung und der entsprechenden Fehlerrechnung.

Wir stellen Ihnen dazu insgesamt 23 Praktikumsversuche vor. Die Messungen sowie Auswertungen des Praktikumteils sind von den Schülerinnen und Schülern der Lette-Schule in Berlin unter Aufsicht des Autors durchgeführt worden.

Um den Bedürfnissen besonders derjenigen zu entsprechen, für die dieses Buch gedacht ist, nämlich der MTA, haben wir zwei Schülerinnen der Lette-Schule als Mitarbeiterinnen gewinnen können. Sie haben geholfen, das vorliegende Buch – was Gliederung, Darstellung und Verständlichkeit angeht – mitzugestalten. Die beiden haben inzwischen ihr Examen abgelegt.

Viele Lehrende sind im MTA-Unterricht häufig nur nebenberuflich tätig. Ihnen soll das vorliegende Buch ein wenig helfen, einen möglichst optimalen Unterricht bieten zu können. Vielleicht läßt sich in der Bundesrepublik mit Hilfe dieses Buches auf dem Gebiet des Physikunterrichts für das medizinische Fachpersonal eine gewisse Vereinheitlichung erreichen.

Wir bitten Sie höflich, durch Hinweise und kritische Kommentare zu helfen, die nächste Auflage noch besser, präziser und verständlicher gestalten zu können.

Herrn Dr. Gottfried Eisenhardt, Studiendirektor an der Stiftung Lette-Verein in Berlin möchte ich an dieser Stelle besonders danken. Viele Praktika, die ich im Zuge des Physikpraktikums durchgeführt habe, sind von ihm konzipiert und oft in Protokollen ausführlich dargestellt worden. Hierdurch ist meine Arbeit erheblich erleichtert worden. Für Hinweise und Anregungen danke ich außerdem den Herren Dr. Klaus Koßmann und Dr. Dieter Wobig, die als hauptamtliche Lehrkräfte an der Lette-Stiftung tätig sind. Herrn Dipl. Chem. Eckhard Schulz aus der Radiologischen Uniklinik der FU Berlin habe ich ebenfalls zu danken. Besonders danken möchte ich an dieser Stelle auch meiner lieben Mutter, Frau Gisela Ramm, ohne deren unermüdlichen Einsatz beim Schreiben und Korrekturlesen dieses Buch kaum zustande gekommen wäre.

Großen Dank schulde ich außerdem meinen beiden Kollegen Herrn Dipl. Phys. Günter Golde und dem Elektroniker Herrn K.H. Peter Bienek. Ohne eigenen Vorteil haben sie mir durch viele Hinweise, Korrekturen und Nachberechnungen große Hilfe geleistet.

Nicht zuletzt wünschen wir uns, daß Sie beim Lesen und Durcharbeiten des vorliegenden Buches nicht nur etwas lernen, sondern ein wenig Freude an der Physik bekommen.

Berlin, im September 1982 Bernd Ramm

Inhaltsverzeichnis

Einleitung

Dem vorliegenden Buch liegt die folgende Konzeption zugrunde: Am Beginn werden die Basisgrößen neben ihren Einheiten erklärt. Es wird erläutert, was eine physikalische Größe ist, und anhand von vielen *Praktikumsaufgaben* wird deutlich, wie sie gemessen werden kann. Eine ausführliche Diskussion der statistischen Gesetzmäßigkeiten erleichtert die Auswertung. Auf den Basiseinheiten aufbauend, werden die wichtigsten Größen der Mechanik sowie die wichtigsten physikalischen Gesetze abgehandelt.
Sehr viel Wert ist auf fachübergreifende Themen wie Gasgesetze, Osmose, Diffusion u.ä. gelegt. Ausführlich werden die Gebiete der Optik, Elektrizitätslehre sowie die Grundlagen der Radioaktivität behandelt.
Wir sind stets bemüht, jede Größe sowie jedes Gesetz mit konkreten Zahlenbeispielen noch verständlicher zu machen.
Bevor mit der Diskussion von statistischen Gesetzmäßigkeiten begonnen wird, soll der sehr wichtige Begriff der physikalischen Größe diskutiert werden.
Eine wichtige Aufgabe der Physik besteht im *Messen* von Größen. Unter einer *Größe* versteht man in der Physik die meßbare Eigenschaft eines Objekts, eines Vorgangs oder eines Zustands. Eine physikalische Größe auszumessen heißt, mit Hilfe von Meßinstrumenten einen Vergleich der zu messenden Größe mit einem geeichten Maßstab durchzuführen. Bei der Längenmessung eines Körpers beispielsweise fragt man, das Wievielfache bzw. der wievielte Teil eines bestimmten Maßstabs (z. B. von einem Meter und seinen Untereinheiten) die Länge des Körpers ergibt.
Eine physikalische Größe besteht stets aus dem Produkt des durch die Messung gewonnenen Zahlenwertes und der zugehörigen Einheit.

$$\text{Physikalische Größe} = \text{Zahlenwert} \times \text{Einheit} \tag{1.1}$$

Bei der Längenmessung ist die Einheit das Meter, bei der Gewichtsmessung das Kilogramm, bei der Zeitmessung die Sekunde etc.

Beispiel. Besitzt ein Körper eine Länge l von 1,35 m, so schreibt sich dies mit Hilfe von Gl. 1.1 wie folgt:

$$\underset{\text{phys. Größe}}{l} = \underset{\text{Zahlenwert}}{1{,}35} \quad \underset{\text{Einheit}}{\text{m}}$$

Jede noch so exakte Messung ist mit Fehlern, mögen sie auch noch so gering sein, behaftet. Es ist daher notwendig, um zu einem möglichst exakten Ergebnis zu kommen, eine Messung so oft wie möglich zu wiederholen. Daher spielen statistische Überlegungen bei der Auswertung von Messungen eine große Rolle. Aus diesem Grund soll in dem folgenden Kapitel auf statistische Probleme näher eingegangen werden.

1 Grundlagen der Statistik

Für das Verständnis der folgenden Überlegungen gehen wir exemplarisch von der Längenmessung aus. Selbstverständlich sind die dabei gewonnenen Erkenntnisse prinzipiell auf die Messung jeder anderen Größe übertragbar.

1.1 Statistische Fehler

Mißt man z. B. mit Hilfe eines Metermaßes sehr oft die Länge eines Körpers aus, so wird man trotz sorgfältigster Messungen Ergebnisse erzielen, die mehr oder weniger voneinander abweichen. Man sagt: Die Meßwerte sind statistisch verteilt. Man bezeichnet die bei den verschiedenen Messungen auftretenden meist geringen Abweichungen als *statistische Fehler*. Dabei darf das Wort Fehler nicht irreführen. Statistische Fehler sind *unvermeidbar* und Teil jeder noch so sorgfältigen physikalischen Messung.
Statistische Fehler treten z. B. beim Abschätzen (Interpolation) von Zwischenräumen bei Meßinstrumenten auf, durch Schwankungen der Spannung bei elektrisch betriebenen Meßinstrumenten, durch Änderung der Umgebungstemperatur (z. B. durch Luftzug) oder des Umgebungsdrucks usw. Bei optischen Messungen tritt z. B. ein statistischer Fehler dadurch auf, daß der subjektive Eindruck des Beobachters, ob ein Bild scharf oder unscharf ist, von Messung zu Messung etwas schwanken kann.
All diese vielen kleinen Fehler wirken, meist voneinander unabhängig, auf das Meßergebnis ein; die einen vergrößern es, die anderen verkleinern es.

1.2 Systematische Fehler

Neben den prinzipiell unvermeidbaren statistischen Fehlern gibt es eine andere Art von Fehlern; es sind die systematischen Fehler. Sie treten z. B. auf bei Verwendung von fehlerhaften oder falsch geeichten Meßinstrumenten; durch fehlerhaftes Ablesen oder durch die Anwendung ungeeigneter oder sogar falscher Meßmethoden. *Sie sind vermeidbar*. Soll beispielsweise die Länge eines Körpers in Metern gemessen werden und man verwendet ein englisches Maßband, das in Yard geeicht ist, so erhält man einen vermeidbaren systematischen Fehler. Oder jemand ist nicht geübt, mit einer Schublehre umzugehen. Dann können prinzipielle Ablesefehler auftreten, die vermeidbar sind.

1.3 Mittelwert ($\bar{x}$)

Da sich bei mehreren Messungen aus statistischen Gründen verschiedene Meßergebnisse ergeben, stellt sich natürlich die Frage, welcher von den erhaltenen Meßwerten nun die tatsächlich gesuchte Meßgröße des Körpers ist bzw. ihr am nächsten kommt. Die Antwort lautet:
Man bestimmt den Mittelwert aller Einzelmessungen und sagt:

> Der aus den gemessenen Einzelwerten ermittelte *Mittelwert* $\bar{x}$ ist der beste *Schätzwert* für die gesuchte tatsächliche, aber unbekannte Größe.[1]

Es wird Sie dabei erstaunen, daß die angeblich so exakte Physik nicht in der Lage ist, die Meßgröße eines Körpers exakt zu bestimmen, sondern nur einen Mittelwert als Schätzwert für den gesuchten Wert angeben kann. Aber keine noch so genaue Messung kann einen Meßwert exakt messen. Wir erhalten stets nur Schätzwerte, oft natürlich mit sehr hoher Genauigkeit. Der Mittelwert $\bar{x}$ einer Meßreihe mit vielen Einzelmessungen berechnet sich wie folgt:

$$\bar{x} = \frac{\text{Summe aller gemessenen Einzelwerte}}{\text{Anzahl der Meßwerte}}$$

also:

$$\bar{x} = \frac{x_1 + x_2 + x_3 + \cdots + x_n}{n} \tag{1.2}$$

mit:

$\bar{x}$ = Mittelwert der Meßreihe (= arithmetisches Mittel)
x_1 = 1. Meßwert der Meßreihe
x_2 = 2. Meßwert der Meßreihe
x_3 = 3. Meßwert der Meßreihe
x_n = letzter Meßwert der Meßreihe (n-ter Meßwert)
n = Anzahl der Meßwerte (Umfang der Meßreihe)

Mit Hilfe des Summenzeichens Σ (sprich sigma) läßt sich $\bar{x}$ wie folgt verkürzt darstellen:

$$\bar{x} = \frac{1}{n} \cdot \sum_{i=1}^{n} x_i \tag{1.2a}$$

mit:

$\bar{x}$ = Mittelwert der Meßreihe
x_i = Meßwerte, die die Werte x_1 bis x_n annehmen
i = Summenindex, läuft von $i = 1$ bis $i = n$
n = Anzahl der Meßwerte (Umfang der Meßreihe)

Das Summenzeichen Σ in Gl. 1.2a dient nur einer abgekürzten Schreibweise der möglicherweise recht langen Gl. 1.2. Das Summenzeichen ist nichts weiter als ein Rechenbefehl, der in Gl. 1.2a anordnet, die einzelnen Meßgrößen x_1 ($i = 1$) bis x_n ($i = n$) aufzusummieren. Der Buchstabe i wird als Summenindex bezeichnet. Der Mittelwert einer Meßreihe stellt statistisch ein Lokalisationsmaß dar. Es gibt weitere

---

1 Wenn wir in Zukunft vom Mittelwert $\bar{x}$ sprechen, so ist stets das arithmetische Mittel gemeint

Lokalisationsmaße wie z.B. das harmonische Mittel, das geometrische Mittel, den Median usw. Auf diese Lokalisationsmaße soll jedoch nicht weiter eingegangen werden.
Der Mittelwert $\bar{x}$ ist nur für quantitative, also *zahlenmäßig* darstellbare Größen definiert. Für qualitative Größen, wie z.B. die Haarfarbe, Augenfarbe, Blutgruppe usw., gibt es kein arithmetisches Mittel.
Der von uns definierte Mittelwert $\bar{x}$ ist der Mittelwert einer Stichprobe (s.S. 6) und somit der beste Schätzwert für den tatsächlichen, aber unbekannten Meßwert einer Grundgesamtheit, der mit μ bezeichnet wird.
Also:

$\bar{x}$ ist ein Schätzwert für μ.

Es ergibt sich oft, daß ein oder mehrere Meßwerte x_i häufiger auftreten. Für diesen Fall läßt sich der Mittelwert wie folgt darstellen:

$$\bar{x} = \frac{1}{n} \cdot \sum_{i=1}^{k} x_i \cdot f_i \tag{1.2 b}$$

mit:
n = Anzahl der Meßwerte; nicht mehr gleich der Nummer des letzten Wertes
k = Index = Nummer des letzten Wertes
f_i = Häufigkeit des i'ten Meßwerts

Beispiel:

Es liegt die folgende Meßreihe der Gewichte von 7 Personen vor: 80 kg, 76 kg, 69 kg, 80 kg, 80 kg, 69 kg, 71 kg.
Mit Hilfe von Gl. 1.2 berechnet sich der Mittelwert wie folgt:

$$\bar{x} = \frac{80 + 76 + 69 + 80 + 80 + 69 + 71}{7} = 75 \tag{1.2 c}$$

Mit Hilfe von Gl. 1.2 b:

$$\bar{x} = \frac{80 \cdot 3 + 76 + 69 \cdot 2 + 71}{7} = 75 \tag{1.2 d}$$

In Gl. 1.2 c besitzt der letzte Meßwert $x_i = x_n$ die Zählnummer $i = n = 7$. In Gl. 1.2 d jedoch ist $x_i = x_k$ und die Zählnummer des letzten Wertes ist $k = 4$. Das Ergebnis ist selbstverständlich exakt dasselbe.

1.4 Merkmalsträger, Merkmal, Merkmalsausprägung

Wenn wir eine Messung durchführen, so ist in der Regel ein Objekt oder Subjekt Träger der zu messenden Größe. Wir bezeichnen ganz allgemein alle Objekte, Subjekte und Abstrakta als *Merkmalsträger*. Unter einem Objekt oder Subjekt kann sich sicherlich jeder etwas vorstellen. Ein Beispiel für Abstrakta: Die Mengen der ganzen oder der reellen Zahlen sind abstrakte Größen.
Jeder Merkmalsträger besitzt bestimmte Charakteristika, die als *Merkmale* bezeichnet werden. Jedes *Merkmal* wiederum besitzt bestimmte Spezifikationen, die als *Merkmalsausprägungen* bezeichnet werden.

1. Beispiel

Merkmalsträger
Mensch (Subjekt)

Merkmale	*Merkmalsausprägungen*
Größe	Größe in Metern
Masse	Gewicht in Kilogramm
Blutgruppe	Blutgruppen A, B, AB, 0
Haarfarbe	Haarfarben Blond, Rot, Brünett usw.

2. Beispiel

Merkmalsträger
Tisch (Objekt)

Merkmale	*Merkmalsausprägungen*
Höhe	Meßwerte in Metern
Volumen	Meßwerte in Kubikmetern
Masse	Meßwerte in Kilogramm

1.5 Grundgesamtheit und Stichprobe

Zum Verständnis der Begriffe Grundgesamtheit und Stichprobe betrachten wir exemplarisch als Merkmalsträger einen Tisch und als Merkmal seine Länge. Es ist einsichtig, daß man das Merkmal Tischlänge so oft *messen* kann, wie man will, obwohl der betrachtete Tisch zu einem bestimmten Zeitpunkt nur *eine* feste Länge besitzt. Wir wollen im folgenden eine *Messung* verallgemeinert als einen *Versuch* bezeichnen.

> Die Grundgesamtheit ist die Menge aller theoretisch oder praktisch erfaßbaren Merkmalsausprägungen. Es gibt Grundgesamtheiten, die endlich und solche, die unendlich sind.

In der Praxis ist es natürlich prinzipiell nicht möglich, unendlich viele Messungen durchzuführen, um die Gesamtheit aller denkbaren Werte zu erhalten. Man macht daher nur 10, 20, 30 etc., allgemein ausgedrückt: n Versuche.
Die durch Versuche erhaltenen Meßwerte = Merkmalsausprägungen sind ein Teil aller möglichen Meßwerte, die die Grundgesamtheit bilden. Man bezeichnet diesen Teil der gewonnenen Meßwerte als *Stichprobe.*
Ist die Grundgesamtheit endlich, so ist es natürlich prinzipiell möglich, die vollständige Grundgesamtheit auszumessen. Das kann aber sehr zeitaufwendig oder teuer sein. Es kann aber auch auf praktische oder ethische Schwierigkeiten stoßen. So ist es sicherlich prinzipiell möglich, an der westdeutschen Bevölkerung ein bestimmtes blutdrucksenkendes Medikament zu testen. Aus rechtlichen Gründen gäbe es aber sicherlich erhebliche Bedenken. Aus moralisch-ethischen Gründen ist eine derartige Messung dagegen deshalb ausgeschlossen, weil man z. B. Kranke, Kinder oder auch bestimmte religiöse Gruppen (z. B. Zeugen Jehovas) nicht testen kann, ohne Grundwerte unserer Gesellschaftsordnung zu verletzen. Der messende und forschende Physiker, Arzt, Chemiker usw. ist daher fast immer auf das Erfassen von Stichproben

angewiesen. Das Ergebnis der Messungen und Rechnungen, die sich aus der gemessenen Stichprobe ergeben, werden dann als für die ganze Grundgesamtheit gültig verallgemeinert.
Um von einer Stichprobe auf die Grundgesamtheit zu schließen zu können, muß die Stichprobe zufällig und *repräsentativ* sein. Im Einzelfall ist es oft recht schwierig, klar festzulegen, was repräsentativ ist und was nicht. So wäre es sicherlich keine repräsentative Stichprobe, Wahlvoraussagen nur aufgrund von Befragungen in Alters- oder Studentenwohnheimen zu machen. Im ersten Fall erhielte man sicherlich ein Übergewicht der konservativen Parteien, im zweiten Fall von Grünen oder mehr linksstehenden Parteien. Die Meßwerte jeder Stichprobe sind, wie erwähnt, mit statistischen Abweichungen behaftet. Es ist daher eine wichtige Aufgabe, diese Abweichungen berechenbar und darstellbar zu machen. Ein Maß für derartige Abweichungen sind die statistischen *Streumaße*.

1.6 Streumaße der Statistik

Die statistischen Streumaße sind ein Maß für die statistischen Fehler, die bei Messungen entstehen. Wir wollen im folgenden zwei spezielle Streumaße betrachten: die Standardabweichung der Einzelwerte und die Standardabweichung der Mittelwerte.

1.6.1 Standardabweichung der Einzelwerte (s_x)

Den wahren, aber stets unbekannten Meßwert haben wir mit μ bezeichnet. Der Mittelwert $\bar{x}$ ist dann jeweils der beste Schätzwert für μ. Ebenso besitzt eine Grundgesamtheit eine Standardabweichung σ, die aber unbekannt ist. Die aus den Meßwerten berechnete Standardabweichung s_x ist der beste Schätzwert für σ. Allgemein werden die theoretischen, aber unbekannten Größen der Grundgesamtheit mit griechischen Buchstaben abgekürzt, die der gemessenen Stichprobe mit lateinischen. Uns liegt eine Stichprobe, bestehend aus n Meßwerten (also Versuchen) vor. Mit Hilfe von Gl. 1.2 haben wir den Mittelwert $\bar{x}$ als Schätzwert für die gesuchte tatsächliche, aber unbekannte Größe μ bestimmt. Es ist anhand der Meßwerte zu erkennen, daß die einzelnen Meßwerte x_i der Stichprobe um den Mittelwert $\bar{x}$ *der Stichprobe* schwanken.
Um ein berechenbares Maß für diese Abweichung zu erhalten, gibt es eine Größe, die als *Standardabweichung der Einzelwerte* bezeichnet wird. Sie ist wie folgt definiert:

$$s_x = \sqrt{\frac{\sum_{i=1}^{n} (x_i - \bar{x})^2}{n-1}} \tag{1.3}$$

mit:

s_x = Standardabweichung der Einzelwerte
x_i = Meßwerte der Stichprobe
i = Summenindex, läuft von 1 bis n
$\bar{x}$ = Mittelwert der Stichprobe
n = Umfang der Stichprobe (Anzahl der Meßwerte bzw. Versuche)

Die Standardabweichung s_x ist für alle möglichen Verteilungen von Meßwerten definiert. Bei einer speziellen Verteilung der Meßwerte – der Normalverteilung – lassen sich einige wichtige Aussagen machen. Um die Aussage zu verstehen, müssen wir einige Ausführungen über die Gauß- bzw. Normalverteilung machen. (Normalverteilung und Gauß-Verteilung sind zwei Bezeichnungen für dieselbe Verteilung.)

1.6.2 Gauß- bzw. Normalverteilung

Die Normalverteilung ist eine theoretisch-mathematische Verteilung und wird durch Gl. 1.4 dargestellt.
Es sei ausdrücklich gesagt, daß Sie die folgende Formel überlesen können, ohne daß das Verständnis des weiteren Textes erschwert wird:

$$f(x_i) = \frac{1}{\sqrt{2\pi} \cdot \sigma} \cdot e^{-\frac{1}{2}\left(\frac{x_i - \mu}{\sigma}\right)^2} \tag{1.4}$$

mit:

$f(x_i)$ = Wahrscheinlichkeitsdichte; sie ist ein Maß für die Häufigkeit von x_i
σ = Standardabweichung der Einzelwerte der Grundgesamtheit
μ = Mittelwert der Grundgesamtheit

Die graphische Darstellung von Gl. 1.4 ist in Abb. 1 gezeigt.
Die Kurve in Abb. 1 ist symmetrisch um ihren Mittelwert μ und nähert sich der x_i-Achse jeweils im Unendlichen. Die Normalverteilung ist, wie erwähnt, eine rein mathematische Gleichung mit unendlich vielen Meßwerten x_i. Keine Meßreihe kann daher exakt normalverteilt sein. Es gibt aber sehr viele Stichproben, die sich mit sehr guter Näherung mit einer Normalverteilung beschreiben lassen. Die Größen μ und σ werden als Parameter der Verteilung bezeichnet. Sind sie nicht bekannt, so werden $\bar{x}$ und s_x als beste Schätzwerte in Gl. 1.4 benutzt.

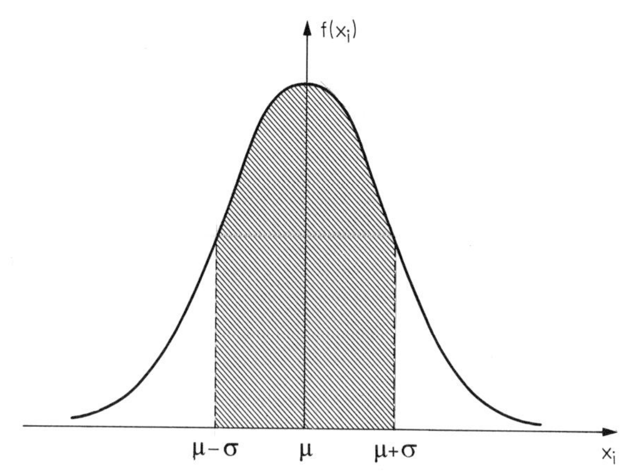

Abb. 1. Graphische Darstellung der Gauß- bzw. Normalverteilung entsprechend Gl. 1.4. Dabei ist μ der gesuchte Wert, für den $\bar{x}$ aus einer Messung als Schätzwert gewonnen wird. Die Standardabweichung s_x ist ein Schätzwert für die Standardabweichung σ der Grundgesamtheit.

Messen wir z.B. 1 Mill. mal die Länge eines Tisches und tragen die Häufigkeit der Meßwerte graphisch gegen die Meßwerte, also die Tischlänge $x_i = l_i$ auf, so erhält man eine graphische Verteilung, die der Normalverteilung sehr nahe kommt. Man sagt daher kurz: Die Tischlänge ist normalverteilt. Wenn eine Stichprobe sich mit einer Normalverteilung beschreiben läßt, so kann man eine Reihe von Aussagen treffen. So ist beispielsweise das Quadrat des Abstands des Wendepunktes der Normalverteilung vom Mittelwert $\bar{x}$ der Meßwerte gleich dem Quadrat der Standardabweichung der Einzelwerte, also s_x^2:

$$(x_w - \bar{x})^2 = s_x^2 \tag{1.5}$$

mit:

x_w = Wert des Wendepunktes der Normalverteilung

Der Wendepunkt einer Kurve ist anschaulich jener Punkt, bei dem eine Linkskurve in eine Rechtskurve übergeht oder umgekehrt.
Eine wesentliche Aussage liegt in folgendem Sachverhalt: Wenn man die gesamte Fläche der Kurve über der Abszisse von Gl. 1.4, die in Abb. 1 dargestellt ist, berechnet und in Beziehung setzt zu der Fläche unter der Kurve vom rechten bis zum linken Wendepunkt, also von $(\mu - \sigma)$ bis $(\mu + \sigma)$, so läßt sich zeigen, daß diese Fläche 68,26% der Gesamtfläche umfaßt. Sind die Meßwerte einer *Stichprobe* normalverteilt, so gilt dasselbe. Das aber bedeutet: Im Bereich von $(\bar{x} - s_x)$ bis $(\bar{x} + s_x)$ liegen 68,26% aller Meßwerte x_i der Stichprobe, oder anders ausgedrückt: Ein beliebiger Meßwert x_i liegt mit einer Wahrscheinlichkeit von rund 68% innerhalb des genannten Bereiches und mit einer Wahrscheinlichkeit von rund 32% außerhalb dieses Bereiches.

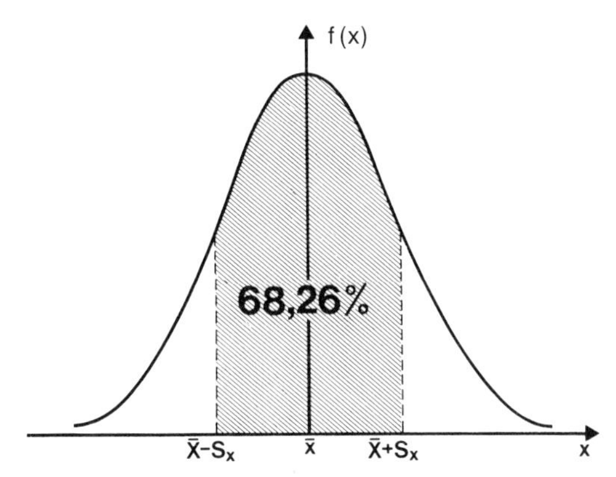

Abb. 2. Gauß-Verteilung einer Stichprobe. Der Mittelwert $\bar{x}$ wird als bester Schätzwert für den wahren, aber unbekannten Wert μ und s_x als Schätzwert für σ benutzt. In dem Bereich $(\bar{x} - s_x)$ bis $(\bar{x} + s_x)$ liegen 68,26% aller Meßwerte x_i bzw. x.

1.6.3 1. Praktikumsaufgabe (Messung der Länge eines Drahtes)

Als Praktikumsaufgabe soll die Länge l eines Metalldrahtes ausgemessen werden. Dazu werden 10 Einzelmessungen durchgeführt und in einer Tabelle protokolliert. Wir wählen für dieses spezielle Beispiel statt der bisherigen allgemeinen Bezeichnung

x für die Meßwerte die Bezeichnung l (von Länge). Der Mittelwert $\bar{l}$ der Messungen wird dann als Schätzwert für die wahre, aber unbekannte Länge l des Drahtes angenommen.
In Tabelle 1 sind die Meßergebnisse dargestellt. Wir haben der Übung wegen einige zusätzliche Schritte zur Berechnung von s_l aufgeführt. Für die folgenden Versuche gehen wir davon aus, daß Sie einen *Rechner mit Statistikprogramm* besitzen. Dann entfallen die Zwischenrechnungen, wie $(l_i - \bar{l})$ bzw. $(l_i - \bar{l})^2$.

Tabelle 1. Meßergebnisse der Längenmessung eines Drahtes

l_i [cm]	$(l_i - \bar{l})$ [cm]	$(l_i - \bar{l})^2$ [cm²]
$l_1 = 149{,}9$	$(l_1 - \bar{l}) = -0{,}08$	$(l_1 - \bar{l})^2 = 0{,}0064$
$l_2 = 149{,}9$	$(l_2 - \bar{l}) = -0{,}08$	$(l_2 - \bar{l})^2 = 0{,}0064$
$l_3 = 150{,}1$	$(l_3 - \bar{l}) = 0{,}12$	$(l_3 - \bar{l})^2 = 0{,}0144$
$l_4 = 149{,}9$	$(l_4 - \bar{l}) = -0{,}08$	$(l_4 - \bar{l})^2 = 0{,}0064$
$l_5 = 150{,}0$	$(l_5 - \bar{l}) = 0{,}02$	$(l_5 - \bar{l})^2 = 0{,}0004$
$l_6 = 149{,}9$	$(l_6 - \bar{l}) = -0{,}08$	$(l_6 - \bar{l})^2 = 0{,}0064$
$l_7 = 150{,}1$	$(l_7 - \bar{l}) = 0{,}12$	$(l_7 - \bar{l})^2 = 0{,}0144$
$l_8 = 150{,}0$	$(l_8 - \bar{l}) = 0{,}02$	$(l_8 - \bar{l})^2 = 0{,}0004$
$l_9 = 150{,}1$	$(l_9 - \bar{l}) = 0{,}12$	$(l_9 - \bar{l})^2 = 0{,}0144$
$l_{10} = 149{,}9$	$(l_{10} - \bar{l}) = -0{,}08$	$(l_{10} - \bar{l})^2 = 0{,}0064$
$\bar{l} = \frac{1}{10}\sum_{i=1}^{10} l_i = 149{,}98$		$\sum_{i=1}^{10} (l_i - \bar{l})^2 = 0{,}076$

Der Mittelwert der Stichprobe nach Tabelle 1 beträgt $\bar{l} = 149{,}98$ cm. Damit können wir sagen: Die Länge l des Drahtes beträgt 149,98 cm. Dabei wissen wir, daß $l = 149{,}98$ cm nur einen Schätzwert für die wahre, aber unbekannte und stets unbekannt bleibende Länge des Drahtes darstellt. Die Standardabweichung der Einzelwerte der vorliegenden Stichprobe ergibt sich aus Tabelle 1 und mit Gl. 1.3 zu:

$$s_l = 0{,}09189 \text{ cm}$$

Sinnvoll aufgerundet lautet das Ergebnis wie folgt:

$$\mathbf{s_l = 0{,}092\ cm}$$

Somit liegen rund 68% aller Meßwerte in dem Bereich **von 149,888 cm bis 150,072 cm**.

1.6.4 Standardabweichung der Mittelwerte ($s_{\bar{x}}$)

Die Standardabweichung der Einzelwerte macht bei einer Stichprobe eine Aussage über die Abweichung der Einzelwerte x_i vom Mittel $\bar{x}$. Im folgenden betrachten wir nicht nur eine Stichprobe vom Umfang n, sondern m Stichproben. Die m Stichproben sollen alle den gleichen Umfang besitzen, also aus gleich vielen Einzelmessungen x_i bestehen. Der Umfang einer Stichprobe soll wie bisher n sein. Die m Stichproben besitzen jeweils einen Mittelwert $\bar{x}_1, \bar{x}_2, \bar{x}_3, \ldots, \bar{x}_m$. Es stellt sich die Frage, wie die *Mittelwerte* $\bar{x}_i$ der verschiedenen Stichproben voneinander abweichen.
Als Maß für die Abweichung der Mittelwerte voneinander dient die *Standardabweichung der Mittelwerte*. Sie wird mit $s_{\bar{x}}$ abgekürzt. Ohne weitere Beweise läßt sich

analog zu der Standardabweichung der Einzelwerte das folgende feststellen: Bei einer Normalverteilung der Mittelwerte $\bar{x}_i$ liegen rund 68% also rund ⅔ aller Mittelwerte, in dem Bereich $(\mu - s_{\bar{x}})$ bis $(\mu + s_{\bar{x}})$. Als Schätzwert für μ wird eines der gemessenen $\bar{x}_i$ genommen. Wenn eine Stichprobe mit einem Mittelwert $\bar{x}$ vorliegt, so macht die Standardabweichung der Mittelwerte $s_{\bar{x}}$ eine Aussage darüber, in welchem Bereich alle weiteren Mittelwerte mit rund 68% Wahrscheinlichkeit liegen werden. Die Standardabweichung der Mittelwerte $s_{\bar{x}}$ berechnet sich wie folgt:

$$s_{\bar{x}} = \sqrt{\frac{\sum_{i=1}^{n} (x_i - \bar{x})^2}{n \cdot (n-1)}} \tag{1.6}$$

Mit Hilfe der Wurzelrechnung läßt sich Gl. 1.6 auch wie folgt schreiben:

$$s_{\bar{x}} = \frac{1}{\sqrt{n}} \cdot \underbrace{\sqrt{\frac{\sum_{i=1}^{n} (x_i - \bar{x})^2}{(n-1)}}}_{= s_x} \tag{1.6a}$$

mit:

$s_{\bar{x}}$ = Standardabweichung der Mittelwerte
$\bar{x}$ = Mittelwert einer der Stichproben
x_i = Meßwerte der betrachteten Stichproben mit den Mittelwerten $\bar{x}_i$
n = Umfang der Stichproben

Aus Gl. 1.6a folgt mit Hilfe von Gl. 1.3:

$$s_{\bar{x}} = \frac{s_x}{\sqrt{n}} \tag{1.6b}$$

Um $s_{\bar{x}}$ zu erhalten, berechnet man zweckmäßigerweise erst s_x entsprechend Gl. 1.3 und dividiert das Ergebnis durch die Wurzel der Anzahl der Meßwerte der betrachteten Stichprobe, wie es in Gl. 1.6b angegeben ist.
Man erkennt, daß $s_{\bar{x}}$ um so kleiner wird, je größer der Umfang n einer Stichprobe wird. Wenn die Anzahl n unendlich wird ($n \to \infty$), wird $s_{\bar{x}} = 0$. Das ist auch einsichtig, da beim Ausmessen der vollständigen Grundgesamtheit überhaupt *nur ein Mittelwert*, nämlich μ, herauskommen kann. Wenn sich aber nur ein Mittelwert als Meßergebnis ergeben kann, können die Mittelwerte nicht mehr voneinander abweichen (es gibt ja nur einen), also ist $s_{\bar{x}}$ in diesem Fall, wie behauptet, gleich Null.

Beispiel. Die Standardabweichung des Mittelwertes $s_{\bar{l}}$ der 1. Praktikumsaufgabe ergibt sich wie folgt:

$$s_{\bar{l}} = \frac{s_l}{\sqrt{10}} = \frac{0{,}092}{3{,}16} \text{ cm}$$

ausgerechnet:

$$s_{\bar{l}} = 0{,}0291 \text{ cm}$$

Somit liegen rund 68% der Mittelwerte von Stichproben, in dem Bereich von $(l + s_{\bar{l}})$ bis $(l - s_{\bar{l}})$, also in dem Bereich von **150,01 cm bis 149,951 cm.**

Wenn Sie den Tabellenwert einer physikalischen oder chemischen Konstanten suchen, so wird in der Regel der Mittelwert einer Stichprobe als Schätzwert für den wahren Wert der gesuchten Größe und die Standardabweichung des Mittelwertes als Fehler angegeben.
Die Loschmidt-Zahl N_A (s. auch 2.2.4) besitzt z.B. den folgenden Tabellenwert:

$$N_A = (\underbrace{6{,}022045}_{\bar{N}_A} \pm \underbrace{0{,}000031}_{s_{\bar{N}_A}}) \cdot 10^{23}/\text{mol} \tag{1.7}$$

1.6.5 Fehlerfortpflanzung

Bisher haben wir die Standardabweichung für eine einzige Meßgröße, z.B. die Länge oder das Gewicht, angegeben. Wie aber berechnet sich die Standardabweichung, wenn sich eine Meßgröße ihrerseits aus 2 oder mehr Größen zusammensetzt? So ist z.B. das Volumen eines Körpers das Produkt aus Länge, Breite und Höhe. Die Mittelwerte jeder der 3 Größen werden jeweils über eine eigene Messung bestimmt. Der Schätzwert für das Volumen ergibt sich dann wegen der Unabhängigkeit der Messungen voneinander als das Produkt der Mittelwerte von Länge, Breite und Höhe. Es gilt also für das Volumen:

$$V \approx \bar{V} = \bar{l} \cdot \bar{b} \cdot \bar{h} \tag{1.8}$$

mit:

V = tatsächliches, aber unbekanntes Volumen des Körpers
$\bar{V}$ = Mittelwert des Volumens als Schätzwert für das wahre, aber unbekannte Volumen V
$\bar{l}$ = Mittelwert der Länge
$\bar{b}$ = Mittelwert der Breite
$\bar{h}$ = Mittelwert der Höhe

Es stellt sich für den Fall des Volumens die Frage nach der Berechnung der Standardabweichung des Mittelwertes: also $s_{\bar{V}}$. Wir haben festgestellt, daß sich das Volumen aus 3 voneinander unabhängigen Mittelwerten zusammensetzt. Für derartige Fälle ist von dem Mathematiker F. Gauß eine Formel angegeben worden, die als *Fehlerfortpflanzungsgesetz* bezeichnet wird. Mit Hilfe dieser Gleichung kann man für jeden speziellen Fall die Standardabweichung der Mittelwerte berechnen. Für die besonders Interessierten haben wir die Gleichung dargestellt. Es geht Ihnen am Verständnis des folgenden jedoch nichts verloren, wenn Sie die Gleichung überlesen:
Es gilt:

$$s_{\bar{f}} = \sqrt{\left(\frac{\partial \bar{f}}{\partial \bar{x}_1} \cdot s_{\bar{x}_1}\right)^2 + \left(\frac{\partial \bar{f}}{\partial \bar{x}_2} \cdot s_{\bar{x}_2}\right)^2 + \cdots + \left(\frac{\partial \bar{f}}{\partial \bar{x}_n} \cdot s_{\bar{x}_n}\right)^2} \tag{1.9}$$

bzw. mit Hilfe des Summenzeichens

$$s_{\bar{f}} = \sqrt{\sum_{i=1}^{n} \left(\frac{\partial f}{\partial \bar{x}_i} \cdot s_{\bar{x}_i}\right)^2} \tag{1.9a}$$

mit:

$s_{\bar{f}}$ = Standardabweichung des Mittelwertes einer Größe f, die sich aus mehreren Größen zusammensetzt

$\bar{f}$ = Schätzwert für die Meßgröße, die sich aus den einzelnen Größen $\bar{x}_1$, $\bar{x}_2$, $\bar{x}_3, \ldots, \bar{x}_n$ zusammensetzt

$\frac{\partial \bar{f}}{\partial \bar{x}_i}$ = Differentialquotient der zusammengesetzten Größe $\bar{f}$ nach den einzelnen Größen, aus denen sie sich zusammensetzt

Beispiel. Für den Fall des Volumens läßt sich mit Hilfe von Gl. 1.9 die Standardabweichung des Mittelwertes $s_{\bar{V}}$ des Volumens berechnen. In diesem Fall wird $\bar{V}$ für die zusammengesetzte Meßgröße $\bar{f}$ in Gl. 1.9 eingesetzt. Entsprechend setzt man für $\bar{x}_1$ die Länge $\bar{l}$, für $\bar{x}_2$ die Breite $\bar{b}$ und für $\bar{x}_3$ die Höhe $\bar{h}$ ein:

$$s_{\bar{V}} = \sqrt{(\bar{b} \cdot \bar{h} \cdot s_{\bar{l}})^2 + (\bar{l} \cdot \bar{h} \cdot s_{\bar{b}})^2 + (\bar{l} \cdot \bar{b} \cdot s_{\bar{h}})^2}$$

Nach dem Ausklammern von $\bar{V} = \bar{l} \cdot \bar{b} \cdot \bar{h}$ ergibt sich: (1.10)

$$s_{\bar{V}} = \bar{V} \cdot \sqrt{\left(\frac{s_{\bar{l}}}{\bar{l}}\right)^2 + \left(\frac{s_{\bar{b}}}{\bar{b}}\right)^2 + \left(\frac{s_{\bar{h}}}{\bar{h}}\right)^2}$$

mit den Mittelwerten $\bar{V}$, $\bar{l}$, $\bar{b}$, $\bar{h}$ und den Standardabweichungen der Mittelwerte $s_{\bar{V}}$, $s_{\bar{l}}$, $s_{\bar{b}}$, $s_{\bar{h}}$.

Die drei in Gl. 1.10 vorkommenden Größen $\bar{l}$, $\bar{b}$, $\bar{h}$ müssen mit Hilfe von drei voneinander unabhängigen Stichproben bestimmt und berechnet werden (s. hierzu Praktikumsaufgabe 3).

1.6.6 Größtfehler [Δf]

Bei der Berechnung der Standardabweichung für eine zusammengesetzte Meßgröße nach Gl. 1.9 ging Gauß davon aus, daß sich die vielen kleinen statistischen Fehler der einzelnen Meßgrößen, aus denen sich die gesamte Meßgröße zusammensetzt, teilweise gegenseitig aufheben.

Wenn man aber annimmt, daß die Fehler alle in eine Richtung wirken, so ist Gl. 1.9 nicht mehr zu verwenden. Man muß für diesen Fall den Größtfehler berechnen. Der Größtfehler darf nicht als der *größte Fehler* mißverstanden werden. Ob sich bei einer Messung die Fehler teilweise aufheben oder alle in die gleiche Richtung wirken, läßt sich meist nicht voraussagen. Will man daher bei der Fehlerangabe besonders vorsichtig sein, so wird man den letzteren Fall annehmen. In diesem Fall wird man bei einem zusammengesetzten Meßwert den Größtfehler anstelle der Standardabweichung der Mittelwerte angeben; vor allem ist es meist einfacher, ihn zu bestimmen.

Der Größtfehler läßt sich ähnlich wie die Standardabweichung einer zusammengesetzten Größe für jeden Fall aus einer allgemeinen Gleichung herleiten. Der Größtfehler Δf einer zusammengesetzten Größe f berechnet sich allgemein wie folgt:

$$\Delta f = \frac{\partial \bar{f}}{\partial \bar{x}_1} \cdot s_{\bar{x}_1} + \frac{\partial \bar{f}}{\partial \bar{x}_2} \cdot s_{\bar{x}_2} + \cdots + \frac{\partial \bar{f}}{\partial \bar{x}_n} \cdot s_{\bar{x}_n} \qquad (1.11)$$

bzw.

$$\Delta f = \sum_{i=1}^{n} \frac{\partial \bar{f}}{\partial \bar{x}_i} \cdot s_{\bar{x}_i} \qquad (1.11a)$$

mit:

Δf = Größtfehler einer zusammengesetzten Größe f

$s_{\bar{x}_i}$ = Standardabweichung der Mittelwerte $\bar{x}_i$

$\frac{\partial \bar{f}}{\partial \bar{x}_i} =$ Differentialquotient der zusammengesetzten Größe $\bar{f}$ nach den Größen $\bar{x}_i$, aus denen sie sich zusammensetzt

Beispiel. Der Größtfehler ΔV bei der Berechnung des Volumens eines Quaders, $V = l \cdot b \cdot h$, berechnet sich mit Hilfe von Gl. 1.11 wie folgt:

$$\Delta V = \bar{V}\left(\frac{s_{\bar{l}}}{\bar{l}} + \frac{s_{\bar{b}}}{\bar{b}} + \frac{s_{\bar{h}}}{\bar{h}}\right) \tag{1.12}$$

mit:

ΔV = Größtfehler des Volumens $V = l \cdot b \cdot h$
$\bar{V}$ = Schätzwert für das wahre, aber unbekannte Volumen V eines Quaders
$s_{\bar{l}}$ = Standardabweichung der Mittelwerte der Länge l
$s_{\bar{b}}$ = Standardabweichung der Mittelwerte der Breite b
$s_{\bar{h}}$ = Standardabweichung der Mittelwerte der Höhe h
$\bar{l}, \bar{b}, \bar{h}$ = Mittelwerte der Länge, Breite und Höhe des Quaders

1.7 Statistik mit Wertepaaren

Oft liegen als Meßergebnisse Meßwertpaare (x_i, y_i) vor. Dabei soll y_i linear von x_i abhängen. Die beiden Größen verteilen sich in diesem Fall nicht um jeweils einen Mittelwert $\bar{x}$ und $\bar{y}$, sondern steigen statistisch verteilt linear an. Trägt man derartige Meßwertpaare graphisch auf, so erhält man eine Punktverteilung. Durch diese Meßpunkte soll eine Gerade gelegt werden. Das geschieht oft durch Augenmaß. Um aber eine statistisch exakte Gerade zu erhalten, muß man statistische Methoden anwenden. Bevor wir auf die Methode zu sprechen kommen, wie eine derartige Ausgleichsgerade aus den gemessenen Wertepaaren berechnet werden kann, wollen wir einige Tatsachen über eine Gerade darstellen.

1.7.1 Geradengleichung

Bei vielen Messungen in Wissenschaft oder täglicher Routine in Medizin und Technik werden Meßergebnisse graphisch dargestellt. Die einfachste und wesentlichste Beziehung ist die Form einer Geraden.
Eine Gerade läßt sich mathematisch wie folgt darstellen:

$$y = m \cdot x + b \tag{1.13}$$

mit:

x = unabhängige Veränderliche
y = von x abhängige Veränderliche
b = Achsenabschnitt auf der y-Achse
m = Steigung der Geraden

Ist $b = 0$, so geht die Gerade durch den Nullpunkt. Je nachdem, ob b positiv oder negativ ist, schneidet die Gerade die y-Achse bei einem positiven oder negativen Wert von y. Die Steigung m einer Geraden oder einer Kurve in einem bestimmten Punkt ist der Tangens des Winkels α, den die Gerade – bzw. bei einer Kurve ihre Tangente

– mit der positiven x-Achse bildet. Da der Tangens als der Quotient aus Gegenkathete und Ankathete definiert ist, läßt sich die Steigung m mit Hilfe eines Steigungsdreiecks berechnen. Dabei ist Δy die Gegenkathete und Δx die Ankathete. Die Steigung der Geraden berechnet sich in diesem Fall wie folgt:

$$m = \frac{\Delta y}{\Delta x} = \tan \alpha \tag{1.14}$$

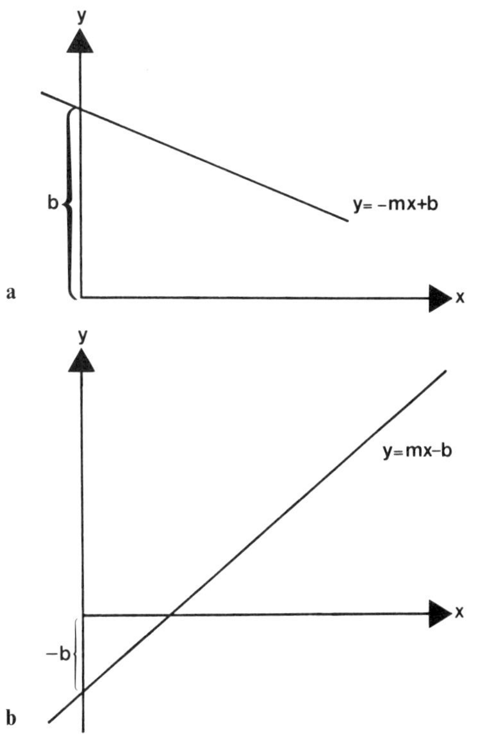

Abb. 3a, b. Graphische Darstellung von Gl. 1.13 mit negativer Steigung m (**a**) sowie negativem b (**b**)

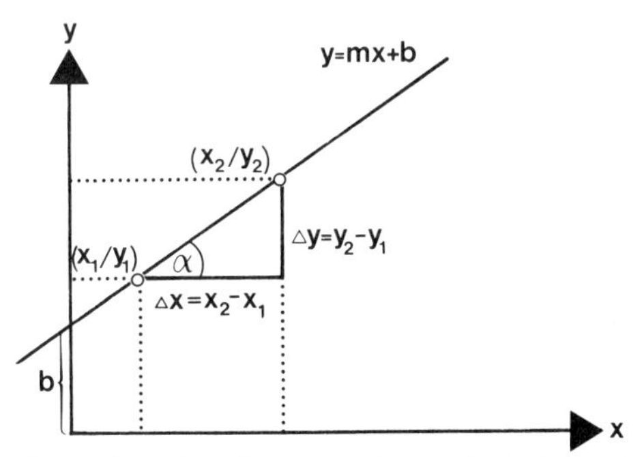

Abb. 4. Graphische Darstellung einer Geraden mit Steigungsdreieck. Es gilt für die Steigung m, also den Tangens des Winkels α, den die Gerade mit der x-Achse bildet:

$$m = \frac{\Delta y}{\Delta x} = \frac{y_2 - y_1}{x_2 - x_1}$$

Es ist sehr wichtig, daran zu denken, daß y und x nur symbolische Zeichen für zwei Veränderliche sind. Die Veränderlichen können statt x und y auch Temperatur ϑ und Ort s, Strom I und Spannung U usw. sein. Die folgende Gleichung stellt daher eine spezielle Gerade dar.

$$U = R \cdot I \tag{1.15}$$

In Gl. 1.15 entspricht dann das U dem y, das I dem x. Das R entspricht der Steigung m. Der Achsenabschnitt b ist in Gl. 1.15 Null.

1.7.2 Ausgleichsgerade (lineare Regression)

Es stellt sich die Aufgabe, aus den Meßwertpaaren x_i und y_i die unbekannte Steigung m sowie den Achsenabschnitt b entsprechend Gl. 1.13 zu bestimmen. Das geschieht mit Hilfe der beiden folgenden Gleichungen, die wir ohne weitere Ableitungen darstellen:

$$m = \frac{n \cdot \sum_{i=1}^{n} y_i \cdot x_i - \sum_{i=1}^{n} x_i \cdot \sum_{i=1}^{n} y_i}{n \cdot \sum_{i=1}^{n} x_i^2 - \left(\sum_{i=1}^{n} x_i \right)^2} \tag{1.16}$$

und

$$b = \frac{\sum_{i=1}^{n} x_i^2 \cdot \sum_{i=1}^{n} y_i - \sum y_i \cdot x_i \cdot \sum x_i}{n \cdot \sum_{i=1}^{n} x_i^2 - \left(\sum_{i=1}^{n} x_i \right)^2} \tag{1.17}$$

mit:

m = Steigung der gesuchten Ausgleichsgeraden
b = Achsenabschnitt der Ausgleichsgeraden auf der y-Achse
x_i = Meßwerte der unabhängig veränderlichen Größe x
y_i = Meßwerte der abhängig veränderlichen Größe y
n = Umfang der Stichprobe = Anzahl der Meßwertpaare

Die aus Gl. 1.16 und Gl. 1.17 berechneten Werte werden in Gl. 1.13 eingesetzt. Damit liegt die gesuchte Gerade fest.

1.7.2.1 2. Praktikumsaufgabe (Berechnung einer Ausgleichsgeraden bei der Messung an einer Federwaage)

An einer Federwaage wird jeweils eine veränderliche Masse m_i befestigt. Diese Masse hat eine Kraft F_i zur Folge. Diese Kraft F_i ist proportional der Längenänderung Δl_i der Feder (s. 3.3.2.1). Es werden bei 10 verschiedenen Kräften die entsprechenden Längenänderungen gemessen. Dabei entspricht das F_i dem x und das Δl_i dem y.
Es soll durch die Meßwertpaare eine Ausgleichsgerade gelegt werden. Als Meßergebnisse erhalten wir die in Tabelle 2 angegebenen Wertepaare F_i und Δl_i. Mit Hilfe eines statistischen Taschenrechners kann man m und b sehr leicht berechnen. Aus didaktischen Gründen führen wir die Berechnung (entsprechend 1.16 und 1.17) jedoch ausführlich vor.

Mit Hilfe von Gl. 1.16 und Gl. 1.17 ergibt sich:

$$m = \frac{10 \cdot 32{,}665 - 37{,}5 \cdot 7{,}59}{10 \cdot 6{,}62 - (7{,}59)^2}$$

und

$$b = \frac{37{,}5 \cdot 6{,}62 - 32{,}665 \cdot 7{,}59}{10 \cdot 6{,}62 - (7{,}59)^2}$$

ausgerechnet:

$$m = 4{,}89$$

$$b = 0{,}04$$

Tabelle 2. Meßergebnisse bei der Messung mit einer Federwaage

F_i [mN]	Δl_i [cm]	F_i^2	$(\Delta l_i)^2$	$F_i \cdot \Delta l_i$
1,5	0,3	2,25	0,09	0,45
2,0	0,39	4,0	0,152	0,78
2,5	0,53	6,25	0,281	1,325
3,0	0,58	9,0	0,336	1,74
3,5	0,7	12,25	0,49	2,45
4,0	0,82	16,0	0,672	3,28
4,5	0,94	20,25	0,884	4,23
5,0	1,03	25,0	1,061	5,15
5,5	1,08	30,25	1,166	5,94
6,0	1,22	36,0	1,488	7,32
$\sum F_i = 37{,}5$	$\sum \Delta l_i = 7{,}59$	$\sum F_i^2 = 161{,}25$	$\sum (\Delta l_i)^2 = 6{,}62$	$\sum F_i \Delta l_i = 32{,}665$

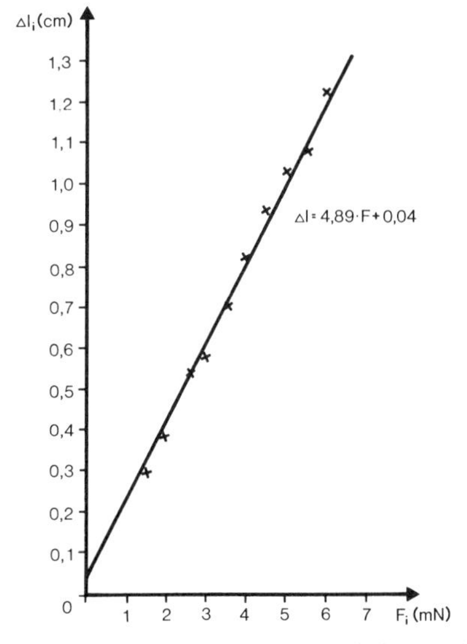

Abb. 5. Längenänderung Δl einer Feder in Abhängigkeit von der wirkenden Kraft F

Somit lautet die aus den gemessenen Wertepaaren gewonnene Regressionsgerade:

$$\mathbf{\Delta} \boldsymbol{l} = \mathbf{4{,}89} \cdot \boldsymbol{F} + \mathbf{0{,}04}$$

In Abb. 5 sind die Meßpunkte entsprechend Tabelle 2 dargestellt. Die eingezeichnete Gerade ist die berechnete Näherungsgerade.

Achtung: In einigen anderen Praktikumsversuchen müssen durch Meßwertpaare ebenfalls Geraden gelegt werden. Um den Aufwand für die Auswertung nicht unnötig groß werden zu lassen, begnügen wir uns dort mit einer Geraden, die mit Hilfe des Augenmaßes eingezeichnet wird. Die Unterschiede zu den berechneten Geraden sind jedoch vertretbar gering.

2 Einheiten der Physik

Die Physik besteht in der Hauptsache im Auffinden von physikalischen Gesetzmäßigkeiten, wozu das Messen physikalischer Größen notwendig ist. Dazu werden Einheiten benötigt. Bevor wir mit der Erklärung und Definition von bestimmten Einheiten beginnen, sollen einige historische Anmerkungen gemacht werden.

2.1 Historisches

Bedingt durch Handel und Gewerbe oder auch durch Kriege, hat sich der Mensch im Laufe seiner Geschichte bereits sehr früh darum bemüht, reproduzierbare Maßeinheiten festzulegen.
Wenn ein Händler im alten Ägypten z. B. Stoff verkaufen wollte, so mußte bei fester Breite die Länge dem Käuferwunsch entsprechend abgemessen werden. Dazu hätte der Händler beispielsweise die Länge seines Unterarmes (Elle) benutzen können. Da seine Elle möglicherweise aber besonders klein war, wird der Käufer darauf gedrungen haben, seine eigene, evtl. viel größere zu benutzen. Was war in solchem Fall also zu tun? Es mußte ein objektives Maß eingeführt werden, das Käufer und Verkäufer gleichermaßen zufriedenstellen konnte. Dies konnte z. B. die Länge der Elle des Pharaos sein. In Holz, Metall o.ä. dargestellt, böte dieses Maß eine brauchbare Einheit, die allgemein als Maßeinheit für die Länge verwendet werden könnte. Auf diese Weise haben sich im Laufe der Zeit in der Welt eine große Anzahl sehr verschiedener Einheiten entwickelt.
Aus ähnlichen Gründen wie bei der Länge mußten Maße für Flächen, Massen, Kräfte, Volumina und andere Größen definiert und festgelegt werden. Mit der Entwicklung von Wissenschaft und Technik wurden weitere, kompliziertere und genauere Einheiten notwendig. Unser heutiges Einheitensystem versucht, den Anforderungen an Einfachheit und Reproduzierbarkeit Rechnung zu tragen.

2.2 Gesetzliche Einheiten, Basiseinheiten

Auf einer internationalen Konferenz wurde aus der großen Anzahl physikalischer Größen ein System, bestehend aus 7 Basisgrößen, festgelegt. Per Gesetz hat man in der Bundesrepublik diese 7 Basisgrößen übernommen und ihre Einheiten neben einer Reihe weiterer als *gesetzliche Einheiten* verbindlich festgelegt.
Die Einheiten, die zu diesen 7 Basisgrößen gehören, werden als SI-Einheiten bezeichnet. Die 7 Basisgrößen mit ihren zugehörigen Einheiten sind in Tabelle 3 dargestellt.

Tabelle 3. Darstellung der 7 Basisgrößen mit ihren Einheiten

Basisgröße	Symbol	SI-Einheit	Einheitenzeichen
Masse	m	Kilogramm	kg
Länge	s, l	Meter	m
Zeit	t	Sekunde	s
Stoffmenge	n	Mol	mol
Stromstärke	I	Ampère	A
Lichtstärke	J	Candela	cd
Temperatur	ϑ, T	Kelvin	K

Tabelle 4. Gesetzliche Einheiten

SI-Einheiten	Abgeleitete SI-Einheiten	Dezimale Teile und Vielfache der SI-Einheiten	Atomphysikalische Einheiten
kg = Kilogramm	$[A] = \mathrm{m}^2$	µs = Mikrosekunde	Elektronenvolt (eV)
s = Sekunde	$[V] = \mathrm{m}^3$	ms = Millisekunde	
m = Meter	$[F]$ = N = Newton	h = Stunde	Atomare
K = Kelvin	$[E]$ = N · m = Newtonmeter	d = Tag	Masseneinheit (u)
cd = Candela	$[p]$ = Pa = Pascal	nA = Nanoampère	$1\,\mathrm{u} = \frac{m_{c12}}{12}$
mol = Mol	$[\varrho] = \frac{\mathrm{kg}}{\mathrm{m}^3}$	pA = Pikoampère	
A = Ampère		µF = Mikrofarad	
	$[v] = \frac{\mathrm{m}}{\mathrm{s}}$	km = Kilometer	
	$[\eta]$ = Pa · s = Pascalsekunde		

Aus diesen 7 Basisgrößen lassen sich eine Reihe von abgeleiteten Größen bilden. Die Einheiten der aus den Basisgrößen abgeleiteten Größen heißen *abgeleitete SI-Einheiten*, wenn sie sich jeweils aus den Basiseinheiten ergeben. So sind z. B. die Fläche $A = l \cdot b$ (Einheit: m^2), das Volumen $V = l \cdot b \cdot h$ (Einheit: m^3), die Geschwindigkeit $v = s/t$ (Einheit: m/s), die Beschleunigung $a = s/t^2$ (Einheit: $\mathrm{m/s}^2$) abgeleitete SI-Einheiten. Neben den abgeleiteten SI-Einheiten gibt es weitere *gesetzliche Einheiten*. Dies sind dezimale Teile und Vielfache der SI-Einheiten sowie spezielle atomphysikalische Einheiten.

Die Einheit Sekunde ist eine gesetzliche Einheit und eine SI-Einheit. Eine Mikrosekunde (µs) als millionster Teil der Sekunde dagegen ist zwar eine gesetzliche Einheit, aber keine SI-Einheit. Eine Stunde (h), ein Kilometer (km) oder ein Gramm (g) sind ebenfalls gesetzliche, aber keine SI-Einheiten.

2.2.1 Masse *m* (von mass)

Jedes Subjekt oder Objekt besitzt eine Masse. Die Masse ist ein Maß für die Schwere bzw. für die Trägheit eines Objekts. Es läßt sich zeigen, daß schwere und träge Masse als identisch angenommen werden müssen. Je mehr Masse ein Körper besitzt, desto träger und daher auch schwerer ist er. Früher war das *Gewicht* eines Körpers ein Maß für seine Kraft, die er im Schwerefeld der Erde erfährt; es wurde in Kilopond gemes-

sen. Die Kraft eines Körpers im Schwerefeld der Erde wird heute als *Gewichtskraft* bezeichnet. Heute bedeuten Masse und Gewicht dasselbe. Das Gewicht eines Körpers macht also eine Aussage über seine Masse und wird in Kilogramm gemessen. Es ist jedoch sinnvoll, den Begriff Gewicht im Sinne von Masse nicht mehr zu benutzen.
Die SI-Einheit der Masse bzw. des Gewichts ist das Kilogramm. Historisch wurde das Kilogramm in der 3. französischen Republik eingeführt und besitzt etwa die Masse von 1 l Wasser bei 4 °C. Das Urkilogramm als Urmaß aller bestehenden Massenmaße besteht aus einer Mischung aus Platin und Iridium und steht in Paris im Museum für Maße und Gewichte.
Neben der SI-Einheit Kilogramm sind als weitere gesetzliche Einheiten u.a. erlaubt:

$$10^{-3}\ \text{kg} = \frac{1}{10^3}\ \text{kg} = 1\ \text{Gramm (g)}$$

$$10^{-6}\ \text{kg} = \frac{1}{10^6}\ \text{kg} = 1\ \text{Milligramm (mg)}$$

$$10^{-9}\ \text{kg} = \frac{1}{10^9}\ \text{kg} = 1\ \text{Mikrogramm (µg)}$$

$$10^{-12}\ \text{kg} = \frac{1}{10^{12}}\ \text{kg} = 1\ \text{Nanogramm (ng)}$$

2.2.1.1 Relativistische Masse

Es ist eine bekannte Anschauung, daß die Masse eines Körpers stets konstant bleibt, unabhängig davon, ob sich der Körper beispielsweise auf dem Mond, dem Mars oder am Äquator oder Pol der Erde befindet. In dieser Form kann die Aussage jedoch nicht aufrechterhalten werden. Einstein hat in seiner speziellen Relativitätstheorie nachgewiesen, daß die Masse eines Körpers vom Bezugssystem abhängig ist. Erfährt eine Masse m_0 eine Beschleunigung, so daß sie anschließend die Geschwindigkeit v besitzt, so ist der Masse Energie zugeführt worden. Diese Energiezufuhr führt zu einer Massenerhöhung. So besitzen Elementarteilchen wie Elektronen, Protonen oder Neutronen eine Ruhemasse m_0. Diese Masse ist auf ein ruhendes System bezogen. Bewegen sich die Teilchen jedoch, z.B. in einem Beschleuniger oder einer Röntgenröhre, so erhöht sich die Masse der Teilchen. Allgemein gilt für die Masse m eines bewegten Körpers mit der Ruhemasse m_0:

$$m = m_0 \cdot \frac{1}{\sqrt{1 - \left(\frac{v}{c_0}\right)^2}} \tag{2.1}$$

mit:

m = Masse des bewegten Körpers mit der Ruhemasse m_0
v = Geschwindigkeit des Körpers
c_0 = Lichtgeschwindigkeit ($c_0 \approx 3 \cdot 10^8$ m/s)

Bei Geschwindigkeiten in den Bereichen, die uns gewöhnlich betreffen, also bis zu einigen zigtausend Kilometern pro Stunde, spielt die Massenerhöhung entsprechend Gl. 2.1 keine Rolle. Wenn wir daher im täglichen Sprachgebrauch von *der Masse* eines Körpers sprechen, so ist die Ruhemasse m_0 gemeint.

Beispiele

1. Ein Körper der Masse 1 kg bewegt sich mit 1000 km/h = 277,8 m/s. Wie groß ist seine „Bewegungsmasse" m?
Nach Gl. 2.1 ergibt sich:

$$m = \frac{1\,\text{kg}}{\sqrt{1 - \left(\frac{277{,}8\,\text{m/s}}{3 \cdot 10^8\,\text{m/s}}\right)^2}} \tag{2.1a}$$

ausgerechnet:

$$m = 1{,}0000000000004\,\text{kg}$$

Die Masse m besitzt der Körper bezogen auf ein ruhendes System; in der Physik sagt man: im Laborsystem. In dem bewegten System selber würde sich bei einer Messung keinerlei Änderung feststellen lassen.
Bei einer Geschwindigkeit, die in etwa der eines Flugzeugs entspricht, erhöht sich die Masse also erst auf der 13. Stelle nach dem Komma.

2. Ein Teilchen (Proton) besitzt eine Ruhemasse von rund $m_0 = 1{,}673 \cdot 10^{-27}$ kg. Das Teilchen wird in einem Beschleuniger auf 99% der Lichtgeschwindigkeit, also $99/100 \cdot 3 \cdot 10^8$ m/s $= 2{,}97 \cdot 10^8$ m/s beschleunigt. Wie groß ist seine Masse m jetzt?
Es ergibt sich nach Gl. 2.1:

$$m = \frac{1{,}673 \cdot 10^{-27}\,\text{kg}}{\sqrt{1 - \left(\frac{2{,}97 \cdot 10^8}{3 \cdot 10^8}\right)^2}}$$

also:

$$\boldsymbol{m = 11{,}85 \cdot 10^{-27}\,\text{kg}}$$

Die Masse des Protons hat sich in dem Beschleuniger rund versiebenfacht.

2.2.1.2 Schwerpunkt

Ein Körper kann je nach seiner Form und Zusammensetzung eine völlig unterschiedliche Verteilung seiner Masse besitzen. Aus diesem Grund können Berechnungen, z.B. über die Wirkungen von Kräften auf den Körper, mit großen Schwierigkeiten verbunden sein. Man definiert daher einen Punkt des starren Körpers, in dem man sich die gesamte Masse des Körpers vereinigt denken kann. Alle Wirkungen auf den Körper, die nur an diesem Massenpunkt angreifen, führen zum gleichen Ergebnis, als würde man die echte Massenverteilung des ganzen Körpers betrachten. Der Punkt, der eine derartige Eigenschaft besitzt, wird als Schwerpunkt bezeichnet.
Also:

> Der Schwerpunkt S eines Objekts ist ein gedachter Punkt, in dem man sich für physikalische Betrachtungen die gesamte Masse dieses Objekts vereinigt vorstellen kann.

Beispiele

1. Der Schwerpunkt der Erde als Kugel liegt in ihrem Mittelpunkt. So kann man z.B. bei Berechnungen mit der Erdbeschleunigung oder der Schwerkraft stets so tun, als wäre die Erde als ein einziger Massenpunkt darstellbar.

2. Die einfachste Weise, den Schwerpunkt eines Körpers experimentell zu bestimmen, besteht darin, den Körper – soweit das möglich ist – mit Hilfe irgendeines Stabes, Stocks; evtl. des Fingers so auszubalancieren, daß er sich im Gleichgewicht der angreifenden Gravitationskräfte befindet. Der Schwerpunkt liegt dann auf der Geraden durch den Unterstützungspunkt und den Erdmittelpunkt. Führt man den Versuch in verschiedenen Richtungen durch, so ergibt der Schnittpunkt dieser sog. Schwerelinien den Schwerpunkt des Körpers.

2.2.2 Länge l oder s (von longitude bzw. spatium)

Es wird jedem einleuchten, daß Entfernungen schon sehr früh für Reisen, zum Zwecke des Handels, der Politik oder für die erfolgreiche Bewegung von Truppen von entscheidender Bedeutung waren. Daher sind Einheiten für Entfernungen bereits in sehr frühen Kulturen entstanden. Auch hier ergab sich eine große Zahl verschiedener Einheiten. Selbst im heutigen Europa gibt es die Einheiten Yard, Elle, Inch, Meile, Meter usw. Die SI-Einheit der Länge ist das Meter. Das Meter soll etwa den 40millionsten Teil des Erdumfangs repräsentieren. Es gibt wie ein Urkilogramm auch ein Urmeter, das ebenfalls aus Platin und Iridium gefertigt und im Museum für Maße und Gewichte in Paris deponiert ist. Da das Urmeter in seiner Länge nicht völlig unveränderbar ist – z.B. durch sehr geringe Temperatureinflüsse und Umkristallisationen – hat man seit einiger Zeit einen Maßstab aus dem *atomaren* Bereich gewählt:

> Das Meter ist das 1650763,73fache der Wellenlänge (s. 7.4.1) der von Atomen des Nuklids ^{86}Kr (Krypton-86) beim Übergang vom Zustand $5\,d_5$ zum Zustand $2\,p_{10}$ ausgesandten, sich im Vakuum ausbreitenden Strahlung. Diese Wellenlänge ist absolut konstant und daher von keinen äußeren Einflüssen abhängig.

Die allerneuste Definition der Länge könnte nach der Generalkonferenz für Maße und Gewichte im Oktober 1983 in Paris in Kraft treten. Sie lautet: 1 m ist die Strecke, die das Licht im Vakuum in 299792458sten Teil einer Sekunde zurücklegt.
Neben der SI-Einheit, dem Meter, sind als weitere gesetzliche Einheiten die folgenden Einheiten erlaubt:

$10^3\,\text{m} = 1000\,\text{m} = 1\,\text{km}$ (Kilometer)	$10^{-9}\,\text{m} = \frac{1}{10^9}\,\text{m} = 1\,\text{nm}$ (Nanometer)
$10^{-3}\,\text{m} = \frac{1}{10^3}\,\text{m} = 1\,\text{mm}$ (Millimeter)	$10^{-12}\,\text{m} = \frac{1}{10^{12}}\,\text{m} = \text{pm}$ (Pikometer)
$10^{-6}\,\text{m} = \frac{1}{10^6}\,\text{m} = 1\,\mu\text{m}$ (Mikrometer)	$10^{-15}\,\text{m} = \frac{1}{10^{15}}\,\text{m} = 1\,\text{fm}$ (Femtometer)

2.2.2.1 Messung von Längen

Für die Wahl eines sinnvollen Meßgerätes für die Längenmessung ist in erster Linie von Interesse, welche Größenordnung das zu messende Objekt besitzt. Im täglichen

Leben dienen in der Regel zur Längenmessung Metermaße. Für kleinere Längen dient z. B eine Schublehre oder eine Mikrometerschraube. Für Längenmessungen im Bereich zellulärer Größen (≈ μm) benutzt man Maßstäbe in Mikroskopen. Auf Meßmethoden im Bereich der Geographie, Astronomie oder der Atom- bzw. Kernphysik soll hier nicht weiter eingegangen werden. Wir wollen uns auf Längenmessungen beschränken, die für die praktische Tätigkeit einer MTA oder eines Arztes von Interesse sind.

1) Schublehre

Eine Schublehre dient zum Ausmessen von Objekten, deren Länge im Millimeterbereich liegt. Dabei ist es möglich, die Länge auf Zehntelmillimeter genau zu bestimmen. Die Funktionsweise einer Schublehre ist wie folgt zu verstehen: Die obere Skala, die Meßskala, besitzt eine „normale" Einteilung. Der Abstand zwischen zwei Teilstrichen beträgt 1 mm. Die untere Skala dagegen besitzt eine Noniuseinteilung, d. h., der Bereich von 0 bis 1 ist nur 9 mm lang. Daher beträgt hier der Abstand zwischen zwei Teilstrichen 9/10 mm. Fallen die Nullstriche der beiden Skalen wie in Abb. 6a zusammen, so besitzt der 1. Teilstrich der Noniusskala von dem 1. Teilstrich der Meßskala einen Abstand von 0,1 mm. Der 2. Teilstrich der Noniusskala vom 2. Teilstrich der Meßskala einen Abstand von 0,2 mm, der 3. einen von 0,3 mm usw. Verschiebt man den Schieber so weit, daß z. B. gerade der 4. Teilstrich der Noniusskala über dem 4. der Stabeinteilung steht, so stehen die beiden Nullstriche, wie aus Abb. 7 ersichtlich, gerade 0,4 mm auseinander. Die Schublehre wird wie folgt benutzt und abgelesen:

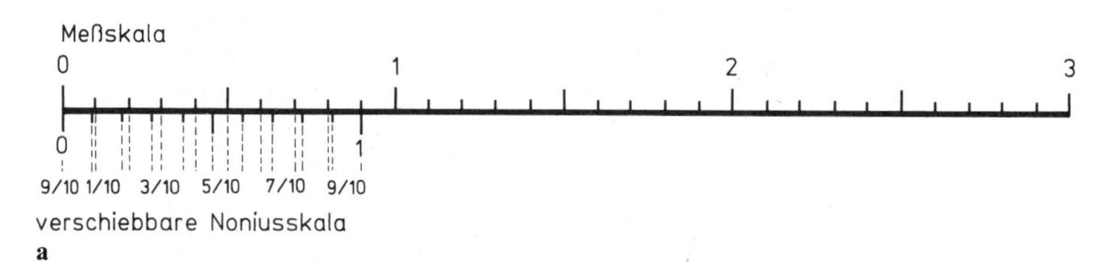

a

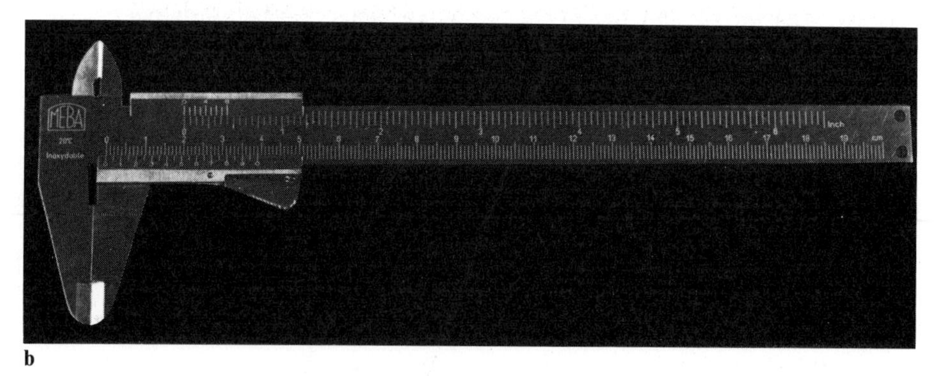

b

Abb. 6. a Schema der Schublehre. Die Schublehre besitzt eine feste Meßskala und eine bewegliche Noniusskala. Ein Skalenteil der Noniusskala entspricht genau $^9/_{10}$ Skalenteilen der Meßskala. Wenn die Nullwerte der beiden Skalen übereinander stehen, so steht die 1 der Noniusskala exakt unter der 9 der Meßskala. **b** Photographie einer Schublehre. Die Skaleneinteilung ist anders als in **a** dargestellt. Das Prinzip ist aber das gleiche.

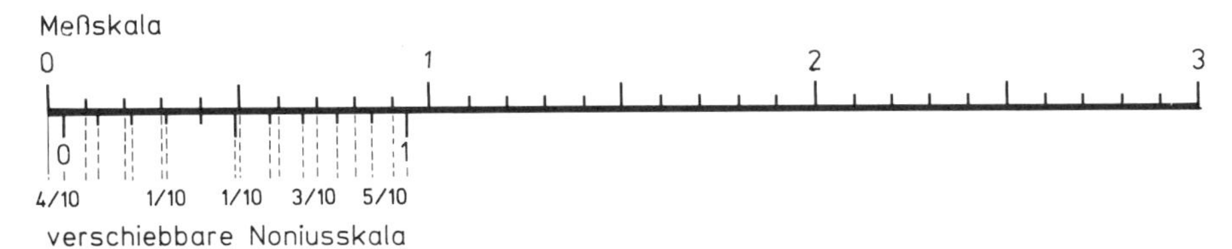

Abb. 7. Funktionsweise der Schublehre. Verschiebt man in Abb. 6 die Noniusskala um 0,1 mm nach rechts, so steht die 1 der Noniusskala genau unter der 1 der Meßskala, wir messen also eine Dicke des Objekts von 0,1 mm. Verschieben wir die Noniusskala um 0,2 mm, so steht die 2 der Noniusskala unter der 2 der Meßskala. Ein evtl. auszumessendes Objekt ist also 0,2 mm dick. Auf diese Weise lassen sich alle Werte für Zehntelmillimeter ablesen.

Das zu messende Objekt wird zwischen den beiden Backen A und B eingeklemmt. Dann wird zuerst die Stellung des Nullstrichs auf der Stabeinteilung abgelesen, um die ganzen Millimeter zu erhalten. Die Zehntelmillimeter werden dadurch gewonnen, daß man den Strich der Noniuseinteilung aufsucht, der mit einem Strich der Meßeinteilung zusammenfällt. In Abb. 8 liest man auf diese Weise einen Wert von 2,65 mm ab.

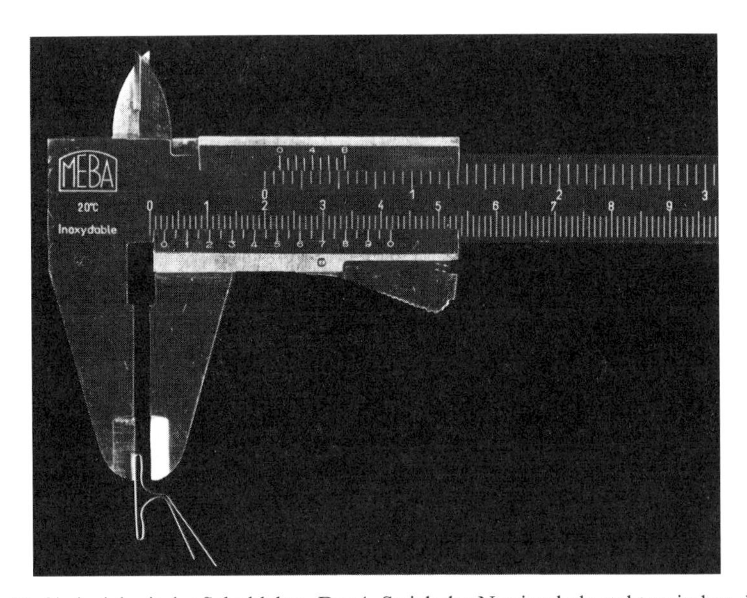

Abb. 8. Meßbeispiel mit der Schublehre. Der 1. Strich der Noniusskala steht zwischen der 2 und 3 der oberen Skala. Also muß der Gegenstand zwischen 2 und 3 mm dick sein. Der Wert 6,5 der Noniusskala ist der Strich, der exakt unter einem Wert der Meßskala liegt. Daher beträgt die Dicke des auszumessenden Gegenstands 2,65 mm.

2) Mikrometerschraube

Eine Mikrometerschraube erlaubt es, die Länge (Dicke) von Gegenständen auf ca. 1/100 mm (= 10 µm) genau zu bestimmen. Zum Messen wird der Gegenstand zwischen die Schraube S und den Anschlag A eingeklemmt. Auf der drehbaren Zylinderschraube Z befindet sich eine Einteilung in 100 Teile. Bei jeder ganzen

Umdrehung der Gewindeschraube wird jeweils ein Millimeter der Millimetereinteilung M freigegeben. Die Ablesung erfolgt über M und Z. Auf M werden die ganzen Millimeter, auf Z die Hundertstel Millimeter abgelesen. Die Ablesemarke für die Hundertstel ist die obere waagerechte Linie der Skala M. In dem Beispiel nach Abb. 9 ergibt sich für den auszumessenden Gegenstand eine Dicke von 3,7 mm.
Um den auszumessenden Körper bei verschiedenen Messungen nicht jeweils mit verschiedenen Kräften zwischen S und A einzuklemmen und damit seine Dicke zu

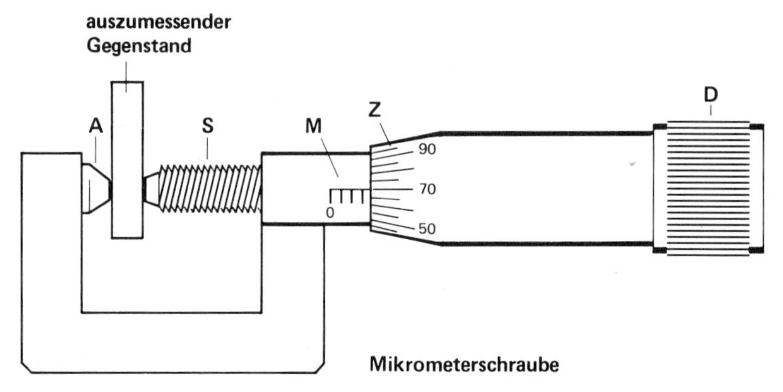

Abb. 9. Beispiel zum Ablesen einer Mikrometerschraube (Erläuterungen s. Text)

verändern, benutzt man zum Festklemmen die Anordnung D. Diese Schraube läßt sich unter leichter Reibung auf der Zylinderschraube Z drehen.
Die Stärke der Einklemmung wird daher nur durch die Reibungskraft zwischen dieser Schraube und dem drehbaren Zylinder bestimmt. Sitzt der Körper fest, dreht die Schraube D leer.

3) Längenmessung mit dem Mikroskop

Das Mikroskop ist bisher noch nicht besprochen worden. Eine nähere Kenntnis des Mikroskops ist für das Verständnis der folgenden Betrachtungen aber nicht von Bedeutung. Wir müssen nur wissen, daß ein Lichtmikroskop sehr stark vergrößert (üblicherweise bis zu 1000fach) und zwei Linsensysteme besitzt: das Objektiv, das vor dem Objekt gelegen ist, und das vor dem Auge gelegene Okular. Es gibt speziell geätzte Glasplatten, die man als Objekt unter das Mikroskop legen kann. Durch die Ätzung wird die Platte strichförmig unterteilt. Der Abstand zwischen zwei Teilstrichen auf der Glasplatte beträgt üblicherweise 10 μm. Legt man z. B. einen Erythrocyten, Leukocyten, ein Pantoffeltierchen oder sonst etwas in dieser Größe als Objekt auf die Glasplatte, so ließe sich prinzipiell feststellen, wieviel Teilstriche dieses Objekt auf der Glasplatte bedeckt, also wie lang oder breit es ist. Diese simple Meßmethode versagt aber leider in der Praxis. Wegen der endlichen Dicke des zu untersuchenden Gegenstands sowie der Glasplatte ist es nicht möglich, sowohl den eingeätzten Maßstab als auch den Gegenstand, dessen Länge oder Breite bestimmt werden soll, gleichzeitig scharf und gut sichtbar einzustellen. Aus diesem Grund muß man anders verfahren: Dazu bringt man zusätzlich auch in das Okular einen Maßstab, so daß sich beide Maßstäbe beim Hindurchsehen überdecken. Man zählt für die Messung aus, wie viele Teilstriche des Objektivmaßstabs wie vielen Teilstrichen des Okularmaßstabs entsprechen. Auf diese Weise hat man den Okularmaßstab geeicht. Nimmt man daraufhin den Objektivmaßstab heraus und legt an dessen Stelle das auszumessende Objekt unter das Objektiv, so füllt das Objekt jetzt eine bestimmte Anzahl an Teilstrichen (= Skalenteilen) des geeichten Okularmaßstabs aus. Dieser Maßstab aber ist stets scharf über dem auszumessenden Objekt zu erkennen. Mit Hilfe einer kleinen Rechnung ist dann die gesuchte Länge oder Breite des Objekts leicht zu bestimmen.

Beispiel. Man erkennt unter dem Mikroskop, daß 1 Skalenteil des Objektivmaßstabs 3,15 Skalenteilen des Okularmaßstabs entspricht. Da der Abstand von 2 Teilstrichen (= 1 Skalenteil) des Objektivmaßstabs nach Angabe der Herstellerfirma jeweils 10 µm beträgt, bedeuten die 3,15 Skalenteile des Okularmaßstabs eine Länge von 10 µm. Das auszumessende Objekt zeigt bei der Messung 4,53 Teilstriche im Okularmaßstab. Es besitzt damit eine Länge bzw. Breite von 14,38 µm.

2.2.2.2 3. Praktikumsaufgabe (Messung des Volumens eines Drahtes)

Es ist die Aufgabe gestellt, das Volumen eines Metalldrahtes auszumessen. Die Form des auszumessenden Drahtes sei ein Zylinder. Das Volumen eines Zylinders berechnet sich nach der folgenden Formel:

$$V = \pi \cdot r^2 \cdot l \tag{2.2}$$

mit:

$\pi \cdot r^2$ = Fläche eines Kreises = Grundfläche des zylinderförmigen Drahtes

r = Radius der Grundfläche des Zylinders $\left(r = \frac{d}{2}\right)$

l = Länge des Drahtes = Zylinder

Die Länge l des Drahtes wird – wie in der 1. Praktikumsaufgabe die Drahtlänge – 10mal ausgemessen. Der Durchmesser d des Drahtes wird mit Hilfe einer Schublehre oder Mikrometerschraube ebenfalls 10mal gemessen.

Tabelle 5. Meßergebnisse der Längen- und Dickenmessung eines zylinderförmigen Drahtes

Länge des Drahtes l_i [cm]	Durchmesser des Drahtes d_i [mm]
l_1 = 86,5	d_1 = 2,97
l_2 = 86,5	d_2 = 2,95
l_3 = 86,4	d_3 = 2,95
l_4 = 86,55	d_4 = 2,96
l_5 = 86,5	d_5 = 2,96
l_6 = 86,6	d_6 = 2,97
l_7 = 86,5	d_7 = 2,96
l_8 = 86,55	d_8 = 2,96
l_9 = 86,5	d_9 = 2,95
l_{10} = 86,45	d_{10} = 2,96
$\bar{l}$ = 86,505 cm	$\bar{d}$ = 2,959 mm = 0,2959 cm

Mit den Werten von Tabelle 5 ergeben sich nach Gl. 1.6 die Standardabweichungen der Mittelwerte $\bar{d}$ und $\bar{l}$, also $s_{\bar{d}}$ sowie $s_{\bar{l}}$:

$$s_{\bar{d}} = 0{,}000233 \text{ cm}$$

und

$$s_{\bar{l}} = 0{,}0174 \text{ cm}$$

Das Volumen V berechnet sich als Schätzwert aus den berechneten Mittelwerten von l und d:

$$V = \frac{\pi \cdot (0{,}2959 \text{ cm})^2}{4} \cdot 86{,}505 \text{ cm}$$

Ausgerechnet folgt:

$$\mathbf{V = 5{,}948\ cm^3}$$

Fehlerbetrachtung. Wie bei jeder Messung ist es notwendig anzugeben, innerhalb welcher Fehlergrenzen das berechnete Volumen V liegt. Dazu können wir die Standardabweichung des Mittelwertes $s_{\bar{V}}$ oder den Größtfehler ΔV angeben. In diesem Fall geben wir zur Übung beide Fehler an.

Standardabweichung des Mittelwertes: Die Standardabweichung $s_{\bar{V}}$ berechnet sich mit Hilfe von Gl. 1.10 wie folgt:

$$s_{\bar{V}} = \bar{V} \cdot \sqrt{2 \cdot \left(\frac{s_{\bar{d}}}{\bar{d}}\right)^2 + \left(\frac{s_{\bar{l}}}{\bar{l}}\right)^2} \tag{2.3}$$

Mit:

$$\begin{aligned} s_{\bar{l}} &= 0{,}0174 \text{ cm} \\ s_{\bar{d}} &= 0{,}0002333 \text{ cm} \\ \bar{d} &= 0{,}2959 \text{ cm} \\ \bar{l} &= 86{,}505 \text{ cm} \\ \bar{V} &= 5{,}948 \text{ cm}^3 \end{aligned}$$

ergibt sich:

$$s_{\bar{V}} = 5{,}948 \cdot \sqrt{2 \cdot \left(\frac{0{,}000233}{0{,}2959}\right)^2 + \left(\frac{0{,}0174}{86{,}505}\right)^2} \text{ cm}^3$$

ausgerechnet:

$$s_{\bar{V}} = 0{,}00673 \text{ cm}^3$$

Mit Hilfe der Standardabweichung s_V läßt sich das Ergebnis der Volumenbestimmung des Drahtes wie folgt darstellen

$$\mathbf{V = 5{,}948\ cm^3 \pm 0{,}00673\ cm^3}$$

Das tatsächliche Volumen V liegt also mit einer rund 68%igen Wahrscheinlichkeit in dem Bereich von 5,941 cm^3 bis 5,955 cm^3.

Größtfehler: Der Größtfehler ΔV errechnet sich mit Hilfe von Gl. 1.12 wie folgt:

$$\Delta V = \bar{V} \cdot \left(2 \cdot \frac{s_{\bar{d}}}{\bar{d}} + \frac{s_{\bar{l}}}{\bar{l}}\right) \tag{2.4}$$

mit:

$$\begin{aligned} s_{\bar{l}} &= 0{,}0174 \text{ cm} \\ s_{\bar{d}} &= 0{,}0002333 \text{ cm} \\ \bar{d} &= 0{,}2959 \text{ cm} \\ \bar{l} &= 86{,}505 \text{ cm} \\ \bar{V} &= 5{,}948 \text{ cm} \end{aligned}$$

ergibt sich für den Größtfehler

$$\Delta V = 0{,}01057\ \text{cm}^3$$

Mit Hilfe des Größtfehlers ΔV läßt sich das Ergebnis für die Volumenbestimmung dann wie folgt darstellen:

$$\boldsymbol{V = 5{,}948\ \text{cm}^3 \pm 0{,}0106\ \text{cm}^3}$$

Ob Sie das Ergebnis mit der Standardabweichung oder dem Größtfehler angeben, ist im Grunde Geschmackssache. Die häufigste Darstellung von allen physikalischen Konstanten ist jedoch die mit Hilfe der Standardabweichung. Um jedoch Unklarheiten zu vermeiden, sollte die Art der Fehlangabe möglichst erwähnt werden.

2.2.3 Zeit *t* (von time)

Es ist nicht möglich, die Zeit physikalisch exakt zu definieren. Es ist nur möglich, *Aussagen* über die Zeit sowie ihre Messung und Einheiten zu machen. Den Physiker interessiert dabei in erster Linie die reproduzierbare Messung von *Zeitintervallen*. Die älteste und naturgegebene Einheit der Zeit ist der Tag mit seinen im Grunde willkürlichen Unterteilungen in Stunden, Minuten und Sekunden: Ein Tag ist die Zeit zwischen zwei gleichen Sonnenständen (Sonnentag) oder gleichen Sternständen (Sternentag). Dabei ist der Sternentag einige Minuten kürzer als der Sonnentag.
Die SI-Einheit der Zeit ist die Sekunde (Abk. s). Weitere gesetzliche Einheiten der Zeit sind der Tag (d), die Stunde (h) und die Minute (min) sowie Untereinheiten der Sekunde:

$$\begin{aligned} 1\ \text{ms} &= 10^{-3}\ \text{s} = \text{Millisekunde} \\ 1\ \mu\text{s} &= 10^{-6}\ \text{s} = \text{Mikrosekunde} \\ 1\ \text{ns} &= 10^{-9}\ \text{s} = \text{Nanosekunde} \\ 1\ \text{ps} &= 10^{-12}\ \text{s} = \text{Pikosekunde} \end{aligned}$$

Die Zeit wird mit Hilfe von Uhren gemessen. Die einfachsten Uhren sind Vorrichtungen, bei denen irgendeine Substanz (Wasser, Sand) aus einem Behälter in einen anderen läuft. Die kompliziertesten und präzisesten Uhren sind Atomuhren. Bei derartigen hochpräzisen Uhren wird die absolut konstante Schwingung des Atoms (Moleküls) als Maßstab benutzt. Über elektronische Schaltungen werden diese Schwingungen umgewandelt und mittels Ziffern optisch dargestellt. Es gibt zwei Möglichkeiten, die Zeit darzustellen, und zwar eine analoge und eine digitale. Bei der digitalen Zeitdarstellung wird die Zeit mit Hilfe von Ziffern, also ganzen Zahlen, angezeigt. Uhren mit einer derartigen Zeitangabe werden als *Digitaluhren* bezeichnet. Bei der analogen Darstellung zeigt z. B. ein Zeiger eine bestimmte Stellung der Uhr an. Dieser Stellung wird eine bestimmte Zeit zugeordnet. Die Stellung des Zeigers ist dann die der Zeit analoge Größe. Eine Sanduhr z. B. ist eine analoge Zeitdarstellung.
Früher wurde die Einheit der Zeit, also der Tag mit seinen Untereinheiten Stunde, Minute oder Sekunde, über die Erdrotation definiert. Diese Definition ist für die moderne Physik nicht mehr ausreichend konstant. Daher wird die Zeit heute über einen atomaren Vorgang definiert. Die moderne Definition der Sekunde lautet wie folgt:

> 1 Sekunde (s) ist das 9 192 631 770fache der Periodendauer der Strahlung, die dem Übergang zwischen den beiden Hyperfeinstrukturniveaus des Grundzustands von Atomen des Nuklids ^{133}Cs entspricht.

Diese etwas sehr abstrakt erscheinende Definition ist wie folgt zu verstehen: Das Caesium-133 sendet eine bestimmte Strahlung aus. Diese Strahlung besitzt eine bestimmte Frequenz (s. 133). Sie schwingt pro Sekunde gerade 9 192 631 770mal. Also ist die Dauer einer Sekunde gerade das 9 192 631 770fache der Dauer einer Schwingung dieser Strahlung.

Abb. 10. Digitale und analoge Darstellung der Zeit

2.2.3.1 Relativistische Zeit

Die Zeit ist keine absolute Größe, sondern ist abhängig von dem jeweiligen Bezugssystem. Dabei ist die *Geschwindigkeit* v eines Bezugssystems die entscheidende Größe. Stellen Sie sich Personen vor, die mit einer sehr schnell fliegenden Rakete im Raum unterwegs waren. Nach deren Uhren ist bei der Rückkehr auf die Erde z. B. ein Jahr vergangen. Für die Personen auf der Erde sind nach deren Uhren jedoch z. B. bereits 15 Jahre vergangen, d. h., daß die Zeitdauer für diese beiden Personengruppen nach Rückkehr der Rakete auf die Erde völlig verschieden ist.
Das Gesagte sind keine Spekulationen aus Science-fiction-Romanen, sondern nachrechenbare und beweisbare Tatsachen. So „leben" z. B. bestimmte Teilchen (Mesonen) in Ruhe erheblich kürzer, als wenn sie hochenergetisch sind, sich also sehr schnell bewegen. Die Zeit t, die in einem bewegten System vergangen ist – gemessen im ruhenden System (= Laborsystem) – läßt sich aus der Zeit t_0 im Ruhesystem wie folgt errechnen:

$$t = t_0 \cdot \frac{1}{\sqrt{1 - \frac{v^2}{c_0^2}}} \tag{2.5}$$

mit:

v = Geschwindigkeit eines bewegten Systems
c_0 = Lichtgeschwindigkeit ($c_0 \approx 3 \cdot 10^8$ m/s)
t = in einem bewegten System gemessene Zeit, bezogen auf das ruhende System
t_0 = in einem Ruhesystem gemessene Zeit

Diese Überlegungen und Beweise stammen wie Gl. 2.1 von *Einstein* und sind Teil seiner speziellen Relativitätstheorie.

Beispiel. Eine Rakete bewegt sich ein Jahr lang mit halber Lichtgeschwindigkeit, also $c_0/2$. Wie groß ist die Zeit t, die für die mitfliegenden Personen nach der Rückkehr der Rakete „ins Laborsystem" vergangen ist?
Es ergibt sich:

$$t = \frac{1 \text{ Jahr}}{\sqrt{1 - \left(\frac{\frac{c_0}{2}}{c_0}\right)^2}} = \frac{1 \text{ Jahr}}{\sqrt{\frac{3}{4}}}$$

also:

$$\mathbf{t = 1{,}1547 \text{ Jahre}}$$

Für die Personen in der Rakete ist sowohl nach ihren eigenen Uhren als auch ihren biologischen Abläufen exakt 1 Jahr vergangen. Aber von der Erde, dem Laborsystem, aus gesehen sind das 1,1547 Jahre. Eine Person auf der Erde ist in diesem Fall um rund 1,1 Jahre älter geworden gegenüber den Personen in der Rakete, die nur 1 Jahr älter geworden sind. Je schneller die Rakete fliegt, desto größer und merkbarer werden die Zeitunterschiede in den beiden Systemen.

2.2.4 Stoffmenge, Atomgewicht, atomare Masseneinheit (n, A, u)

Die Stoffmenge wird in mol angegeben. In der ursprünglichen Fassung des Gesetzes über Einheiten von 1969 war diese Größe nicht enthalten. Sie ist erst nach langen Diskussionen durch eine Gesetzesänderung im Jahre 1973 als 7. Basisgröße eingeführt worden.
Danach ist 1 mol wie folgt definiert:

> 1 mol ist die Stoffmenge eines Systems bestimmter Zusammensetzung, das aus ebenso vielen Teilchen besteht, wie Atome in 0,012 kg (12 g) des Nuklids ^{12}C enthalten sind.

In einer Masse von 0,012 kg = 12 g des Nuklids ^{12}C befinden sich $N_A = 6{,}022045 \cdot 10^{23}$ Teilchen. Diese Zahl wird als Loschmidt- oder Avogadro-Zahl bezeichnet. Wir können daher auch sagen: Eine bestimmte Masse besitzt eine Stoffmenge von 1 mol, wenn sich in ihr N_A Teilchen befinden. Herstellen läßt sich 1 mol eines beliebigen Stoffes dadurch, daß man die Masse der Substanz nimmt, die gleich dem Atom- bzw. Molekulargewicht dieser Substanz in Gramm ist. Dazu einige zusätzliche Überlegungen:
Man geht vom Kohlenstoffisotop ^{12}C aus. Prinzipiell ist es dabei völlig belanglos, ob man ^{12}C oder ein anderes Isotop nimmt. Das zeigt sich in der Tatsache, daß früher

^1H oder auch ^{16}O als Bezugsnuklide verwendet wurden. Die Verwendung von ^{12}C hat rein praktisch-meßtechnische Gründe.
Ein ^{12}C-Atom besitzt eine Masse von

$$m_{C12} = 1{,}9925 \cdot 10^{-23}\ \mathrm{g} \tag{2.6}$$

Der Kern des ^{12}C besteht aus 12 Teilchen (Nukleonen), und zwar 6 Protonen und 6 Neutronen. Daher ist 1/12 der Masse des ^{12}C etwa gleich der Masse eines Nukleons. Den 12. Teil der Masse des ^{12}C bezeichnet man als atomare Masseneinheit und kürzt ihn mit u ab. Also

$$u = \frac{m_{C12}}{12} = 1{,}6604 \cdot 10^{-24}\ \mathrm{g} \tag{2.7}$$

Anmerkung. Nimmt man 2 Protonen und 2 Neutronen und addiert deren einzelne Massen, so erhält man irgendeine Zahl in Gramm. Verbinden sich jedoch die 4 Teilchen zu Helium und mißt man die Masse des Heliums, das aus den 4 Teilchen besteht, so ist jetzt – wahrscheinlich zu Ihrer Überraschung – die Masse geringer als vorher. Durch die Bindungen der Teilchen aneinander ist Energie und damit Masse verlorengegangen. Dieser Massenverlust taucht in der Bindungsenergie des Heliumkerns wieder auf. Was für das Helium gilt, gilt für alle Atomkerne.

Man fragt für die Bestimmung des Atomgewichts, wievielmal mehr Masse als die atomare Masseneinheit u ein bestimmtes Nuklid der Masse m besitzt.
Man bildet also das Verhältnis m/u, wobei m die Masse des jeweiligen Nuklids ist, dessen Atomgewicht bestimmt werden soll. Die Zahl, die bei der Ausrechnung des Quotienten m/u herauskommt, ist das Atomgewicht.
Also:

Das Atomgewicht ist eine reine Zahl, die angibt, wievielmal mehr Masse ein bestimmtes Nuklid besitzt als die atomare Masseneinheit u. Die atomare Masseneinheit u ist der 12. Teil der Masse des Kohlenstoffisotops ^{12}C.

Das Atomgewicht wird auch als relative Atommasse bezeichnet. Die atomare Masseneinheit ist die Masse eines „Teilchens“, das es in der Natur nicht gibt. Trotzdem läßt sich fragen, wie viele „Teilchen“ mit der Masse $u = 1{,}6604 \cdot 10^{-24}$ g ergeben genau 1 g? Nun, wenn irgendetwas z. B. 1/1000 g wiegt, braucht man für 1 g 1000 Teile davon. Wiegt es 1/100 g, so braucht man 100 Teile, um 1 g zu erhalten. In unserem Fall wiegt ein „Teilchen“ $u = 1{,}6604 \cdot 10^{-24}$ g, also braucht man genau

$$\frac{1}{1{,}6604 \cdot 10^{-24}} = 6{,}022045 \cdot 10^{23}$$

„Teilchen“ um 1 g dieses hypothetischen Stoffs zu erhalten. Diese Anzahl wird als Loschmidt-Zahl bezeichnet: $N_A = 6{,}022045 \cdot 10^{23}$.
Betrachten wir jetzt das Nuklid Chlor-35. Es besitzt ein Atomgewicht von 34,96885. Wir betrachten jetzt genau N_A Teilchen von ^{35}Cl. Wieviel Gramm wiegen sie? Da jedes einzelne Chloratom 34,96885mal soviel wiegt wie die atomare Masseneinheit u, so müssen N_A Chloratome natürlich 34,96885 g wiegen.
Dieselben Überlegungen lassen sich für jedes beliebige Nuklid anstellen. Wir sehen, daß N_A Atome oder Moleküle immer gerade das Gewicht haben, das zahlenmäßig durch ihr Atomgewicht angegeben wird, oder anders ausgedrückt: Die Stoffmenge,

die durch das Atomgewicht in Gramm dargestellt wird, besitzt für jeden Stoff gleich viele Moleküle (Atome), nämlich $N_A = 6{,}022045 \cdot 10^{23}$.
Das Molekulargewicht ist dabei die Summe der Atomgewichte, aus denen das Molekül besteht. Das Atomgewicht der *Elemente* des Periodensystems ist ein gewichteter Mittelwert, da ein Element in der Regel aus einer Reihe von Isotopen mit verschiedenen Atomgewichten besteht. Hierzu ein Beispiel:
Das in der Natur vorkommende Chlor besteht aus 2 Isotopen, dem Chlor-35 (Atomgewicht: 34,96885) und dem Chlor-37 (Atomgewicht: 36,96590). Beide Chlorisotope ergeben zusammen das gesamte in der Natur vorkommende Chlor, also 100%. Dabei beträgt der Anteil des stabilen Chlor-35 75,8% und des stabilen Chlor-37 entsprechend 24,2%. Das Atomgewicht des Elements Chlor, also des Isotopengemisches, berechnet sich dann wie folgt:

$$\text{Atomgewicht (Cl)} = \frac{\text{proz. Anteil } {}^{35}\text{Cl mal Atomgewicht} + \text{proz. Anteil } {}^{37}\text{Cl mal Atomgewicht}}{100} \quad (2.8)$$

Mit den entsprechenden Zahlenwerten folgt:

$$\text{Atomgewicht (Cl)} = \frac{75{,}8 \cdot 34{,}96885 + 24{,}2 \cdot 36{,}96590}{100} = 35{,}45$$

2.2.5 Temperatur ϑ, T (von temperature)

Die Temperatur von Materie macht eine Aussage über die kinetische Energie der Teilchen (Atome, Moleküle), aus denen sie besteht. Die Materie kann dabei fest, flüssig oder gasförmig sein.
Als weiteren Aggregatzustand gibt es den Plasmazustand. Das ist der Zustand hocherhitzter Materie, in der die Atome ihre Elektronen verloren haben.
Je schneller sich die Teilchen in einem Gas bewegen bzw. in Flüssigkeiten oder festen Körpern Schwingungen um ihre Ruhelage ausführen, desto höher ist die Temperatur dieser Materie.
Die Maßeinheit für die Temperatur läßt sich auf mehreren Wegen festlegen: Man bestimmt die Temperatur, bei der sich reines Wasser bei einem Druck von 760 Torr gerade in Eis umzuwandeln beginnt. Diese Temperatur hat man als 0° Celsius (C) bezeichnet. Die Temperatur, bei der dasselbe Wasser unter demselben Druck zu sieden beginnt, wird als 100 °C bezeichnet. Die Temperaturdifferenz zwischen 0 °C und 100 °C wurde in 100 gleiche Teile geteilt und jedes Teil als 1 °C bezeichnet. Diese Einteilung ist wegen des nahezu linearen Verhaltens des Wassers gerechtfertigt. Wie willkürlich die beschriebene Vorgehensweise ist, zeigt sich darin, wie in anderen Ländern vorgegangen wurde: Die Franzosen haben dem siedenden Wasser eine Temperatur von 80° Reaumur zugeordnet, dem gefrierenden Wasser 0° Reaumur. Somit verhält sich die Reaumur-Temperaturskala zur Celsius-Skala wie 4 : 5. Es gilt für die Umrechnung von Grad Reaumur in Grad Celsius bzw. umgekehrt:

$$\text{Grad Celsius} = \frac{5}{4}\,\text{Grad Reaumur} \quad (2.9)$$

bzw.

$$\text{Grad Reaumur} = \frac{4}{5}\,\text{Grad Celsius} \quad (2.9\text{a})$$

Beispiele

1. Wieviel Grad Celsius sind 60° Reaumur?
Es ergibt sich nach Gl. 2.9: Grad Celsius = 5/4 · 60 °R = 75 °C
Also: 60 °R entsprechen 75 °C.
Die Engländer haben dem gefrorenen Wasser eine Temperatur von 32° Fahrenheit (F) zugeordnet, dem siedenden Wasser eine Temperatur von 212 °F.
Die Umrechnung von Fahrenheit in Celsius ergibt sich wie folgt: Man zieht von dem entsprechenden Wert in Fahrenheit 32 ab, um zu demselben Nullpunkt wie die Celsius-Skala zu kommen. Dann sieht man, daß sich 180° Fahrenheit zu 100° Celsius wie 9 : 5 verhalten. Daher ergibt sich die folgende Umrechnung:

$$\text{Grad Celsius} = \frac{5}{9} \cdot (\text{Grad Fahrenheit} - 32) \tag{2.10}$$

bzw.

$$\text{Grad Fahrenheit} = \frac{9}{5} \cdot \text{Grad Celsius} + 32 \tag{2.10a}$$

2. Im BBC hören Sie, daß die Temperatur in London 23 °F beträgt. Welche Kleidung müssen Sie mitnehmen? Oder präziser gefragt: Wieviel Grad Celsius sind das? Nach Gl. 2.10 ergibt das

$$\text{Grad Celsius} = \frac{5}{9} \cdot (23-32) = -5\,^{\circ}\text{C}$$

– Warm anziehen –

Die Nullpunkte aller bisher genannten Maßeinheiten sind völlig willkürlich. Aber es gibt einen naturgegebenen „tatsächlichen" Nullpunkt. An diesem Nullpunkt, dem *absoluten Nullpunkt* wären die Bewegungen und Schwingungen von Atomen und Molekülen exakt Null. Diese „echte" Temperaturskala wird als Kelvin-Skala bezeichnet. 0 Kelvin (nicht: Grad Kelvin) entsprechen dabei – 237,15 ... °C. 0 °C sind dann 273,15 K.
Für die Umrechnung von Kelvin in Celsius gilt nach dem Gesagten:

$$t \text{ (in Grad Celsius)} = T \text{ (in Kelvin)} - 273{,}15 \tag{2.11}$$

Umgekehrt ergibt sich für die Umrechnung von Celsius in Kelvin:

$$T \text{ (in Kelvin)} = t \text{ (in Celsius)} + 273{,}15 \tag{2.11a}$$

2.2.5.1 Thermometer

Bei Erwärmung dehnen sich die meisten Stoffe aus. Eine sehr wichtige Ausnahme von dieser Regel bildet das Wasser. Wasser von weniger als + 4 °C dehnt sich bei Abkühlung aus. Daher schwimmt Eis. Die Ausdehnung von Flüssigkeiten und Gasen wird bei den üblichen Thermometern für die Temperaturmessung benutzt. Die meisten Thermometer besitzen Alkohol oder Quecksilber als Meßsubstanz. Bei einer Temperaturerhöhung dehnt sich die Substanz aus einem Vorratsbehälter in einen

dünnen Glaszylinder hinein aus. Dabei steigt die Flüssigkeit in dem geeichten Zylinder proportional zur Temperaturerhöhung hoch.
Ein spezielles Thermometer ist ein Fieberthermometer. In einem kleinen Glaskolben befindet sich Quecksilber. Der Glaskolben mündet in eine Kapillare. Die Ausdehnung des Quecksilbers ist proportional der Temperaturerhöhung. Das Quecksilber kann bei Temperaturerhöhung innerhalb der geeichten Kapillare aufsteigen. Wegen der hohen Oberflächenspannung des Quecksilbers bleibt die Säule auch bei Verringerung der Temperatur an der einmal erreichten Stelle stehen. Daher ist das Fieberthermometer ein Maximumthermometer. Es zeigt dauerhaft die höchste Temperatur an, der es innerhalb seines Meßbereichs ausgesetzt war. Um erneut messen zu können, muß man größere Kräfte auf die Quecksilbersäule ausüben, als es die Schwerkraft tut. Das geschieht in der Regel durch das „Herunterschlagen" mit der Hand.

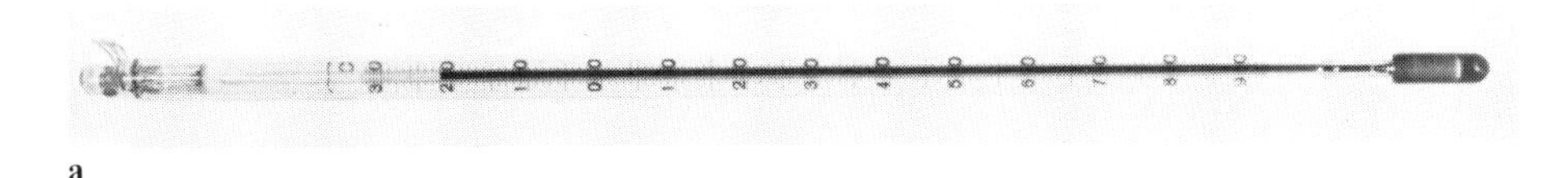

a

b

Abb. 11. **a** Photographie eines Flüssigkeitsthermometers, **b** Photographie eines Fieberthermometers

2.2.6 Stromstärke, Ladung (I, q)

Jeder elektrische Strom ist an die Bewegung von elektrischen Ladungen gebunden. Der elektrische Strom ist wie folgt definiert:

$$I = \frac{\Delta q}{\Delta t} \tag{2.12}$$

mit:

I = elektrischer Strom
Δq = innerhalb der Zeit Δt bewegte Ladungsmenge
Δt = betrachtete Zeit, innerhalb der die Ladung Δq fließt

Die SI-Einheit des elektrischen Stroms ist das Ampere (A). Dabei ist das Ampere wie folgt definiert:

> 1 A ist die Stärke eines elektrischen Stroms, der durch 2 im Vakuum parallel im Abstand von 1 m voneinander angeordnete gradlinige, theoretisch unendlich lange Leiter von zum Abstand vernachlässigbar kleinem Querschnitt fließend, zwischen diesen Leitern je 1 m Leiterlänge die Kraft von $0{,}2 \cdot 10^{-6}$ N hervorrufen würde.

Der Inhalt dieser recht umständlich klingenden Definition ist der, daß sich zwei in einem Abstand von 1 m befindliche elektrische Leiter, durch die Strom fließt, je nach Stromrichtung gegenseitig anziehen oder abstoßen. Die dabei zwischen den Leitern wirkende Kraft ist dann ein Maß für die Stromstärke.
Jedes Proton und jedes Elektron ist elektrisch geladen. Die Ladung ist dabei untrennbar mit dem Proton und dem Elektron verknüpft; ohne Masse also keine Ladung. Die kleinste Ladung ist die des Elektrons sowie des Protons. Deren Ladung wird als Elementarladung bezeichnet. Die Ladungen von Proton und Elektron sind zahlenmäßig gleich, sie besitzen jedoch verschiedene Vorzeichen. Man kürzt die Elementarladung des Elektrons mit e^-, die des Protons mit e^+ ab. Eine sehr große Anzahl von Ladungen, nämlich $0{,}624 \cdot 10^{19}$ Elementarladungen, wird als 1 Coulomb (Abk. C) bezeichnet. Also

$$1\,\mathrm{C} = 0{,}624 \cdot 10^{19}\,\mathrm{e}^- \tag{2.13}$$

umgekehrt besitzt ein Elektron dann eine Ladung von:

$$1\,\mathrm{e}^- = 1{,}602 \cdot 10^{-19}\,\mathrm{C} \tag{2.13a}$$

Die gesetzlichen Einheiten der Ladung sind das Coulomb (= Amperesekunde) sowie die Elementarladung. Die Einheit der Ladung in Amperesekunden (As) läßt sich aus Gl. 2.12 herleiten. Demnach gilt für die Ladung

$$q = I \cdot t \tag{2.12a}$$

Fließt ein Strom I von 1 A während einer Zeit von 1 s, so bedeutet das den Transport einer Ladung von 1 A · s. Diese Ladungsmenge ist gleich 1 C. Die in Batterien oder Akkumulatoren (Auto-Aku) gespeicherte Ladung ist daher in A · s oder A · h (Amperestunden) angegeben.

2.2.7 Lichtstärke und andere Größen der Photometrie (s. Tabelle 6)

Die Basisgröße Lichtstärke gehört zu dem Gebiet der Optik. Es liegt eine beliebige Lichtquelle vor, z.B. die Sonne. Die von der betrachteten Lichtquelle (Sonne) pro Zeiteinheit abgegebene Energie soll konstant sein. Die von der Lichtquelle insgesamt im sichtbaren Bereich abgegebene Energie bezeichnet man als Lichtmenge und kürzt sie mit dem Buchstaben Q ab. Die Lichtmenge wird in Lumenstunden gemessen (lm · h).
Die im folgenden speziell für das Licht vorgestellten Größen gibt es ihrer Bedeutung nach auch für andere Strahlenarten wie Röntgenstrahlung, γ-Strahlung, Infrarotstrahlung usw.; nur besitzen die entsprechenden Größen dort oft andere Bezeichnungen.
Die Lichtmenge, die pro Zeiteinheit von der Quelle abgestrahlt wird, wird als Lichtstrom bezeichnet und mit dem Buchstaben Φ abgekürzt. Für Φ gilt:

$$\text{Lichtstrom } \Phi = \frac{\text{Lichtmenge}}{\text{Zeiteinheit}} = \frac{\Delta Q}{\Delta t} \tag{2.14}$$

Der Lichtstrom wird in *Lumen* (Abk. lm) gemessen. Der Lichtstrom Φ innerhalb eines Raumwinkelelements wird als Lichtstärke J bezeichnet. Es gilt also:

$$\text{Lichtstärke } J = \frac{\text{Lichtstrom}}{\text{Raumwinkelelement}} = \frac{\Delta\Phi}{\Delta\omega} \tag{2.15}$$

Der Raumwinkel $\Delta\omega$ legt einen Kegel fest; der Lichtstrom, der in diesen Kegel geht, ergibt die Lichtstärke J. Die Lichtstärke J ist eine Basisgröße und wird in Candela (Abk. cd) gemessen.

Tabelle 6. Zusammenfassung der photometrischen Größen

Photometrische Größe	Symbol	Einheit
Lichtmenge	Q	Lumenstunde (lmh)
Lichtstrom	Φ	Lumen (lm)
Lichtstärke	J	Candela (cd)
Leuchtdichte	B	Candela/m^2 (cd/m^2)
Beleuchtungsstärke	E	lm/m^2 = Lux (lx)

1 cd ist wie folgt definiert:

> 1 cd ist die Lichtstärke mit der $6 \cdot 10^{-5}$ m^2 der Oberfläche eines schwarzen Strahlers bei der Temperatur des beim Druck von 101 325 N/m^2 erstarrenden Platins senkrecht zu seiner Oberfläche leuchtet.

Der vorliegenden etwas unanschaulichen Definition liegt die Tatsache zugrunde, daß ein schwarzer Strahler u.a. Licht aussendet. Wieviel Licht er aussendet, hängt von seiner Temperatur ab. Es wurde für die Definition des Candela die Temperatur des erstarrenden Platins bei einem bestimmten Druck festgelegt.
Unter der Leuchtdichte B eines *leuchtenden* Körpers versteht man die Lichtstärke J, die pro Flächeneinheit senkrecht von einer leuchtenden Fläche A_S abgestrahlt wird. Also:

$$B = \frac{J}{A_S} \tag{2.16}$$

mit:

B = Leuchtdichte
J = Lichtstärke
A_S = senkrecht Licht abstrahlende Fläche

Die Einheit der Leuchtdichte ist cd/m^2. Der in der Definition genannte schwarze Körper mit einer Lichtstärke von 1 cd und einer Fläche von $6 \cdot 10^{-5}$ m^2 besitzt somit eine Leuchtdichte B von $1/6 \cdot 10^5$ cd/m^2.
Das menschliche Auge ist in der Lage, Licht in einem Leuchtdichtebereich über rund 8 Zehnerpotenzen physiologisch zu verarbeiten. Dabei ist bei einer Leuchtdichte B von rund 10^{-2} cd/m^2 gerade noch hell und dunkel zu unterscheiden (Dämmersehen). Eine Leuchtdichte von 10^6 cd/m^2 ist die Blendgrenze.
Betrachtet man dagegen einen *beleuchteten* Körper, so ist dort eine Größe definiert, die als Beleuchtungsstärke E bezeichnet wird. Die Beleuchtungsstärke ist ein Maß für die Lichtmenge, die die beleuchtete Fläche A trifft.

Es gilt für die Beleuchtungsstärke:

$$E = \frac{\Phi}{A_0} \tag{2.17}$$

mit:

E = Beleuchtungsstärke
Φ = Lichtstrom, der auf A_0 zur Beleuchtung führt
A_0 = beleuchtete Fläche, auf die der Lichtstrom senkrecht fällt

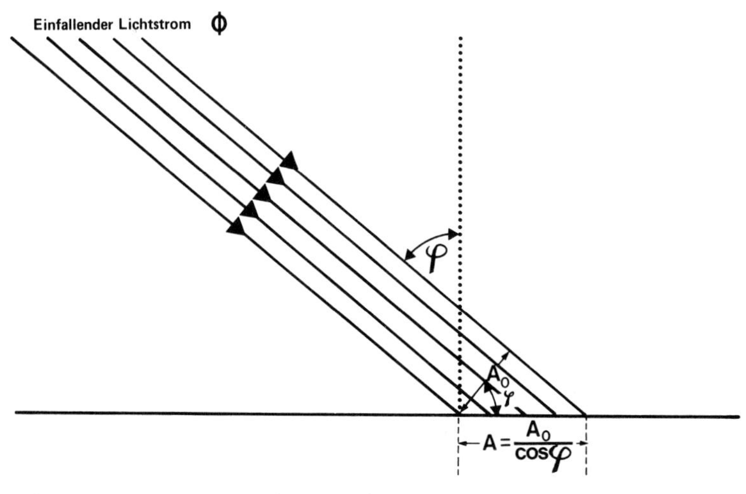

Abb. 12. Ein einfallendes paralleles Lichtbündel mit einem Lichtstrom Φ führt auf A bzw. A_0 zu einer Beleuchtungsstärke E. Die Fläche, auf die das Lichtbündel senkrecht auftritt, ist mit A_0 bezeichnet, die Fläche, auf die das Bündel unter dem Winkel φ auftrifft, mit A.

Wenn das Licht nicht senkrecht auf die Fläche fällt, sondern unter einem beliebigen Winkel φ, so gilt statt Gl. 2.17 entsprechend:

$$E = \frac{\Phi}{\frac{A_0}{\cos\varphi}} = \frac{\Phi}{A_0} \cdot \cos\varphi \tag{2.18}$$

mit:

φ = Winkel zwischen der Fläche A und der Wellenfront des einfallenden Lichts

Es läßt sich mit Hilfe von Gl. 2.18 zeigen, daß die Beleuchtungsstärke E im Abstand r von einer in alle Richtungen strahlenden Lichtquelle mit der Lichtstärke J den folgenden Wert besitzt:

$$E = \frac{J}{r^2} \tag{2.19}$$

mit:

J = Lichtstärke einer Lichtquelle
E = Beleuchtungsstärke der von der Lichtquelle beleuchteten Fläche
r = Abstand der beleuchteten Fläche von der Lichtquelle

Sofern die Fläche A unter dem Winkel φ gegen die Verbindungslinie Quelle – Fläche geneigt ist, so gilt statt dessen:

$$E = \frac{J}{r^2} \cdot \cos\varphi \tag{2.20}$$

mit

φ = Winkel zwischen der Fläche und dem einfallenden Lichtstrom

Die anderen Bezeichnungen s. Gl. 2.19.

2.2.7.1 4. Praktikumsaufgabe (Lichtstärkemessungen)

Versuch A. In einer bestimmten Entfernung voneinander sind zwei Lichtquellen aufgestellt. Die Lichtstärke der einen (J_1) ist bekannt, die der anderen (J_2) soll ermittelt werden.
Dazu sucht man zwischen den Lichtquellen die Stelle auf, an der beide Lichtquellen die gleiche Beleuchtungsstärke E hervorrufen. Die Abstände der Lichtquellen von dieser Stelle bezeichnen wir mit r_1 bzw. r_2.
Nach Gl. 2.19 gilt für die Beleuchtungsstärken E_1 und E_2 der beiden Lampen

$$E_1 = \frac{J_1}{r_1^2} \tag{2.21a}$$

bzw.

$$E_2 = \frac{J_2}{r_1^2} \tag{2.21b}$$

Wir suchen den Ort, wo E_1 gleich E_2 ist, wo also gilt:

$$\frac{J_1}{r_1^2} = \frac{J_2}{r_2^2} \tag{2.21c}$$

Nach J_2 aufgelöst:

$$J_2 = \frac{r_2^2 \cdot J_1}{r_1^2} \tag{2.21d}$$

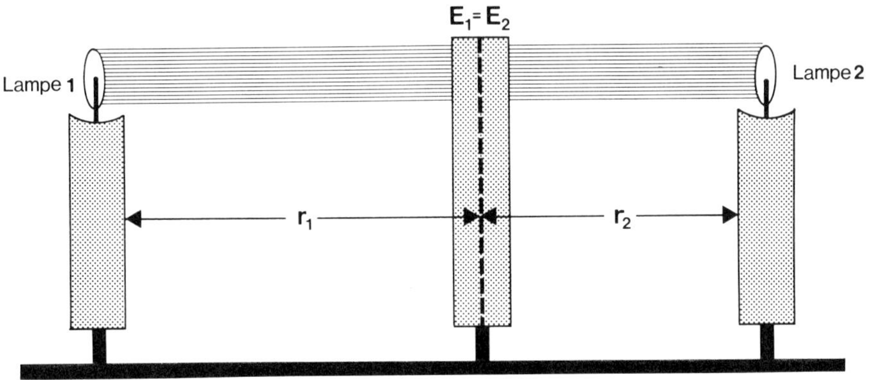

Abb. 13. Zwei Lampen mit der Lichtstärke J_1 und J_2 befinden sich im Abstand r_1 und r_2 von einem Lummer-Brodhun-Würfel, auf dem beide die gleiche Beleuchtungsstärke E erzeugen sollen.

Um die Stelle zu finden, an der die Beleuchtungsstärke beider Lichtquellen gleich groß ist, benutzt man einen Photometerwürfel von Lummer und Brodhun.
Dieser Apparat bringt durch Spiegelung und Totalreflexion das Licht beider Lichtquellen auf eine gemeinsame Fläche. Der innere Teil wird dabei von Lampe 1, der äußere von Lampe 2 beleuchtet. Die Lichtstärke J_1 der Lampe 1 ist gegeben, sie beträgt:

$$J_1 = 16\,\text{cd} \pm 0{,}1\,\text{cd}$$

Um J_2 zu berechnen, benutzen wir Gl. 2.21 d und messen 10mal die Abstände r_1 und r_2 (s. Tabelle 7). Die Mittelwerte von r_1 und r_2 setzen wir dann in Gl. 2.21 d ein. Meßergebnisse und Auswertung s. S. 41.

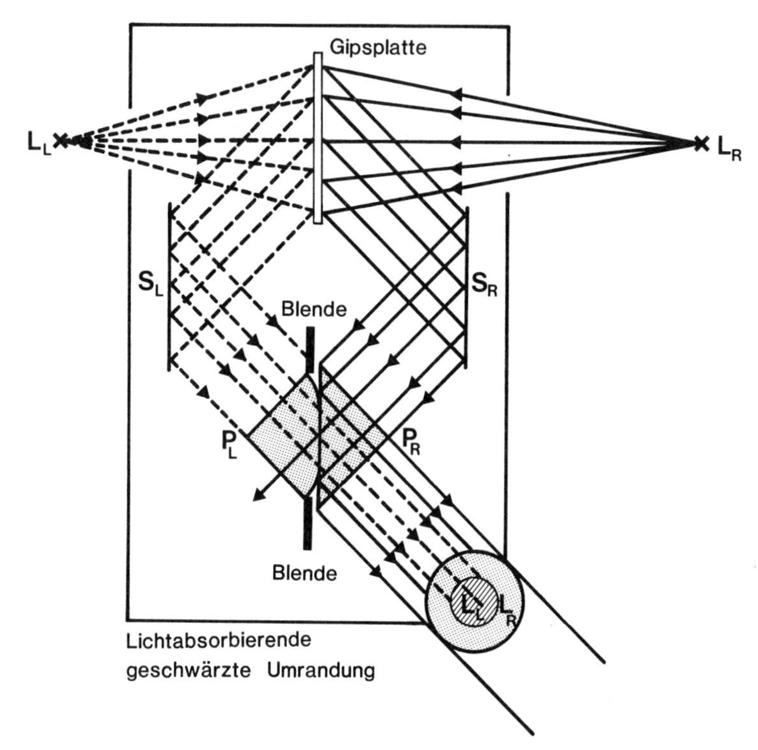

Abb. 14. Lummer-Brodhun-Würfel. In dem Würfel werden die beiden Lichtquellen L_L und L_R mit den Lichtstärken J_1 und J_2 auf einem Schirm abgebildet. Dabei rührt der innere Lichtkreis auf dem Betrachtungsschirm von der linken, der äußere von der rechten Lichtquelle. Durch Verschieben der Lichtquellen kann auf dem Schirm von beiden Lichtquellen gleiche Helligkeit, also gleiche Beleuchtungsstärke E, erreicht werden. S_L, S_R linker Spiegel, rechter Spiegel; P_L, P_R linkes Prisma, rechtes Prisma

Versuch B. Anschließend berechnen wir den optischen Wirkungsgrad η einer 3. Lampe bei Spannungen von 150 V, 160 V, ..., 220 V. Der Wirkungsgrad η ist wie folgt definiert:

$$\eta = \frac{J_3}{P} \tag{2.22}$$

mit:

J_3 = Lichtstärke einer 3. Lampe

P = Leistung des elektrischen Stroms in der 3. Lampe ($P = U \cdot I$) in Watt gemessen

$$[\eta] = \frac{\text{cd}}{\text{W}}$$

Der Wirkungsgrad macht eine Aussage über das Verhältnis von abgegebener Lichtstärke zu aufgewendeter elektrischer Leistung. Erwünscht ist natürlich ein möglichst großer Wirkungsgrad, denn je mehr Licht erzeugt wird, desto weniger Energie geht als Wärme verloren.

Tabelle 7. Meßergebnisse der Messung der Lichtstärke einer Lampe (Versuch A)

$r_{1,i}$ [cm]	$r_{2,i}$ [cm]
$r_{1,1}$ = 85,7	$r_{2,1}$ = 114,3
$r_{1,2}$ = 86,7	$r_{2,2}$ = 113,3
$r_{1,3}$ = 86,0	$r_{2,3}$ = 114,0
$r_{1,4}$ = 87,9	$r_{2,4}$ = 112,1
$r_{1,5}$ = 86,3	$r_{2,5}$ = 113,7
$r_{1,6}$ = 85,9	$r_{2,6}$ = 114,1
$r_{1,7}$ = 86,1	$r_{2,7}$ = 113,9
$r_{1,8}$ = 85,9	$r_{2,8}$ = 114,1
$r_{1,9}$ = 85,1	$r_{2,9}$ = 114,9
$r_{1,10}$ = 85,9	$r_{2,10}$ = 114,1
$\bar{r}_1$ = 86,15	$\bar{r}_2$ = 113,85

J_3 berechnet sich entsprechend Gl. 2.21d:

$$J_3 = \frac{r_3^2}{r_2^2} \cdot J_2$$

J_2 ist in Versuch A berechnet und daher bekannt. Die elektrische Leistung P berechnet sich wie folgt:

$$P = I \cdot U \tag{2.23}$$

mit:

P = Leistung des elektrischen Stroms

I = Stromstärke

U = Stromspannung

Wenn I in Ampere und U in Volt gemessen werden, so ergibt sich für die Einheit der Leistung das Watt (s. 8.15). Strom I und Spannung U werden mit Hilfe eines Ampere- bzw. Voltmeters gemessen.

Meßergebnisse und Auswertung

zu A:

Mit Hilfe von Gl. 2.19d und Tab. 7 folgt für J_2:

$$J_2 = \frac{(113{,}85)^2 \cdot 16}{(86{,}15)^2} \text{cd}$$

ausgerechnet:

$$J_2 = 27{,}94 \text{ cd}$$

Die Standardabweichung der Mittelwerte $s_{\bar{r}_1}$ und $s_{\bar{r}_2}$ errechnet sich zu:

$$s_{\bar{r}_1} = 0{,}233 \text{ cm}$$
$$s_{\bar{r}_2} = 0{,}233 \text{ cm}$$

Die Standardabweichung des Mittelwertes von J_2 berechnet sich mit Hilfe von Gl. 1.9 wie folgt:

$$s_{\bar{J}_2} = \bar{J}_2 \cdot \sqrt{\left(2 \cdot \frac{s_{\bar{r}_1}}{\bar{r}_1}\right)^2 + \left(\frac{s_{\bar{J}_1}}{\bar{J}_1}\right)^2} \tag{2.24}$$

Mit Hilfe der berechneten Werte ergibt sich:

$$s_{\bar{J}_2} = 0{,}231 \text{ cd}$$

Das Ergebnis des 1. Versuchsteils lautet somit:

$$\boldsymbol{J_2 = (27{,}94 \pm 0{,}231) \text{ cd}}$$

zu B:

Im folgenden messen wir aus Zeitgründen die Entfernungen r_2 und r_3 bei den jeweiligen Spannung von 150 V bis 220 V nur jeweils 3mal.
Die 8 Werte von η sind gegen die entsprechenden 8 Leistungen P in Abb. 15 dargestellt.

Tabelle 8. Meßergebnisse für die Entfernungen r_2 und r_3 in Abhängigkeit von der Spannung (U_1 bis U_8) bzw. der Stromstärke (I_1 bis I_8)

Nr.			
1.	$U_1 = 150$ V	$r_{3,i}$ [cm]	$r_{2,i}$ [cm]
	$I_1 = 0{,}106$ A		
	$P_1 = 15{,}9$ W	$r_{3,1} = 72{,}55$	$r_{2,1} = 127{,}45$
	$J_{3,1} = \frac{(71{,}95)^2}{(128{,}05)^2} \cdot 27{,}94$ cd	$r_{3,2} = 73{,}4$	$r_{2,2} = 126{,}6$
		$r_{3,3} = 69{,}9$	$r_{2,3} = 130{,}1$
	$J_{3,1} = 8{,}82$ cd	$\bar{r}_3 = 71{,}95$	$\bar{r}_2 = 128{,}05$
	$\eta_1 = 0{,}56$ cd/W		
2.	$U_2 = 160$ V	$r_{3,i}$ [cm]	$r_{2,i}$ [cm]
	$I_2 = 0{,}111$ A		
	$P_2 = 17{,}76$ W	$r_{3,1} = 77{,}5$	$r_{2,1} = 122{,}5$
	$J_{3,2} = \frac{(78{,}45)^2}{(121{,}55)^2} \cdot 27{,}94$	$r_{3,2} = 78{,}45$	$r_{2,2} = 121{,}55$
		$r_{3,3} = 79{,}4$	$r_{2,3} = 120{,}6$
	$J_{3,2} = 11{,}64$ cd	$\bar{r}_3 = 78{,}45$	$\bar{r}_2 = 121{,}55$
	$\eta_2 = 0{,}66$ cd/W		
3.	$U_3 = 170$ V	$r_{3,i}$ [cm]	$r_{2,i}$ [cm]
	$I_3 = 0{,}1185$ A		
	$P_3 = 20{,}145$ W	$r_{3,1} = 84{,}35$	$r_{2,1} = 115{,}65$
	$J_{3,3} = \frac{(84{,}65)^2}{(115{,}35)^2} \cdot 27{,}94$	$r_{3,2} = 85{,}1$	$r_{2,2} = 114{,}9$
		$r_{3,3} = 84{,}5$	$r_{2,3} = 115{,}5$
	$J_{3,3} = 15{,}05$ cd	$\bar{r}_3 = 84{,}65$	$\bar{r}_2 = 115{,}35$
	$\eta_3 = 0{,}747$ cd/W		
4.	$U_4 = 180$ V	$r_{3,i}$ [cm]	$r_{2,i}$ [cm]
	$I_4 = 0{,}124$ A		
	$P_4 = 22{,}32$ W	$r_{3,1} = 87{,}8$	$r_{2,1} = 112{,}2$
	$J_{3,4} = \frac{(89{,}63)^2}{(110{,}38)^2} \cdot 27{,}94$	$r_{3,2} = 88{,}6$	$r_{2,2} = 111{,}4$
		$r_{3,3} = 92{,}5$	$r_{2,3} = 107{,}5$
	$J_{3,4} = 18{,}42$ cd	$\bar{r}_3 = 89{,}63$	$\bar{r}_2 = 110{,}37$
	$\eta_4 = 0{,}825$ cd/W		
5.	$U_5 = 190$ V	$r_{3,i}$ [cm]	$r_{2,i}$ [cm]
	$I_5 = 0{,}13$ A		
	$P_5 = 24{,}7$ W	$r_{3,1} = 97{,}8$	$r_{2,1} = 102{,}2$
	$J_{3,5} = \frac{(97{,}7)^2}{(102{,}3)^2} \cdot 27{,}94$	$r_{3,2} = 97{,}3$	$r_{2,2} = 102{,}7$
		$r_{3,3} = 98{,}0$	$r_{2,3} = 102{,}0$
	$J_{3,5} = 25{,}48$ cd	$\bar{r}_3 = 97{,}7$	$\bar{r}_2 = 102{,}3$
	$\eta_5 = 1{,}03$ cd/W		
6.	$U_6 = 200$ V	$r_{3,i}$ [cm]	$r_{2,i}$ [cm]
	$I_6 = 0{,}136$ A		
	$P_6 = 27{,}2$ W	$r_{3,1} = 103{,}5$	$r_{2,1} = 96{,}5$
	$J_{3,6} = \frac{(104{,}3)^2}{(95{,}8)^2} \cdot 27{,}94$	$r_{3,2} = 104$	$r_{2,2} = 96{,}0$
		$r_{3,3} = 105{,}5$	$r_{2,3} = 94{,}5$
	$J_{3,6} = 33{,}12$ cd	$\bar{r}_3 = 104{,}3$	$\bar{r}_2 = 95{,}7$
	$\eta_6 = 1{,}22$ cd/W		
7.	$U_7 = 210$ V	$r_{3,i}$ [cm]	$r_{2,i}$ [cm]
	$I_7 = 0{,}141$ A		
	$P_7 = 29{,}61$ W	$r_{3,1} = 108{,}75$	$r_{2,1} = 91{,}25$
	$J_{3,7} = \frac{(109{,}68)^2}{(90{,}32)^2} \cdot 27{,}94$	$r_{3,2} = 108{,}7$	$r_{2,2} = 91{,}3$
		$r_{3,3} = 111{,}6$	$r_{2,3} = 88{,}4$
	$J_{3,7} = 41{,}2$ cd	$\bar{r}_3 = 109{,}68$	$\bar{r}_2 = 90{,}32$
	$\eta_7 = 1{,}39$ cd/W		

Tabelle 8 (Fortsetzung)

		$r_{3,i}$ [cm]	$r_{2,i}$ [cm]
8.	$U_8 = 220$ V $I_8 = 0{,}148$ A $P_8 = 32{,}56$ W $J_{3,8} = \frac{(111{,}92)^2}{(88{,}08)^2} \cdot 27{,}94$ $J_{3,8} = 45{,}11$ cd $\eta_8 = 1{,}39$ cd/W	$r_{3,1} = 110{,}8$ $r_{3,2} = 111{,}95$ $r_{3,3} = 113{,}0$ $\bar{r}_3 = 111{,}92$	$r_{2,1} = 89{,}2$ $r_{2,2} = 88{,}05$ $r_{2,3} = 87{,}0$ $\bar{r}_2 = 88{,}08$

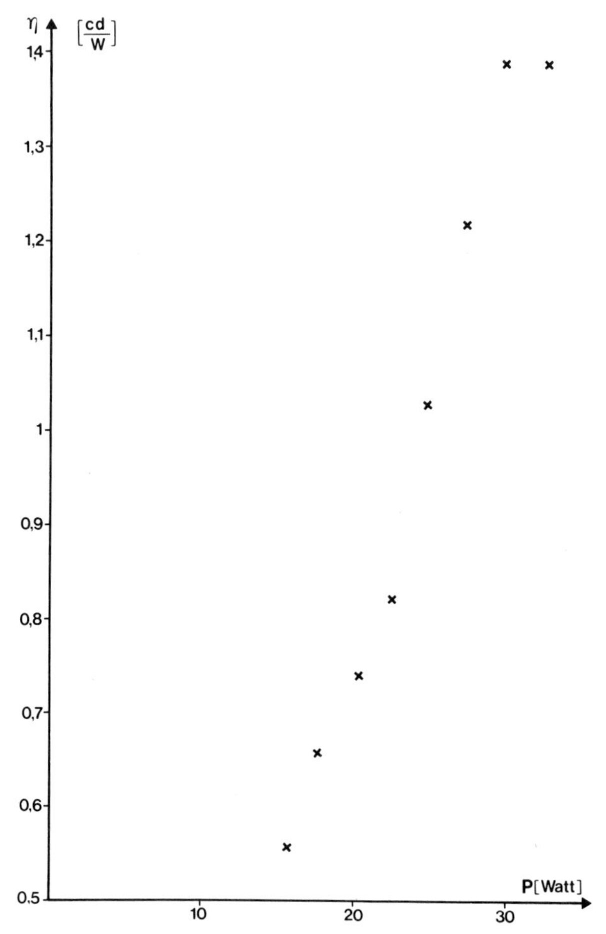

Abb. 15. Graphische Darstellung des Wirkungsgrads einer Glühlampe in Abhängigkeit von der Leistung entsprechend Tabelle 8

3 Physik fester Körper

In Kap. 2 haben wir die Basisgrößen nebst ihren gesetzlichen Einheiten besprochen. Zusätzlich haben wir eine Reihe von statistischen Zusammenhängen dargestellt. In den nun folgenden Kapiteln sollen zusammengesetzte physikalische Größen mit ihren Einheiten dargestellt und diskutiert werden.

3.1 Geschwindigkeit v (von velocity)

Die Geschwindigkeit v eines beliebigen Körpers ist definiert als der zurückgelegte Weg Δs innerhalb einer bestimmten Zeit Δt. Also:

$$\boxed{v = \frac{\Delta s}{\Delta t}} \tag{3.1}$$

mit:

v = Geschwindigkeit des Körpers
Δs = in der Zeit Δt zurückgelegter Weg
Δt = Zeit, innerhalb der der Weg Δs zurückgelegt wird

Die Einheit der Geschwindigkeit ergibt sich sofort aus Gl. 3.1. Für den Weg Δs setzen wir die SI-Einheit Meter und für die Zeit die SI-Einheit Sekunde. Somit ergibt sich als abgeleitete SI-Einheit der Geschwindigkeit *Meter pro Sekunde:*

$$\boxed{[v] = \frac{\mathrm{m}}{\mathrm{s}}} \tag{3.1a}$$

Weitere gesetzliche Einheiten von v sind alle weiteren Quotienten, die aus einer gesetzlichen Längeneinheit und einer gesetzlichen Zeiteinheit gebildet werden können. Erlaubt sind also auch km/h, km/s, m/min etc.
Besitzt der Körper stets dieselbe Geschwindigkeit, legt er also in gleichen Zeiten Δt stets gleiche Wege Δs zurück, so spricht man von einer *gleichbleibenden* oder auch *gleichförmigen Geschwindigkeit.*

3.1.1 Mittlere Geschwindigkeit ($\bar{v}$)

Aber es gibt noch andere Arten von Geschwindigkeiten. Stellen Sie sich vor, Sie fahren von Berlin nach Bonn. Die Entfernung der beiden Städte beträgt etwa 600 km.

Sie fahren die Strecke mit Ihrem Kfz in genau 6 h. Ihre Geschwindigkeit v berechnet sich dann nach Gl. 3.1:

$$v = \frac{600\ \text{km}}{6\ \text{h}} = 100\ \text{km/h}$$

Es ist jedoch jedem völlig klar, daß Sie auf der ganzen Fahrt fast nie genau 100 km/h gefahren sind. Einmal fahren Sie vielleicht 150 km/h, das andere Mal 40 km/h, und eine ganze Weile stehen Sie an der Grenze nur herum. Daher ist die Geschwindigkeit, die Sie nach Gl. 3.1 berechnet haben, etwas völlig anderes als die vorher erklärte gleichbleibende Geschwindigkeit, und das, obwohl Sie in beiden Fällen mit derselben Gleichung gerechnet haben. Eine Geschwindigkeit, die nach Gl. 3.1 berechnet wird, wird als *durchschnittliche* oder *mittlere Geschwindigkeit* $\bar{v}$ bezeichnet. Sie gibt an, mit welcher gleichbleibenden Geschwindigkeit Sie sich auf der Strecke bewegen müßten, um in derselben Zeit wie bei der tatsächlichen, aber veränderlichen Geschwindigkeit ans Ziel zu gelangen. Die meisten Geschwindigkeiten des täglichen Lebens sind solche mittleren Geschwindigkeiten.

3.1.2 Momentangeschwindigkeit (v_m)

Neben diesen beiden wohl zu unterscheidenden Geschwindigkeiten gibt es noch eine dritte Art von Geschwindigkeit. Es ist die *Momentangeschwindigkeit.* Hierunter versteht man die Geschwindigkeit, die ein Körper zu einem ganz bestimmten Zeitpunkt oder an einem ganz bestimmten Ort gerade besitzt. So wird z. B. bei einer Verkehrskontrolle mit Hilfe von Radarstrahlen die momentane Geschwindigkeit Ihres Kfz gemessen. Alle Geschwindigkeiten vorher und nachher zählen nicht und sind für das eventuelle Bußgeld völlig unerheblich. Bei einem Geschoß interessiert den Waffentechniker oder Soldaten in der Regel nur die Aufschlagsgeschwindigkeit, also die momentane Geschwindigkeit als Maß für die Geschoßwirkung. Um von Gl. 3.1 zu der Momentangeschwindigkeit zu gelangen, lassen wir die betrachteten endlichen Größen Δs und Δt immer kleiner werden. Dabei kann man zeigen, daß es mathematisch sinnvoll bleibt, Δt gegen Null streben zu lassen. Für diesen Grenzfall $\Delta t \to 0$ wird aus dem Δ ein d. Das Ergebnis dieses Grenzübergangs wird dann als Differential bezeichnet. Es gilt dann für die Momentangeschwindigkeit v_m:

$$v_m = \frac{\mathrm{d}s}{\mathrm{d}t} \tag{3.2}$$

mit:
v_m = Momentangeschwindigkeit
$\frac{\mathrm{d}s}{\mathrm{d}t}$ = Differential des Wegs nach der Zeit

Messen läßt sich die Momentangeschwindigkeit über eine Reihe von Effekten. Einen davon – die Radarmessung – haben wir erwähnt.
Liegt eine *gleichbleibende Geschwindigkeit* vor, so sind natürlich momentane und mittlere Geschwindigkeit exakt gleich.

Beispiel. Sie wollen den Tachometer Ihres Autos kalibrieren [2]. Der Tachometer ist ein Instrument, das mit Hilfe eines Zeigerausschlags, also analog, die momentane Ge-

2 Kalibrieren und Eichen bedeuten physikalisch exakt dasselbe. Eichen ist jedoch ein amtlicher Vorgang, der von einer ermächtigten Behörde abgenommen werden muß. Kalibrieren können Sie selber.

schwindigkeit anzeigt. Es ist bekannt, daß die angezeigte Geschwindigkeit und die tatsächliche, vor allem bei höheren Geschwindigkeiten nicht übereinstimmen. Kalibrieren bedeutet, der angezeigten Zeigerstellung des Tachometers die tatsächliche Geschwindigkeit zuzuordnen. Für die Kalibrierung fahren Sie mit Ihrem Auto am besten auf eine Autobahn. Auf jeder Autobahn sind alle 500 m kleine Schilder, auf denen Sie exakt den zurückgelegten Weg ablesen können. Unter Zuhilfenahme einer Stoppuhr fahren Sie dann mit gleicher Geschwindigkeit z. B. vom Kilometerstein 365 bis 367, also 2 km. Ihr Tachometer soll dabei z. B. stets genau 120 km/h anzeigen. Für die Strecke benötigen Sie 66,55 s. Wie groß ist die tatsächliche Geschwindigkeit? Es ergibt sich mit Hilfe von Gl. 3.1:

$$v = \frac{367\text{ km} - 365\text{ km}}{66{,}55\text{ s}} = \frac{2000\text{ m}}{66{,}55\text{ s}}$$

also:

$$v = 30{,}053\text{ m/s}$$

umgerechnet in km/h:

$$\mathbf{v = 108{,}19\ km/h}$$

Bei der Tachometerstellung von 120 km/h fahren Sie also tatsächlich nur 108,19 km/h.

Anmerkung. Um von der Einheit der Geschwindigkeit in m/s zu km/h zu gelangen, muß man den Wert in m/s mit dem Faktor 3,6 multiplizieren bzw. den Wert in km/h durch 3,6 teilen, um zu m/s zu gelangen.

3.2 Beschleunigung *a* (von acceleration)

Die Beschleunigung a ist definiert als Geschwindigkeitsänderung Δv in der Zeit Δt. Also:

$$a = \frac{\Delta v}{\Delta t} \tag{3.3}$$

mit:

a = Beschleunigung
Δv = Geschwindigkeitsänderung in der Zeit Δt
Δt = Zeit, während der sich die Geschwindigkeit ändert

Gl. 3.3 beschreibt eine gleichförmige, also über die betrachtete Zeit konstante Beschleunigung.

Die abgeleitete SI-Einheit der Beschleunigung ist das Meter pro Sekunde zum Quadrat (m/s^2).

Diese Einheit ergibt sich aus Gl. 3.3. Die Geschwindigkeit wird in m/s, die Zeit in s gemessen, also ergibt sich m/s durch s, also m/s^2.
Weitere gesetzliche Einheiten sind alle Quotienten, die mit einer gesetzlichen Längeneinheit und dem Quadrat einer gesetzlichen Zeiteinheit gebildet werden.

Lösen wir Gl. 3.3 nach Δv auf, so folgt:

$$\Delta v = a \cdot \Delta t \tag{3.3a}$$

mit:

a = Beschleunigung
Δv = Geschwindigkeitsänderung ($\Delta v = v_2 - v_1$)
v_1 = Geschwindigkeit des Körpers zu Beginn der Beschleunigung
v_2 = Geschwindigkeit des Körpers am Ende der Beschleunigung
Δt = Zeit, während der die Beschleunigung a auf den Körper wirkt

Mit Hilfe von Gl. 3.3a sind wir in der Lage, die Geschwindigkeit eines Körpers, der eine bestimmte Zeit gleichförmig beschleunigt wurde, zu berechnen. Wenn die Anfangsgeschwindigkeit des Körpers $v_1 = 0$ war und wir unsere Zeitrechnung z. B. mit Hilfe einer Stoppuhr bei 0 beginnen lassen, so ergibt sich aus Gl. 3.3a:

$$v = a \cdot t \tag{3.4}$$

mit:

v = Geschwindigkeit eines Körpers, nachdem er während der Zeit t mit der Beschleunigung a beschleunigt wurde
t = Zeit, in der der Körper beschleunigt wurde
a = Beschleunigung

Eine spezielle, überall auf der Erde wirksame Beschleunigung ist die Erdbeschleunigung. Sie wird mit g abgekürzt.
Es gilt für g:

$$g = 9{,}81\ \mathrm{m/s^2} \tag{3.5}$$

Gleichung 3.5 stellt einen Mittelwert für g dar. Die Erdbeschleunigung ist nämlich vom Breitengrad abhängig. Am Äquator ist sie am kleinsten, am Pol am größten. Was bedeutet nun, daß auf der Erde auf jeden Körper eine mittlere Beschleunigung von $g = 9{,}81\ \mathrm{m/s^2}$ wirkt? Das heißt, daß ein Körper, der – ohne Berücksichtigung der Luftreibung – im Schwerefeld der Erde frei fällt, in jeder Sekunde seine Geschwindigkeit um 9,81 m/s vergrößert. Ist seine Geschwindigkeit im Anfang gleich Null, so beträgt seine Geschwindigkeit v_1 nach der ersten Sekunde 9,81 m/s, nach der zweiten 9,81 m/s + 9,81 m/s = 19,62 m/s, nach der dritten Sekunde 19,62 m/s + 9,81 m/s = 29,43 m/s usw. Schneller läßt sich die Geschwindigkeit des Körpers mit Hilfe von Gl. 3.4 berechnen, sofern man a durch die spezielle Beschleunigung g ersetzt. Im Schwerefeld der Erde gilt daher statt Gl. 3.4:

$$v = g \cdot t \tag{3.6}$$

mit:

v = Geschwindigkeit des Körpers, der im Schwerefeld der Erde die Meßzeit t gefallen ist
g = Erdbeschleunigung
t = Meßzeit

Es ist in diesem Zusammenhang wichtig, daß im Schwerefeld der Erde jeder Körper, unabhängig davon wie groß oder klein seine Masse m ist, nach derselben Zeit dieselbe Geschwindigkeit besitzt. Eine Bleikugel und eine Hühnerfeder würden daher im

absoluten Vakuum gleich schnell zur Erde fallen. Die Luft jedoch ändert diese Gesetzmäßigkeit aufgrund der Reibung erheblich.
Eine weitere wichtige Frage muß noch beantwortet werden. Wie groß ist der von einem beschleunigten Körper in der Zeit t zurückgelegte Weg s? Bei einer nicht beschleunigten Bewegung galt $s = v \cdot t$. Ohne Ableitung sei der bei einer beschleunigten Bewegung zurückgelegte Weg s dargestellt:

$$s = \frac{a}{2} \cdot t^2 \tag{3.7}$$

mit:

s = von einem beschleunigten Körper in der Zeit t zurückgelegter Weg
t = Zeit, während der der Körper beschleunigt wird
a = Beschleunigung des Körpers während der Zeit t

Für den speziellen Fall des freien Falles, also für $a = g$, lautet Gl. 3.7 wie folgt:

$$s = \frac{g}{2} \cdot t^2 \tag{3.8}$$

mit:
g = Erdbeschleunigung

Gleichung 3.8 gilt jedoch wiederum nur ohne Berücksichtigung der Luftreibung.

Beispiel. Wie groß ist die Geschwindigkeit v eines Körpers, der 5 s lang mit einer Beschleunigung von 1 m/s² beschleunigt wird? Welchen Weg s hat er nach dieser Zeit zurückgelegt?
Die Frage nach der Geschwindigkeit v löst man mit Hilfe von Gl. 3.4. Es ergibt sich:

$$v = \frac{1\,\mathrm{m}}{\mathrm{s}^2} \cdot 5\,\mathrm{s}$$

also:

$$\boldsymbol{v = 5\,\frac{\mathrm{m}}{\mathrm{s}}}$$

Für die Berechnung des zurückgelegten Weges s wird Gl. 3.7 benutzt. Es ergibt sich:

$$s = \frac{1}{2} \cdot \frac{1\,\mathrm{m}}{\mathrm{s}^2} \cdot (5\,\mathrm{s})^2$$

also:

$$\boldsymbol{s = 12{,}5\,\mathrm{m}}$$

Zusammenfassung. Es gibt beschleunigte und unbeschleunigte Bewegungen. Beide Bewegungsarten müssen wohl unterschieden werden.

Tabelle 9. Zusammenfassung der Größen von beschleunigten und unbeschleunigten Bewegungen

Gesuchte Größe	Beschleunigte Bewegung	Unbeschleunigte Bewegung
Geschwindigkeit	$v = a \cdot t$	$v = \frac{s}{t}$
Zurückgelegter Weg	$s = \frac{a}{2} \cdot t^2$	$s = v \cdot t$

3.2.1 5. Praktikumsaufgabe (Messung der Erdbeschleunigung mit Hilfe eines Fadenpendels)

Ein Fadenpendel ist ein mathematisches Pendel. Unter einem mathematischen Pendel versteht man eine Anordnung, bei der sich idealisiert die gesamte schwingende Masse des Pendels in einem Punkt am Ende des Pendels befindet. Man realisiert dies, indem man eine relativ große Masse am Ende des Pendelarms (Faden), der selbst eine sehr

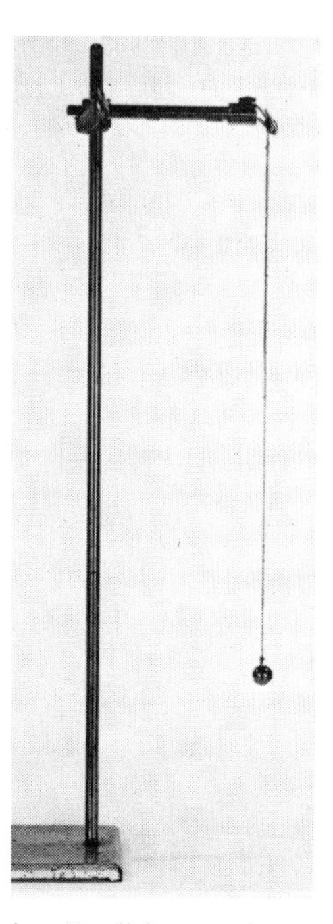

Abb. 16. Photographie einer einfachen Realisierung eines mathematischen Pendels zur Bestimmung der Erdbeschleunigung

geringe Masse besitzt, befestigt. Stößt man das Pendel an, so führt es Schwingungen aus.

Ohne Ableitung ist in Gl. 3.9 die Zeit T dargestellt, die das Pendel braucht, um von einem Schwingungszustand wiederum zu demselben Zustand zu gelangen. Man bezeichnet diese Zeit als Schwingungszeit T.

Für T gilt:

$$T = 2\pi \cdot \sqrt{\frac{l}{g}} \tag{3.9}$$

mit:

T = Schwingungszeit des mathematischen Pendels
π = Konstante $\approx 3{,}14$
l = Länge des Pendels von der Drehachse bis zum Schwerpunkt S der aufgehängten Masse (Bleikugel)
g = Erdbeschleunigung

Gleichung 3.9, nach g aufgelöst, ergibt:

$$g = \frac{4\pi^2 \cdot l}{T^2} \tag{3.9a}$$

Mit Hilfe von Gl. 3.9a läßt sich g berechnen. Dies geschieht dadurch, daß $\bar{l}$ und $\bar{T}$ als Schätzwerte für l und T gemessen werden und in Gl. 3.9a eingesetzt werden.
Man mißt die Pendeldauer $\bar{T}$ experimentell, indem man das Pendel beispielsweise fünfzig Schwingungen ausführen läßt und die dafür benötigte Zeit T_{ges} mißt. Die Zeit $\bar{T}$ für eine Schwingung ergibt sich dann natürlich dadurch, daß T_{ges} durch 50 dividiert wird: $\bar{T} = T_{ges}/50$.
Diese Messung von T_{ges} wird 10mal wiederholt. Man erhält somit 10 Meßwerte für T. Die Länge setzt sich aus der Länge des Fadens l_F und der „Länge" l_K, d.h. dem Radius der Kugel zusammen. Es gilt also:

$$l = l_F + l_K \tag{3.10}$$

Die Länge l bestimmt man durch 10maliges Ausmessen von l_F mit Hilfe eines Zentimetermaßes und von l_K mit einer Schublehre.
Mit Hilfe von Tab. 10 ergibt sich für die Erdbeschleunigung g der folgende Wert:

$$g = 4\pi^2 \cdot \frac{0{,}986}{(1{,}965)^2} \frac{\text{m}}{\text{s}^2}$$

also:

$$\mathbf{g = 10{,}08\ m/s^2}$$

Als Fehler geben wir den Größtfehler Δg an.
Für den Größtfehler folgt mit Hilfe von Gl. 1.11:

$$\Delta g = \bar{g} \cdot \left(\frac{s_{\bar{l}}}{\bar{l}} + 2 \cdot \frac{s_{\bar{T}}}{\bar{T}} \right) \tag{3.11}$$

Mit Hilfe eines Taschenrechners mit statistischen Funktionen berechnen wir die Standardabweichung des Mittelwertes der Länge und der Zeit, also $s_{\bar{T}}$ und $s_{\bar{l}}$. Es ergibt sich mit den Werten von Tabelle 10 für die beiden Standardabweichungen:

$$s_{\bar{T}} = 0{,}00592\,\text{s}$$
$$s_{\bar{l}} = 0{,}000987\,\text{m}$$

Tabelle 10. Meßergebnisse der Messung der Erdbeschleunigung mit Hilfe eines Fadenpendels

$l_i = l_{Fi} + l_{Ki}$ [m]	T_i [s]
$l_1 = 0{,}989$	$T_1 = 1{,}972$
$l_2 = 0{,}995$	$T_2 = 1{,}970$
$l_3 = 0{,}988$	$T_3 = 1{,}956$
$l_4 = 0.990$	$T_4 = 1{,}956$
$l_5 = 0{,}989$	$T_5 = 1{,}970$
$l_6 = 0{,}989$	$T_6 = 1{,}986$
$l_7 = 0{,}938$	$T_7 = 1{,}984$
$l_8 = 0{,}995$	$T_8 = 1{,}926$
$l_9 = 0{,}995$	$T_9 = 1{,}948$
$l_{10} = 0{,}995$	$T_{10} = 1{,}982$
$\bar{l} = 0{,}986$	$\bar{T} = 1{,}965$

Die berechneten Werte für $\bar{T}$, $s_{\bar{T}}$ sowie $\bar{l}$ und $s_{\bar{l}}$ in Gl. 3.11 eingesetzt:

$$\Delta g = 10{,}08 \cdot \left(\frac{0{,}000987}{0{,}986} + 2 \cdot \frac{0{,}00592}{1{,}965}\right)$$

ausgerechnet:

$$\Delta g = 0{,}071\ \mathrm{m/s^2}$$

Somit lautet das Ergebnis der Messung

$$\mathbf{g = (10{,}08 \pm 0{,}071)\ m/s^2}$$

3.3 Kraft *F* (von force)

Kraft und Energie sind zentrale Größen der gesamten Physik, sie spielen in fast allen Betrachtungen und Überlegungen eine Rolle. Aus diesem Grund sind dieses und das nächste Kapitel von besonderer Wichtigkeit.
Die Kraft ist definiert als Masse mal Beschleunigung:

$$F = m \cdot a \tag{3.12}$$

mit:
F = Kraft
m = Masse
a = Beschleunigung

Es ist von Wichtigkeit, festzustellen, daß die Kraft ein Vektor ist und daher sowohl einen Betrag als auch eine Richtung besitzt. Gleichung 3.12 macht nur eine Aussage über den Betrag der Kraft. Exakt müßte daher statt Gl. 3.12 die Kraft wie folgt definiert werden:

$$\vec{F} = m \cdot \vec{a} \tag{3.12a}$$

Die abgeleitete SI-Einheit der Kraft ist das *Newton* (N). Diese spezielle Einheit für die Kraft ergibt sich aus Gl. 3.12, indem wir für m 1 kg und für a eine Beschleunigung von 1 m/s^2 einsetzen.

Mit diesen Werten folgt aus Gl. 3.12:

$$1\ \mathrm{N} = 1\ \mathrm{kg} \cdot 1\ \mathrm{m/s^2} \tag{3.13}$$

Obige Definition ist willkürlich, jedoch sinnvoll. Man hätte z.B. als Masse auch 1 g und als Beschleunigung 1 cm/s^2 oder als Masse ¼kg und als Beschleunigung 9,81 m/s^2 usw. einsetzen können.
Früher hat man das auch getan und gelangte zu einer ganzen Reihe weiterer Einheiten für die Kraft. Es gab Kilopond, dyn, Dyn usw. Diese Einheiten sind aber alle nicht mehr statthaft und können daher vergessen werden.
Wirkt auf einen Körper der Masse m die Erdbeschleunigung g, so erfährt der Körper auf der Erde eine Kraft, die als *Gewichtskraft* bezeichnet wird. Früher wurde die

Gewichtskraft als „Gewicht" bezeichnet und in Kilopond (kp) gemessen. Heutzutage versteht man unter *Gewicht* die *Masse* eines Körpers. Die Gewichtskraft als spezielle Kraft wird wie jede andere Kraft in Newton gemessen. Setzen wir in Gl. 3.12 für a die Erdbeschleunigung $g = 9{,}81\ \mathrm{m/s^2}$ ein, so erhalten wir die Gewichtskraft eines Körpers der Masse m:

$$\boxed{F_G = m \cdot g} \tag{3.14}$$

mit:

F_G = Gewichtskraft eines Körpers der Masse m
m = Masse
g = Erdbeschleunigung ($g = 9{,}81\ \mathrm{m/s^2}$)

Auf dem Mond besitzen Sie exakt dieselbe Masse wie auf der Erde, aber da die „Mondbeschleunigung" nur rund ein Sechstel der Erdbeschleunigung beträgt, auch nur ein Sechstel der Gewichtskraft. Für andere Gestirne gelten dieselben Argumente. Im massefreien Weltraum, wo nur eine sehr geringe oder gar keine Gravitation herrscht, ist Ihre eigene Gewichtskraft daher nahezu oder exakt Null. Die Gewichtskraft zeigt stets auf den Erdmittelpunkt, in dem man sich die Masse der Erde vereinigt denken kann.
Wenn wir nochmals Gl. 3.12 betrachten, so sehen wir, daß jede Kraft F eine Beschleunigung a zur Folge und jede Beschleunigung eine Kraft als Ursache haben muß. Ist $a = 0$, so wird auch $F = 0$. Was gilt aber, wenn Sie beispielsweise auf die Waage steigen, um Ihre Masse oder Ihre Gewichtskraft zu bestimmen?
Sie stehen mit Ihren 50 kg, 60 kg oder 70 kg Masse auf der Waage. Die Waage zeigt eine entsprechende Gewichtskraft von (50, 60 bzw. 70) $\cdot$ 9,81 N (= 490,5 N, 588,6 N, bzw. 686,7 N) an. Beschleunigt wird aber nichts, also ist a exakt Null. Muß dann nach Gl. 3.12 bzw. 3.14 nicht auch F gleich null sein? F ist aber nicht Null, da Ihre Waage ja eine Kraft anzeigt. Was stimmt hier nicht?
Die Lösung ist einfach: Ihre Gewichtskraft bewirkt in der Waage beispielsweise das Zusammendrücken einer Feder. Die Feder wird dabei so weit zusammengedrückt, bis die Gegenkraft der Feder genau gleich Ihrer Gewichtskraft ist.
Dieser Wert wird angezeigt. Es sind also *zwei* entgegengesetzt gerichtete Kräfte wirksam, die sich gegenseitig aufheben. Daher ist die Kraft, nämlich die *resultierende* Kraft, tatsächlich Null, und auch die Beschleunigung ist Null. Man muß daher stets darauf achten, bei der Betrachtung eines speziellen Falles *alle* Kräfte zu berücksichtigen. Die Summe, und zwar die Vektorsumme und nicht einfach die algebraische der Kräfte ergibt eine resultierende Kraft. Für diese Kraft gilt exakt Gl. 3.12. Ist die Summe aller Kräfte, die auf einen Körper wirken gleich Null, so wirkt auf den Körper keine Beschleunigung, also ändert er seinen Bewegungszustand auch nicht. Er verbleibt in dem Zustand, in dem er sich gerade befindet. Er befindet sich in einem Gleichgewichtszustand. Allgemein kann man feststellen:

> Ein Körper, auf den keine resultierende Kraft wirkt, bei dem also die Summe aller Kräfte Null ist, verbleibt im Zustand der Ruhe oder der gleichförmigen Bewegung.

Dieser Satz stammt von Newton und heißt 1. Newtonsches Axiom. Wenn sich der Körper in Bewegung befindet, so verbleibt er ohne Kräfte in dieser Bewegung. War er in Ruhe, verbleibt er in Ruhe.

3.3.1 Spezielle Kräfte

Bisher haben wir ganz allgemein über Kräfte gesprochen, aber noch nichts über die Art und Weise der verschiedenen Kräfte ausgesagt. Das soll im folgenden geschehen. Dabei läßt sich feststellen, daß es insgesamt nur vier Arten von unterschiedlichen Kräften gibt. Es sind das im einzelnen:

Kernkräfte
elektromagnetische Kräfte
schwache Wechselwirkungskräfte
Gravitationskräfte

Im folgenden sollen diese vier Kräfte besprochen werden.

3.3.1.1 Kernkräfte

Im „Faust", der Tragödie I. Teil, sagt Faust:

> „Auch hab ich weder Gut noch Geld,
> Noch Ehr' und Herrlichkeit der Welt.
> Es möchte kein Hund so länger leben!
> Drum hab' ich mich der Magie ergeben,
> Ob mir durch Geistes Kraft und Mund
> Nicht manch Geheimnis würde kund;
> Daß ich nicht mehr mit saurem Schweiß
> Zu sagen brauche, was ich nicht weiß;
> *Daß ich erkenne, was die Welt*
> *Im Innersten zusammenhält,*
> Schau' alle Wirkenskraft und Samen,
> Und tu' nicht mehr in Worten kramen."

Die Frage, was die *Welt im Innersten zusammenhält*, werden wir an dieser Stelle ganz sicher nicht beantworten. Wir können aber eine andere, der obigen ähnliche Frage beantworten:

Was hält den Atomkern zusammen?

In einem Atomkern befinden sich Protonen und Neutronen. Die Neutronen sind elektrisch neutral, die Protonen elektrisch positiv geladen. Die vielen Protonen im Kern, es können bei den natürlich vorkommenden Elementen bis zu 92 sein, stoßen sich daher alle gegenseitig ab.
Warum fliegt dann nicht jeder Atomkern auseinander? Die Antwort lautet: Weil er von den *Kernkräften* zusammengehalten wird. Kernkräfte zeigen eine ganze Reihe recht komplizierter Verhaltensweisen, von denen auch heute manche noch nicht vollständig geklärt sind. Bekannt ist, daß Kernkräfte eine starke anziehende Wirkung besitzen, und zwar in einer Reichweite, die in der Größenordnung eines Nukleonendurchmessers ($\approx 1\,\text{fm} = 10^{-15}\,\text{m}$) liegen. Bei kleineren Abständen wirken sie dagegen stark abstoßend.
Wichtig ist, daß Kernkräfte nichts mit elektrischen oder magnetischen Kräften zu tun haben. Sie sind eine völlig andere Art von Kräften. Auf allerneueste Theorien, die da Zweifel anmelden, soll hier nicht eingegangen werden.

Die Kernkräfte besitzen eine Stärke, die 137mal so groß ist wie elektrische Kräfte und sogar 10^{40}(also eine 1 mit 40 Nullen)mal so groß wie die Gravitationskräfte. Sie wirken im Atom nur zwischen den Bausteinen des Atomkerns, also Protonen und Neutronen, nicht auf die Elektronen.

3.3.1.2 Elektrische Kräfte

Es gibt eine Menge verschiedener Arten elektrischer Kräfte. Aber einige Eigenschaften besitzen sie alle gemeinsam. Elektrische Kräfte entstehen stets durch die elektrischen Felder, die von elektrischen Ladungen herrühren. Näheres über elektrische Kräfte wird in 8.1.1 dargestellt.
Die Kräfte zwischen komplizierten Ladungsanordnungen wie Dipolen, Quadrupolen, Oktupolen usw. werden als van-der-Waalssche-Kräfte bezeichnet. Van-der-Waalssche-Kräfte spielen u.a. bei den Anziehungskräften zwischen Molekülen eine Rolle. Man kann auch sagen: Van-der-Waalssche-Kräfte sind elektrische Kräfte höherer Ordnung.
Magnetische Felder rühren von bewegten Ladungen her. Daher fallen magnetische Kräfte unter die Gesetze der elektrischen Kräfte.

3.3.1.3 Kräfte der schwachen Wechselwirkung

Über diese Kräfte soll nichts weiter gesagt werden, außer daß sie im Kern bei dem β^+- und β^--Zerfall eine wichtige Rolle spielen. Es gibt Bestrebungen, sie mit den Kernkräften und den elektrischen Kräften zusammen durch eine einheitliche Theorie zu beschreiben.

3.3.1.4 Gravitationskräfte

Zwischen allen Massen wirken Gravitationskräfte. Diese Kräfte rühren nur von den Massen selber her, haben also nichts mit magnetischen, elektrischen oder ähnlichen Kräften zu tun. Die Kraft F_G, mit der sich 2 Massen m_1 und m_2 gegenseitig anziehen, berechnet sich wie folgt:

$$F_G = \gamma \cdot \frac{m_1 \cdot m_2}{r^2} \tag{3.15}$$

mit:

F_G = Kraft zwischen 2 Massen m_1 und m_2, die sich im Abstand r voneinander befinden
m_1 = Masse 1
m_2 = Masse 2
r = Abstand der Massenschwerpunkte der beiden Massen
γ = Gravitationskonstante $6{,}670 \cdot 10^{-11}\ \mathrm{m^3 \cdot kg^{-1} \cdot s^{-2}}$

Beispiel. Eine Person mit der Masse m wird von der Erde, die die Masse M_e besitzt, mit einer Kraft F_G angezogen. Diese Kraft muß natürlich gleich der Gewichtskraft $F = m \cdot g$ sein. Das ist sofort einsichtig, denn unsere Gewichtskraft rührt ja aus-

schließlich von der Gravitationskraft der Erde her. Der Abstand der beiden Massen r ist natürlich gleich dem Erdradius R.
Es gilt also:

$$m \cdot g = \gamma \cdot \frac{M_e \cdot m}{R^2} \tag{3.16}$$

Mit Hilfe von Gl. 3.16 läßt sich z.B. die Erdmasse M_e bei bekanntem Erdradius berechnen:

$$M_e = \frac{g \cdot R^2}{\gamma} \tag{3.16a}$$

mit:

M_e = Erdmasse
g = 9,81 m/s²
R = 6371 · 10³ m
γ = 6,67 · 10⁻¹¹ m³ kg⁻¹ s⁻²

Es ergibt sich:

$$M_e = \frac{9{,}81 \cdot (6371 \cdot 10^3)^2 \, m^2 \cdot m \cdot s^2 \, kg}{6{,}67 \cdot 10^{-11} \, m^3 \, s^2}$$

ausgerechnet:

$$\mathbf{M_e = 597 \cdot 10^{22} \, kg}$$

3.3.2 Hookesches Gesetz

Hängt man an einen Metalldraht der Länge l eine Masse m, die im Schwerefeld der Erde eine Gewichtskraft F_1 zur Folge hat, so wird der Draht um Δl_1 verlängert. Verdoppelt man die Masse und damit F_1, so hat die Kraft $F_2 = 2 \cdot F_1$ die doppelte Längenänderung $l_2 = 2 \cdot \Delta l_1$ zur Folge. Innerhalb eines bestimmten Bereichs, der von der Beschaffenheit wie der Dicke und dem Material des Drahtes abhängt, gilt, daß die Längenänderung Δl proportional der wirkenden Kraft F ist (Abb. 17):

$$\Delta l \sim F \tag{3.17}$$

Weiterhin läßt sich zeigen, daß die Längenänderung umgekehrt proportional der Querschnittsfläche q des Drahtes und direkt proportional seiner Gesamtlänge l ist. Bei einem zylinderförmigen Draht beispielsweise ist $q = \pi \cdot r^2$, wenn r der Radius der Grundfläche des Zylinders ist.
Um aus der Proportionalität eine Gleichung zu bekommen, führen wir eine Proportionalitätskonstante $1/E$ ein. Es ergibt sich dann:

$$\frac{\Delta l}{l} = \frac{1}{E} \cdot \frac{F}{q} \tag{3.18}$$

mit:

$\frac{\Delta l}{l}$ = relative Längenänderung (= Dehnung) des Drahts bei Einwirken einer Kraft F
q = Querschnitt des Drahtes bei einem Zylinder $q = \pi \cdot r^2$
E = Elastizitätsmodul (gesetzliche Einheit N/m²); E ist eine Materialkonstante
$\frac{1}{E}$ = Proportionalitätskonstante, hängt von den Materialeigenschaften des Drahtes ab und wird als *Dehnungsgröße* bezeichnet
F = wirkende Kraft

Man bezeichnet F/q als Spannung und kürzt es mit σ ab. Würde die Kraft in umgekehrter Richtung wirken, so wäre F/q gleich einem Druck. Wird der Draht über eine bestimmte Länge hinaus gedehnt, so gilt Gl. 3.17 bzw. Gl. 3.18 nicht mehr, da der Draht seine elastischen Eigenschaften mit größer werdender Kraft immer mehr verliert. Mit Hilfe von $F/q = \sigma$ läßt sich Gl. 3.18 wie folgt schreiben:

$$\frac{\Delta l}{l} = \frac{1}{E} \cdot \sigma \qquad (3.18\,a)$$

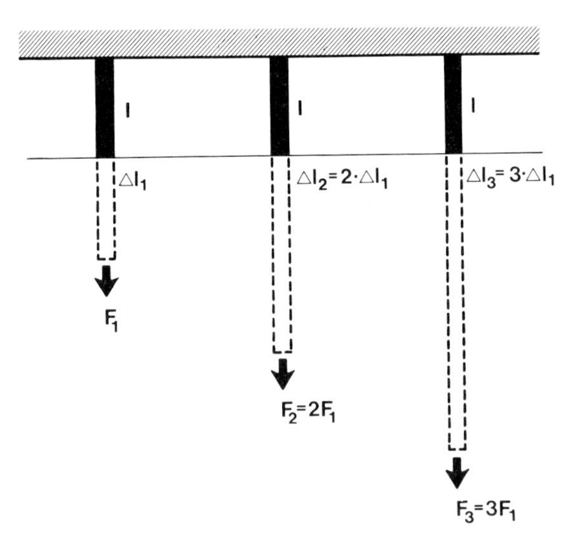

Abb. 17. Hookesches Gesetz. Die Längenänderung Δl eines Drahtes ist proportional der angreifenden Kraft *F*.

Kürzt man die Dehnung $\Delta l/l$ mit ε ab, so läßt sich statt Gl. 3.18a das Hooksche Gesetz auch wie folgt formulieren:

$$\boxed{\sigma = \varepsilon \cdot E} \qquad (3.18\,b)$$

Tabelle 11. Elastizitätsmodule E einiger Substanzen

Material	Elastizitätsmodul E $[N/m^2]$
Aluminium	$\frac{9{,}81 \cdot 7\,400}{10^{-6}}$
Kupfer	$\frac{9{,}81 \cdot 12\,500}{10^{-6}}$
Eisen	$\frac{9{,}81 \cdot 21\,800}{10^{-6}}$

3.3.2.1 Federwaage

Zur Messung von Gewichtskräften wird häufig eine Federwaage benutzt. Dabei macht man sich die Tatsache zunutze, daß die Längenänderung Δl einer Feder wie beim Draht proportional der angreifenden Kraft ist (Abb. 18):

$$\Delta l \sim F \qquad \text{(s. Gl. 3.17)}$$

Um zu einer Gleichung zu gelangen, führt man die Proportionalitätskonstante D ein. D wird als Federkonstante bezeichnet. In ihr stecken die Dicke des Drahtes aus der die Feder besteht, sowie die Materialeigenschaften des Drahtes. Es gilt für eine Feder:

$$F = D \cdot \Delta l \qquad (3.19)$$

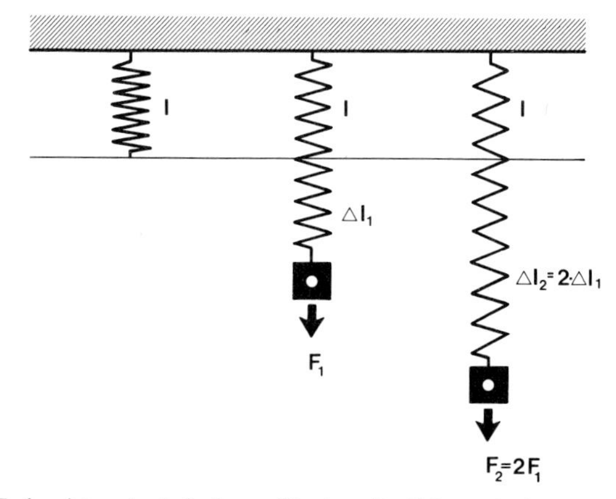

Abb. 18. Bei der Feder ist, wie bei einem Draht, die Längenänderung Δl proportional der angreifenden Kraft F.

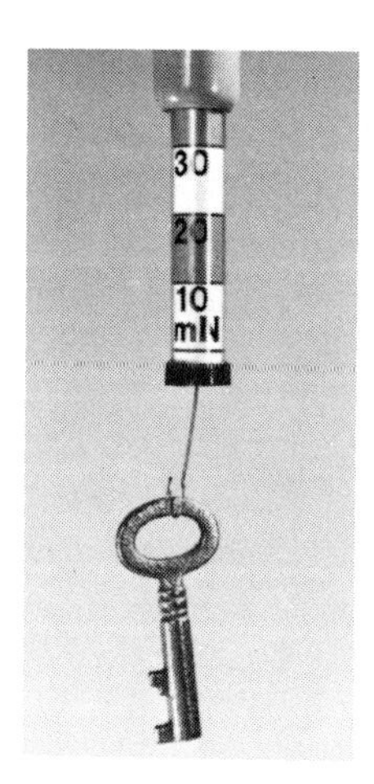

Abb. 19. Photographie einer Federwaage mit einer angreifenden Kraft von rund 36 mN

mit:
F = angreifende Kraft
Δl = Längenänderung der Feder
D = Federkonstante

Natürlich gilt auch Gl. 3.19 nur in einem bestimmten Bereich. Werden die angreifenden Kräfte zu groß, wird die Feder überdehnt und verliert ihre elastischen Eigenschaften. Das Hookesche Gesetz kann dazu benutzt werden, Kräfte zu messen. Dazu dienen geeichte Federwaagen.

3.4 Impuls (p)

Ein Körper mit der Masse m und der Geschwindigkeit v besitzt einen Impuls p von:

$$\boxed{p = m \cdot v} \tag{3.20}$$

mit:
p = Impuls eines Körpers der Masse m und der Geschwindigkeit v
m = Masse des Körpers
v = Geschwindigkeit des Körpers

Der Impuls, den ein Körper oder ein System besitzt, ist eine *Erhaltungsgröße der Physik* und daher weit mehr als nur das Produkt aus Masse und Geschwindigkeit. Wenn auf den Körper oder das bewegte System keine Kräfte von außen wirken, so ist der Impuls stets konstant. Für den Impuls ist keine spezielle Einheit definiert. Er wird nach Gl. 3.20 in kg · m/s angegeben. Der Impuls ist, wie die Kraft ein Vektor.

Beispiele

1. Eine Rakete mit der Masse M steht auf der Startrampe. Um in den Raum zu gelangen, stößt sie über ihre Triebwerke verbrannten Treibstoff als Gas mit der Geschwindigkeit v_T aus. Das System Rakete plus Treibstoff besitzt vor dem Start einen gesamten Impuls, der Null ist, da sich weder die Rakete noch der Treibstoff bewegt. Da von außen auf das System Rakete plus Treibstoff keine Kräfte wirken, muß der Impuls des Systems auch nach dem Start Null sein. Aber wie ist das möglich? Die Rakete bewegt sich doch mit einigen zigtausend Stundenkilometern durch den Raum? Sie besitzt also einen Impuls, der gleich $M \cdot v$ sein soll, wenn v die Raketengeschwindigkeit ist.
Die Antwort lautet: Die Rakete hat während der Antriebsphase Treibstoff mit der Masse m und der Geschwindigkeit v_T ausgestoßen. Daher besitzt der bis zu diesem Zeitpunkt insgesamt ausgestoßene Triebstoff ebenfalls einen Impuls, und zwar einen mit dem entgegengesetzten Vorzeichen.
Es gilt für den Impuls des ausgestoßenen Treibstoffs entsprechend $p_T = m \cdot v_T$. Da der Impulserhaltungssatz gilt, muß der gesamte Impuls Null sein.
Also gilt:

$$M \cdot v = m \cdot v_T \tag{3.21}$$

Nach v aufgelöst:

$$v = \frac{m}{M} \cdot v_{\mathrm{T}} \qquad (3.21\,\mathrm{a})$$

mit:

v = Geschwindigkeit der Rakete
m = Masse des ausgestoßenen Treibstoffs
M = Masse der Rakete
v_T = Geschwindigkeit des ausgestoßenen gasförmigen Treibstoffs

Um der Rakete eine möglichst große Geschwindigkeit zu verleihen, und das ist erwünscht, muß nach Gl. 3.21a die Masse des Treibstoffs gegenüber der Raketenmasse groß sein. Außerdem muß die Ausstoßgeschwindigkeit v_T des Treibstoffs möglichst groß sein.
Sie sehen, mit Hilfe des Impulserhaltungsgesetzes läßt sich bereits eine ganze Menge über die Bedingungen beim Bau von Raketen erfahren.

2. Sie sitzen in einem kleinen Boot und haben eine Anzahl Steine bei sich. Das ist sicherlich eine etwas ungewöhnliche Vorstellung, aber trotzdem denkbar. Wenn Sie diese Steine mit großer Geschwindigkeit aus dem Boot nach hinten ins Wasser werfen, so wird sich das Boot in entgegengesetzter Richtung bewegen. Die Berechnung der Geschwindigkeit des Bootes erfolgt in der gleichen Weise wie bei der Rakete. Doch spielt die Reibung des Wassers dabei eine entscheidende Rolle. Die Wasserreibung macht die Berechnung leider so schwierig, daß wir an dieser Stelle darauf verzichten müssen.

3. Bleiben wir bei dem Boot. Es hat eine bestimmte Geschwindigkeit und damit einen bestimmten Impuls. Durch die Wasserreibung kommt das Boot allmählich zur Ruhe. Wo ist der Impuls des Bootes geblieben? Die Antwort lautet: Sehr viele Wassermoleküle sind durch die Reibungskräfte etwas schneller geworden. Sie haben den Impuls des Bootes übernommen. Der gesamte Impuls des Systems Wasser-Boot ist daher auch beim Stillstand des Bootes gleich geblieben. Da die Wassermoleküle beim Stillstand des Bootes etwas schneller geworden sind, hat sich das Wasser – wenn auch meist nicht meßbar – erwärmt.

3.5 Arbeit, Energie; *W*, *E* (von work, energy)

Wir haben bereits im vorigen Kapitel erwähnt, wie außerordentlich wichtig die Begriffe Arbeit und Energie in der gesamten Physik – und nicht nur dort – sind. Die Energie spielt in der Medizin, Biologie, Chemie, um nur ein paar Gebiete zu nennen, die gleiche wichtige Rolle. Die Arbeit ist wie folgt definiert:

$$\boxed{W = F_s \cdot s} \qquad (3.22)$$

mit:

W = Arbeit, die über den Weg s mit der Kraft F_s verrichtet wird
F_s = Kraft, die in Richtung des Weges s wirkt
s = Weg, über den die Kraft wirkt

Die Einheit der Arbeit folgt aus Gl. 3.22, wenn man die gesetzlichen Einheiten der Kraft und des Weges einsetzt:

$$[W] = \mathrm{N \cdot m} = \text{Newtonmeter} \tag{3.22a}$$

Ein Newtonmeter wird auch als Joule bezeichnet.
Wenn die Kraft F, die auf einen Körper ausgeübt wird, nicht in Richtung des Weges wirkt, sondern einen Winkel φ mit s bildet, so ist es notwendig, die Komponente F_s der Kraft F zu berechnen bzw. zu konstruieren, die in Richtung des Weges wirksam ist.

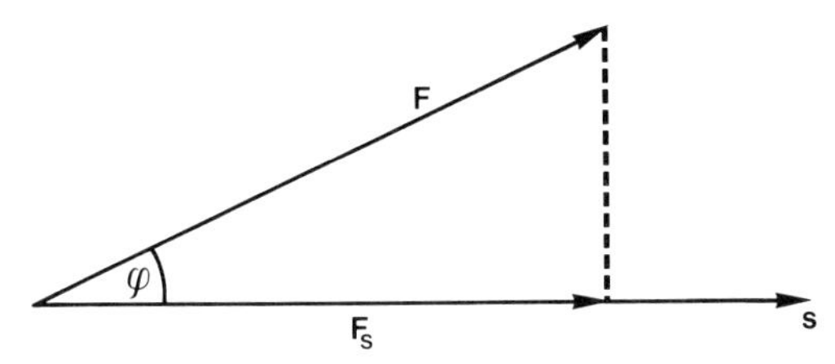

Abb. 20. Zur Berechnung der Arbeit, $W = F_s \cdot s$, müssen Kraft und Weg dieselbe Richtung besitzen. Ist das nicht der Fall, so muß der Anteil der Kraft F konstruiert werden, der dieser Bedingung gehorcht. Im vorliegenden Fall ist F_s die wirkende Kraft von F und wird durch die Projektion von F auf s gewonnen.

In Abb. 20 soll eine Kraft wirken, die mit dem Weg s einen Winkel φ bildet und einen Betrag (Größe) F besitzt. Die Kraft F_s in Richtung des Weges s ergibt sich dann wie folgt:

$$F_s = F \cdot \cos \varphi \tag{3.23}$$

Für diesen Fall folgt also für die Arbeit

$$W = F \cdot s \cdot \cos \varphi \tag{3.24}$$

mit:

F = gesamte aufgewendete Kraft, die mit dem Weg s den Winkel φ bildet
$\cos \varphi$ = Cosinus des Winkels, den Kraft und Weg miteinander bilden

Man sieht, daß Gl. 3.24 für $\varphi = 0, (\cos 0 = 1)$, also für den Fall, daß die gesamte Kraft F in Richtung des Weges wirkt, wenn also $F = F_s$ ist, mit Gl. 3.22 identisch ist.
Ein weiterer Punkt muß noch in bezug auf Gl. 3.22 besprochen werden. Was ist zu tun, wenn die Kraft über den betrachteten Weg hin nicht konstant ist, sich also dauernd ändert? In diesem Fall muß das Integral gebildet werden.
Um einen Körper mit der veränderlichen Kraft F_s von s_1 nach s_2 zu bewegen, gilt:

$$W = \int_{s_1}^{s_2} F_s \cdot ds \tag{3.25}$$

Das Zustandekommen des Integrals in Gl. 3.25 soll nicht weiter diskutiert werden. Wer keine Erfahrung mit Integralen hat, möge Gl. 3.25 einfach überlesen.
Wenn man an einem Körper eine bestimmte Arbeit W geleistet hat, so steckt diese Arbeit als Energie E in dem Körper. Der Körper ist in der Lage, diese Energie

wiederum in Arbeit umzuwandeln. Arbeit und Energie sind daher mehr oder weniger dasselbe. Die Einheit der Energie ist dieselbe wie die der Arbeit, nämlich das Newtonmeter. Die Energie, die ein Körper als gespeicherte Arbeit besitzt, kann von sehr verschiedener Art sein. Es gibt chemische Energie, mechanische Energie (potentielle Energie, kinetische Energie), Kernenergie, um nur einige zu nennen. Wir wollen 2 spezielle Energiearten, die potentielle Energie und die kinetische Energie, etwas näher betrachten.

3.5.1 Potentielle Energie

Es soll die Arbeit berechnet werden, die aufzuwenden ist, um einen Körper der Masse m gegen die Erdbeschleunigung g auf die Höhe h zu heben.
Die auf den Körper ausgeübte Kraft ist die Gewichtskraft des Körpers, also $F_G = m \cdot g$. Der zurückgelegte Weg s ist in diesem Fall die Höhe h. Kraft und Weg liegen in einer Richtung. Es folgt somit aus Gl. 3.22 für die Arbeit:

$$W = m \cdot g \cdot h \tag{3.26}$$

Diese Arbeit steckt anschließend als Energie in dem Körper und wird als potentielle Energie E_{pot} bezeichnet

$$\boxed{E_{pot} = m \cdot g \cdot h} \tag{3.26a}$$

mit:

E_{pot} = Potentielle Energie eines Körpers in der Höhe h im Schwerefeld der Erde
m = Masse des Körpers
g = Erdbeschleunigung
h = Höhe, um die der Körper angehoben wurde

Diese Energie kann der Körper beim „Herunterfallen" wieder in Arbeit umsetzen. So benutzt man beispielsweise die potentielle Energie von Wasser in Stauseen zur Erzeugung von Strom. Dazu läßt man das Wasser über Rohre einige zig oder hundert Meter tiefer „fallen", um die dabei freigesetzte kinetische Energie mit Hilfe von Turbinen in elektrische Energie umzuwandeln.

3.5.2 Kinetische Energie

Ein Körper der Masse m, der sich mit einer Geschwindigkeit v bewegt, besitzt Energie, da an ihm Arbeit geleistet wurde, um diese Geschwindigkeit zu erreichen. Diese Energie wird als kinetische Energie bezeichnet. Die Formel für die kinetische Energie lautet:

$$\boxed{E_{kin} = \frac{m}{2} \cdot v^2} \tag{3.27}$$

mit:

E_{kin} = kinetische Energie eines Körpers der Masse m und der Geschwindigkeit v
m = Masse des Körpers
v = Geschwindigkeit des Körpers

Es ist aus Gl. 3.27 ersichtlich, daß sich die kinetische Energie eines Körpers mit dem Quadrat der Geschwindigkeit vergrößert. Wenn z.B. ein Auto mit $v_1 = 50$ km/h verunglückt, ergibt sich eine bestimmte Wirkung. Besitzt der Wagen bei ansonsten gleichen Unfallbedingungen dagegen eine Geschwindigkeit von $v = 150$ km/h, so ist die Wirkung bei einem Unfall nicht 3mal, sondern bereits 9mal so stark.

3.5.3 Energieerhaltungssatz, 1. Hauptsatz der Thermodynamik

Die Energie ist eine Erhaltungsgröße der Physik; d.h. in einem abgeschlossenen System kann Energie nicht verlorengehen und auch nicht neu entstehen. Energie kann nur von einer Form in eine andere umgewandelt werden.
Diese Tatsache wird als *Energieerhaltungssatz* bezeichnet. Der Energieerhaltungssatz läßt sich auch wie folgt formulieren:

Die Summe aller Energien in einem abgeschlossenen System ist stets konstant und kann unter keinen Umständen verändert werden.

Da Masse in Energie und Energie in Masse umgewandelt werden kann, ist unter dem Begriff Energie die Summe aus Energie und Masse zu verstehen.
Ein paar Worte zum Begriff abgeschlossenes System: Es gibt offene, halboffene und geschlossene Systeme.

Offenes System: ein System, bei dem Energie und Masse ein- und austreten können
Halboffenes System: ein System, bei dem Energie, aber keine Masse ein- und austreten kann
Geschlossenes System: ein System, bei dem weder Energie noch Masse ein- oder austreten kann.

Beispiele

1. Eine Person mit der Masse m steht in einem Schwimmbad auf einem Sprungturm der Höhe $h = 10$ m. Mit welcher Geschwindigkeit wird sie nach dem Sprung auf das Wasser aufschlagen? Die potentielle Energie der Person beträgt auf dem Sprungturm $E_{pot} = m \cdot g \cdot h$. Die kinetische Energie der Person direkt vor dem Aufschlag beträgt $E_{kin} = \frac{m}{2} \cdot v^2$. Die gesamte potentielle Energie der Person auf dem Turm hat sich bei dem Fall in kinetische Energie umgewandelt. Nach dem Energieerhaltungssatz ist die kinetische Energie daher exakt gleich der potentiellen Energie. Es gilt daher:

$$\frac{m}{2} \cdot v^2 = m \cdot g \cdot h$$

Nach v aufgelöst folgt:

$$v = \sqrt{2 \cdot g \cdot h} \tag{3.28}$$

mit:

$$g = 9{,}81 \text{ m/s}^2$$
$$h = 10 \text{ m}$$

folgt für die Aufschlaggeschwindigkeit:

$$v = 14 \text{ m/s}$$

bzw.

$$\boldsymbol{v = 50{,}4 \text{ km/h.}}$$

2. Ein γ-Quant mit einer Energie von 1,02 MeV kann sich vollständig in ein Elektron und ein Positron umwandeln. Aus Energie wird also Masse. Vor dem Prozeß beträgt die gesamte vorhandene Energie, also die Energie des Quants 1,02 MeV. Nach dem Prozeß ist das Quant völlig verschwunden und statt dessen sind 2 Teilchen vorhanden. Jedes Teilchen besitzt eine Masse in Energieeinheiten von $m_e = 511$ keV. Beide Teilchen besitzen zusammen also eine Masse, in Energieeinheiten ausgedrückt, von exakt 1,02 MeV. Die Energie der Teilchen – jedoch in Form von Masse – ist exakt dieselbe wie die Energie des γ-Quants vor der Umwandlung (s. auch 12.9.3). Die Energie bleibt also auch hier erhalten. Der Energieerhaltungssatz wird häufig auch als *1. Hauptsatz der Thermodynamik* bezeichnet.
Es gibt noch eine weitere Formulierung für den Energieerhaltungssatz. Sie lautet:

Ein Perpetuum mobile 1. Art
ist unmöglich.

Besonders in der Vergangenheit spielten Perpetua mobilia eine große Rolle. Mit immer neuen, teilweise wahnsinnig komplizierten Maschinen erschienen die Erfinder an den Fürstenhöfen, um zu Geld und Ruhm zu kommen. Aber stets gab es Widersprüche. Noch heute wird das Bundespatentamt immer wieder von Erfindern eines neuen Perpetuum mobile behelligt. Ein Perpetuum mobile ist eine Maschine, die unendlich lange läuft und dabei Arbeit leistet, ohne daß man Energie hineinsteckt. Solch eine Maschine würde also ständig Energie schaffen, ohne daß man Energie bzw. Arbeit hineinstecken müßte. Unsere Energieprobleme wären perfekt gelöst. Aber leider kann es eine derartige Maschine prinzipiell nicht geben.

3.5.4 2. Hauptsatz der Thermodynamik

Der 2. Hauptsatz der Thermodynamik sagt aus:

Ein Perpetuum mobile 2. Art
ist unmöglich.

Ein Perpetuum mobile 2. Art ist eine Maschine, die ein kälteres Medium abkühlt, mit der daraus gewonnenen Energie Arbeit verrichtet und ein wärmeres Medium dabei noch mehr erwärmt. Leider gibt es auch eine solche Maschine nicht, obwohl sie nicht gegen den Energieerhaltungssatz verstoßen würde. Es gibt nur Maschinen, die dadurch Arbeit leisten, daß sie Wärme aus einem wärmeren Medium entnehmen, es also abkühlen, und ein kälteres Medium erwärmen. Auf diesem Prinzip arbeiten z. B. alle Dampfmaschinen, Verbrennungsmotoren u. ä.

3.5.5 Leistung *P* (von power)

Die Leistung einer Maschine, die in der Lage ist, Arbeit zu verrichten, und insofern ist auch der Mensch als „Maschine" zu betrachten, ist definiert als Arbeit pro Zeit:

$$P = \frac{\Delta W}{\Delta t} \tag{3.29}$$

mit:

P = Leistung
ΔW = in der Zeit Δt verrichtete Arbeit bzw. umgesetzte Energie
Δt = Zeit, in der die Arbeit verrichtet wird

Die abgeleitete SI-Einheit der Leistung ist das Watt (Abk. W.). Diese Einheit folgt aus Gl. 3.29 nach Einsetzen der Einheit für die Arbeit, also N · m, im Zähler und s im Nenner. Da gilt: 1 Nm = 1 W · s (Wattsekunde s. 8.15), folgt als Einheit für die Leistung das Watt.
Die Leistung ihres Kfz. wird in Watt bzw. Kilowatt angegeben (früher PS). Ihr Heizofen, Ihr Fernseher, Ihre Spülmaschine oder Ihre Glühlampen besitzen alle eine Leistung, die in Watt oder Kilowatt angegeben wird. Die Leistungseinheit Watt ist ursprünglich eine Einheit, die aus der Elektrizitätslehre stammt. Aber sie wird als Einheit für die Leistung auch für Maschinen benutzt, die auf nicht elektrischem Wege Arbeit leisten.

Beispiele

1. Eine Glühlampe besitzt eine Leistung von 100 W. Wieviel kostet es Sie, wenn Sie die Birne 24 h ununterbrochen brennen lassen? Sie bezahlen der Elektrizitätsgesellschaft die von der Birne „verrichtete" Arbeit. nach Gl. 3.29 ergibt sich diese Arbeit zu:

$$W = P \cdot t \tag{3.29a}$$

Mit den Werten $P = 100$ W und $t = 24$ h folgt:

$$W = 2400 \text{ W} \cdot \text{h} = 2{,}4 \text{ kW} \cdot \text{h}$$

Für 1 kWh (Kilowattstunde) berechnet Ihnen die Elektrizitätsgesellschaft einen bestimmten Preis. Nehmen wir an, 1 kWh kostet 23 Pfennige. Dann kosten 2,4 kWh demnach 55,2 Pfennige.

2. Ein spezieller elektrischer Durchlauferhitzer soll eine Leistung von 15 kW = 15 000 Watt besitzen, also 150mal so viel wie die Birne. Seine 24stündige Benutzung kostet dann:

$$15 \text{ kW} \cdot 24 \text{ h} = 360 \text{ kWh}$$
$$\mathbf{360\ kWh \cdot 0{,}23\ DM/kWh = 82{,}8\ DM}$$

Hoffentlich ist unsere Rechnung mit einem Preis von DM 0,23 pro Kilowattstunde beim Erscheinen dieses Buches überhaupt noch realistisch. Energie ist ein kostbares Gut und wird daher leider ständig teurer.

4 Physik von Gasen und Flüssigkeiten

4.1 Druck p (von pressure)

Der Quotient aus der senkrecht auf eine Fläche A wirkenden Kraft F und der Fläche A wird als Druck bezeichnet:

$$p = \frac{F}{A} \tag{4.1}$$

mit:

p = der auf eine Fläche A wirkende Druck
A = Fläche
F = auf die Fläche A senkrecht wirkende Kraft

Der Druck ist Ihnen sicherlich von vielen Beispielen her bekannt. Es gibt Blutdruck, Luftdruck, Wasserdruck etc. Die gesetzliche Einheit des Drucks ist das Newton pro Quadratmeter; 1 N/m^2 wird als Pascal (Abk. Pa) bezeichnet.

Gesetzliche Einheit des Drucks

$$[p] = 1\ N/m^2 = 1\ Pa \tag{4.1a}$$

Eine weitere gesetzliche Einheit für den Druck ist das bar. So gilt:

$$10^5\ Pa = 1\ bar \tag{4.2}$$

Ob „Millimeter Quecksilber" (mmHg) nur noch für eine bestimmte Übergangszeit erlaubt ist oder aber doch noch als besondere Einheit erlaubt bleibt, ist noch nicht endgültig abzusehen. Von seiten der Medizin gibt es hier einen starken Einfluß. Als weitere Druckeinheit wird noch „Millimeter Wassersäule" (mm H_2O) benutzt.
Die Umrechnung von mmHg in Pascal erfolgt mit Hilfe von Gl. 4.5 (s. S. 67):

$$p = \varrho \cdot g \cdot h \qquad \text{(s. Gl. 4.5)}$$

mit:

$\varrho = 13600\ kg/m^3$ ($= 13,6\ g/cm^3 \doteq$ Dichte von Hg)
$g = 9,81\ m/s^2$
$h = 1 \cdot 10^{-3}\ m$ ($= 1$ mm)

folgt:

$$p = 13600 \frac{kg}{m^3} \cdot 9,81 \frac{m}{s^2} \cdot 10^{-3}\ m \doteq 133,416\ N/m^2$$

Somit gilt:

$$\mathbf{1\ mm\ Hg \mathrel{\hat{=}} 133,416\ Pa} \tag{4.3}$$

In der Technik wurde und wird der Druck noch sehr oft in „Atmosphären" angegeben. Dabei unterscheidet man auch noch physikalische und technische Atmosphären. Aber glücklicherweise sind beide Einheiten nicht mehr erlaubt.

4.2 Bernoullisches Gesetz

Man unterscheidet prinzipiell zwei Druckarten: den statischen und den dynamischen Druck.
Nach Bernoulli gilt dabei:

$$p_{st} + p_{dyn} = p_{ges} \tag{4.4}$$

mit:
p_{st} = statischer Druck eines Systems
p_{dyn} = dynamischer Druck eines Systems
p_{ges} = Gesamtdruck des Systems

Der in einem System auftretende Gesamtdruck ist die Summe von statischem und dynamischem Druck. Gl. 4.4 spielt für sehr viele Prozesse des täglichen Lebens eine große Rolle. Daher werden wir diese Gesetzmäßigkeit im folgenden ausführlich behandeln.

4.2.1 Statischer Druck

Der statische Druck ist der Druck, der durch irgendwelche Kräfte, die auf das System wirken, zustande kommt. Im Wasser z. B. entsteht der statische Druck durch die über dem Meßort liegende Wassersäule. Beim Luftdruck ist es die auf uns liegende Luftsäule. Aber auch elastische Kräfte, z. B. die Haut eines Ballons oder die Stempel von hydraulischen Pressen o. ä., können zu einem statischen Druck führen.
Liegt über einer Fläche, auf der der Druck gemessen werden soll, eine homogene Schicht von Luft, Wasser u. ä. oder auch aus festen Stoffen der Höhe h, so berechnet sich der statische Druck nach der folgenden Gleichung:

$$p_{st} = \varrho \cdot g \cdot h \tag{4.5}$$

mit:
p_{st} = statischer Druck
ϱ = Dichte (s. 4.4) der Materie, die den Druck erzeugt
h = Höhe (Länge) der wirkenden Materieschicht
g = Erdbeschleunigung

Beweis von Gl. 4.5. Eine Säule der Höhe h und der Grundfläche A besitzt eine Gewichtskraft von $F = m \cdot g$, wenn m die gesamte Masse der Säule ist. Diese Kraft wirkt auf die Fläche A. Der Druck p_{st} ergibt sich damit zu:

$$p_{st} = \frac{m \cdot g}{A} \tag{4.6}$$

mit:
p_{st} = statischer Druck einer Säule der Höhe h und der Fläche A
A = Grundfläche der Säule
m = Masse der Säule
g = Erdbeschleunigung

Für die Dichte ϱ des Stoffes, aus der die Säule besteht, gilt:

$$\varrho = \frac{m}{V} \qquad \text{(s. Gl. 4.12)}$$

Für m folgt daher:

$$m = \varrho \cdot V \qquad (4.7)$$

Das Volumen V der Säule ist gleich Grundfläche A mal Höhe h. Dies in Gl. 4.7 eingesetzt:

$$m = \varrho \cdot A \cdot h \qquad (4.8)$$

Gleichung 4.8 in Gl. 4.6 eingesetzt, ergibt:

$$p_{st} = \frac{\varrho \cdot A \cdot h \cdot g}{A} = \varrho \cdot g \cdot h \qquad \text{(s. Gl. 4.5)}$$

Wenn Sie den Druck z. B. in mm Hg angeben, so liegt diese Angabe Gl. 4.5 zugrunde. Das Quecksilber macht eine Aussage über die Dichte ϱ, die Angabe in mm über die Höhe h. Die Erdbeschleunigung wird als bekannt und konstant angenommen.

4.2.2 Dynamischer Druck

Der dynamische Druck ist der Druck, der durch die Bewegung eines Gases oder einer Flüssigkeit zustande kommt.
Es gilt:

$$p_{dyn} = \frac{\varrho}{2} \cdot v^2 \qquad (4.9)$$

mit:

p_{dyn} = dynamischer Druck
ϱ = Dichte der bewegten Flüssigkeit oder des Gases
v = Geschwindigkeit der Flüssigkeit oder des Gases

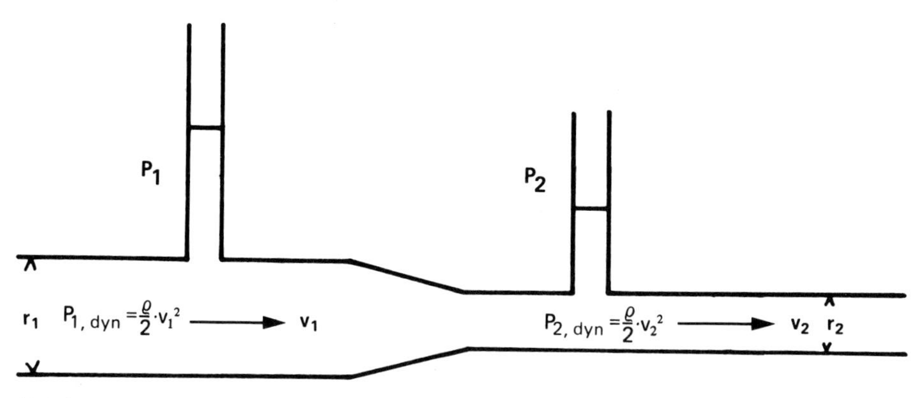

Abb. 21. Zum Bernoullischen Gesetz. In dem Rohr mit dem Radius r_1 strömt die Flüssigkeit mit der Geschwindigkeit v_1 und erzeugt dabei einen statischen Druck p_1 sowie einen dynamischen Druck $p_{1,dyn}$. Im Rohrteil mit dem kleinerem Radius r_2 strömt dieselbe Flüssigkeit schneller, und zwar mit v_2. Daher ist bei konstantem Gesamtdruck der dynamische Druck größer und daher der statische Druck entsprechend kleiner als im linken Rohrteil.

Mit Hilfe von Gl. 4.9 läßt sich Gl. 4.4 wie folgt darstellen (Abb. 21):

$$p_{\text{ges}} = p_{\text{st}} + \frac{\varrho}{2} \cdot v^2 \tag{4.10}$$

Beispiele

1. Es herrscht Sturm! Der Wind besitzt eine Geschwindigkeit von 100 km/h. Auf eine freistehende Wand mit einer Fläche von 15 m^2 wirkt er mit einer bestimmten Kraft. Wie groß ist sie?
Mit Hilfe von Gl. 4.1 folgt

$$F = p_{\text{dyn}} \cdot A$$

Der Überdruck p_{dyn} berechnet sich mit Hilfe von Gl. 4.9:

$$p_{\text{dyn}} = \frac{\varrho_L}{2} \cdot v^2$$

Mit:

ϱ_L = Dichte von Luft: $\dfrac{1{,}3\ \text{kg}}{\text{m}^3} \left(0{,}0013 \dfrac{\text{g}}{\text{cm}^3}\right)$

$v = 27{,}7 \dfrac{\text{m}}{\text{s}}$

folgt:

$$p_{\text{dyn}} = \frac{1{,}3\ \text{kg}}{2 \cdot \text{m}^3} \cdot (27{,}7)^2 \frac{\text{m}^2}{\text{s}^2}$$

also:

$$p_{\text{dyn}} = 498{,}7 \frac{\text{kg}}{\text{s}^2 \cdot \text{m}}$$

mit m erweitert:

$$p_{\text{dyn}} = 498{,}7 \frac{\text{kg} \cdot \text{m}}{\text{m}^2 \cdot \text{s}^2}$$

Da 1 kg · 1 m/s^2 nach Gl. 3.13 1 N und 1 N/m^2 1 Pa (Gl. 4.2) ist, ergibt sich für den dynamischen Druck:

$$p_{\text{dyn}} = 498{,}7 \frac{\text{N}}{\text{m}^2} = 498{,}7\ \text{Pa}$$

Dies in Gl. 4.1 a eingesetzt, ergibt eine Kraft auf die Wand von:

$$F = 498{,}7 \frac{\text{N}}{\text{m}^2} \cdot 15\ \text{m}^2$$

$$\boldsymbol{F = 7480{,}5\ \text{N}}$$

2. Der gleiche Sturm rast über die Holzdächer einer Wohnsiedlung. Wird er sie abdecken? Der gesamte Druck p_{gs} ist unterhalb des Daches, also auf dem Dachboden, gleich dem statischen Druck, also dem Luftdruck. Er sei genau 1 bar = 10^5 Pa. Oberhalb des Daches ist der Gesamtdruck auch 1 bar, aber der statische Druck, also der Druck, der auf das Dach „drückt", ist um den dynamischen Druck p_{dyn} verringert Oberhalb des Daches gilt daher nach Gl. 4.4:

$$p_{\text{st}} = p_{\text{ges}} - p_{\text{dyn}} \tag{4.4a}$$

Mit dem errechneten Zahlenwert für den dynamischen Druck ergibt sich für den statischen Druck, der auf dem Dach liegt:

$$p_{st} = 10^5 \text{ Pa} - 498{,}7 \text{ Pa} = 99501{,}3 \text{ Pa}$$

Das Dach wird also von innen mit einem Druck von (1 bar − 0,995 bar) = 0,005 bar, also mit 500 Pa, nach außen gedrückt.
Nehmen wir an, das Dach sei ein Flachdach mit einer Fläche von 200 m^2. Dann wirkt auf das Dach eine Kraft von insgesamt 100 000 N.
Das Abdecken von Dächern geschieht also in der Regel nicht dadurch, daß der Wind „unter das Dach fährt" und es hochbläst. Er erzeugt vielmehr oberhalb des Daches einen Unterdruck.

3. Auf ähnliche Weise ist das Prinzip einer Wasserstrahlpumpe oder eines Bunsenbrenners zu verstehen.
Der Wasserstrahl bzw. der Gasstrom erzeugt senkrecht zu seiner Flußrichtung einen Unterdruck, der sich nach Gl. 4.4 a berechnet. Durch diesen Unterdruck wird bei der Wasserstrahlpumpe Luft aus dem zu evakuierenden Gefäß angesaugt, beim Bunsenbrenner aus der Umgebung. Der maximal mögliche Druck, der durch eine Wasserstrahlpumpe erzeugt werden kann, ist natürlich gleich der Differenz aus dem statischen Druck in dem Gefäß und dem statischen Druck senkrecht zur Wassersäule. Er wird durch den Dampfdruck des Wassers begrenzt.

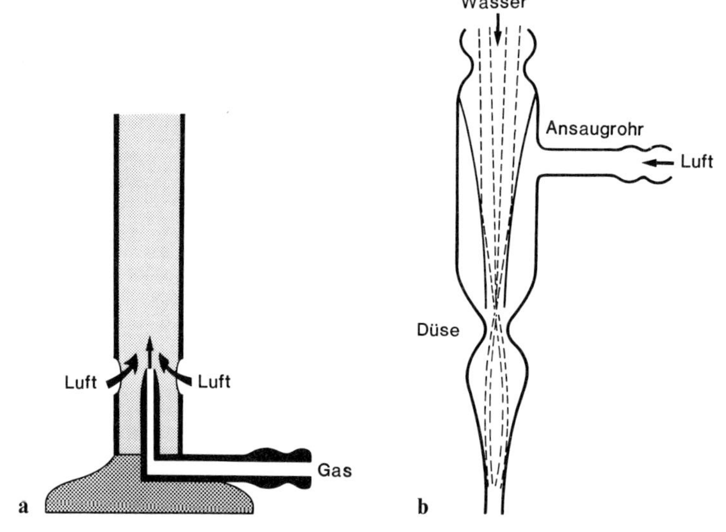

Abb. 22. a Bunsenbrenner. Das strömende Gas besitzt einen dynamischen Druck, um den der Gesamtdruck, der gleich dem statischen Druck in dem Rohr ist, erniedrigt wird. Es strömt daher Luft von außen nach innen. Das Luft-Gas-Gemisch kann oberhalb des Rohres verbrennen. **b** Wasserstrahlpumpe. Der statische Druck in dem Rohr ist um den dynamischen Druck der strömenden Wassersäule erniedrigt. Es herrscht eine Druckdifferenz von außen nach innen. Dadurch wird Luft angesaugt.

4. Warum fliegt ein Flugzeug? Es läßt sich in wenigen Zeilen natürlich nur das grundlegende Prinzip darstellen.

Beim Start eines Flugzeugs bewegt sich die Luft entlang den Tragflächen. Dabei besitzen die Tragflächen ein solches Profil, daß der Luftweg oberhalb des Flügels größer ist als unterhalb des Flügels (Abb. 23). Aus Gründen, auf die hier nicht eingegangen werden soll, muß sich die Luft am Ende der Tragfläche wieder treffen. Daher muß sich die Luft oberhalb der Fläche schneller bewegen als unterhalb. Daher ist der dynamische Druck oberhalb der Fläche größer als unterhalb. Deswegen ist der statische Druck unterhalb der Tragfläche größer als oberhalb. Der Unterschied des statischen Drucks unterhalb und oberhalb der Fläche führt zu einer Kraft nach oben, die sich aus dem Produkt der Fläche der Tragfläche und dem Druckunterschied berechnet. Wenn Sie also das nächste Mal hoch über den Wolken in der Sonne über dem Mittelmeer fliegen, **danken Sie Bernoulli!**

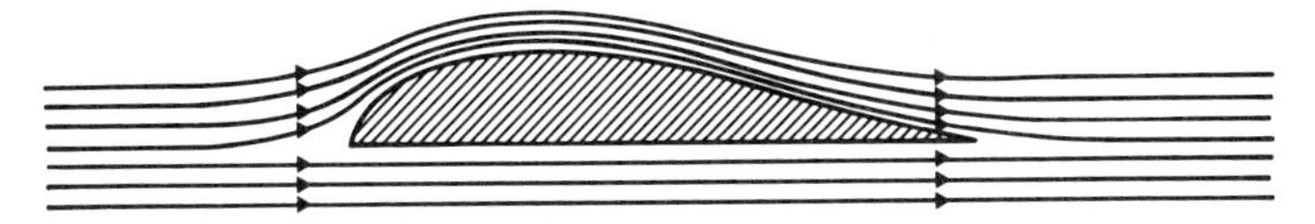

Abb. 23. Strömungsverhältnisse an einer Flugzeugtragfläche. Oberhalb der Tragfläche muß die Luft wegen des größeren Weges schneller strömen. Daher ist der statische Druck oberhalb des Flügels kleiner als unterhalb. Die Folge ist eine Kraft nach oben.

4.3 Auftrieb (F_A)

Ein starrer Körper mit dem Volumen V verdrängt in einem Gas oder einer Flüssigkeit genausoviel Gas oder Flüssigkeit, wie sein eigenes Volumen beträgt. Das von einem Körper verdrängte Volumen und das Volumen des Körpers sind exakt gleich, natürlich unter der Annahme, daß der Körper von der Flüssigkeit oder dem Gas nicht komprimiert wird. Das Volumen der verdrängten Gas- bzw. Flüssigkeitsmenge besitzt eine bestimmte Masse m und damit eine Gewichtskraft F_G. Nach diesen Vorbemerkungen können wir feststellen:

> Der Auftrieb F_A eines Körpers ist gleich der Gewichtskraft der von ihm verdrängten Gas- bzw. Flüssigkeitsmenge.

Die Gewichtskraft – und damit der Auftrieb – der verdrängten Menge ist nach Gl. 3.14:

$$F_G = F_A = m \cdot g$$

Mit:

$$m = \varrho \cdot V \qquad \text{(s. Gl. 4.7)}$$

ergibt sich für den Auftrieb:

$$\boxed{F_A = \varrho \cdot V \cdot g} \qquad (4.11)$$

mit:

F_A = Auftrieb eines Körpers mit dem Volumen V in einer Flüssigkeit oder einem Gas mit der Dichte ϱ

V = Volumen des Körpers = Volumen der verdrängten Gas- bzw. Flüssigkeitsmenge

ϱ = Dichte der verdrängten Gas- bzw. Flüssigkeitsmenge
g = Erdbeschleunigung

Ein Körper schwimmt, sofern sein Auftrieb größer ist als seine Gewichtskraft, er sinkt, wenn seine Gewichtskraft den Auftrieb übersteigt. Er schwebt, sofern die mittlere Dichte des Körpers gleich ist der Dichte der Flüssigkeit.

Beispiel. Wie groß ist der Auftrieb Ihres eigenen Körpers im Wasser? Zur Berechnung des Auftriebs F_A nach Gl. 4.11 müssen Sie Ihr Körpervolumen kennen. Das können Sie beispielsweise auf die folgende Weise bestimmen:
Sie füllen Ihre Badewanne etwa halb voll Wasser und markieren den Wasserstand. Dann tauchen Sie mit Ihrem gesamten Körper, also auch mit dem Kopf unter. Ihr Körpervolumen verdrängt Wasser. Den dadurch erfolgten neuen Wasserstand markieren Sie bzw. lassen Sie markieren. Dann verlassen Sie die Wanne und füllen aus einem geeichten Gefäß, z.B. einem Wassereimer mit Litereinteilung, so lange Wasser in die Wanne, bis Sie den oberen Strich erreicht haben. Die eingefüllte Wassermenge in l oder m³ ist gleich Ihrem Körpervolumen.
Nehmen wir an, Sie messen auf diese Weise ein Volumen von 60 l = 0,06 m³. Die Dichte des Wassers betrage 990 kg/m³ (0,99 g/cm³).
Mit Hilfe von Gl. 4.11 folgt dann für Ihren Auftrieb:

$$F_A = \frac{990\,\text{kg}}{\text{m}^3} \cdot 0{,}06\,\text{m}^3 \cdot 9{,}81\,\frac{\text{m}}{\text{s}^2}$$

ausgerechnet:

$$\boldsymbol{F_A = 582{,}7\,\text{N}}$$

4.4 Dichte und Wichte, ϱ und γ (sprich rho und gamma)

Die Dichte ϱ eines Stoffes ist eine Stoffkonstante. Sie ist abhängig von der Temperatur und dem Druck. Sie ist als Masse pro Volumen für Gase, Flüssigkeiten sowie feste Substanzen definiert:

$$\varrho = \frac{m}{V} \tag{4.12}$$

mit:

ϱ = Dichte eines bestimmten Stoffes
m = Masse des betrachteten Stoffes mit dem Volumen V
V = Volumen des Stoffes mit der Masse m

Die abgeleitete SI-Einheit der Dichte ist das Kilogramm pro Kubikmeter (kg/m³). Eine weitere gesetzliche Einheit ist das Gramm pro Kubikzentimeter (g/cm³). Entgegen manchmal geäußerten Meinungen ist die Einheit g/cm³ für die Dichte eine erlaubte, weil gesetzliche Einheit. Wasser von 4 °C besitzt z.B. eine Dichte von 1000 kg/m³ bzw. 1 g/cm³.
Unter der Wichte, oft auch – jedoch nicht korrekt – als spezifisches Gewicht bezeichnet, versteht man die Gewichtskraft $F_G = m \cdot g$ pro Volumeneinheit:

$$\gamma = \frac{F_G}{V} = \frac{m \cdot g}{V} = \frac{m}{V} \cdot g \tag{4.13}$$

mit:

γ = Wichte
F_G = Gewichtskraft eines Stoffes der Masse m mit dem Volumen V
g = Erdbeschleunigung
V = Volumen des betrachteten Stoffes

Zwischen der Dichte ϱ und der Wichte γ besteht wegen $m/V = \varrho$ der folgende Zusammenhang:

$$\boxed{\gamma = \varrho \cdot g} \tag{4.14}$$

Die gesetzliche Einheit der Wichte ist das Newton pro Kubikmeter (N/m^3). Eine alte, nicht mehr erlaubte Einheit ist das Pond pro Kubikzentimeter (p/cm^3).

4.4.1 6. Praktikumsaufgabe (Dichtebestimmung mit einem Pyknometer)

Die einfachste Art, die Dichte eines Stoffes zu bestimmen, besteht darin, mit Hilfe einer Waage die Masse m und auf andere Weise das Volumen festzustellen. Der Quotient ergibt dann die Dichte ϱ des Körpers. Oft kann die Volumenbestimmung Schwierigkeiten bereiten. Deswegen – aber auch aus didaktischen Gründen – wird im Praktikum die Dichte auf andere Weise bestimmt. In diesem Fall soll sie mit Hilfe eines Pyknometers bestimmt werden.
Ein Pyknometer ist ein spezielles Glasfläschchen mit einem eingeschliffenen Verschluß (Abb. 24).
Zur Bestimmung der Dichte ϱ eines festen Körpers geht man wie folgt vor:

1. Die Masse m_k des Körpers, dessen Dichte bestimmt werden soll, wird mit Hilfe einer Schnellwaage bestimmt.
2. Die Masse des Pyknometers mit Wasser (m_1) wird bestimmt. Dabei gilt, daß die Masse des wassergefüllten Pyknometers gleich ist der Masse des leeren Pyknometers plus der Masse des darin befindlichen Wassers:

$$m_1 = m_0 + m_{H_2O} \tag{4.15}$$

Abb. 24. Photographie eines Pyknometergefäßes mit geschliffenem Verschluß (links)

mit:

m_1 = Masse des wassergefüllten Pyknometers
m_0 = Masse des leeren Pyknometers
m_{H_2O} = Masse des in dem Pyknometer befindlichen Wassers

Für die Masse m_{H_2O} ergibt sich daher:

$$m_{H_2O} = m_1 - m_0 \tag{4.15a}$$

3. Dann wird der Körper in das Pyknometer gebracht. Dabei fließt so viel Wasser ab, wie der Körper an Volumen besitzt. Die Masse des Pyknometers mit Wasser und Körper bezeichnen wir als m_2. Es gilt für m_2

$$m_2 = m_0 + m_k + \hat{m}_{H_2O} \tag{4.16}$$

mit:

m_2 = Masse des Pyknometers mit Wasser und Körper
m_0 = Masse des leeren Pyknometers
m_k = Masse des Körpers
$\hat{m}_{H_2O}$ = Masse des Wassers, das sich nach Einbringen des Körpers noch in dem Pyknometer befindet ($\hat{m}_{H_2O} < m_{H_2O}$)

Für die Masse des jetzt in dem Pyknometer befindlichen Wassers ergibt sich:

$$\hat{m}_{H_2O} = m_2 - m_0 - m_k \tag{4.16a}$$

Die Differenz zwischen Gl. 4.15a und Gl. 4.16a ergibt die Masse $m^*_{H_2O}$ des verdrängten, also des herausgelaufenen Wassers.
Also:

$$m^*_{H_2O} = m_{H_2O} - \hat{m}_{H_2O} = (m_1 - m_0) - (m_2 - m_0 - m_k) = m_1 - m_2 + m_k \tag{4.17}$$

Für die Dichte ϱ_{H_2O} des Wassers gilt:

$$\varrho_{H_2O} = \frac{m^*_{H_2O}}{V_{H_2O}} \Rightarrow V_{H_2O} = \frac{m^*_{H_2O}}{\varrho_{H_2O}} \tag{4.17a}$$

Dabei ist

$$V_k = V_{H_2O} = V$$

Mit Gl. 4.17 folgt aus Gl. 4.17a:

$$V = \frac{(m_1 - m_2 + m_k)}{\varrho_{H_2O}} \tag{4.17b}$$

Für die gesuchte Dichte ϱ_k des Körpers gilt nach Gl. 4.12:

$$\varrho_k = \frac{m_k}{V} \tag{4.17c}$$

Mit Hilfe von Gl. 4.17b ersetzen wir V in Gl. 4.17c. Es ergibt sich:

$$\varrho_k = \varrho_{H_2O} \cdot \frac{m_k}{m_1 - m_2 + m_k} \tag{4.18}$$

In Gl. 4.18 stehen nur noch Massen, deren Werte mit Hilfe einer Waage bestimmt werden können. Es entfällt daher jede Volumenbestimmung. Der Wert ϱ_{H_2O} wird in Abhängigkeit von der Temperatur Tab. 19 entnommen.

Meßergebnisse und Auswertung

Mit:

$$\varrho_{H_2O} = 0{,}998775 \text{ g/cm}^3 \text{ (bei } 17\,^\circ\text{C)}$$
$$\bar{m}_k = 0{,}28598 \text{ g}$$
$$(\overline{m_1 - m_2 + m_k}) = 0{,}1123 \text{ g}$$

folgt für die gesuchte Dichte ϱ_k nach Gl. 4.18

$$\varrho_k = 0{,}998775 \cdot \frac{0{,}28598}{0{,}1123} \frac{\text{g}}{\text{cm}^3} = 2{,}543 \frac{\text{g}}{\text{cm}^3}$$

Tabelle 12. Meßergebnisse bei der Dichtebestimmung mit einem Pyknometer

$m_{k,i}$ [g]	$m_{1,i}$ [g]	$m_{2,i}$ [g]
m_{k1} = 0,2862	$m_{1,1}$ = 72,7199	$m_{2,1}$ = 72,8955
m_{k2} = 0,2863	$m_{1,2}$ = 72,7200	$m_{2,2}$ = 72,8900
m_{k3} = 0,2860	$m_{1,3}$ = 72,7200	$m_{2,3}$ = 72,8939
m_{k4} = 0,2859	$m_{1,4}$ = 72,7200	$m_{2,4}$ = 72,8940
m_{k5} = 0,2860	$m_{1,5}$ = 72,7200	$m_{2,5}$ = 72,8937
m_{k6} = 0,2859	$m_{1,6}$ = 72,7200	$m_{2,6}$ = 72,8937
m_{k7} = 0,2860	$m_{1,7}$ = 72,7192	$m_{2,7}$ = 72,8935
m_{k8} = 0,2859	$m_{1,8}$ = 72,7191	$m_{2,8}$ = 72,8931
m_{k9} = 0,2859	$m_{1,9}$ = 72,7190	$m_{2,9}$ = 72,8928
m_{k10} = 0,2857	$m_{1,10}$ = 72,7190	$m_{2,10}$ = 72,8929
$\bar{m}_k$ = 0,28598	$\bar{m}_1$ = 72,7196	$\bar{m}_2$ = 72,8933

Der Größtfehler $\Delta\varrho_k$ berechnet sich wie folgt:

$$\Delta\varrho_k = \bar{\varrho}_k \cdot \left(\frac{S\overline{m_k}}{\overline{m_k}} + \frac{S_{(\overline{m_1 + m_k - m_2})}}{\overline{m_1 + m_k - m_2}} \right) \tag{4.19}$$

mit:

$\bar{\varrho}_k$ = Mittelwert der Dichte als bester Schätzwert für ϱ_k

$S\overline{m_k}$ = Standardabweichung des Mittelwertes der Körpermasse

$S_{(\overline{m_1 + m_k - m_2})}$ = Standardabweichung des Mittelwertes der Summe der drei Werte m_1, m_k und m_2

sowie:

$S\overline{m_k}$ = 0,000053 g

$S_{\overline{m_1 + m_k - m_2}}$ = 0,00047 g

ergibt sich der Größtfehler $\Delta\varrho_k$ zu:

$$\Delta\varrho_k = 2{,}543 \cdot \left(\frac{0{,}000053}{0{,}28598} + \frac{0{,}00047}{0{,}1123} \right) \text{g/cm}^3$$

also:

$$\Delta\varrho_k = 0{,}011 \text{ g/cm}^3$$

Somit lautet das Ergebnis der Messung:

$$\boldsymbol{\varrho_k = (2{,}543 \pm 0{,}011) \text{ g/cm}^3}$$

4.4.2 7. Praktikumsaufgabe (Dichtebestimmung mit Hilfe der Jolly-Waage)

Eine Jolly-Waage dient zur Bestimmung der Dichte von festen Körpern. Sie besteht im Prinzip aus einer Feder, an deren Ende sich zwei Waagschalen befinden. Die Feder mit den Waagschalen ist an einem Gestell so befestigt, daß man an einem Zentimetermaß die Auslenkung der Feder jeweils ablesen kann (Abb. 25).

Abb. 25. Photographie einer Jolly-Waage

Für die Dichte ϱ_k eines beliebigen festen Körpers der Masse m_k gilt:

$$\varrho_k = \frac{m_k}{V} \qquad \text{(s. Gl. 4.12)}$$

Der Auftrieb F_A des Körpers mit dem Volumen V in Wasser der Dichte ϱ beträgt:

$$F_A = \varrho \cdot V \cdot g \qquad \text{(s. Gl. 4.11)}$$

In Luft soll der Körper die Gewichtskraft F_0 besitzen. Bringt man den Körper in Wasser, so besitzt er eine um den Auftrieb F_A verringerte Gewichtskraft F_{H_2O}. Die Differenz von F_0 und F_{H_2O} ergibt daher den Auftrieb F_A:

$$F_A = F_0 - F_{H_2O} \qquad (4.20)$$

Dies in Gl. 4.11 eingesetzt:

$$F_0 - F_{H_2O} = \varrho \cdot V \cdot g \qquad (4.21)$$

Nach dem Volumen V aufgelöst:

$$V = \frac{F_0 - F_{H_2O}}{\varrho \cdot g} \qquad (4.21\,a)$$

Setzt man den Wert von V aus Gl. 4.21 a in Gl. 4.12 ein, so folgt:

$$\varrho_k = \varrho \cdot \frac{m_k \cdot g}{F_0 - F_{H_2O}} \tag{4.22}$$

Die Masse m_k des Körpers mal der Erdbeschleunigung g ist aber nach Gl. 3.14 gleich der Gewichtskraft F_0. Also:

$$\varrho_k = \varrho \cdot \frac{F_0}{F_0 - F_{H_2O}} \tag{4.23}$$

mit:

ϱ_k = Dichte des Körpers
ϱ = Dichte von Wasser
F_0 = Gewichtskraft des Körpers in Luft
F_{H_2O} = Gewichtskraft des Körpers in Wasser

Bis jetzt gelten alle unsere Überlegungen völlig unabhängig von der Benutzung einer Jolly-Waage. Sie spielt erst bei den folgenden Überlegungen eine Rolle. Ein bestimmter Punkt der Feder, am besten der Rand der oberen Waagschale, besitzt auf der Zentimeterskala eine bestimmte Stellung. Man bestimmt ihn, indem man den Rand mit seinem Spiegelbild auf der verspiegelten Skala zur Deckung bringt. Diese Position bezeichnen wir mit l_1. Legen wir den auszumessenden Körper auf die obere Waagschale, so besitzt die Schale eine neue Position l_2. Die untere Schale befindet sich bei der gesamten Messung stets vollständig in einem Gefäß mit Wasser. Für die Gewichtskraft des Körpers folgt nach Gl. 3.19 a:

$$F_0 = D \cdot (l_2 - l_1) \tag{4.24}$$

mit:

F_0 = Gewichtskraft des Körpers in Luft
D = Federkonstante
l_1 = Stellung der Feder ohne den Körper
l_2 = Stellung der Feder mit dem Körper

Anschließend legen wir den Körper auf die untere Waagschale, die sich ganz im Wasser befindet. Der Körper erfährt daher jetzt im Wasser den Auftrieb F_A. Die Stellung der Schale sei jetzt l_3. Es gilt jetzt:

$$F_{H_2O} = D \cdot (l_3 - l_1) \tag{4.24 a}$$

mit:

F_{H_2O} = Gewichtskraft des Körpers im Wasser, um den Auftrieb gegenüber F_0 vermindert
D = Federkonstante
l_1 = Stellung der Feder ohne den Körper
l_3 = Stellung der Feder mit dem Körper auf der im Wasser befindlichen Schale

Setzen wir die Werte für F_0 und F_{H_2O} aus Gl. 4.24 und Gl. 4.24 a in Gl. 4.23 ein, so folgt:

$$\varrho_k = \varrho \cdot \frac{D \cdot (l_2 - l_1)}{D\,(l_2 - l_1) - D\,(l_3 - l_1)} \tag{4.25}$$

Ausgerechnet und durch D dividiert folgt:

$$\varrho_k = \varrho \cdot \frac{(l_2 - l_1)}{(l_2 - l_3)} \tag{4.25 a}$$

Somit werden bei der Messung der Dichte ϱ_k eines Körpers nur Längen gemessen. Die Dichte ϱ von Wasser wird in Abhängigkeit von der Temperatur aus Tab. 19 abgelesen.

Meßergebnisse und Auswertung

Zur Bestimmung von ϱ_k entsprechend Gl. 4.25a werden jeweils zehnmal l_1, l_2 und l_3 gemessen.

Tabelle 13. Meßergebnisse der Dichtebestimmung mit der Jolly-Waage

$l_{1,i}$ [cm]	$l_{2,i}$ [cm]	$l_{3,i}$ [cm]
$l_{1,1}$ = 56,3	$l_{2,1}$ = 58,3	$l_{3,1}$ = 57,4
$l_{1,2}$ = 56,4	$l_{2,2}$ = 58,3	$l_{3,2}$ = 57,1
$l_{1,3}$ = 56,4	$l_{2,3}$ = 58,3	$l_{3,3}$ = 57,3
$l_{1,4}$ = 56,3	$l_{2,4}$ = 58,3	$l_{3,4}$ = 57,4
$l_{1,5}$ = 56,3	$l_{2,5}$ = 58,3	$l_{3,5}$ = 57,5
$l_{1,6}$ = 56,4	$l_{2,6}$ = 58,2	$l_{3,6}$ = 57,4
$l_{1,7}$ = 56,4	$l_{2,7}$ = 58,3	$l_{3,7}$ = 57,3
$l_{1,8}$ = 56,5	$l_{2,8}$ = 58,3	$l_{3,8}$ = 57,4
$l_{1,9}$ = 56,4	$l_{2,9}$ = 58,3	$l_{3,9}$ = 57,4
$l_{1,10}$ = 56,4	$l_{2,10}$ = 58,3	$l_{3,10}$ = 57,4
$\bar{l}_1$ = 56,38	$\bar{l}_2$ = 58,29	$\bar{l}_3$ = 57,36

Mit Hilfe von Tabelle 13, Tab. 19 und Gl. 4.25a berechnet sich ϱ_k wie folgt:

$$\varrho_k = 0{,}9992 \cdot \frac{(58{,}29 - 56{,}38)\ \mathrm{cm}}{(58{,}29 - 57{,}36)\ \mathrm{cm}}$$

ausgerechnet:

$$\boldsymbol{\varrho_k = 2{,}03\ \mathrm{g/cm^3}}$$

Fehlerrechnung

Wir bestimmen den Größtfehler $\Delta\varrho_k$: Der Größtfehler ergibt sich mit Hilfe von Gl. 1.11 zu:

$$\Delta\varrho_k = \bar{\varrho}_k \cdot \left(\frac{s_{\overline{(l_2 - l_1)}}}{(l_2 - l_1)} + \frac{s_{\overline{(l_2 - l_3)}}}{(l_2 - l_3)} \right) \tag{4.26}$$

mit:

$\bar{\varrho}_k$ = Mittelwert der Dichtemessung als Schätzwert für das wahre ϱ_k
$s_{\overline{(l_2 - l_1)}}$ = Standardabweichung des Mittelwertes der Differenz $(l_2 - l_1)$
$s_{\overline{(l_2 - l_3)}}$ = Standardabweichung des Mittelwertes der Differenz $(l_2 - l_3)$

Mit Hilfe von Tabelle 13 ergeben sich die folgenden Standardabweichungen:

$$s_{\overline{(l_2 - l_1)}} = 0{,}023\ \mathrm{cm}$$
$$s_{\overline{(l_2 - l_3)}} = 0{,}037\ \mathrm{cm}$$

Somit ergibt sich für den Größtfehler:

$$\Delta\varrho_k = 2{,}03 \cdot \left(\frac{0{,}023}{1{,}31} + \frac{0{,}037}{0{,}94} \right) \frac{\mathrm{g}}{\mathrm{cm}^3}$$

ausgerechnet:

$$\Delta\varrho_k = 0{,}116 \text{ g/cm}^3$$

Das Endergebnis der Dichtebestimmung mit der Jolly-Waage lautet somit:

$$\boldsymbol{\varrho_k = (2{,}03 \pm 0{,}116) \text{ g/cm}^3}$$

4.4.3 Aräometer

Ein Aräometer ist ein Meßgerät, mit dem man relativ einfach und schnell die Dichte von Flüssigkeiten bestimmen kann: In einem durchsichtigen Glaskolben, in dem mit Hilfe eines Gummiballons die zu messende Flüssigkeit aufgezogen werden kann,

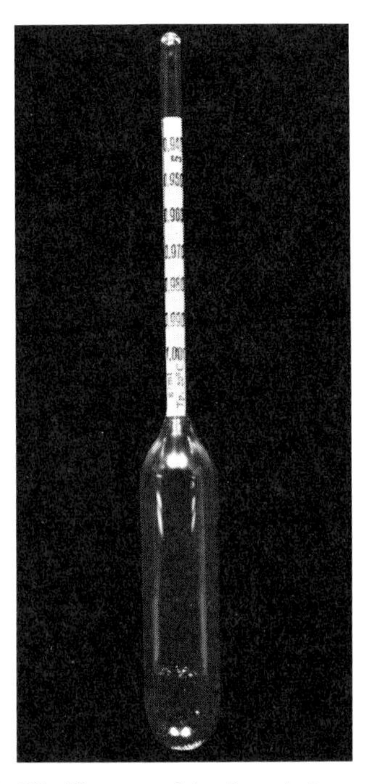

Abb. 26. Photographie eines Aräometers

befindet sich ein Schwimmer, der aus Glas besteht. Der Schwimmer wird auch als Senkspindel bezeichnet. Damit der Schwimmer stets senkrecht in der zu messenden Flüssigkeit schwimmt, befindet sich in seinem unteren Teil Bleischrot. Der Auftrieb dieses Schwimmers in einer Flüssigkeit mit der zu messenden Dichte ϱ ergibt sich nach Gl. 4.11 zu $F_A = \varrho \cdot V \cdot g$. Der Auftrieb ist also neben den festen Größen V und g nur noch von der zu messenden Dichte ϱ der Flüssigkeit abhängig. Der Schwimmer ist entsprechend geeicht, so daß die Dichte sofort in g/cm^3 bzw. kg/m^3 abgelesen werden kann.

4.5 Oberflächenspannung σ (sprich sigma)

Zwischen den Molekülen von Flüssigkeiten wirken anziehende Kräfte.
Da innerhalb der Flüssigkeit ein beliebiges Molekül in jeder Richtung von anderen

Molekülen umgeben ist, wirken auf das Molekül Kräfte in alle Richtungen, die sich daher im Mittel gegenseitig aufheben. Aus diesem Grund sind die Moleküle innerhalb der Flüssigkeit beliebig verschiebbar. An der Oberfläche jedoch wirken auf ein Molekül nur Kräfte parallel zur Oberfläche sowie in die Flüssigkeit hinein. Ein Molekül kann daher nur unter Kraft- bzw. Energieaufwand aus der Oberfläche entfernt bzw. zusätzlich in die Oberfläche hineingebracht werden.
Die Oberfläche hat wegen der in ihr wirkenden Kräfte außerdem das Bestreben, ein Minimum anzunehmen. Der Zustand der kleinsten Oberfläche ist ein Zustand geringster Energie. Diese Tatsache gilt ganz allgemein, da jedes System einen Zustand geringster Energie einzunehmen sucht.
Die für eine *Oberflächenvergrößerung* erforderliche Energie ΔE steckt als potentielle Energie in den zusätzlich in die Oberfläche gebrachten Molekülen. Dieser Energiegewinn ΔE pro Oberflächenvergrößerung ΔA wird als Oberflächenspannung σ bezeichnet:

$$\sigma = \frac{\Delta E}{\Delta A} \tag{4.27}$$

mit:

σ = Oberflächenspannung einer Flüssigkeit
ΔE = Energiegewinn pro Oberflächenvergrößerung
ΔA = Vergrößerung der Oberfläche

Neben der Definition für die Oberflächenspannung nach Gl. 4.27 gibt es eine weitere. Es wird sich zeigen, daß die beiden Definitionen im Grunde dasselbe bedeuten. Die Oberflächenspannung σ ist als Kraft pro Länge definiert:

$$\sigma = \frac{F}{l} \tag{4.28}$$

mit:
σ = Oberflächenspannung
F = Kraft pro Länge der Oberfläche
l = Länge der Oberfläche, an der die Kraft angreift

Mit Hilfe von Abb. 28 kann man zeigen, daß Gl. 4.27 und Gl. 4.28 als Definitionen für σ identisch sind: Innerhalb des Drahtbügels befindet sich Seifenlauge, wie sie z. B. zum Erzeugen von Seifenblasen benutzt wird. Der untere Drahtbügel ist beweglich. Wir ziehen ihn aus der Stellung 1 in die Stellung 2. Um den Drahtbügel mit der Länge

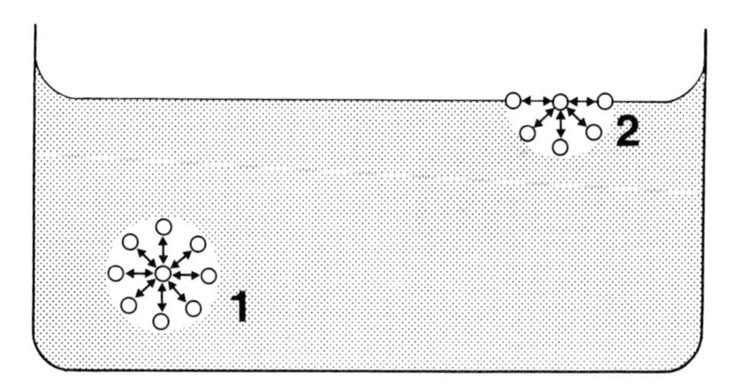

Abb. 27. Auf ein beliebiges Molekül *1* wirkt im Innern der Flüssigkeit keine resultierende Kraft. An der Oberfläche jedoch wirken keine Kräfte mehr nach „oben", so daß auf ein Molekül *2* eine Kraft in die Flüssigkeit hinein besteht.

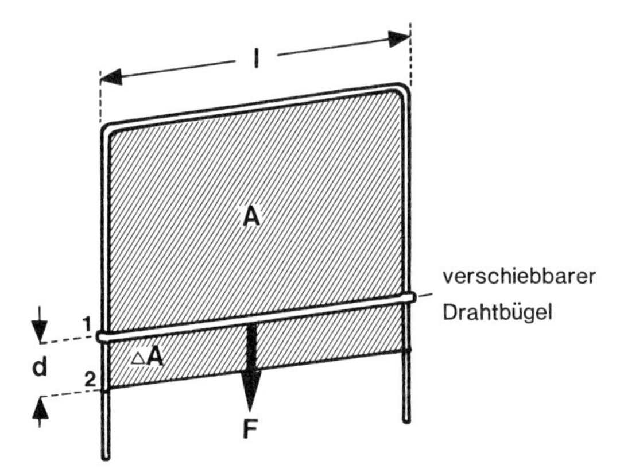

Abb. 28. (Gedanken-) Experiment zum Verständnis der Oberflächenspannung. Erläuterungen s. Text.

l aus der Stellung 1 in die Stellung 2, also um die Strecke d, zu verschieben, ist die Kraft F erforderlich. Dabei wird die Fläche A um den Betrag ΔA vergrößert.
Nach Gl. 4.28 gilt für σ:

$$\sigma = \frac{F}{2 \cdot l} \tag{4.29}$$

Man muß mit $2 \cdot l$ rechnen, da die gesamte Fläche eine Vorderseite und eine Rückseite hat, also formal aus 2 Flächen besteht. Die gesamte Flächenänderung nach Abb. 28 beträgt daher: $\Delta A = 2 \cdot l \cdot d$.
Nach Gl. 4.27 gilt für diesen Fall:

$$\sigma = \frac{E}{2 \cdot l \cdot d} = \frac{F \cdot d}{2 \cdot l \cdot d} = \frac{F}{2 \cdot l} \tag{4.30}$$

Wir sehen, daß beide Ansätze zu dem gleichen Ergebnis führen. Die gesetzliche Einheit ergibt sich aus Gl. 4.27 zu $\mathrm{N \cdot m/m^2}$ bzw. aus Gl. 4.30 zu N/m.

4.5.1 8. Praktikumsaufgabe (Messung der Oberflächenspannung)

Es soll mit Hilfe einer Meßanordnung nach Abb. 29 die Oberflächenspannung von Wasser bei einer bestimmten Temperatur gemessen werden.
Als Grundlage der Messung dient Gl. 4.28. Ein metallischer Kreisring mit dem Radius r wird, an einer Federwaage hängend, in das zu messende Wasser, das sich in einem Becherglas befindet, getaucht. An seiner im Wasser befindlichen Seite ist der Ring angeschliffen.
Zur Messung zieht man den Ring gegen die Oberflächenspannung aus dem Wasser heraus. Das Herausziehen bedeutet eine Oberflächenvergrößerung. Dieser Vergrößerung setzt das Wasser eine Kraft, entsprechend der Oberflächenspannung, entgegen. Die Länge, auf die die Kraft entsprechend Gl. 4.28 wirkt, ist gleich dem 2fachen des Kreisumfangs, also $2\,U = 2 \cdot 2\pi \cdot r$. Es ist das 2fache des Umfangs zu nehmen, da formal wiederum 2 Oberflächen vorhanden sind. Bei der Messung wird zusätzlich die Gewichtskraft F_G des Kreisrings gemessen. Zur Bestimmung der Oberflächenspan-

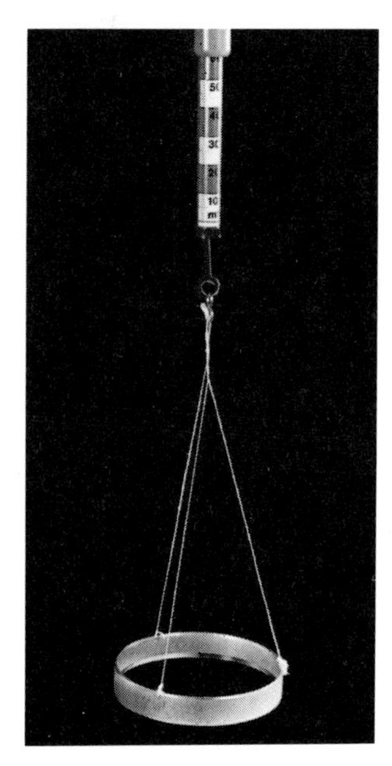

Abb. 29. Meßanordnung zur Bestimmung der Oberflächenspannung von Flüssigkeiten

nung muß daher F_G von der Gesamtkraft F abgezogen werden. Für die Oberflächenspannung gilt daher:

$$\sigma = \frac{F - F_G}{2 \cdot 2\pi \cdot r} = \frac{F_0}{4 \cdot \pi \cdot r} \tag{4.31}$$

mit:

σ = Oberflächenspannung von Wasser
F = gesamte Abreißkraft, d.h. die Kraft, bei der der Ring gerade aus dem Wasser herausgezogen wird
F_0 = Kraft, die benötigt wird, um die Oberflächenspannung des Ringes zu überwinden (ohne Gewichtskraft des Ringes)
F_G = Gewichtskraft des Kreisrings
r = Radius des Kreisrings

Meßergebnisse und Auswertung

Die Messung der Oberflächenspannung von Leitungswasser erfolgt bei einer Temperatur von $t = 18\ °C$.

Für $\bar{F}_0$ folgt aus Tabelle 14:

$$\bar{F}_0 = (84{,}63 - 58{,}1)\ \mathrm{mN}$$

also:

$$\bar{F}_0 = 26{,}53\ \mathrm{mN}$$

Als Ergebnis für σ ergibt sich nach Einsetzen der Werte von $\bar{r}$ und $\bar{F}_0$ in Gl. 4.31:

$$\boldsymbol{\sigma = 0{,}0652\ \mathrm{N/m}}$$

Tabelle 14. Meßergebnisse bei der Messung der Oberflächenspannung

r_i [cm]	F_i [mN]	F_{G_i} [mN]
$r_1 = 3{,}23$	$F_1 = 84{,}5$	$F_{G_1} = 58{,}1$
$r_2 = 3{,}24$	$F_2 = 84{,}2$	$F_{G_2} = 58{,}1$
$r_3 = 3{,}25$	$F_3 = 84{,}5$	$F_{G_3} = 58{,}1$
$r_4 = 3{,}245$	$F_4 = 84{,}0$	$F_{G_4} = 58{,}1$
$r_5 = 3{,}24$	$F_5 = 85{,}0$	$F_{G_5} = 58{,}1$
$r_6 = 3{,}21$	$F_6 = 85{,}0$	$F_{G_6} = 58{,}1$
$r_7 = 3{,}24$	$F_7 = 84{,}5$	$F_{G_7} = 58{,}1$
$r_8 = 3{,}245$	$F_8 = 85{,}1$	$F_{G_8} = 58{,}1$
$r_9 = 3{,}24$	$F_9 = 85{,}0$	$F_{G_9} = 58{,}1$
$r_{10} = 3{,}245$	$F_{10} = 84{,}5$	$F_{G_{10}} = 58{,}1$
$\bar{r} = 3{,}239$	$\bar{F} = 84{,}63$	$F_{\bar{G}} = 58{,}1$

Der Größtfehler $\Delta\sigma$ ergibt sich nach Gl. 1.11 zu:

$$\Delta\sigma = \sigma \cdot \left(\frac{s_{\bar{F}_0}}{\bar{F}_0} + \frac{s_{\bar{r}}}{\bar{r}}\right) \tag{4.32}$$

Mit:

$s_{\bar{F}_0} = 0{,}1193 \text{ mN} = 0{,}0001193 \text{ N}$
$s_{\bar{r}} = 0{,}00358 \text{ cm} = 0{,}0000358 \text{ m}$
$\bar{F}_0 = 0{,}02653 \text{ N}$
$\bar{r} = 0{,}03239 \text{ m}$

folgt:

$$\Delta\sigma = 0{,}0652 \cdot \left(\frac{0{,}0001193}{0{,}02653} + \frac{0{,}0000358}{0{,}03239}\right) \frac{\text{N}}{\text{m}}$$

also:

$$\Delta\sigma = 0{,}00037 \text{ N/m}$$

Das Ergebnis des Versuchs lautet somit:

$$\boldsymbol{\sigma = (0{,}0652 \pm 0{,}00037)\ \text{N/m}}$$

4.6 Viscosität η (sprich eta)

Die Viscosität einer Flüssigkeit oder eines Gases, auch Zähigkeit genannt, macht eine Aussage über die Größe der inneren Reibung, die bei Bewegungen der Flüssigkeit bzw. des Gases auftritt. Zum Verständnis der Viscosität machen wir einen (Gedanken-)Versuch:
In einem Gefäß mit einer ebenen Wand als Begrenzung befinde sich eine Flüssigkeit. In die Flüssigkeit tauchen wir eine Fläche A hinein, um sie nach vollständigem Eintauchen mit einer konstanten Kraft F und konstanter Geschwindigkeit v aus dem Flüssigkeitsvolumen parallel zur Begrenzungswand herauszuziehen. Zum Verständnis teilt man sich die Flüssigkeit gedanklich in viele nebeneinander liegende, theoretisch unendlich dünne Flüssigkeitsschichten ein. Beim Herausziehen der Fläche wird

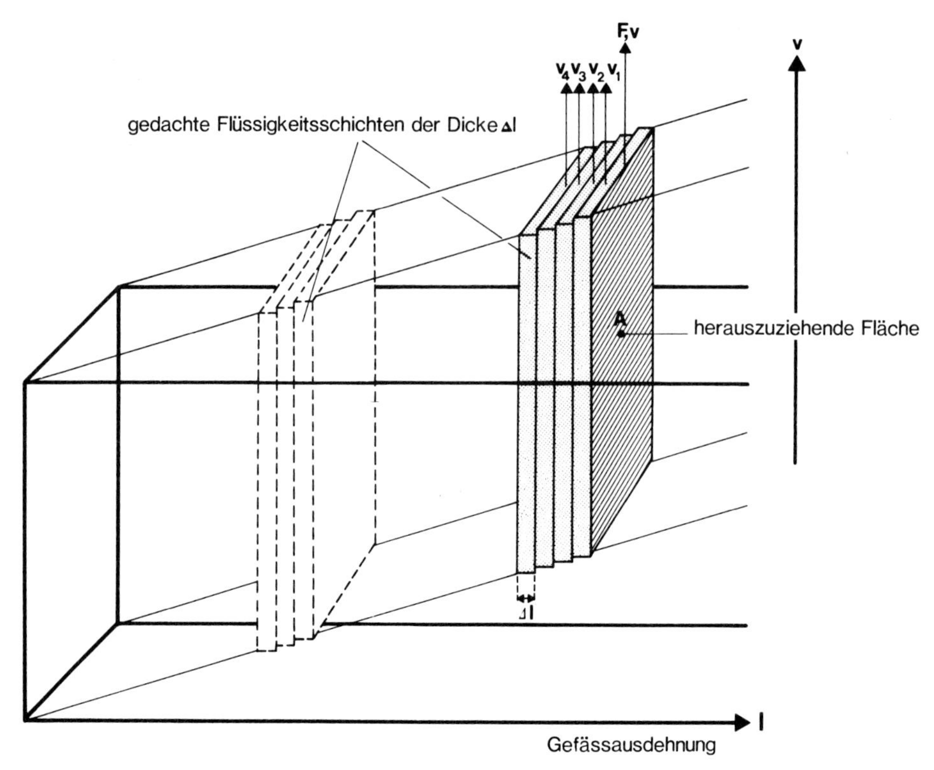

Abb. 30. Gedankenexperiment zum Verständnis der inneren Reibung von Flüssigkeiten. Ein beliebiges Flüssigkeitsvolumen ist dabei in kleine Schichten der Dicke Δl aufgeteilt worden. Aus diesem Volumen wird eine Fläche A mit konstanter Geschwindigkeit v herausgezogen. Aufgrund der inneren Reibung ziehen sich die Schichten mit linear abfallender Geschwindigkeit gegenseitig mit.

aufgrund der inneren Zähigkeit der Flüssigkeit die der Fläche direkt anliegende Schicht mit der Geschwindigkeit v mitgezogen. Diese Flüssigkeitsschicht zieht aufgrund der Zähigkeit ihrerseits die an sie grenzende zweite Schicht mit, diese wiederum die dritte Schicht usw. Jedoch nimmt die Geschwindigkeit, mit der die Schichten mitgezogen werden, aufgrund der Zähigkeit mit der Entfernung von der gezogenen Fläche zur Wand ab. Es entsteht also ein Geschwindigkeitsgefälle $\frac{\Delta v}{\Delta l}$ in l-Richtung von der Fläche zur Wand hin. Direkt an der Gefäßwand ist $v = 0$, da die „letzte" Flüssigkeitsschicht der Gefäßwand anhaftet. Um die Fläche A mit der konstanten Geschwindigkeitkeit v mit der Kraft F aus der Flüssigkeit herauszuziehen, gilt:

$$F = \eta \cdot A \cdot \frac{\Delta v}{\Delta l} \tag{4.33}$$

mit:

F = Kraft, um die Fläche A aus der Flüssigkeit herauszuziehen

$\frac{\Delta v}{\Delta l}$ = Geschwindigkeitsgefälle von der bewegten Fläche zur Gefäßwand hin

A = Größe der Fläche

η = Viscosität

Bei nicht zu großen Schichtdichten bildet sich innerhalb der Flüssigkeit ein lineares Geschwindigkeitsgefälle aus. Statt $\Delta v/\Delta l$ in Gl. 4.33 kann man daher auch v/l setzen. Nach η aufgelöst:

$$\eta = \frac{F}{A} \cdot \frac{1}{\left(\frac{v}{l}\right)} \tag{4.34}$$

Die gesetzlichen Einheiten von η ergeben sich aus Gl. 4.34 nach Einsetzen der gesetzlichen Einheiten für die Kraft in Newton (N), die Fläche in Quadratmeter (m^2) und v/l in s^{-1}:

$$[\eta] = \frac{N}{m^2} \cdot s \tag{4.34a}$$

Nach Gl. 4.2 ist $1\ N/1\ m^2$ gleich 1 Pa.
Somit ist die Einheit von η:

$$[\eta] = Pa \cdot s \tag{4.34b}$$

Die Zähigkeit von *Flüssigkeiten* nimmt mit steigender Temperatur ab, und zwar in guter Näherung nach der folgenden *Beziehung*:

$$\eta_T = a \cdot e^{b/T} \tag{4.35}$$

mit:

η_T = Viscosität bei einer bestimmten Temperatur T
a, b = Konstanten, die experimentell bestimmt werden
T = Temperatur in Kelvin
e = Euler-Zahl ($e \approx 2{,}71$)

Die Viscosität von *Gasen* dagegen nimmt mit steigender Temperatur zu.

4.6.1 Stokessche Reibungskraft

Läßt man eine Kugel in einer Flüssigkeit mit der Viscosität η im Schwerefeld der Erde fallen, so wirkt auf die Kugel eine Reibungskraft F_R. Die Größe dieser Kraft berechnet sich nach der folgenden Gleichung:

$$\boxed{F_R = 6\pi \cdot r \cdot \eta \cdot v \quad \text{Stoke-Reibungskraft}} \tag{4.36}$$

mit:

F_R = Reibungskraft auf eine Kugel, die sich mit der konstanten Geschwindigkeit v in einer Flüssigkeit bewegt
η = Viscosität der Flüssigkeit
v = Geschwindigkeit der fallenden Kugel
r = Radius der Kugel

Sofern sich die Kugel in einer Flüsigkeit bewegt, die sich in einem endlichen Volumen befindet, so muß in Gl. 4.36 eine Korrektur vorgenommen werden. Es gilt für den Fall, daß sich die Kugel in einem zylinderförmigen Rohr mit dem Radius R bewegt, für die Reibungskraft:

$$F = 6\pi \cdot r \cdot \eta \cdot v \cdot \left(1 + 2{,}4\,\frac{r}{R}\right) \tag{4.37}$$

mit:

R = Radius des Zylinders, in dem sich die Flüssigkeit befindet
Die anderen Bezeichnungen s. Gl. 4.36.

Man sieht, daß der Korrekturfaktor für kleine r und große R gegen 1 läuft und Gl. 4.37 in Gl. 4.36 übergeht.

4.6.2 9. Praktikumsaufgabe (Messung der Viscosität mit Hilfe der Kugelfallmethode)

Es soll die Viscosität η einer Flüssigkeit bestimmt werden. Wir wählen als Meßmethode die Kugelfallmethode.
In einem Glasrohr mit dem Radius R, das mit Flüssigkeit gefüllt ist, die die zu messende Viscosität η besitzt, wird eine kleine Stahlkugel mit dem Radius r fallen gelassen. Die Kugel wird sich bereits nach wenigen Zentimetern mit einer gleichförmigen Geschwindigkeit v in der Flüssigkeit bewegen, da dann die Summe aller auf die Kugel einwirkenden Kräfte Null ist. Zur Messung der Geschwindigkeit v wird die Zeit t gemessen, die die Kugel zwischen 2 Marken auf dem Zylinder mit bekanntem Abstand l benötigt. Bei diesem Fall wirken auf die Kugel die folgenden Kräfte:

1. Die Gewichtskraft F_G

$$F_G = m_k \cdot g = \varrho_k \cdot V_k \cdot g = \frac{4}{3}\pi r^3 \cdot \varrho_k \cdot g \tag{4.38}$$

mit:

F_G = Gewichtskraft der Kugel
m_k = Masse der Kugel
V_k = Volumen der Kugel $\left(V_k = \frac{4}{3}\pi r^3\right)$
ϱ_k = Dichte der Kugel
g = Erdbeschleunigung
r = Radius der Kugel

Die Gewichtskraft der Kugel wirkt in dem Glaszylinder nach unten.

2. Die Stokessche Reibungskraft F_R

$$F_R = 6\pi \cdot \eta \cdot r \cdot v \qquad \text{(s. Gl. 4.36)}$$

mit:

F_R = auf die fallende Kugel wirkende Reibungskraft
η = Viscosität der Flüssigkeit
v = Geschwindigkeit der Kugel $\left(v = \frac{l}{t}\right)$
l = Länge der Meßstrecke
t = Zeit, die die Kugel braucht, um die Meßstrecke l zu durchfallen
r = Kugelradius

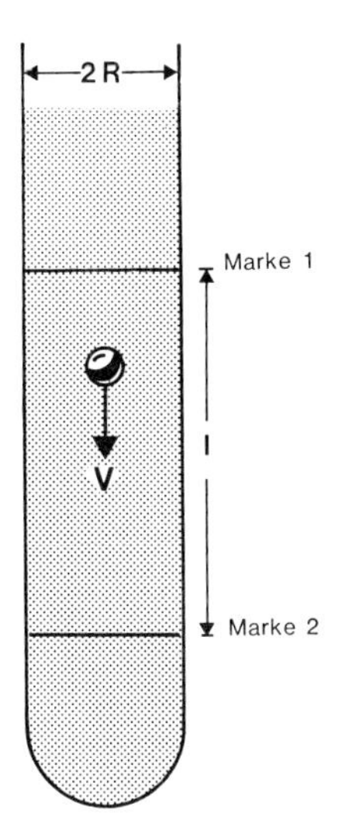

Abb. 31. Versuchsanordnung zur Bestimmung der Viscosität einer Flüssigkeit mit Hilfe der Kugelfallmethode

Die Reibungskraft wirkt der Gewichtskraft entgegengesetzt, also nach oben. Auf eine Berücksichtigung des Korrekturfaktors nach Gl. 4.37 verzichten wir:

3. Der Auftrieb F_A

mit:
$$F_A = \varrho \cdot V_K \cdot g = \frac{4}{3}\pi \cdot r^3 \cdot \varrho \cdot g \tag{4.39}$$

F_A = Auftrieb
ϱ = Dichte der Flüssigkeit, in der die Kugel fällt
$V = V_K$ = Volumen der von der Kugel verdrängten Flüssigkeitsmenge, gleich dem Kugelvolumen $\left(\frac{4}{3}\pi \cdot r^3\right)$
g = Erdbeschleunigung
r = Radius der Kugel

Der Auftrieb wirkt wie die Reibungskraft F_R nach oben. Bei konstanter Geschwindigkeit, also unbeschleunigter Bewegung der Kugel, muß $(F_A + F_R)$ gleich F_G sein:

$$F_G = F_A + F_R \tag{4.40}$$

Es gilt daher:

$$\varrho_k \cdot \frac{4}{3}\pi \cdot r^3 \cdot g - \varrho \cdot \frac{4}{3}\pi \cdot r^3 \cdot g - 6\pi \cdot r \cdot v \cdot \eta = 0 \tag{4.41}$$

Gleichung 4.41 nach η augelöst:

$$\eta = \frac{2r^2 \cdot g\,(\varrho_k - \varrho)}{9 \cdot v} \tag{4.41 a}$$

Um η zu bestimmen, muß man l, t sowie r messen.

Meßergebnisse und Auswertung

Für v folgt mit Hilfe von Tabelle 15:

$$v = \frac{0{,}453\ \mathrm{m}}{17{,}45\ \mathrm{s}} = 0{,}026\,\frac{\mathrm{m}}{\mathrm{s}}$$

Die Dichte ϱ der Flüssigkeit wird mit Hilfe eines Aräometers bestimmt. Es ergibt sich $\varrho = 875\ \mathrm{kg/m^3}$. Die Dichte der Kugel ist vom Hersteller mit $\varrho_k = 2770{,}5\ \mathrm{kg/m^3}$ angegeben.

Tabelle 15. Meßergebnisse der Viscositätsmessung mit Hilfe der Kugelfallmethode

l_i [cm]	t_i [s]	r_i [mm]
$l_1 = 45{,}3$	$t_1 = 16{,}8$	$r_1 = 0{,}925$
$l_2 = 45{,}9$	$t_2 = 17{,}6$	$r_2 = 0{,}95$
$l_3 = 45{,}9$	$t_3 = 17{,}7$	$r_3 = 0{,}95$
$l_4 = 45{,}2$	$t_4 = 17{,}0$	$r_4 = 0{,}975$
$l_5 = 45{,}2$	$t_5 = 16{,}9$	$r_5 = 0{,}975$
$l_6 = 45{,}2$	$t_6 = 17{,}5$	$r_6 = 0{,}925$
$l_7 = 45{,}3$	$t_7 = 18{,}0$	$r_7 = 0{,}925$
$l_8 = 45{,}1$	$t_8 = 18{,}4$	$r_8 = 0{,}975$
$l_9 = 45{,}1$	$t_9 = 17{,}1$	$r_9 = 0{,}95$
$l_{10} = 45{,}2$	$t_{10} = 17{,}5$	$r_{10} = 0{,}75$
$\bar{l} = 45{,}34\ \mathrm{cm}$ $= 0{,}453\ \mathrm{m}$	$\bar{t} = 17{,}45\ \mathrm{s}$	$\bar{r} = 0{,}93\ \mathrm{mm}$ $= 0{,}00093\ \mathrm{m}$

Mit Hilfe dieser Werte folgt für die Viscosität η:

$$\eta = \frac{2 \cdot (0{,}00093\ \mathrm{m})^2 \cdot 9{,}81\ \mathrm{m} \cdot (2770{,}5 - 875)\,\frac{\mathrm{kg}}{\mathrm{m^3}}}{9 \cdot 0{,}026\,\frac{\mathrm{m}}{\mathrm{s}} \cdot \mathrm{s^2}}$$

ausgerechnet:

$$\boldsymbol{\eta = 0{,}137\,\frac{\mathrm{N \cdot s}}{\mathrm{m^2}} = 0{,}137\ \mathrm{Pa \cdot s}}$$

Fehlerrechnung:

Der Größtfehler $\Delta\eta$ berechnet sich mit Hilfe von Gl. 1.11 wie folgt:

$$\Delta\eta = \eta \cdot \left(\frac{2\,S_{\bar{r}}}{\bar{r}} + \frac{S_{\bar{t}}}{\bar{t}} + \frac{S_{\bar{l}}}{\bar{l}}\right) \tag{4.42}$$

Dabei werden g, ϱ und ϱ_k als Tabellenwerte als fehlerfrei angesehen.
Mit

$S_{\bar{r}} = 2{,}1 \cdot 10^{-5}\ \mathrm{m}$
$\bar{r} = 0{,}93 \cdot 10^{-3}\ \mathrm{m}$
$S_{\bar{t}} = 0{,}16\ \mathrm{s}$
$\bar{t} = 17{,}45\ \mathrm{s}$
$S_{\bar{l}} = 0{,}0957 \cdot 10^{-2}\ \mathrm{m}$
$\bar{l} = 0{,}453\ \mathrm{m}$

folgt:

$$\Delta\eta = 0{,}137\ \text{Pa}\cdot\text{s}\cdot\left(2\cdot\frac{2{,}1\cdot 10^{-5}\ \text{m}}{0{,}93\cdot 10^{-3}\ \text{m}} + \frac{0{,}16\ \text{s}}{17{,}45\ \text{s}} + \frac{0{,}0957\cdot 10^{-2}\ \text{m}}{0{,}453\ \text{m}}\right)$$

also:

$$\Delta\eta = 0{,}0077\ \text{Pa}\cdot\text{s}$$

Somit lautet das Ergebnis der Messung:

$$\boldsymbol{\eta = (0{,}137 \pm 0{,}0077)\ \text{Pa}\cdot\text{s}}$$

4.7 Strömung von Flüssigkeiten in einem Rohr

In der Medizin spielen Strömungen von Flüssigkeiten eine große Rolle, in der Hauptsache natürlich die Blutströmungen im Gefäßsystem. Um die Strömungsverhältnisse möglichst übersichtlich zu halten, betrachten wir vereinfacht die Strömung in einem starren zylinderförmigen Rohr.
Es gibt dort prinzipiell zwei verschiedene Arten von Strömungen:

Laminare und turbulente Strömungen

Mit Hilfe der *Reynold-Zahl* läßt sich entscheiden, um welche Art der Strömung es sich jeweils handelt. Für die Reynold-Zahl gilt:

$$\text{Re} = \frac{v\cdot r\cdot \varrho}{\eta} \tag{4.43}$$

mit:

v = Geschwindigkeit der Flüssigkeit
r = Radius des Rohres
η = Viscosität der Flüssigkeit
ϱ = Dichte der Flüssigkeit

Sofern Re den Wert von etwa 1600 unterschreitet, liegt eine laminare Strömung vor, im anderen Fall eine turbulente. Also:

$\text{Re} < 1600$ laminare Strömung,
$\text{Re} > 1600$ turbulente Strömung.

4.7.1 Laminare Strömungen

Eine laminare Strömung besitzt ein spezielles Strömungsprofil, das in Abb. 32 dargestellt ist.
Eine laminar strömende Flüssigkeit besitzt ihre maximale Geschwindigkeit v_0 exakt in der Rohrmitte. Am Rand ist die Geschwindigkeit Null. Die mittlere Geschwindigkeit der Flüssigkeitssäule besitzt den Wert $\bar{v} = v_0/2$. Sie ist eine rechnerische Größe, die angibt, wieviel Flüssigkeit pro Zeiteinheit Δt durch das Rohr fließen würde, wenn die gesamte Säule mit der Geschwindigkeit $\bar{v}$ fließen würde.

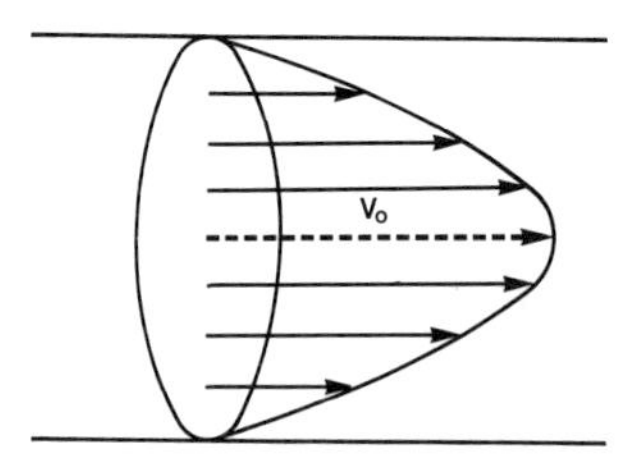

Abb. 32. Strömungsprofil einer laminar strömenden Flüssigkeit in einem starren zylinderförmigen Rohr. Das Geschwindigkeitsmaximum v_0 liegt exakt in der Rohrmitte. Das Strömungsprofil besitzt die Form einer Parabel.

4.7.1.1 Kontinuitätsbedingung

Durch ein Rohr 1 mit dem Radius R fließt eine Flüssigkeit. An einer bestimmten Stelle verengt sich das Rohr und geht in Rohr 2 über. Rohr 2 besitzt einen Radius r. Bei inkompressiblen Flüssigkeiten muß dann gelten, daß durch das Rohr 1 pro Zeit Δt das gleiche Flüssigkeitsvolumen fließen muß wie durch Rohr 2, d.h., daß sich in Rohr 2 die Geschwindigkeit der Flüssigkeit entsprechend vergrößern muß.
Es gilt also:

$$\frac{\Delta V_1}{\Delta t} = \frac{\Delta V_2}{\Delta t} \tag{4.44}$$

mit:

ΔV_1 = in der Zeit Δt in Rohr 1 bewegtes Volumen
ΔV_2 = in der Zeit Δt in Rohr 2 bewegtes Volumen
Δt = betrachtete Zeit

Anhand von Abb. 33 lassen sich ΔV_1 und ΔV_2 wie folgt berechnen

$$\Delta V_1 = A_1 \cdot l_1 \tag{4.45}$$

mit:

A_1 = Querschnitt von Rohr 1
l_1 = Länge des bewegten Volumens in Rohr 1

und entsprechend

$$\Delta V_2 = A_2 \cdot l_2 \tag{4.45a}$$

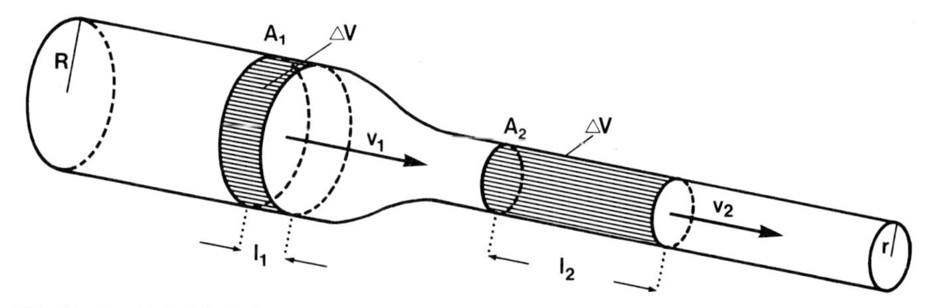

Abb. 33. Pro Zeiteinheit Δt muß durch Rohr 1 die gleiche Flüssigkeitsmenge fließen wie durch das engere Rohr 2. R = Radius des Rohres 1, r = Radius des Rohres 2, A_1 = Fläche des Rohres 1, A_2 = Fläche des Rohres 2, l_1 = Länge des Flüssigkeitsvolumens in Rohr 1, l_2 = Länge des Flüssigkeitsvolumens in Rohr 2, ΔV = Flüssigkeitsvolumen in Rohr 1 bzw. 2

mit:

A_2 = Querschnitt von Rohr 2

l_2 = Länge des bewegten Volumens in Rohr 2

Dies in Gl. 4.44 eingesetzt ergibt:

$$\frac{A_1 \cdot l_1}{\Delta t} = \frac{A_2 \cdot l_2}{\Delta t} \tag{4.46}$$

Der zurückgelegte Weg l_1 bzw. l_2 pro Zeit Δt ergibt die mittlere Geschwindigkeit $\bar{v}_1$ bzw. $\bar{v}_2$.

Somit ergibt sich:

$$A_1 \cdot \bar{v}_1 = A_2 \cdot \bar{v}_2 \tag{4.47}$$

Kontinuitätsgleichung

Gleichung 4.47 gilt auch für Gase, sofern sie sich mit kleinerer Geschwindigkeit als Schallgeschwindigkeit bewegen.

4.7.1.2 Ohmsches Gesetz von Flüssigkeitsströmungen

Im folgenden betrachten wir das Verhalten von laminaren Strömungen. Für die Flüssigkeitsstromstärke I, die als Volumen ΔV pro Zeit Δt definiert ist, gilt die folgende Beziehung:

$$I = \frac{\Delta V}{\Delta t} = \frac{\Delta p}{R} \tag{4.48}$$

mit:

I = Stromstärke des in der Zeit Δt durch ein Rohr durchströmenden Flüssigkeitsvolumens ΔV

R = Flüssigkeitswiderstand des Rohres (hydrodynamischer Widerstand)

Δp = Druckdifferenz zwischen Anfang und Ende des Rohres

Gleichung 4.48 wird als Ohmsches Gesetz der Hydrodynamik bezeichnet, und zwar in Analogie zum Ohmschen Gesetz der Elektrizitätslehre (s. S. 148).

Der Flüssigkeitswiderstand R eines starrwandigen Rohres mit dem Radius r ergibt bei laminarer Strömung den folgenden Wert:

$$R = \frac{8 \cdot l \cdot \eta}{\pi \cdot r^4} \tag{4.49}$$

mit:

R = Flüssigkeitswiderstand eines Rohres mit dem Radius r, in dem eine Flüssigkeit mit der Viscosität η fließt

r = Radius des Rohres

l = Länge des Rohres

η = Viscosität der hindurchströmenden Flüssigkeit

Setzt man diesen Wert für R in Gl. 4.48 ein, so folgt

$$\frac{\Delta V}{\Delta t} = \frac{\pi \cdot r^4 \cdot \Delta p}{8 \cdot l \cdot \eta} \tag{4.50}$$

Hagen-Poiseuille-Gesetz

Das Volumen ΔV der Flüssigkeitsmenge, das pro Zeit Δt durch ein Rohr hindurchfließt, ist also umgekehrt proportional zur Viscosität η und zur Länge l des Rohres und direkt proportional zur Druckdifferenz Δp, die über die Rohrlänge herrscht. Bemerkenswert ist die Abhängigkeit vom Rohrradius. Das ein Rohr durchströmende Flüssigkeitsvolumen steigt nach Gl. 4.50 mit der 4. *Potenz* des Rohrradius. Wird also der Radius eines Rohres unter sonst gleichen Bedingungen halbiert, so fließt nur noch $(\frac{1}{2})^4 = \frac{1}{16}$ des ursprünglichen Volumens hindurch. Bei einer Verringerung des Rohrradius auf $\frac{1}{3}$ sogar nur noch $\frac{1}{81}$. Beim menschlichen Blutkreislauf ist diese Tatsache von großer Bedeutung. Durch Nicotin z.B. werden die Gefäße enger gestellt. Die Durchblutung nimmt daher mit der 4. Potenz der Gefäßverengung ab. Daher können Sie durch starkes Rauchen schlechte Haut, Raucherbeine, Herzinfarkt u.a. neben den bekannten Folgen wie Magen- und Lungenkrebs bekommen.

4.7.2 Turbulente Strömungen

Bei turbulenten Strömungen gilt Gl. 4.50 in der vorliegenden Form nicht. Bei dieser Strömungsart steigt die Flüssigkeitsstromstärke mit der Quadratwurzel des Druckes an:

$$\frac{\Delta V}{\Delta t} \sim \sqrt{\Delta p} \tag{4.51}$$

Eine Verdoppelung des Drucks bewirkt also nicht wie bei der laminaren Strömung eine Verdoppelung von $\Delta V/\Delta t$, sondern nur eine Steigerung um das 1,4fache.

4.8 Gasgesetze

In Physik und Chemie wird oft von *idealen Gasen* gesprochen. Aus diesem Grund wollen wir kurz erläutern, was man unter einem idealen Gas versteht:
Ein ideales Gas ist ein Gas, das zwei Bedingungen erfüllen muß:

1. Die Moleküle bzw. Atome, aus denen ein ideales Gas besteht, dürfen kein Eigenvolumen besitzen.
2. Die Atome bzw. Moleküle dürfen keinerlei Kräfte aufeinander ausüben.

Ein wirklich ideales Gas gibt es nicht. Jedes reale Gas kommt einem idealen Gas nur mehr oder weniger nahe.

Die 2. Bedingung ist leicht einzusehen und auch in den meisten Fällen recht gut erfüllt. – Dagegen weiß jeder, daß natürlich auch Atome oder Moleküle ein Volumen besitzen. Daher kann die 1. Forderung gar nicht exakt erfüllt werden.
Aber, und das ist der wesentliche Punkt, das gesamte Eigenvolumen aller in einem bestimmten Volumen (Gefäßvolumen) befindlichen Gasmoleküle muß klein sein gegen das Gefäßvolumen. Nehmen wir an, es befinden sich $6 \cdot 10^{23}$, also rund 1 mol Moleküle, in einem Volumen von $22{,}4\,\text{l} = 0{,}0224\,\text{m}^3$. Ein Atom besitzt einen Radius r von rund 10^{-10} m. Das Volumen eines als kugelförmig angenommenen Atoms ist dann:

$$V_A = \frac{4}{3} \cdot \pi \cdot r^3 = 4{,}19 \cdot 10^{-30}\,\text{m}^3.$$

Alle $6 \cdot 10^{23}$ Moleküle nehmen damit ein Volumen von $2{,}51 \cdot 10^{-7}\,\mathrm{m}^3$ ein.
Das Verhältnis von Eigenvolumen der Moleküle zum Gesamtvolumen, in dem sich die Moleküle befinden, beträgt somit:

$$a = \frac{2{,}51 \cdot 10^{-7}\,\mathrm{m}^3}{2{,}24 \cdot 10^{-2}\,\mathrm{m}^3} = 1{,}12 \cdot 10^{-5}$$

Das Eigenvolumen aller Moleküle nimmt also nur rund ein Hunderttausendstel des gesamten Volumens ein, in dem sich die Moleküle befinden. Forderung 1 ist für diesen speziellen Fall recht gut erfüllt. Je weniger Moleküle sich in dem Volumen befinden, also je niedriger der Gasdruck ist, desto besser ist Bedingung 1 erfüllt. Edelgase unter niedrigem Druck kommen einem idealen Gas recht nahe; dagegen verhält sich z.B. CO_2 wegen der Molekularkräfte nicht wie ein ideales Gas.

4.8.1 Spezielle Gasgesetze

Es liegt ein ideales Gas vor. Es befindet sich in einem Zylinder mit dem Volumen V und besitzt einen Druck p. Mit Hilfe eines Stempels verringern wir das Volumen V auf die Hälfte, also auf $V/2$. Bei der Kompression wurde Arbeit geleistet, daher hat sich das Gas erwärmt. Nach Abkühlen auf die ursprüngliche Temperatur ist der Druck auf das Doppelte, also $p_2 = 2p_1$ gestiegen. Bei Kompression auf $\frac{1}{3}$ steigt der Druck auf das 3fache usw. Es zeigt sich, daß bei einem idealen Gas bei *konstanter Temperatur* das Produkt aus Druck und Volumen stets konstant ist:

$$p_1 \cdot V_1 = p_2 \cdot V_2 = p_3 \cdot V_3 = p_n \cdot V_n = \text{konst.} \qquad (4.52)$$

Allgemein gilt also:

$$p \cdot V = \text{konst.}$$
Gesetz von Boyle-Mariotte
mit t = konst. (4.52a)

mit:

p = Druck eines idealen Gases
V = Volumen eines idealen Gases

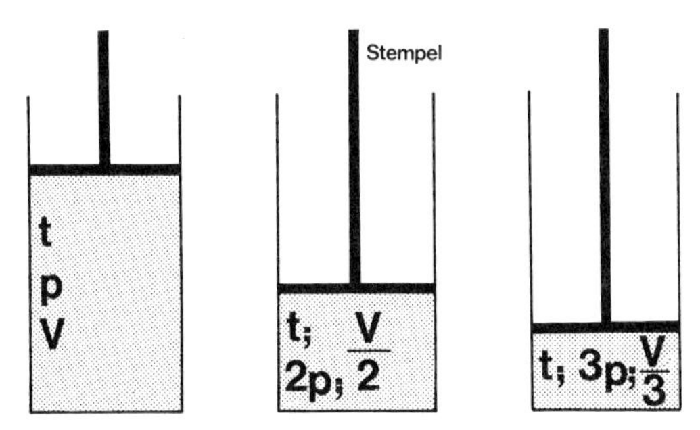

Abb. 34. Ein Gas wird isotherm (t = konst.) auf die Hälfte bzw. ein Drittel seines Ausgangsvolumens V, also auf $V/2$ ($V/3$) komprimiert. Dabei verdoppelt (verdreifacht) sich der Druck p. Volumen und Druck eines idealen Gases verhalten sich umgekehrt proportional: $p \sim 1/V$ bzw. $p \cdot V$ = konst.

Gl. 4.52 bzw. 4.52a gilt nur bei konstanter Temperatur, also *isotherm*. Betrachtet man dagegen ein ideales Gas mit konstantem Volumen V, das von 0 °C auf eine beliebige Temperatur t erwärmt wird, so erhöht sich der Druck p in Abhängigkeit von t nach der folgenden Gleichung:

$$p = p_0 \cdot \left(1 + \frac{t}{273}\right); \quad (\text{mit } V = \text{konst.}) \tag{4.53}$$

Gesetz von Gay-Lussac

mit:

p_0 = Druck bei 0 °C und dem Volumen V
p = Druck bei der Temperatur t und dem Volumen V
t = Temperatur des Gases

Hält man dagegen bei einer Temperaturerhöhung den Druck p konstant, läßt man das Gas sich also mit konstantem Druck ausdehnen, so berechnet sich das Volumen V wie folgt:

$$V = V_0 \cdot \left(1 + \frac{t}{273}\right); \quad (\text{mit } p = \text{konst.}) \tag{4.54}$$

Gesetz von Amontons

mit:

V = Volumen des Gases nach der Ausdehnung bei der Temperatur t und dem Druck p
V_0 = Volumen des Gases bei 0 °C und dem Druck p
t = Temperatur des Gases nach der Ausdehnung

4.8.2 Allgemeines Gasgesetz

Die Gasgesetze von Boyle-Mariotte, Amonton und Gay-Lussac lassen sich zu dem allgemeinen Gasgesetz zusammenfassen. Es lautet:

$$p \cdot V = n \cdot R \cdot T \tag{4.55}$$

mit:

p = Druck des Gases
V = Volumen des Gases
n = Anzahl der Mole des Gases
T = Temperatur des Gases in Kelvin
R = allgemeine Gaskonstante $\left(R = 8{,}314 \frac{\text{J}}{\text{K} \cdot \text{mol}}\right)$

Gleichung 4.55 wird auch als Zustandsgleichung von idealen Gase bezeichnet.

Herleitung von Gl. 4.55

Dazu ein (Gedanken-)Experiment: In einem Gefäß, dessen Volumen mit Hilfe eines Stempels veränderbar ist, befindet sich 1 mol eines idealen Gases mit dem Volumen

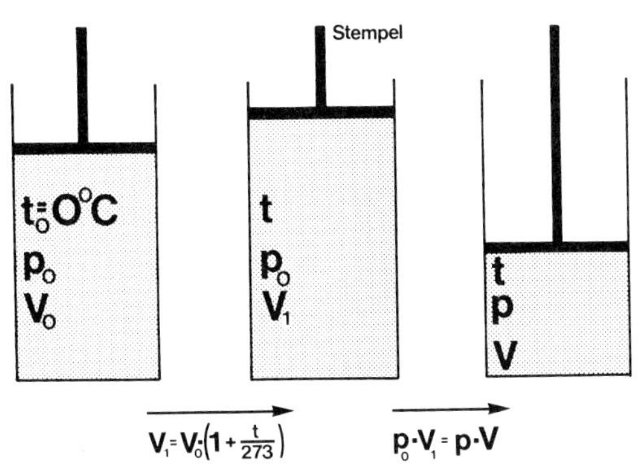

Abb. 35. Zur Herleitung des allgemeinen Gasgesetzes. Das Gas besitzt am Versuchsbeginn einen Druck p_0 und ein Volumen V_0 bei einer Temperatur $t_0 = 0\,°C$. Anschließend wird das Gasvolumen auf die Temperatur t erwärmt. Das Gasvolumen vergrößert sich bei konstantem Druck auf V_1. Anschließend wird das Volumen bei konstanter Temperatur auf V verkleinert. Der Druck steigt auf den Wert p an.

V_0, dem Druck p_0 und der Temperatur $t_0 = 0\,°C$. Dieses Gas wird auf $t\,°C$ erwärmt. Das Gas soll nach der Temperaturerhöhung das neue Volumen V_1 und den alten Druck p_0 besitzen.
Nach Gl. 4.54 gilt unter diesen Bedingungen für V_1:

$$V_1 = V_0 \cdot \left(1 + \frac{t}{273}\right) \tag{4.54a}$$

Anschließend wird das Gas auf ein Volumen V mit dem Druck p unter Konstanthaltung der Temperatur komprimiert. Bei diesem Prozeß mit $t =$ konst. gilt Gl. 4.52 in der folgenden Form:

$$p \cdot V = p_0 \cdot V_1 \tag{4.52a}$$

mit V_1 aus Gl. 4.54a folgt:

$$p \cdot V = p_0 \cdot V_0 \cdot \left(1 + \frac{t}{273}\right) \tag{4.56}$$

auf den Hauptnenner 273 gebracht:

$$p \cdot V = p_0 \cdot V_0 \left(\frac{273 + t}{273}\right) \tag{4.56a}$$

Mit $(273 + t) = T$ (s. Gl. 2.11a) folgt:

$$p \cdot V = p_0 \cdot V_0 \cdot \left(\frac{T}{273}\right) \tag{4.57}$$

Die Größe $p_0 \cdot V_0/273$ ist eine Konstante, die wir mit R abkürzen. Dies ist die allgemeine Gaskonstante. Somit lautet Gl. 4.57:

$$p \cdot V = R \cdot T \tag{4.58}$$

Betrachtet man statt einem Mol n Mole, so gilt allgemein:

$$\boxed{p \cdot V = n \cdot R \cdot T}$$

Das aber ist identisch mit Gl. 4.55.

Aus Gl. 4.55 läßt sich eine Beziehung herleiten, die sehr oft verwendet wird. Für ein Gas mit einer festen Anzahl an Molen ist das Produkt $n \cdot R$ eine Konstante. Dann gilt:

$$\frac{p \cdot V}{T} = \text{konst.} \tag{4.59}$$

oder etwas anders geschrieben:

$$\frac{p_1 \cdot V_1}{T_1} = \frac{p_2 \cdot V_2}{T_2} = \frac{p_3 \cdot V_3}{T_3} \cdots = \frac{p_n \cdot V_n}{T_n} \tag{4.59a}$$

4.9 Lösungen

Bringt man bestimmte feste Substanzen in Wasser oder eine andere Flüssigkeit, so lösen sie sich vollständig auf. Daneben gibt es natürlich auch unlösliche Substanzen. So löst sich z.B. Bariumsulfat in Wasser nicht. Wir betrachten im folgenden nur lösliche Substanzen.

Man bezeichnet das Gemisch der Flüssigkeit und des gelösten Stoffes als Lösung. Die Flüssigkeit wird als Lösungsmittel und die eingebrachte Substanz als gelöste Substanz bezeichnet.

Eine Lösung wird als *echte* Lösung bezeichnet, wenn sich um jedes Molekül, Atom oder Ion des gelösten Stoffes eine bestimmte Zahl von Flüssigkeitsmolekülen anordnet. Die Löslichkeit einer Substanz in einer Flüssigkeit hängt vom Druck, der Temperatur sowie von Art und Konzentration der Lösungspartner ab.

Eine Lösung, in der sich keine weitere Substanz mehr lösen läßt, wird als *gesättigt* bezeichnet. Wird trotzdem noch mehr Substanz in die Lösung gegeben, so fällt diese als fester Bodensatz aus. Die Menge gelöster Substanz pro Menge Lösung wird als *Konzentration* (Symbol c) bezeichnet. Dabei gibt es eine Reihe verschiedener Möglichkeiten, die Konzentration einer Lösung anzugeben.

1. Die Konzentration c kann in Mol (bzw. Millimol) gelöste Substanz pro Liter (bzw. Milliliter) Lösung angegeben werden. Man bezeichnet diese Angabe als *Molarität*: Die Molarität ist temperaturabhängig:

$$[c] = \text{mol/l}; \quad \text{mmol/l}; \quad \text{mmol/ml} \tag{4.60}$$

2. Die Konzentration c kann in Mol (bzw. Millimol) gelöste Substanz pro Kilogramm Lösung angegeben werden. Diese Angabe wird als *Molalität* bezeichnet:

$$[c] = \text{mol/kg}, \quad \text{mmol/kg}, \quad \text{mmol/g} \tag{4.60a}$$

   Die Masse ist, anders als das Volumen, temperaturunabhängig. Daher ist die Molalität temperaturunabhängig.

3. Die Konzentration c kann in Milliliter gelöste Substanz pro Liter Lösung angegeben werden.

$$[c] = \text{ml/l} \tag{4.60b}$$

4. Besonders in der Medizin werden Konzentrationen oft in Milliliter gelöste Substanz pro 100 ml Lösung oder in Milligramm pro 100 ml Lösung angegeben:

$$[c] = \text{ml/100 ml} \quad \text{bzw.} \quad \text{mg/100 ml} \tag{4.60c}$$

4.9.1 Kolloidale Lösungen

Von einer kolloidalen Lösung spricht man stets dann, wenn die gelöste Substanz aus hochmolekularen Substanzen wie z.B. Eiweiß oder Stärke besteht. Auch in diesem Fall ist jedes einzelne Molekül der gelösten Substanz von Wassermolekülen umgeben. Eine kolloidale Lösung ist daher im Sinne unserer Definition eine echte Lösung.

4.9.2 Suspensionen

Gibt man eine nichtlösliche Substanz in eine Flüssigkeit, so kann es passieren, daß sich die Substanz in sehr kleinen Partikeln in der Flüssigkeit verteilt. Aber – und das ist der Unterschied zu einer echten Lösung – es verbleiben eine ganze Anzahl von Molekülen oder Atomen der gelösten Substanz aneinander haften, und um diesen Verband lagert sich Wasser an und nicht um jedes einzelne Atom bzw. Molekül wie bei der echten Lösung. Eine „Lösung", die ein derartiges Verhalten zeigt, wird als Suspension bezeichnet. So ergibt feines Graphitpulver in Wasser z.B. eine Suspension.

4.9.3 Mischungen

Gibt man zwei oder mehrere Flüssigkeiten zusammen, so handelt es sich dabei nicht um eine Lösung, sondern um eine Mischung. Dabei gibt es Flüssigkeiten, die sich mit beliebigen Volumenverhältnissen mischen lassen, z.B. Wasser und Alkohol. Es gibt aber auch Flüssigkeiten, die sich nur in bestimmten Volumenverhältnissen mischen lassen, z.B. Wasser und Äther. Stimmt bei letzteren Flüssigkeiten das Volumenverhältnis nicht exakt, so vermischen sich die Substanzen nicht vollständig, und es treten Schichtungen auf. Das Volumen einer Mischung ist nicht unbedingt gleich der Summe der Volumina der einzelnen Mischungspartner. Bei der Mischung kann es zu starken molekularen Kräften kommen, die zu einer Volumenänderung führen können.

4.9.4 Emulsion

Zwei oder mehrere nicht mischbare Flüssigkeiten ergeben eine Emulsion. Man findet dabei eine tropfenförmige Verteilung der einen Flüssigkeit in der anderen vor. Wasser und Öl z.B. bilden eine Emulsion. Auch frische, unbehandelte Milch bildet eine Emulsion.

4.10 Massenwirkungsgesetz

Es liegen zwei beliebige Moleküle A_2 und B_2 vor (z.B. Wasserstoff H_2 und Chlor Cl_2). Diese Atome können eine chemische Bindung $2AB$ eingehen (z.B. 2 HCl). Aber es bildet sich auch – wenn auch mit einer anderen Reaktionsgeschwindigkeit – aus $2AB$ wieder A_2 und B_2. Wir können die Hin- und Rückreaktion wie folgt formulieren:

$$A_2 + B_2 \rightleftharpoons 2AB \tag{4.61}$$

Die Reaktionsgeschwindigkeit $v_{(RG)_1}$ der Hinreaktion, also der Bildung von $2AB$, läßt sich bei niedrigen Konzentrationen wie folgt darstellen:

$$v_{(RG)_1} = k_1 \cdot [A_2] \cdot [B_2] \tag{4.62}$$

mit:

$v_{(RG)_1}$ = Reaktionsgeschwindigkeit der Hinreaktion, also der Bildung von $2AB$ aus A_2 und B_2
k_1 = Geschwindigkeitskonstante der Hinreaktion
$[A_2]$ = Konzentration des Moleküls A_2
$[B_2]$ = Konzentration des Moleküls B_2

Entsprechend gilt für die Reaktionsgeschwindigkeit $v_{(RG)_2}$ der Rückreaktion, also dem Zerfall von $2AB$ in A_2 und B_2:

$$v_{(RG)_2} = k_2 \cdot [AB] \cdot [AB] = k_2 \cdot [AB]^2 \tag{4.62}$$

mit:

$v_{(RG)_2}$ = Reaktionsgeschwindigkeit der Rückreaktion, also des Zerfalls von $2AB$ in A_2 und B_2
k_2 = Geschwindigkeitskonstante der Rückreaktion
$[AB]$ = Konzentration der Verbindung AB

Im dynamischen Gleichgewicht, also wenn genausoviel AB entsteht wie zerfällt, sind Hin- und Rückreaktion gleich. Es gilt für diesen Fall daher:

$$k_1 \cdot [A_2] \cdot [B_2] = k_2 \cdot [AB]^2 \tag{4.63}$$

umgeformt:

$$\frac{k_1}{k_2} = \frac{[AB]^2}{[A_2] \cdot [B_2]} \tag{4.63a}$$

Den Quotienten k_1/k_2 kürzen wir mit k ab. Damit folgt aus Gl. 4.63a:

$$\frac{[AB]^2}{[A_2] \cdot [B_2]} = k \tag{4.64}$$

Massenwirkungsgesetz

4.10.1 Ionenprodukt von Wasser

Bei 25 °C besitzt 1 l Wasser eine Masse m von 997,1 g. Das Molekulargewicht von Wasser beträgt 18,02 g/mol. Das bedeutet, daß 18,02 g Wasser genau 1 mol Wasser ergeben. Dann ergeben 997,1 g Wasser durch 18,02 dividiert die Anzahl Mole in 1 l Wasser bei 25 °C: Das sind 55,33 mol Wasser pro Liter.
Mißt man die elektrische Leitfähigkeit von absolut reinem Wasser, so stellt man fest, daß ein – wenn auch nur sehr kleiner Strom – fließt. Im Wasser müssen sich also freie Ladungsträger befinden. Diese Ladungsträger sind OH^-- und H^+-Ionen. Chemisch

präziser sind es H_3O^+- und OH^--Ionen. Wenn wir in Zukunft von H^+-Ionen sprechen, so handelt es sich in Wirklichkeit um H_3O^+-Ionen. Das Gleichgewicht von H^+, OH^- und ungelöstem H_2O läßt sich mit Hilfe des Massenwirkungsgesetzes (Gl. 4.64) wie folgt beschreiben:

$$\frac{[OH^-]\cdot[H^+]}{[H_2O]} = k_w \tag{4.64a}$$

mit:

$[OH^-]$ = Konzentration der OH^--Ionen
$[H^+]$ = Konzentration der H^+-Ionen (= Wasserstoffionenkonzentration)
$[H_2O]$ = Konzentration des undissoziierten Wassers bei 25 °C (= 55,33 mol/l)
k_w = Dissoziationskonstante des Wassers ($k_w = 1{,}84 \cdot 10^{-14}$ mol/l)

Mit $[H_2O] = 55{,}33$ mol/l und der Tatsache, daß die H^+-Konzentration gleich der OH^--Konzentration sein muß, folgt aus Gl. 4.64a:

$$[OH^-]\cdot[H^+] = [H^+]^2 = 1{,}84 \cdot 10^{-14} \cdot 55{,}33 \text{ mol/l}$$

Nach dem Ziehen der Wurzel folgt die H^+-Konzentration

$$\boxed{[H^+] = 1{,}01 \cdot 10^{-7} \text{ mol/l}} \tag{4.65}$$

Wasser, das bei 25 °C eine H^+-Konzentration von $1{,}01 \cdot 10^{-7}$ mol/l besitzt, bezeichnet man als elektrisch neutral. Steigt die H^+-Konzentration durch Hinzugabe irgendeiner Substanz, so bezeichnet man die Lösung als sauer, sinkt sie, steigt also die OH^--Konzentration, so bezeichnet man die Lösung als basisch. Da das Produkt aus $[H^+]$ und $[OH^-]$ stets konstant bleibt, muß beim Anstieg der einen Konzentration die andere entsprechend abnehmen.

4.10.2 pH-Wert

Der pH-Wert einer Lösung ist wie folgt definiert:

> Der negative dekadische Logarithmus der Wasserstoffionenkonzentration einer wäßrigen Lösung wird als pH-Wert bezeichnet.

Der dekadische Logarithmus ist der Logarithmus mit der Zahl 10 als Basis.
Diese recht unanschaulich wirkende Definition soll im folgenden durch Beispiele verdeutlicht werden.

Beispiele

1. Wie groß ist der pH-Wert einer Lösung mit einer H^+-Konzentration von 10^{-7} mol/l?
Nach der obigen Definition folgt:

$$\text{pH} = -\lg 10^{-7}$$

Für den Logarithmus einer Potenz a^b gilt allgmein:

$$\lg a^b = b \cdot \lg a$$

Diese Regel bei der gestellten Aufgabe angewendet, ergibt:

$$pH = -(-7) \cdot \lg 10$$

mit:

$$\lg 10 = 1 \quad \text{folgt:}$$

$$pH = 7$$

2. Wie groß ist der pH-Wert einer Lösung mit einer pH-Konzentration von 10^{-9} mol/l?
Es ergibt sich:

$$pH = -\lg 10^{-9}$$

Entsprechend Beispiel 1 folgt

$$pH = 9$$

Es zeigt sich, daß die H^+-Konzentration um so kleiner wird, je größer der pH-Wert ist. Lösungen mit pH-Werten größer als 7 sind wie erwähnt alkalisch, alle kleineren sauer.

3. Wie groß ist der pH-Wert einer Lösung mit einer H^+-Konzentration von 1 mol/l?
Es ergibt sich:

$$pH = -\lg 1$$

mit:

$$\lg 1 = 0 \quad \text{folgt:}$$

$$pH = 0$$

4. Wie groß ist der pH-Wert einer H^+-Konzentration von 10 mol/l?
Es ergibt sich:

$$pH = -\lg 10$$

mit

$$\lg 10 = 1 \quad \text{folgt:}$$

$$pH = -1$$

Für H^+-Konzentrationen mit mehr als 1 mol/l ergibt sich also ein negativer pH-Wert.

5. Wie groß ist der pH-Wert einer Lösung mit einer H^+-Konzentration von $3{,}53 \cdot 10^{-6}$ mol/l?
Es ergibt sich

$$pH = -\lg(3{,}53 \cdot 10^{-6})$$

Nach der Logarithmenregel gilt:

$$\lg(a \cdot b^c) = \lg a + c \cdot \lg b$$

Daher folgt für unser Beispiel:

$$pH = -\lg 3{,}53 - (-6) \cdot \lg 10$$

mit:

$$\lg 3{,}53 = 0{,}548$$

und

$$\lg 10 = 1 \quad \text{folgt:}$$

$$pH = -0{,}548 + 6 = 5{,}452$$

Gibt man umgekehrt den pH-Wert an, so berechnet sich die dazugehörige H^+-Konzentration wie folgt:

6. Eine Lösung besitzt einen pH-Wert von 6,23. Wie groß ist ihre H^+-Konzentration?
Mit Hilfe der Definition des pH-Wertes ergibt sich:

$$[H^+] = 10^{-6,23} \text{ mol/l} = 10^{-6-0,23} \text{ mol/l}$$

Mit Hilfe der Potenzregel folgt:

$$[H^+] = 10^{-0,23} \cdot 10^{-6} \text{ mol/l}$$

mit:

$$10^{-0,23} = \frac{1}{10^{0,23}} = 0,589$$

folgt:

$$[H^+] = 0,589 \cdot 10^{-6} \text{ mol/l}$$

4.11 Diffusion

Befinden sich in einem Volumen ohne Trennwand 2 oder mehr verschiedene Gase bzw. Flüssigkeiten neben- oder übereinander, so stellt man fest, daß sich die Gase bzw. Flüssigkeiten nach einiger Zeit vollständig durchmischt haben. Aufgrund ihrer thermischen Bewegung bewegen sich die Moleküle in alle Richtungen. Da sich jeweils auf einer Seite nach Entfernen der Trennwand mehr Moleküle eines Gases bzw. einer Flüssigkeit befinden, werden sich hiervon im Mittel mehr Moleküle in die eine Richtung bewegen als in umgekehrter Richtung.
Der Austausch geht so lange vonstatten, bis sich auf beiden Seiten gleich viele Moleküle beider Arten befinden. Das System befindet sich dann in einem dynamischen Gleichgewicht. Es ist dabei prinzipiell egal, ob die Partner durch eine durchlässige Wand getrennt sind und oder ohne Trennwand aneinandergrenzen. Eine Trennwand würde nur die Mischungsgeschwindigkeit verringern. Für beide Fälle gilt, daß sich Gase schneller vermischen als Flüssigkeiten. Die Menge des Stoffes, die pro Zeit in das Volumen des jeweils anderen diffundiert, berechnet sich nach der folgenden Gleichung:

$$\frac{\Delta m}{\Delta t} = D \cdot A \cdot \frac{\Delta c}{\Delta l} \tag{4.66}$$

1. Ficksches Gesetz

mit:

$\frac{\Delta m}{\Delta t}$ = Masse des Stoffes, der pro Zeiteinheit durch die Fläche A in das Volumen des anderen Stoffes diffundiert
A = Grenzfläche zwischen den beiden Stoffen
D = Diffusionskonstante
l = Länge des Volumens in Richtung des Konzentrationsgefälles
$\frac{\Delta c}{\Delta l}$ = Konzentrationsgefälle des Stoffes in l-Richtung

Die Konzentration c wird in Gl. 4.66 in Masse pro Volumen angegeben. Gibt man sie in Mol pro Volumen an, so betrachtet man statt $\Delta m/\Delta t$ entsprechend $\Delta \text{mol}/\Delta t$, also die Anzahl der durch die Fläche diffundierten Mole. Beide Angaben sind gleichwertig.

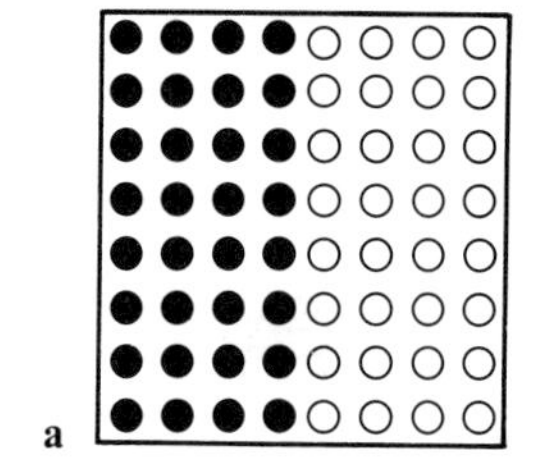

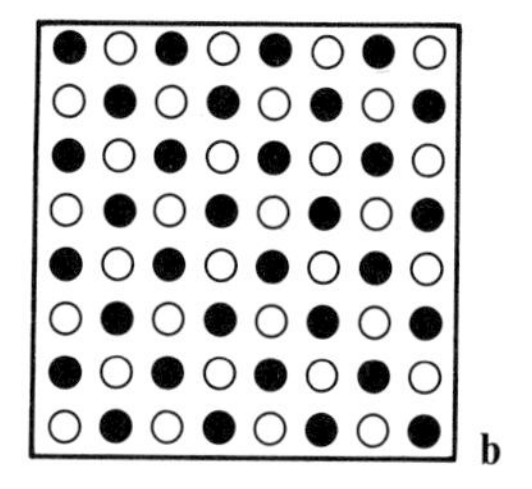

Abb. 36. **a** Zwei Gase sind voneinander getrennt. **b** Verbindet man die Volumina, durchmischen sich die Gase aufgrund von Diffusion.

4.12 Osmose

Osmose ist eine spezielle Form der Diffusion. Man betrachtet wiederum zwei (oder mehr) Partner, die gasförmig oder flüssig sein können. Zwischen den Partnern befindet sich jetzt jedoch eine Membran als Trennwand, die nur für den einen Partner durchlässig ist. Die Membran ist also *semipermeabel.* Das kann im einfachsten Fall dadurch erfolgen, daß die Membran so kleine Löcher hat, daß sie für einen Partner nicht passierbar sind, da dessen Moleküle zu groß sind. In einem lebenden Organismus besitzt die Osmose eine sehr große Bedeutung.

Die Permeabilität – die Durchlässigkeit von Zellmembranen – ist jedoch in der Biologie nicht nur durch die Größe der Poren gegeben, sondern zusätzlich durch Oberflächenladungen, die meist an Proteine gebunden sind. In der Physiologie der elektrischen Erregung von Nerven- und Muskelzellen spielt die Permeabilität für Na^+, K^+, Ca^{2+}, Mg^{2+} sowie Cl^- eine wichtige Rolle. Sämtliche Nervenleitungen und Muskelreaktionen beispielsweise entstehen durch Änderungen der Permeabilitäten von Zellmembranen für die genannten Ionen.

Aber zurück zur Physik. In den meisten Fällen liegen Substanzen vor, die in einem Lösungsmittel – meist Wasser – gelöst sind. Wir finden, daß die Membran oft permeabel für das Lösungsmittel, also das Wasser, aber nicht permeabel für den gelösten Stoff ist.

Betrachten wir eine Anordnung nach Abb. 37. Die Membran sei nur für Wasser, nicht aber für die gelöste Substanz permeabel. Innen befindet sich Substanz in Wasser gelöst, außen nur Wasser. Die H_2O-Moleküle bewegen sich sowohl von innen nach außen als auch von außen nach innen. Da sich außen aber pro Volumeneinheit mehr Wasser als innen befindet, bewegen sich mehr H_2O-Moleküle durch die Wand nach innen als nach außen. Die Flüssigkeit in dem Steigrohr steigt. Diese Tatsache kann man sich daher so vorstellen, daß durch die verschiedenen Konzentrationen innen und außen ein Druck vorhanden ist, der das Wasser nach innen treibt. Diesen speziellen Druck bezeichnet man als osmotischen Druck und kürzt ihn mit π ab. Dabei wird so lange Wasser in das Gefäß eindringen, bis der hydrostatische Druck p_{st} gleich dem osmotischen Druck π ist. Der osmotische Druck π gehorcht dem gleichen Gesetz wie der Druck p eines Gases.

Es gilt:

$$\pi \cdot V = n \cdot R \cdot T \qquad (4.67)$$

van't-Hoff-Gesetz

mit:

π = osmotischer Druck einer Lösung der Konzentration c, bezogen auf das reine Lösungsmittel mit $c = 0$
V = Volumen der Lösung
n = Anzahl der Mole des gelösten Stoffes
R = allgemeine Gaskonstante
T = Temperatur in Kelvin

Allgemein läßt sich zu Gl. 4.67 feststellen:

> Der osmotische Druck einer gelösten Substanz ist der Druck, den der gelöste Stoff in dem Volumen V ausüben würde, wenn er nach Entfernen des Lösungsmittels Wasser, bei gleicher Temperatur als Gas vorliegen würde.

Legt man eine Schweinsblase, in der sich in Wasser gelöstes Salz befindet, in reines Wasser, so tritt durch die Blasenwand Wasser ein, jedoch kein Salz nach außen. Eine Schweinsblase ist semipermeabel. Wann tritt in diesem Fall ein Gleichgewicht ein? Durch den Wassereintritt durch die Wand wird die Blase gespannt. Diese Wandspannung übt auf die Flüssigkeit einen Druck aus. Wenn dieser Druck gleich dem osmotischen Druck ist, befindet sich das System im Gleichgewicht. Wenn der osmotische Druck größer ist als die Membranfestigkeit, so reißt die Blase. Dieser zerstörende Effekt tritt in der Medizin auf:
Legen Sie rote Blutkörperchen (Erythrocyten) in reines Wasser, so zerplatzen sie. Die Ursache ist dieselbe wie bei der Schweinsblase: Aufgrund des osmotischen Druckes dringt Wasser in den Erythrocyten. Die Zellmembran hält diesem Druck nicht stand, der Erythrocyt zerplatzt. Daher muß der Inhalt einer Spritze, der in das Gefäßsystem injiziert wird, stets den gleichen osmotischen Druck besitzen wie das Blut. Der osmotische Druck des Blutserums beträgt über 5550 mmHg (7,34 atm). Würde man daher

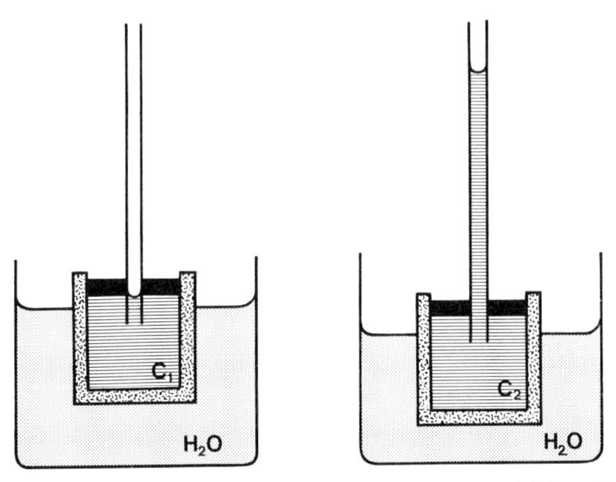

Abb. 37. Aufgrund der semipermeablen Eigenschaft der Trennwand dringt Wasser in das Gefäß mit der Lösung der Konzentration c_1. Das Wasser steigt in dem Steigrohr so lange, bis der osmotische Druck von außen nach innen gleich dem hydrostatischen Druck von innen nach außen geworden ist. Im Gleichgewicht hat sich dann die Konzentration c_2 eingestellt.

in die Anordnung nach Abb. 37 Blut füllen, so würde die Säule über 70 m (!) hoch steigen. Dieser sehr hohe Druck besteht aber nur gegenüber reinem Wasser, er wird daher im lebenden Organismus in dieser Größe nirgends wirksam.

4.13 Bindungsarten von Atomen

Atome können sich zu Molekülen verbinden. die Art der Bindung ist bei den verschiedenen Molekülen sehr unterschiedlich. Im folgenden sollen einige der wichtigsten Bindungen besprochen werden.

4.13.1 Ionenbindung

Bei der Ionenbindung, die auch als heteropolare Bindung bezeichnet wird, wirken zwischen den beiden Atomen anziehende *Coulomb-Kräfte* (s. 8.2).
Bei einer Ionenbindung wird, anschaulich gesprochen, das einzige auf der äußeren Bahn befindliche Elektron des einen Atoms an das andere Atom abgegeben. Es füllt die dort vorhandene Lücke auf der äußeren Elektronenbahn auf. Dabei erhält der eine Partner eine positive, der andere eine negative Ladung. Aufgrund dieser Tatsache ziehen sich die beiden Partner mit der durch Gl. 8.5 gegebenen Coulomb-Kraft an.
Ein klassisches Beispiel für eine Ionenbindung ist das NaCl. Das atomare Natrium mit der Ordnungszahl $Z = 11$ besitzt auf der M-Schale ein Elektron. Das atomare Chlor mit der Ordnungszahl $Z = 17$ besitzt auf der M-Schale 7 Elektronen.
Dem Chlor fehlt also ein Elektron für die Edelgaskonfiguration von 8 Elektronen. Das „einsame" Elektron des Na füllt bei der Bindung an das Chlor die M-Schale des Chlors auf. Auf diese Weise kommt die bekannte Verbindung zwischen Natrium und Chlor, das Natriumchlorid (Kochsalz), zustande.

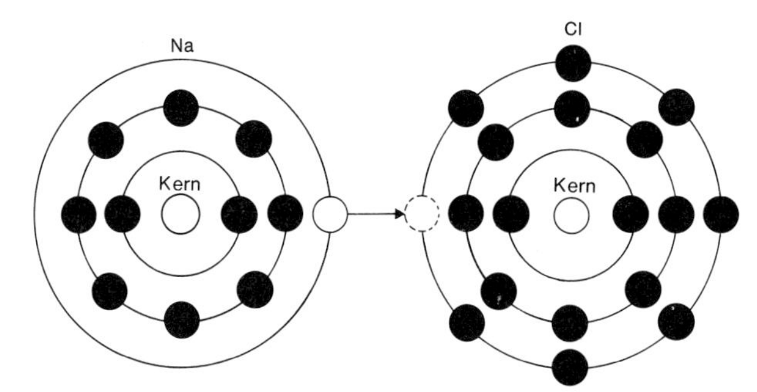

Abb. 38. Das Natrium gibt sein „einsames" Elektron der äußersten Schale an das Chlor ab. Auf diese Weise besitzen beide Partner eine abgeschlossene Achterschale. Durch die Abgabe eines Elektrons wird das Chlor negativ und das Natrium positiv geladen; beide Ionen ziehen sich daher über Coulombkräfte an.

4.13.2 Kovalente bzw. homöopolare Bindung

Bei dieser Bindungsart teilen sich 2 Atome, jeweils ein Elektronenpaar, um zu einer Edelgaskonfiguration zu gelangen. In Abb. 39 ist das Zustandekommen der kovalenten Bindung zwischen 2 Chloratomen dargestellt.

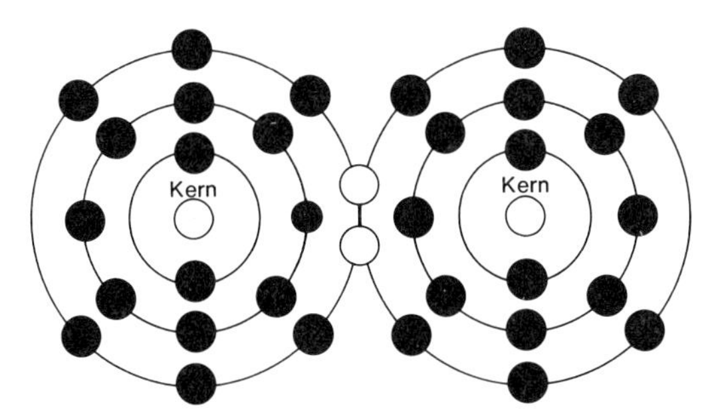

Abb. 39. Atombindung. Die beiden Chloratome benutzen zur Erreichung einer abgeschlossenen Achterschale jeweils ein Elektron gemeinsam.

4.13.3 Metallische Bindung

Bei der metallischen Bindung sind die Elektronen der äußersten Bahnen nicht mehr einem bestimmten Atom zuzuordnen. Sie befinden sich statt dessen frei beweglich zwischen den vielen Atomen, aus denen das betreffende Metall besteht. Beim Anlegen eines bereits sehr kleinen elektrischen Feldes können sich diese Elektronen daher sehr leicht bewegen. Sie führen zu einem elektrischen Strom. Wegen der hervorragenden Beweglichkeit dieser Elektronen besitzen Metalle eine so gute elektrische Leitfähigkeit. Man bezeichnet diese freien Elektronen daher auch als Leitungselektronen. Im Gegensatz dazu werden die gebundenen Elektronen der inneren Schale als Valenzelektronen bezeichnet.

5 Wärmelehre

In Kap. 2.2.5 ist bereits einiges über Wärme gesagt worden. Es wurde dort festgestellt, daß Wärme eine spezielle Energieform ist. Die kinetische Energie der Moleküle eines Stoffes ist dabei ein Maß für die Wärmemenge, die dieser Stoff besitzt.
Also: je wärmer ein Körper, desto höher ist die kinetische Energie der Moleküle, aus denen er besteht. Da Wärme eine spezielle Energieform ist, ist die gesetzliche Einheit der Wärme das Newtonmeter = Joule.

5.1 Spezifische Wärmekapazität *c* (von capacity)

Ein Körper der Masse m wird um die Temperatur ΔT erwärmt. Es zeigt sich, daß die dabei aufgenommene Wärmemenge ΔQ proportional dem Produkt aus der Masse m und der Temperaturerhöhung ΔT ist:

$$\Delta Q \sim m \cdot \Delta T = m \cdot (T_2 - T_1) \tag{5.1}$$

mit:

ΔQ = von einem Körper mit der Masse m bei einer Temperaturerhöhung ΔT aufgenommene Wärmeenergie
m = Masse des Körpers
ΔT = Temperaturerhöhung des Körpers
T_1 = Ausgangstemperatur
T_2 = Temperatur nach Zuführung der Wärmemenge ΔQ

Um aus der Proportionalität von Gl. 5.1 eine Gleichung zu erhalten, führen wir eine Proportionalitätskonstante c ein. Es gilt dann:

$$\boxed{\Delta Q = c \cdot m \cdot \Delta T} \tag{5.2}$$

Die Proportionalitätskonstante c wird als *spezifische Wärmekapazität* bezeichnet. Die Einheiten von c ergeben sich nach Umstellung aus Gl. 5.2. Es ergibt sich Energie pro Masse und Temperaturerhöhung. Die gesetzliche Einheit von c ist daher Joule pro Kilogramm und Kelvin:

$$[c] = \frac{\mathrm{J}}{\mathrm{kg} \cdot \mathrm{K}} \tag{5.3}$$

Wenn ein bestimmter Stoff beispielsweise eine Wärmekapazität von 1 J/kg · K besitzt, so bedeutet das:
Um 1 kg dieses Stoffes um 1 K oder was dasselbe ist um 1 °C zu erwärmen, muß eine Energie von 1 J aufgewendet werden. Die alte Einheit der spezifischen Wärmekapazi-

tät war Calorien pro Gramm und Grad. In den alten Einheiten betrug c für Wasser gerade 1, d.h. um 1 g Wasser um 1° (genau von 14,5° auf 15,5 °C) zu erwärmen, benötigte man 1 cal.

5.2 Wärmekapazität C eines Körpers

Oft stellt sich die Frage, welche Wärmeenergie von einem bestimmten Körper ohne Berücksichtigung seiner Masse aufgenommen wird. Dabei kann der Körper aus verschiedenen Substanzen mit jeweils verschiedenem c bestehen. Aus diesem Grund bildet man das Produkt $c \cdot m$ und faßt es zu C zusammen. Also:

$$C = c \cdot m \tag{5.4}$$

mit:

C = Wärmekapazität eines Körpers
m = Masse des Körpers
c = spezifische Wärmekapazität des Körpers

Mit Hilfe der neuen Größe C läßt sich Gl. 5.2 wie folgt darstellen:

$$\boxed{\Delta Q = C \cdot \Delta T} \tag{5.5}$$

Die gesetzliche Einheit von C ergibt sich nach Umstellung aus Gl. 5.5. Es ergibt sich als Einheit Energie pro Temperaturerhöhung, also Joule/Kelvin:

$$[C] = \frac{\mathrm{J}}{\mathrm{K}} \tag{5.6}$$

5.2.1 10. Praktikumsaufgabe (Messung der spezifischen Wärmekapazität eines Metallkörpers)

Es soll mit Hilfe eines Kalorimeters die spezifische Wärmekapazität c_k eines Metallkörpers der Masse m_k bestimmt werden. Ein Kalorimeter ist ein doppelwandiges Gefäß, das eine besonders gute Wärmeisolierung bietet. Zwischen der Außen- und Innenberandung befindet sich daher die gut wärmeisolierende Luft.
In dem Kalorimeter befindet sich Wasser. Das Kalorimeter sowie das darin befindliche Wasser sollen am Versuchsbeginn Zimmertemperatur t_0 besitzen.
In einem Becherglas, das mit Wasser gefüllt ist, wird der Metallkörper mit Hilfe eines Bunsenbrenners aufgeheizt. Nach einiger Zeit wird seine Temperatur gleich der des kochenden Wassers sein, also je nach Luftdruck um 100 °C. Wir messen die Wasser- und damit die Metallkörpertemperatur mit Hilfe eines Thermometers und bezeichnen sie mit t_k. Bringt man den Körper aus dem Wasserbad in das Kalorimeter, so wird sich nach einiger Zeit eine Mischtemperatur t_m einstellen, da sich der Körper in dem Kalorimeter abkühlt und dabei das Wasser sowie das Kalorimeter aufwärmt. Dabei verliert der Körper eine Wärmeenergie von:

$$\Delta Q_1 = c_k \cdot m_k \cdot (t_k - t_m) \tag{5.7}$$

mit:

ΔQ_1 = von dem Körper der Masse m_k mit der Anfangstemperatur t_k beim Abkühlen auf die Mischungstemperatur t_m an das Wasser und das Kalorimeter abgegebene Energie

c_k = spezifische Wärmekapazität des Körpers
m_k = Masse des Körpers
t_k = Anfangstemperatur des Körpers
t_m = Mischungstemperatur des Systems Körper, Wasser und Kalorimeter

Die von dem Körper abgegebene Energie wird von dem Kalorimeter und dem darin befindlichen Wasser aufgenommen. Diese Energie berechnet sich wie folgt:

$$\Delta Q_2 = c_w \cdot m \cdot (t_m - t_0) + C \cdot (t_m - t_0) \tag{5.8}$$

mit:

ΔQ_2 = von dem Kalorimeter und dem darin befindlichen Wasser aufgenommene Energie
m = Masse des Wassers
t_m = Mischtemperatur
t_0 = Anfangstemperatur des Wassers sowie des Kalorimeters
C = Wärmekapazität des Kalorimeters
c_w = spezifische Wärmekapazität von Wasser = 4187 J/K · kg

Die Differenz $(t_m - t_0)$ ergibt die Temperaturerhöhung des Kalorimeters mit dem darin befindlichen Wasser.
Wegen des Energieerhaltungssatzes muß die vom Körper abgegebene Energie Q_1 gleich der von Kalorimeter und Wasser aufgenommenen, also Q_2, sein. Aus Gl. 5.7 und Gl. 5.8 ergibt sich:

$$c_k \cdot m_k (t_k - t_m) = (m \cdot c_w + C) \cdot (t_m - t_0) \tag{5.9}$$

Für die gesuchte Größe c_k folgt somit:

$$c_k = \frac{(m \cdot c_w + C) \cdot (t_m - t_0)}{m_k \cdot (t_k - t_m)} \tag{5.9a}$$

Da in diesem Fall C unbekannt ist, muß es mittels eines weiteren Versuchs experimentell ermittelt werden. Den dann gewonnenen Wert von C setzen wir in Gl. 5.9a ein. Dazu gehen wir wie folgt vor: Wasser mit einer Temperatur t_A (ca. 60–80 °C) und einer Masse m (150–250 g) wird in das leere Kalorimeter, das eine Temperatur von t_0 (Zimmertemperatur) besitzt, eingebracht. Das Wasser gibt dabei einen Teil seiner Energie an das Kalorimeter ab. Dabei nehmen Wasser und Kalorimeter eine gemeinsame Mischtemperatur t_m an. Es gilt daher analog zu den bisher geführten Argumenten:

$$c_w \cdot m \cdot (t_A - t_m) = C \cdot (t_m - t_0) \tag{5.10}$$

umgestellt nach der gesuchten Größe C:

$$C = \frac{c_w \cdot m \cdot (t_A - t_m)}{(t_m - t_0)} \tag{5.10a}$$

mit:

C = Wärmekapazität des benutzten Kalorimeters
c_w = spezifische Wärmekapazität des Wassers = 4187 J/kg · K
m = Masse des in das Kalorimeter eingebrachten Wassers
t_A = Anfangstemperatur des Wassers, bevor es in das Kalorimeter geschüttet wird
t_m = Mischtemperatur von Wasser und Kalorimeter
t_0 = Anfangstemperatur des Kalorimeters

Es ergeben sich die folgenden Meßergebnisse:

$$t_A = 73\,°\mathrm{C}$$
$$t_0 = 21\,°\mathrm{C}$$
$$m = 0{,}115\ \mathrm{kg}$$
$$t_m = 67\,°\mathrm{C}$$

Diese Werte, in Gl. 5.10a eingesetzt:

$$C = \frac{4187\ \mathrm{J} \cdot 0{,}115\ \mathrm{kg} \cdot (73 - 67)\,°\mathrm{C}}{\mathrm{K} \cdot \mathrm{kg} \cdot (67 - 21)\,°\mathrm{C}}$$

also:

$$\mathbf{C = 62{,}81\ J/°K}$$

Nach der Bestimmung von C kann die gesuchte Größe c_k mit Hilfe von Gl. 5.9a bestimmt werden. Dabei geht man so vor, daß der im Wasserbad erhitzte Metallkörper in das Kalorimetergefäß mit der Temperatur t_0 gebracht wird. Ein Problem dabei ist die Bestimmung der Mischtemperatur. Wenn der Vorgang der Wärmeübertragung zu lange dauert, muß die Wärmeabgabe an die Umgebung mit berücksichtigt werden. Daher müßte man den Temperaturverlauf über die Zeit graphisch auftragen und die gesuchte Temperatur aus dieser Darstellung bestimmen. Auf diese spezielle Auswerteart soll hier aber nicht weiter eingegangen werden.

Wir warten einfach, bis die Temperatur auf dem durch eine kleine Öffnung in das Kalorimeter eingebrachten Thermometer eine bestimmte Zeit (einige Minuten) konstant bleibt.

Meßergebnisse der Messung der spezifischen Kapazität eines Metallkörpers:

$$m = 0{,}235\ \mathrm{kg}$$
$$t_m = 26\,°\mathrm{C}$$
$$t_0 = 19{,}5\,°\mathrm{C}$$
$$m_k = 0{,}181\ \mathrm{kg}$$
$$t_k = 98\,°\mathrm{C}$$

Diese Werte sowie der nach Gl. 5.10a errechnete Wert für C in Gl. 5.9a eingesetzt, ergeben für die spezifische Wärmekapazität des Körpers:

$$c_k = \frac{(4187 \cdot 0{,}235 + 62{,}81) \cdot (26 - 19{,}5)}{0{,}181 \cdot (98 - 26)} \frac{\mathrm{J}}{\mathrm{kg} \cdot \mathrm{K}}$$

ausgerechnet:

$$\mathbf{c_k = 522{,}1\,\frac{J}{kg \cdot K}}$$

5.3 Dampfdruck

Bringt man eine Flüssigkeit in ein nach außen abgeschlossenes Gefäß, und befindet sich über der Flüssigkeit irgendein Gas oder Vakuum, so verdunstet so lange Flüssigkeit, bis sich über der Flüssigkeit gerade so viele Flüssigkeitsmoleküle befinden, daß im zeitlichen Mittel gleich viele Moleküle wieder in die Flüssigkeit zurücktreten wie austreten, also verdunsten.

Der durch die verdunsteten Flüssigkeitsmoleküle über der Flüssigkeit erzeugte Druck, bei dem dieses Gleichgewicht erreicht ist, wird als Dampfdruck bezeichnet. Der Dampfdruck ist nur von der Temperatur T des Systems abhängig.

Tabelle 16. Dampfdrücke einiger Substanzen in Millibar. Es gilt für die Umrechnung in Torr: 1 Torr = 1,333 mbar

Substanz	Bei 0 °C	Bei 20 °C	Bei 40 °C	Bei 100 °C
Wasser	8,2	23,3	73,9	1013
Äthylalkohol	15,9	58,8	179	2255
Benzol	35,1	100	244	1785
Quecksilber	$2{,}5 \cdot 10^{-4}$	$1{,}6 \cdot 10^{-3}$	$0{,}81 \cdot 10^{-2}$	0,36
Äthyläther	248	587	1212	–

5.4 Siedepunkt

Der Siedepunkt ist die Temperatur, bei der eine Flüssigkeit vom flüssigen in den gasförmigen Zustand übergeht. Aber wie Sie wissen, verdunstet Wasser bereits bei Zimmertemperatur. Das rührt daher, daß immer ein paar Moleküle die notwendige Energie besitzen, um aus dem Wasser in die Luft überzutreten. Je höher die Temperatur des Wassers jedoch wird, desto schneller wird das Wasser zu Wasserdampf. Wenn Wasser oder andere Flüssigkeiten also bei jeder Temperatur verdunsten, wieso gibt es dann überhaupt einen speziellen Siedepunkt?

Eine Flüssigkeit beginnt dann zu sieden, wenn nicht nur, wie bei tieferen Temperaturen an der Oberfläche Flüssigkeitsmoleküle austreten, sondern sich auch im Inneren der Flüssigkeit Dampfblasen bilden. Dies geschieht, wenn der Dampfdruck der Flüssigkeit gleich dem auf ihr lastenden Gesamtdruck ist. Man erkennt aus Tabelle 16, daß der Dampfdruck von Wasser bei 100 °C gerade 1,013 bar (= 760 mmHg = 101 396 Pa) beträgt, d.h., der Siedepunkt von Wasser beträgt bei einem Außendruck von 760 mmHg gerade 100 °C. Mit zunehmender Höhe nimmt der Luftdruck exponentiell ab. In 5540 m Höhe beispielsweise herrscht bei einer Lufttemperatur von 0 °C gerade noch der halbe Luftdruck, also 0,506 bar (= 50 698 Pa). Aus Tabelle 16 liest man bei diesem Dampfdruck nach grober Interpolation eine Siedetemperatur von Wasser von rund 84 °C ab.

5.5 Schmelzwärme (c_s)

Wenn man Eis Wärme zuführt, so wird seine Temperatur allmählich steigen, und zwar bis 0 °C. Dann aber ändert sich trotz erheblicher Wärmezufuhr die Temperatur des Eises nicht mehr. Das Eis schmilzt jedoch. Erst wenn das ganze Eis zu Wasser geworden ist, steigt die Temperatur des Wassers mit weiterer Energiezufuhr wieder an. Wie man sich leicht vorstellen kann, wird die gesamte dem Eis zugeführte Wärmeenergie zum Schmelzen des Eises verbraucht. Das gilt natürlich für jede Art von Eis und nicht nur für das Eis von Wasser.

Man bezeichnet die Wärmeenergie, die zur Umwandlung von Eis mit der jeweiligen Schmelztemperatur zur Flüssigkeit derselben Temperatur benötigt wird, als Schmelzwärme. Bei Wasser ist Schmelzwärme die Energie, die man braucht, um Eis von 0 °C bei einem Druck von 760 mmHg in Wasser von 0 °C umzuwandeln. Für die Wärmemenge ΔQ_s, die man Eis mit der Masse m und der Temperatur 0 °C zuführen muß, um es zu Wasser mit derselben Temperatur umzuwandeln, gilt:

$$\Delta Q_s = c_s \cdot m \qquad (5.11)$$

mit:

ΔQ_s = Wärmemenge, die aufgewendet werden muß, um Eis der Masse m und der Temperatur 0 °C in Wasser derselben Temperatur umzuwandeln
m = Masse des Eises von 0 °C sowie des daraus entstandenen Wassers von 0 °C
c_s = Schmelzwärme

Die gesetzliche Einheit der Schmelzwärme ergibt sich aus Gl. 5.11

$$[c_s] = \text{Joule/Kilogramm} \qquad (5.12)$$

Wasser besitzt mit $c_s = 333\,000$ J/kg (= 333 kJ/kg) eine außerordentlich große Schmelzwärme.

5.6 Verdampfungswärme (c_D)

Die Verdampfungswärme ist ein Maß für die Energie, die man aufwenden muß, um eine Flüssigkeit mit einer Temperatur T, die gleich der Siedetemperatur ist, in Dampf mit derselben Temperatur umzuwandeln, beispielsweise um Wasser von 100 °C in Wasserdampf von 100 °C umzuwandeln. Es gilt für die Verdampfungswärme analog zu Gl. 5.11:

$$\Delta Q_D = c_D \cdot m \qquad (5.13)$$

mit:

ΔQ_D = Energie, die man einer Flüssigkeit der Masse m mit der Temperatur, die gleich der Siedetemperatur ist, zuführen muß, um sie in Gas mit der gleichen Temperatur umzuwandeln
c_D = Verdampfungswärme
m = Masse der Flüssigkeit und des aus der Flüssigkeit entstandenen Gases

Als gesetzliche Einheit der Verdampfungswärme c_D ergibt sich aus Gl. 5.13 ebenfalls J/kg. Die Verdampfungswärme von Wasser bei 100 °C beträgt

$$c_D = 2{,}26 \cdot 10^6 \text{ J/kg}$$

Der menschliche Körper ist in der Lage, sich z. B. in einer Sauna bei trockener Luft eine ganze Zeit in weit über 100 °C heißer Luft aufzuhalten, ohne daß sich die Körpertemperatur von 37 °C wesentlich erhöht. Dies ist nur durch das ständige Verdampfen von Körperflüssigkeit auf der Haut möglich; die zur Verdampfung notwendige Energie wird dabei größtenteils dem Körper entzogen.

5.7 Gefrierpunkterniedrigung

Eine reine Flüssigkeit besitzt einen bestimmten Gefrierpunkt. Wenn man in die Flüssigkeit bestimmte Substanzen einbringt, so erniedrigt sich der Gefrierpunkt der Lösung gegenüber der reinen Flüssigkeit. Aus diesem Grund streut man beispielsweise im Winter Salz auf die vereisten Straßen und Wege. Durch das Salz wird der Gefrierpunkt des Wassers ganz erheblich, je nach gestreuter Salzmenge bis unter −10 °C erniedrigt. Die Gefrierpunkterniedrigung ΔT_G hängt dabei von der Konzentration der Lösung sowie der Art der Lösungsmittel ab. Es gilt dabei für die Gefrierpunkterniedrigung:

$$\Delta T_G = \frac{c}{m_0} \cdot G \tag{5.14}$$

mit:

ΔT_G = Gefrierpunkterniedrigung einer Lösung gegenüber dem reinen Lösungsmittel ($\Delta T_G = T_G - T_0$)
T_0 = Schmelzpunkt des reinen Lösungsmittels
m_0 = Molekulargewicht des gelösten Stoffes
c = Konzentration des gelösten Stoffes
G = Konstante
Sie hängt von den Eigenschaften des Lösungsmittels ab. Für G gilt $\frac{R \cdot T_0^2 \cdot \overset{*}{m}_0}{Q_L}$
R = allgemeine Gaskonstante (s. 4.8.2)
Q_L = auf ein Mol bezogene Schmelzwärme des Lösungsmittels
$\overset{*}{m}_0$ = Molekulargewicht des Lösungsmittels

Werden in 1000 g reinem Wasser mit dem Gefrierpunkt $T_0 = 273{,}14$ K $(= 0\,°\mathrm{C})$ n Mole gelöst, so läßt sich die Gefrierpunkterniedrigung mit Hilfe von Gl. 5.14 berechnen. Es ergibt sich:

$$\Delta T_G = T_G - T_0 = -1{,}85\,°\mathrm{C} \cdot n \tag{5.15}$$

Löst man in 1000 g Wasser genau $n_1 = 1$ mol irgendeiner Substanz, z.B. Kochsalz (32 g), so erniedrigt sich der Gefrierpunkt nach Gl. 5.15 um 1,85 °C.
Beim Lösen bestimmter Substanzen in Flüssigkeiten, z.B. von Salz in Wasser, wird für das Auflösen des Salzes der Lösung Energie entzogen. Die Lösung kühlt daher ab. Sie können das sehr leicht selber nachprüfen. Nehmen Sie ein Becherglas mit Eiswasser und messen Sie die Temperatur. Dann schütten Sie Salz hinein. Die Temperatur sinkt merklich. Aus diesem Grund kann das Salzstreuen bei sehr tiefen Temperaturen dazu führen, zwar den Gefrierpunkt zu erniedrigen, aber das Gemisch dabei gleichzeitig noch unter den neuen Gefrierpunkt abzukühlen, so daß man auf diese Weise genau das Gegenteil von dem erreicht, was man ursprünglich beabsichtigte.

5.8 Lösungswärme

Schüttet man Salz in Wasser, so erniedrigt sich die Temperatur der Lösung aus den obengenannten Gründen. Aber es gibt auch Fälle, z.B. beim Mischen von 2 Flüssigkeiten, bei denen sich die Temperatur der Lösung erhöht. Es kann Energie als Lösungswärme frei werden, wenn die Moleküle sich sehr dicht aneinanderlagern und dabei der gelöste Stoff von dem Lösungsmittel wie von einer Art Hülle umgeben ist. Bei Wasser als Lösungsmittel bezeichnet man diese Hülle als Hydrathülle.

5.9 Kapillareffekt

Bringt man ein zylinderförmiges Rohr senkrecht in eine Flüssigkeit, so wird die Flüssigkeit in dem Rohr entweder über den äußeren Flüssigkeitsspiegel steigen, oder aber absinken.

Ein Absinken gegenüber dem Außenspiegel erfolgt bei nichtbenetzenden Flüssigkeiten wie z. B. Quecksilber. Die meisten Flüssigkeiten wie Wasser, Alkohol, Äther usw. sind benetzend, überziehen also den Innenmantel des Rohres mit einer feinen Flüssigkeitsschicht. Diese Benetzung führt zu einer Vergrößerung der gesamten Flüssigkeitsoberfläche. Die Flüssigkeitssäule steigt so hoch, bis der hydrostatische Druck der Säule, also $p_{st} = \varrho \cdot g \cdot h$, gleich dem von der Oberflächenspannung herrührenden nach oben wirkenden Druck ist.

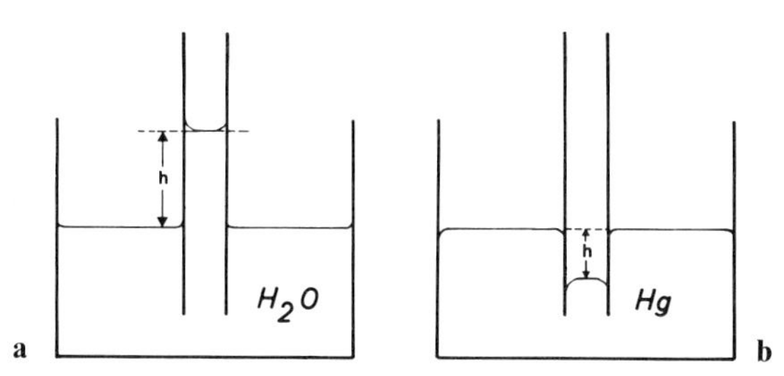

Abb. 40 a, b. Kapillareffekt. **a** In Abhängigkeit vom Rohrradius steigt nach Gl. 5.16 eine benetzende Flüssigkeit über den äußeren Flüssigkeitsspiegel in dem Rohr hoch. **b** Bei nichtbenetzenden Flüssigkeiten erfolgt ein Absinken gegenüber dem äußeren Flüssigkeitsspiegel.

Im Gleichgewicht gilt dann mit Hilfe von Gleichung 4.29:

$$\varrho \cdot g \cdot h = \frac{2 \cdot \sigma}{r} \tag{5.16}$$

Daraus folgt für die Steighöhe:

$$\boxed{h = \frac{2 \cdot \sigma}{\varrho \cdot g \cdot r}} \tag{5.16a}$$

mit:

h = Steighöhe einer Flüssigkeit in einem zylinderförmigen Rohr
σ = Oberflächenspannung
ϱ = Dichte der Flüssigkeit
g = Erdbeschleunigung
r = Radius des eingetauchten Rohres bzw. der Kapillare

Der Kapillareffekt nach Gl. 5.16 tritt bei jedem Rohr auf, unabhängig davon, wie dick es ist, wie groß also r ist. Man sieht in Gl. 5.16a jedoch, daß mit abnehmenden r die Steighöhe entsprechend zunimmt.

Beispiel. Eine Kapillare besitzt einen Radius von $r = 1\,\mu\text{m} = 10^{-6}\,\text{m}$. Wie hoch steigt Wasser in der Kapillare, wenn man die Kapillare senkrecht in ein wassergefülltes Gefäß bringt?

Mit den folgenden Werten:

$\sigma_{H_2O} = 72{,}5 \cdot 10^{-3}\,\frac{\text{N}}{\text{m}}$ (bei 18 °C)

$r \quad = 10^{-6}\,\text{m}$

$g \quad = 9{,}81 \text{ m/s}^2$

$\varrho \quad = \dfrac{999 \text{ kg}}{\text{m}^3}$ (bei 15 °C)

ergibt sich:

$$h = \frac{2 \cdot 72{,}5 \cdot 10^{-3}}{10^{-6} \cdot 999{,}569 \cdot 9{,}81} \text{ m}$$

also:

$$\boldsymbol{h = 14{,}8 \text{ m}}$$

6 Drehbewegungen

Wenn sich ein Körper statt auf einer Geraden auf einer Kreisbahn bewegt, so ergeben sich eine Reihe von Gesetzmäßigkeiten, auf die in den folgenden Kapiteln eingegangen werden soll.

6.1 Winkelgeschwindigkeit ω (sprich omega)

Bei der linearen (geraden) Bewegung war die Geschwindigkeit v als zurückgelegter Weg Δs pro Zeit Δt definiert. Bei einer Kreisbewegung, wie in Abb. 41 dargestellt,

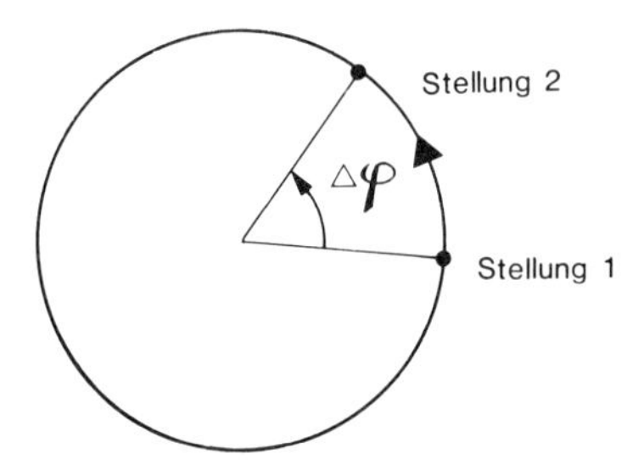

Abb. 41. Ein Körper bewegt sich in der Zeit Δt von Stellung 1 nach Stellung 2. Dabei hat er einen Winkel $\Delta\varphi$ überstrichen.

überstreicht der Körper pro Zeit Δt, wenn er auf dem Kreis den Weg Δs zurückgelegt hat, einen bestimmten Winkel $\Delta\varphi$. Analog zur linearen Bewegung definiert man eine Winkelgeschwindigkeit ω als Winkel pro Zeit:

$$\boxed{\omega = \frac{\Delta\varphi}{\Delta t}} \tag{6.1}$$

mit:

ω = Winkelgeschwindigkeit, auch als Kreisfrequenz bezeichnet
$\Delta\varphi$ = In der Zeit Δt auf einem Kreisbogen Δs überstrichener Winkel
Δt = Zeit, in der der Winkel $\Delta\varphi$ überstrichen bzw. durchlaufen wird

6.1.1 Definition des Winkels

Es gibt zwei Arten, einen Winkel zu definieren:

6.1.1.1 Winkel in Gradmaß

Es liegt ein Kreis mit dem Radius R vor. Man teilt den Kreis dabei willkürlich in 360 Teile ein. Dabei bezeichnet man die Größe, die die zwischen jeweils zwei Radien liegende Punktmenge beschreibt, als Winkel. Bei einer Einteilung in 360 Teile, besitzt jeder Winkel die Einheit von einem Winkelgrad (1°). Bei der Einteilung in 360 Teile besitzt der *gesamte Kreis* natürlich einen Winkel von 360°. Man hätte statt 360 Teile auch 350, 200, 100 oder 400 nehmen können. Für bestimmte Zwecke hat man letzteren Weg beschritten und den Kreis in 400 Teile eingeteilt. Den Winkel bei einer Einteilung in 400 Teile nennt man Neugrad.

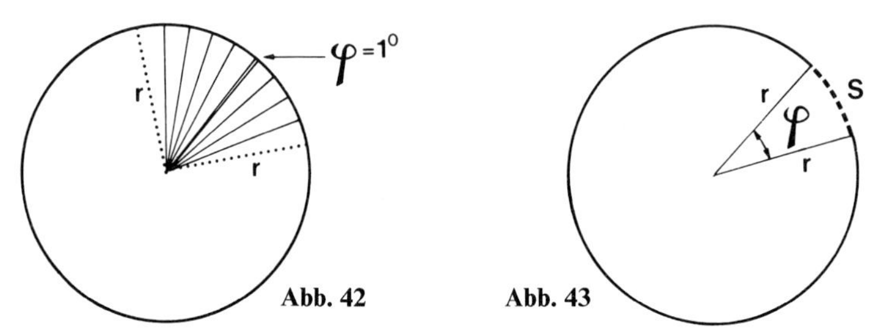

Abb. 42. Man teilt einen Kreis willkürlich in 360 Teile ein und bezeichnet den dreihundertsechzigsten Teil als ein Grad (1°).

Abb. 43. Der Winkel im Bogenmaß ist definiert als der Quotient aus Bogen s und Radius r. Es ergibt sich eine dimensionslose Zahl, die in Radiant (rad) angegeben wird.

6.1.1.2 Winkel in Bogenmaß

Die Mathematiker definieren einen Winkel als den Quotienten aus dem Bogen s und dem dazugehörigen Radius R:

$$\varphi = \frac{s}{R} \tag{6.2}$$

Dieser Winkel ist als Quotient zweier Längen dimensionslos, aber, um die Zahl als Winkel erkennbar zu machen, bekommt der Winkel im Bogenmaß die Einheit Radiant (Abk. rad). Der gesamte Kreisbogen ist der Umfang U des Kreises, also $s = U = 2 \cdot \pi \cdot R$. Für den Winkel des gesamten Kreises gilt daher im Bogenmaß:

$$\varphi_{\text{ges}} = \frac{2 \cdot \pi \cdot R}{R} = 2 \cdot \pi \tag{6.3}$$

Man kann also feststellen: Der gesamte Kreiswinkel, der im Gradmaß 360° besitzt, hat im Bogenmaß den Wert 2π rad.

Es gilt also:

$2 \cdot \pi$ rad ≙ 360°
(≙ bedeutet: entspricht)

Daraus folgt:

$$1 \text{ rad} \mathrel{\hat{=}} \frac{360^\circ}{2 \cdot \pi} = 57{,}296^\circ \tag{6.4}$$

bzw.

$$1^\circ \mathrel{\hat{=}} \frac{2\,\pi}{360} \text{ rad}$$

also:

$$\boxed{1^\circ \mathrel{\hat{=}} 0{,}0175 \text{ rad}} \tag{6.5}$$

Man kann einen Winkel sowohl im Grad- als auch im Bogenmaß angeben. Betrachten wir in Gl. 6.1 den gesamten Winkel im Bogenmaß, also $2 \cdot \pi$, und bezeichnen die Zeit, die ein Körper benötigt, um die ganze Umdrehung zu vollführen, mit T, so können wir Gl. 6.1 wie folgt formulieren:

$$\omega = \frac{2 \cdot \pi}{T} = 2 \cdot \pi \cdot f \tag{6.6}$$

mit:

ω = Winkelgeschwindigkeit = Kreisfrequenz

T = Zeit für einen vollen Umlauf, also um den Winkel von 360° ($2\,\pi$ rad) zu durchlaufen

f = „normale" Frequenz; Umläufe pro Zeit bzw. Schwingungen pro Zeit (s. 7.1)

In Gl. 6.6 sieht man, daß die Kreisfrequenz bzw. Winkelgeschwindigkeit ω gerade $2 \cdot \pi$-mal so groß ist wie die „normale" Frequenz f.
Die Kreisfrequenz wird uns in den folgenden Kapiteln, z. B. bei Schwingungen und Wellen, noch häufiger begegnen.

6.1.2 Zusammenhang zwischen Bahngeschwindigkeit v und Winkelgeschwindigkeit ω

Der Körper in Abb. 41 überstreicht in der Zeit Δt einen bestimmten Winkel $\Delta\varphi$. Aber – und das darf nicht vergessen werden – er legt auch einen bestimmten Weg Δs auf dem Kreisbogen zurück. Er besitzt also neben der Winkelgeschwindigkeit ω eine „normale" Geschwindigkeit v, also $\Delta s/\Delta t$. Um die beiden Geschwindigkeiten ineinander umrechnen zu können, gehen wir von Gl. 6.2 aus und lösen sie nach s auf.
Es folgt:

$$s = \varphi \cdot R \tag{6.2a}$$

Auf beiden Seiten bilden wir die Differenz Δ und dividieren durch die Zeit Δt:

$$\frac{\Delta s}{\Delta t} = \frac{\Delta(\varphi \cdot R)}{\Delta t} = \frac{\varphi_2 \cdot R - \varphi_1 \cdot R}{t_2 - t_1} \tag{6.7}$$

Da R konstant ist, können wir R ausklammern:

$$\frac{\Delta s}{\Delta t} = R \cdot \frac{\Delta\varphi}{\Delta t} \tag{6.7a}$$

Nach Gl. 3.1 ist $\Delta s/\Delta t$ die „normale" Geschwindigkeit v, die wir in diesem speziellen Fall als *Bahngeschwindigkeit* bezeichnen wollen. Der Quotient $\Delta\varphi/\Delta t$ ist nach Gl. 6.1 die Winkelgeschwindigkeit ω.

Es gilt also:

$$v = R \cdot \omega \qquad (6.8)$$

Gleichung 6.8 gestattet es uns, bei einer kreisförmigen Bewegung Bahngeschwindigkeit und Winkelgeschwindigkeit ineinander umzurechnen.

6.2 Winkelbeschleunigung a_z

Ein Körper, der sich mit einer konstanten Geschwindigkeit bewegt, wird nicht beschleunigt. Aber es tritt trotzdem eine Beschleunigung a_z auf, wenn sich die Geschwindigkeit des Körpers ihrer *Richtung nach* ändert. Das hängt damit zusammen, daß die Geschwindigkeit ein Vektor ist. Bei einer Kreisbewegung wird trotz gleichem Betrag der Geschwindigkeit ständig die Richtung von v geändert. Auf den Körper wirkt daher eine Beschleunigung, die in diesem Fall als Winkel- bzw. Zentrifugalbeschleunigung bezeichnet wird. Diese Beschleunigung führt zu einer in Richtung des Kreisradius nach außen gerichteten Kraft. Diese Kraft wird als Zentrifugalkraft bezeichnet. Die Winkelbeschleunigung a_Z berechnet sich wie folgt:

$$a_z = \frac{v^2}{R} \qquad (6.9)$$

oder mit $v = \omega \cdot R$ nach Gl. 6.8 mit Hilfe der Winkelgeschwindigkeit

$$a_z = \omega^2 \cdot R \qquad (6.10)$$

Wenn wir Gl. 6.9 betrachten, so erkennen wir, daß die Zentrifugalbeschleunigung mit größer werdendem Radius abnimmt. Man wird also, damit keine zu großen Kräfte auftreten, Züge und Autos auf möglichst weiten Kurven fahren lassen. Nach Gl. 6.10 aber nimmt die Beschleunigung gerade mit größer werdendem Radius R zu, also müßte man Züge, Autos u.ä. auf kleinen engen Kurven fahren lassen. Ein Widerspruch!?

Trotzdem sind beide Gleichungen richtig; sie müssen nur richtig verwendet werden. Gleichung 6.9 muß für den Fall verwendet werden, daß die betrachteten Körper jeweils dieselbe Geschwindigkeit v besitzen. Auf ein Auto mit $v = 100$ km/h, das auf einer Kreisbahn mit einem Radius von z.B. 50 m fährt, wirkt eine größere Beschleunigung und damit Zentrifugalkraft ein als auf ein Auto, das ebenfalls mit $v = 100$ km/h auf einer Kreisbahn mit $R = 150$ m fährt. Wenn sich dagegen zwei Körper mit gleichem ω auf verschiedenen Bahnen bewegen, so muß der Körper auf der äußeren Bahn wegen des wesentlich größeren Weges, den er gegenüber einem Körper auf einer Bahn mit kleinerem Radius zurücklegt, eine größere Geschwindigkeit v besitzen, um in der gleichen Zeit stets denselben Winkel zu durchlaufen wie der Körper, der sich weiter innen befindet. Denken Sie an ein Karussell. Für den letzten Fall, also für gleiches ω, gilt Gl. 6.10. In diesem Fall ist die Beschleunigung und damit die Kraft um so größer, je größer der Radius ist. In einem Karussell oder einer Laborzentrifuge wirkt daher auf einen Körper eine um so größere Kraft, je weiter außen (größeres R) er sich

befindet. Würde auf einen drehenden Körper nur die Zentrifugalkraft wirken, so flöge der Körper augenblicklich davon. Damit die Zentrifugalkraft also überhaupt wirksam werden kann und damit der Körper auf seiner Bahn verbleibt, muß entgegen der Zentrifugalkraft eine nach innen gerichtete, gleich große Kraft wirken. Diese Kraft wird als *Zentripetalkraft* bezeichnet. Bei einem Auto in einer Kurve kommt die Zentripetalkraft durch die Reibungskräfte der Reifen mit der Straße zustande. Bei Nasse oder Glätte ist sie bekanntlich erheblich reduziert. Bei der Erde und dem Mond z.B. kommt die Zentripetalkraft durch die Gravitationskräfte (Gl. 3.15) zwischen den beiden Himmelskörpern zustande.
Bei einer Zentrifuge kommt die Zentripetalkraft durch die feste Halterung zustande, in der sich die Reagenzgläser befinden.

6.2.1 Zentrifuge

Manche Mischungen von Stoffen mit verschiedener Dichte trennen sich bereits im Schwerefeld der Erde, die eine Beschleunigung von $g = 9{,}81\ \mathrm{m/s^2}$ auf die Teilchen der Mischung ausübt.
Dieser Effekt wird beispielsweise bei einer Blutsenkung ausgenutzt. Dabei wird getestet, wie weit Erythrozyten in einer definierten Zeit in dem Serum nach unten gewandert sind. Abweichungen vom Normwert geben dem Arzt einen ersten Hinweis z.B. auf das Vorliegen entzündlicher Prozesse. Eine Blutsenkung dauert i. allg. mehrere Stunden. Um andere Substanzen voneinander zu trennen, müßte man möglicherweise tagelang warten, sofern überhaupt eine Trennung auftritt. Oft ist es aber notwendig, zwei oder mehrere Stoffe möglichst schnell voneinander zu trennen.
Aus diesem Grund ist man bemüht, eine zusätzliche, wesentlich größere Beschleunigung als die Erdbeschleunigung auf die Substanzen einwirken zu lassen. Dies geschieht mit Hilfe einer Zentrifuge. Die zu trennenden Substanzen werden in ein Reagenzglas gefüllt und in die Zentrifuge eingesetzt. Die Zentrifuge wirkt dann wie eine Art Karussell.
Mit hohen Geschwindigkeiten wird die Substanz im Kreis bewegt. Das Reagenzglas dreht sich dabei so, daß der Boden des Reagenzglases nach außen und die Öffnung nach innen zu liegen kommt. Es liegt also während der Zentrifugierung horizontal in der beweglichen Halterung. Zentrifugen, die üblicherweise in den Labors zum Einsatz kommen, besitzen Umdrehungsfrequenzen bis zu ca. 10 000 pro Minute. Ultrazentrifugen für spezielle Laboruntersuchungen erreichen Werte bis zu 100 000 Umdrehungen pro Minute, Gaszentrifugen sogar bis zu 10^6 pro Minute.

Beispiele und Aufgaben

1. Zwei bestimmte Substanzen sollen mit Hilfe einer Zentrifuge getrennt werden. In Tabellen wird dabei eine Beschleunigung, die das 1200fache der Erdbeschleunigung g betragen soll, empfohlen.
Wie schnell muß sich die Zentrifuge, in Umdrehungen pro Minute angegeben, drehen, um diese Beschleunigung zu erreichen? Der Radius der Zentrifuge betrage $r = 0{,}1$ m.

Lösung. Mit Hilfe von Gl. 6.10 ergibt sich:

$$a_z = 1200 \cdot 9{,}81 \frac{\mathrm{m}}{\mathrm{s}^2} = \omega^2 \cdot 0{,}1\ \mathrm{m}$$

Nach ω aufgelöst folgt:

$$\omega = \sqrt{\frac{1200 \cdot 9{,}81\ \mathrm{m}}{0{,}1\ \mathrm{m} \cdot \mathrm{s}^2}}$$

ausgerechnet:

$$\omega = 343/\mathrm{s}$$

Mit $\omega = 2 \cdot \pi \cdot f$ ergibt sich für die Umdrehungsfrequenz f:

$$f = \frac{343}{2\,\pi} \cdot \frac{1}{\mathrm{s}} = \frac{54{,}6}{\mathrm{s}}$$

Um von Umdrehungen pro Sekunde auf Umdrehungen pro Minute zu gelangen, muß der Zähler mit 60 multipliziert werden.
Es folgt somit:

$$\boldsymbol{f = \frac{3276}{\mathrm{min}}}$$

2. Eine Zentrifuge mit einem Radius von $r = 0{,}15$ m rotiert mit $f = 5600$ Umdrehungen pro Minute. Wie groß ist die dadurch erzeugte Zentrifugalbeschleunigung, ausgedrückt in Vielfachen von g?

Lösung. Mit Hilfe von Gl. 6.10 und $\omega = 2\,\pi \cdot f$ ergibt sich:

$$a_z = \left(\frac{2 \cdot \pi \cdot 5600}{60 \cdot \mathrm{s}}\right)^2 \cdot 0{,}15\ \mathrm{m}$$

ausgerechnet:

$$a_z = 51\,585\,\frac{\mathrm{m}}{\mathrm{s}^2}$$

Wenn man diesen Wert durch $g = 9{,}81\ \mathrm{m/s^2}$ teilt, liegt das Ergebnis in der gewünschten Form vor. Es ergibt sich:

$$\boldsymbol{a_z = 5258{,}4 \cdot g}$$

Für die praktische Arbeit im Labor brauchen Sie in der Regel derartige Rechnungen nicht durchzuführen, da die Beschleunigungen in Abhängigkeit vom Radius und der Drehfrequenz fertig in Tabellen vorliegen.

6.3 Drehmoment

Haben Sie schon einmal mit Ihrem Freund bzw. Ihrer Freundin auf der Wippschaukel auf einem Kinderspielplatz geschaukelt? Sie besitzen eine Masse von 50 kg, Ihr Freund von 80 kg. Warum schweben Sie beim Schaukeln nicht ständig in der Luft, während Ihr schwererer Partner auf dem Boden sitzt? Um das zu verhindern, wird sich der schwerere Partner weiter nach innen setzen. Dadurch gleicht er sein größeres Gewicht aus.
Wir können daraus schließen: Bei Drehbewegungen spielt nicht nur die wirkende Kraft F, in diesem Fall die Gewichtskraft, sondern zusätzlich die Länge des Hebels, an dem sie unter irgendeinem Winkel φ angreift, eine Rolle. Das Produkt aus Kraft und wirksamen Hebel bei einem drehenden System bezeichnet man als Drehmoment.

Für das Drehmoment M gilt für den Fall, daß Kraft und Kraftarm senkrecht aufeinanderstehen, also für $\varphi = 90°$:

$$\boxed{M = F \cdot l} \qquad (6.11)$$

mit:

M = Drehmoment
F = Kraft, die auf den Hebel der Länge l senkrecht wirkt
l = Länge des Hebels, auf den die Kraft F senkrecht wirkt

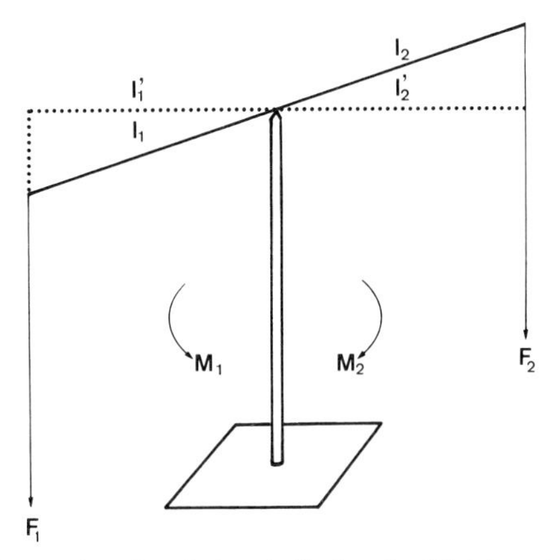

Abb. 44. Damit das obige zweiarmige drehende System im Gleichgewicht steht, muß das linksdrehende Drehmoment M_1 gleich dem rechtsdrehenden M_2 sein.

Sofern Kraftarm (= Hebel) und Kraft nicht senkrecht aufeinanderstehen, gilt für das Drehmoment statt Gl. 6.11:

$$M = F \cdot l \cdot \sin \varphi \qquad (6.12)$$

Man sieht, daß für $\varphi = 90°$ ($\sin 90° = 1$) Gl. 6.12 in Gl. 6.11 übergeht.
Die einfachste Art, das Drehmoment eines Hebels zu berechnen, ist, auf zeichnerische Weise die Länge l' zu konstruieren, die senkrecht auf der Kraft F steht. Diese *konstruierte* Länge l' wird dann statt der tatsächlichen Hebellänge l in Gl. 6.11 eingesetzt. In Abb. 44 ist ein zweiarmiger Hebel dargestellt, der sich um die Drehachse bewegt. Die tatsächliche Hebellänge ist l. Die zur Berechnung des Drehmoments wirksame, zeichnerisch konstruierte Länge ist l'. Im Gleichgewicht müssen die beiden Drehmomente gleich sein. Für das Gleichgewicht des Hebels von Abb. 44 gilt:

$$M_1 = M_2 \qquad (6.13)$$

Für die beiden Drehmomente M_1 und M_2 ergibt sich mit Hilfe von Gl. 6.11:

$$F_1 \cdot l'_1 = F_2 \cdot l'_2 \qquad (6.13\,a)$$

mit:

F_1 = Kraft auf den Hebelarm l_1 bez. l'_1
l_1 = tatsächlicher Hebelarm
l'_1 = zur Berechnung des Drehmoments konstruierter, senkrecht auf F_1 stehender Hebelarm

F_2 = Kraft auf den Hebelarm l_2 bzw. l'_2
l_2 = tatsächlicher Hebelarm
l'_2 = zur Berechnung des Drehmoments konstruierter, senkrecht auf F_2 stehender Hebelarm

Zusammenfassend können wir feststellen: Was die Kraft F bei linearen Bewegungen ist, das ist das Drehmoment M bei Drehbewegungen.
Sofern auf ein drehendes System mehrere Drehmomente wirken, so befindet sich das System im Gleichgewicht, wenn die Summe aller Drehmomente gleich Null ist. Anders ausgedrückt, wenn die linksdrehenden Drehmomente gleich den rechtsdrehenden Drehmomenten sind. Dabei gibt man z.B. den rechtsdrehenden Drehmomenten ein positives, den linksdrehenden Drehmomenten ein negatives Vorzeichen. Allgemein gilt also statt Gl. 6.13 für den Gleichgewichtszustand:

$$\sum_{i=1}^{n} M_i = 0 \tag{6.14}$$

Gleichgewichtsbedingung für ein drehendes System

Drehmomente sind für Sie vor allem für das Verständnis der Analysenwaage von Wichtigkeit. Die Waage wird in 6.3.2 besprochen.

Beispiel. Der Metallträger eines Bauwerks mit einer Eigengewichtskraft von $F_0 = 3000$ kN liegt an beiden Seiten auf einer Unterstützung. Der Schwerpunkt S des Trägers liegt exakt in der Mitte. Von Auflagepunkt bis Auflagepunkt sind es $l_3 = 12$ m. In einer Entfernung $l_1 = 3$ m von der rechten Auflage befindet sich eine zusätzliche Gewichtskraft $F_1 = 3000$ kN, in einer Entfernung $l_2 = 9$ m eine weitere von $F_2 = 7000$ kN. Wie groß ist die Auflagekraft F_3 auf der linken Unterstützung? Es ist wichtig zu berücksichtigen, daß alle Kräfte senkrecht auf die Unterlage, also auf die entsprechenden Hebelarme wirken.
So kompliziert die Aufgabe auch auf den ersten Blick aussehen mag, mit Hilfe von Gl. 6.11 und Gl. 6.14 ist sie leicht zu lösen. Bevor wir an die Lösung herangehen, noch

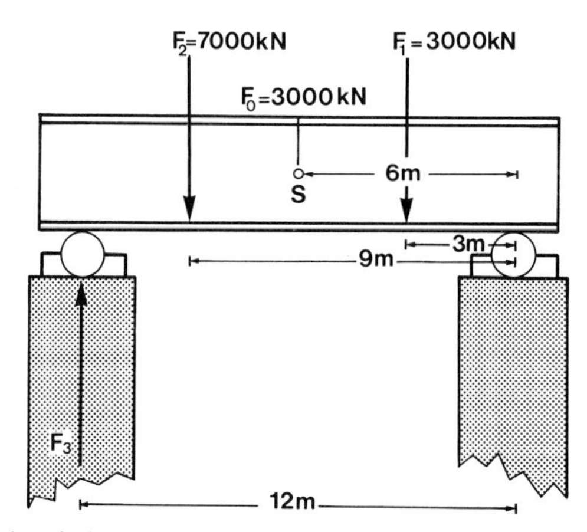

Abb. 45. Zeichnerische Darstellung zu dem im Text gegebenen Rechenbeispiel

ein wichtiger Hinweis. Die Kraft F_3, mit der der Balken auf die Unterlage drückt, ist gleich der Kraft, mit der die Unterlage sozusagen auch nach oben drückt. Das ergibt sich aus dem 3. Newtonschen Axiom, daß jede Kraft eine Gegenkraft bewirkt oder, anders ausgedrückt, daß gilt:

actio = reactio

Lösung. Als Drehachse des Systems betrachten wir die Auflage auf der rechten Seite. Dabei „will" das Drehmoment $M_3 = F_3 \cdot 12\,\text{m}$ den Balken nach oben drehen. Die Drehmomente $M_2 = 7000\,\text{kN} \cdot 9\,\text{m}$, $M_1 = 3000\,\text{kN} \cdot 3\,\text{m}$ und $M_0 = 3000\,\text{kN} \cdot 6\,\text{m}$ „wollen" den Balken nach unten, also auf die linke Auflage drehen. Da sich der Balken in Ruhe, also im Gleichgewicht befindet, muß gelten:

$$F_3 \cdot 12\,\text{m} = 7000\,\text{kN} \cdot 9\,\text{m} + 3000\,\text{kN} \cdot 3\,\text{m} + 3000\,\text{kN} \cdot 6\,\text{m}$$

Nach F_3 aufgelöst und ausgerechnet folgt:

$$\mathbf{F_3 = 7500\,kN}$$

Der Balken nebst den aufgelegten Gewichtskräften drückt mit einer Gewichtskraft von 7500 kN auf die linke Auflage.

6.3.1 Mohr-Westphal-Waage

Eine Mohr-Westphal-Waage dient zur Messung der Dichte von Flüssigkeiten. Man führt dabei die Messung der gesuchten Dichte ϱ mittels einer relativen Dichtemessung durch. In der Regel vergleicht man die gesuchte Dichte ϱ einer Flüssigkeit mit der bekannten Dichte von Wasser (ϱ_{H_2O}).
Man geht dabei wie folgt vor: Man verwendet eine Mohr-Westphal-Waage, zu der 3 oder mehr spezielle Wägestückchen in Form von Reitern gehören. In der Regel

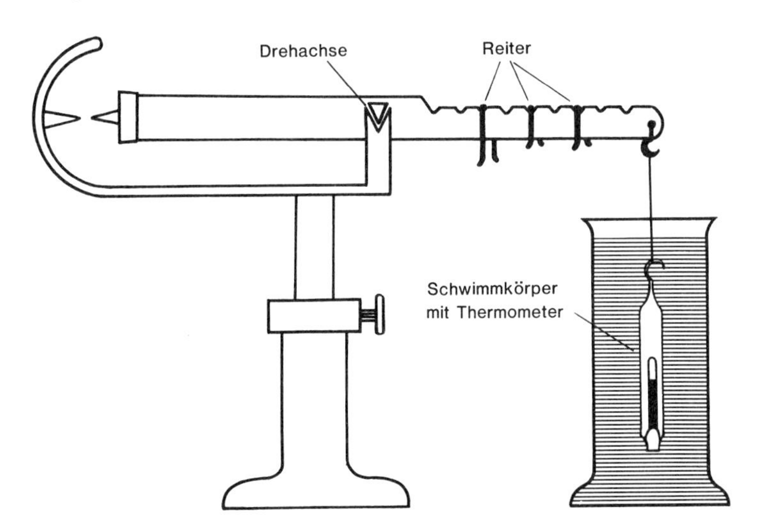

Abb. 46. Mohr-Westphal-Waage zur Dichtebestimmung von Flüssigkeiten

benutzt man Reiter, deren Massen bzw. Gewichtskräfte sich wie 1 zu 1/10 zu 1/100 verhalten. Es zeigt sich, daß die absoluten Maßeinheiten der Reiter dabei keine Rolle spielen, da sie sich herauskürzen.
Um den Gang der Messung im folgenden besser verstehen zu können, nehmen wir jedoch einfach an, die Einheit der Reiter sei in Millinewton (mN) gegeben. Die Messung beginnt mit Wasser von bekannter Temperatur t (z.B. $t = 14\,°\mathrm{C}$).
Der in das Wasser getauchte Schwimmer besitzt aufgrund seines Auftriebs eine nach oben gerichtete Kraft und damit nach Abb. 46 ein linksdrehendes Drehmoment. Dieser Auftrieb $F_{A1} = \varrho_{H_2O} \cdot V \cdot g$ wird durch eine bestimmte Anzahl von Reitern die auf der Waage zu einem rechtsdrehenden Drehmoment führen, ausgeglichen. Der Auftrieb F_{A1} hat, bezogen auf die in Zentimeter eingeteilte Drehachse, das folgende Drehmoment M_{A1} zur Folge:

$$M_{A1} = F_{A1} \cdot l = \varrho_{H_2O} \cdot g \cdot V \cdot l \tag{6.15}$$

mit:

M_{A1} = Drehmoment, das durch den Auftrieb A_1 auf den Dreharm der Länge l ausgeübt wird
ϱ_{H_2O} = von der Temperatur abhängige, bekannte Dichte von Wasser
l = Länge des Hebels von der Aufhängung des Schwimmers bis zur Drehachse
g = Erdbeschleunigung
V = Volumen des Schwimmers und damit der verdrängten Flüssigkeitsmenge

Das Drehmoment M_{A1} wird durch das Drehmoment aller aufgelegten Reiter, das wir mit a_1 abkürzen wollen, kompensiert. Dabei gilt, daß a_1 gleich ist der Gewichtskraft der jeweiligen Reiter, multipliziert mit dem jeweiligen Hebel, auf den es wirkt. Somit sind M_{A1} und a_1 gleich. Setzen wir daher in Gl. 6.15 statt M_{A1} den Wert a_1 so gilt:

$$a_1 = \varrho_{H_2O} \cdot g \cdot V \cdot l \tag{6.16}$$

Anschließend bringen wir den Schwimmer in die Flüssigkeit, die die unbekannte Dichte ϱ besitzt. Wegen der von Wasser verschiedenen Dichte wird auf den Schwimmer jetzt ein anderer Auftrieb F_{A2} wirken. Dieser Auftrieb hat ein Drehmoment M_{A2} zur Folge, das sich analog zu M_{A1} von Gl. 6.15 wie folgt berechnet:

$$M_{A2} = F_{A2} \cdot l = \varrho \cdot g \cdot V \cdot l \tag{6.15a}$$

Dieses Drehmoment wird wieder kompensiert durch eine bestimmte Anzahl von Reitern. Das gesamte, durch alle Reiter erzeugte Drehmoment wollen wir mit a_2 bezeichnen. Da im Gleichgewicht wiederum M_{A2} gleich a_2 ist, können wir M_{A2} durch a_2 ersetzen:

$$a_2 = \varrho \cdot g \cdot V \cdot l \tag{6.16a}$$

Im folgenden dividieren wir Gl. 6.16a durch Gl. 6.16.
Es ergibt sich:

$$\frac{a_2}{a_1} = \frac{\varrho}{\varrho_{H_2O}} \tag{6.17}$$

Somit folgt für die gesuchte Dichte ϱ:

$$\boxed{\varrho = \varrho_{H_2O} \cdot \frac{a_2}{a_1}} \tag{6.17a}$$

mit:

ϱ = gesuchte Dichte einer Flüssigkeit

ϱ_{H_2O} = bekannte Dichte von Wasser

a_2 = Summe der Drehmomente aller Reiter, die das durch den Auftrieb des Schwimmers in der unbekannten Flüssigkeit erzeugte Drehmoment kompensieren

a_1 = Summe der Drehmomente aller Reiter, die das durch den Auftrieb des Schwimmers in Wasser erzeugte Drehmoment kompensieren

6.3.1.1 11. Praktikumsaufgabe (Dichtemessung mit der Mohr-Westphal-Waage)

Mit Hilfe der Mohr-Westphal-Waage ist die unbekannte Dichte ϱ einer Flüssigkeit zu bestimmen:
Um das durch den Auftrieb F_{A1} in Wasser erzeugte Drehmoment M_1 zu kompensieren, also um die Waage in die gleiche Position zu bringen wie ohne Belastung, sind folgende Reiter mit den daraus resultierenden Drehmomenten notwendig:

Meßergebnisse und Auswertung

Es ergibt sich nach Tabelle 17 ein Drehmoment aller Reiter von $a_1 = 10{,}01\ \mathrm{mN\cdot cm}$.
Um das durch Auftrieb F_{A2} in der Flüssigkeit mit der gesuchten Dichte ϱ erzeugte Drehmoment M_2 zu kompensieren, also um die Waage wiederum in die gleiche Position wie bei der Messung im Wasser zu bringen, sind in Tabelle 18 die erforderlichen Reiter mit den daraus resultierenden Drehmomenten dargestellt. Um die entsprechenden Größen nicht mit denen von Tabelle 17 zu verwechseln, haben wir sie mit einem Stern gekennzeichnet.
Das gesamte Drehmoment a_2 aller Reiter ergibt sich nach Tabelle 18 zu $a_2 = 8{,}39\ \mathrm{mN\cdot cm}$. Setzen wir die gewonnenen Werte a_1 und a_2 in Gl. 6.17a ein und benutzen aus Tabelle 19 den Wert für die Dichte von Wasser bei 14 °C ($\varrho_{H_2O} = 0{,}9992$), so folgt die gesuchte Dichte ϱ:

$$\varrho = 0{,}9992\ \mathrm{g/cm^3} \cdot \frac{8{,}39\ \mathrm{mN\cdot cm}}{10{,}01\ \mathrm{mN\cdot cm}}$$

also:

$$\boldsymbol{\varrho = 0{,}837\ \mathrm{g/cm^3}}$$

Tabelle 17. Meßergebnisse der Dichtemessung mit der Mohr-Westphal-Waage in Wasser

Reiter R_i [mN]	Abstand des jeweiligen Reiters von der Drehachse [cm]	Drehmoment M_i des jeweiligen Reiters als Produkt aus Gewichtskraft und Länge [mN · cm]
$R_1 = 1$	$l_1 = 2$	$M_1 = 1 \cdot 2 = 2$
$R_2 = 1$	$l_2 = 8$	$M_2 = 1 \cdot 8 = 8$
$R_3 = \frac{1}{100}$	$l_3 = 1$	$M_3 = \frac{1}{100} \cdot 1 = 0{,}01$
		$a_1 = \sum_{i=1}^{3} M_i = 10{,}01$

Tabelle 18. Meßergebnisse der Dichtemessung mit der Mohr-Westphal-Waage in der gesuchten Flüssigkeit

Reiter $*R_i$ [mN]	Abstand des jeweiligen Reiters von der Drehachse [cm]	Drehmoment $*M_i$ des jeweiligen Reiters als Produkt aus Gewichtskraft und Länge [mN · cm]
$*R_1 = 1$	$*l_1 = 2$	$*M_1 = 1 \cdot 2 = 2$
$*R_2 = \frac{1}{10}$	$*l_2 = 3$	$*M_2 = \frac{1}{10} \cdot 3 = 0{,}3$
$*R_3 = 1$	$*l_3 = 6$	$*M_3 = 1 \cdot 6 = 6$
$*R_4 = \frac{1}{100}$	$*l_4 = 9$	$*M_4 = \frac{1}{100} \cdot 9 = 0{,}09$
		$a_2 = \sum_{i=1}^{4} M_i = 8{,}39$

Tabelle 19. Dichte des Wassers in Abhängigkeit von der Temperatur

Temperatur [°C]	Dichte [g/cm³]	Temperatur [°C]	Dichte [g/cm³]
0	0,999841	15	0,999099
1	0,999900	16	0,998943
2	0,999941	17	0,998775
3	0,999965	18	0,998596
4	0,999973	19	0,998406
5	0,999965	20	0,998205
6	0,999941	21	0,997994
7	0,999902	22	0,997772
8	0,999849	23	0,997540
9	0,999782	24	0,997299
10	0,999701	25	0,997047
11	0,999606	26	0,996786
12	0,999498	27	0,996515
13	0,999377	28	0,996235
14	0,999244	29	0,995946
		30	0,995649

Auf eine Fehlerrechnung verzichten wir in diesem Fall. Der Grund ist, daß man bei wiederholter Messung von a_1 und a_2 in der Regel stets dasselbe Ergebnis erhält, sich also eine Statistik erübrigt. Um auch bei dieser Messung zu einer brauchbaren Statistik zu gelangen, müßte man Reiter mit noch kleineren Unterteilungen sowie eine feinere Abstandseinteilung auf dem Waagebalken verwenden.

6.3.2 Analysenwaage

Gleich zu Anfang eine wichtige Feststellung:

Eine Analysenwaage ist ein dreiarmiger Hebel.

Im Gleichgewicht muß die Summe der rechtsdrehenden Drehmomente der Waage gleich dem linksdrehenden sein. Es muß also nach Gl. 6.14 gelten:

$$M_1 = M_2 + M_3$$

mit:

M_1 = linksdrehendes Drehmoment der linken Waagschale ($M_1 = F_1 \cdot l'_1$)
M_2 = rechtsdrehendes Drehmoment des Zeigers und der Waagearme ($M_2 = F_2 \cdot l'_2$)
M_3 = rechtsdrehendes Drehmoment der rechten Waagschale ($M_3 = F_3 \cdot l'_3$)

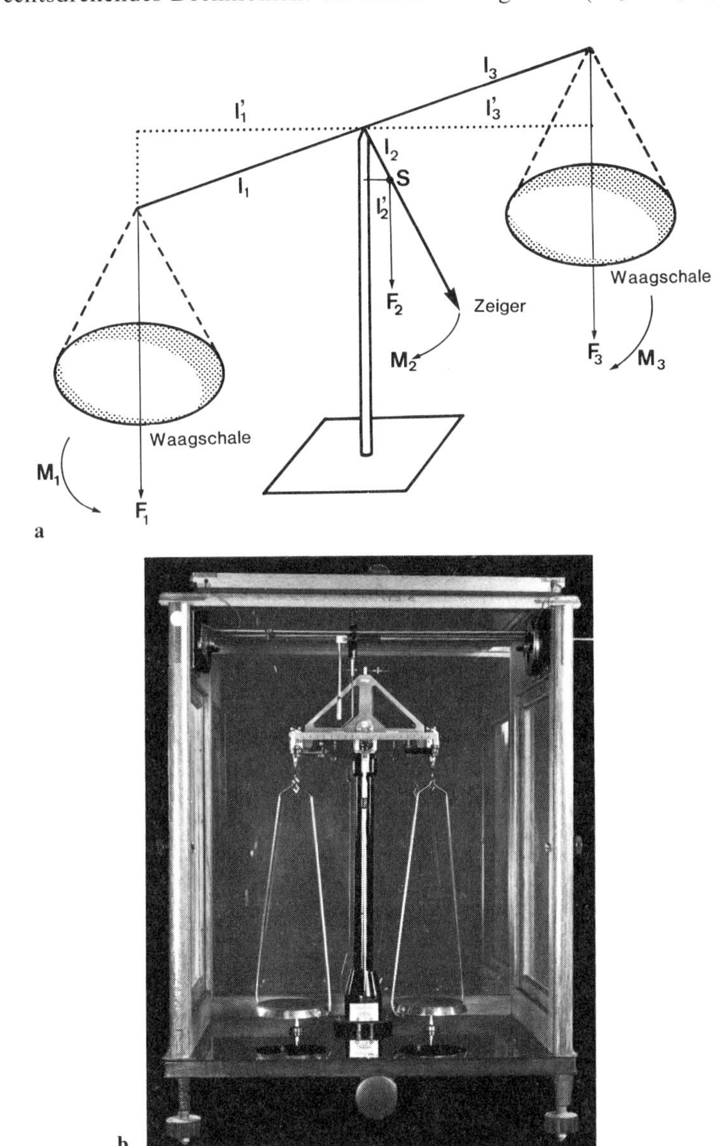

Abb. 47. a Schema einer Analysenwaage. Im Gleichgewicht muß das linksdrehende Drehmoment M_1 ($F_1 \cdot l'_1$) gleich den beiden rechtsdrehenden M_2 ($F_2 \cdot l'_2$) und M_3 ($F_3 \cdot l'_3$) sein. *S* Schwerpunkt der Waagearme sowie des Zeigers. **b** Photographie einer dreiarmigen Analysenwaage

Dabei ist F_2 die Gewichtskraft der im Schwerpunkt S vereinigt gedachten Masse der Waagearme sowie des Zeigers.

6.3.2.1 Empfindlichkeit einer Analysenwaage (E)

Die Empfindlichkeit einer Waage ist wie folgt definiert:

$$E = \frac{\text{Skt}}{\Delta m} \tag{6.18}$$

mit:

E = Empfindlichkeit der Waage
Skt = Ausschlag in Skalenteilen bei zusätzlicher Belastung mit der Masse Δm
Δm = Massenzuwachs, der zu einem bestimmten Ausschlag, gemessen in Skalenteilen (Skt), führt

Wir nehmen an, die unbelastete Waage besitzt einen Nullpunkt N_1. Das ist in der Regel nicht der Nullpunkt der Skaleneinteilung, sondern irgendein Wert auf der Skala. Außerdem ändert sich der Nullpunkt ständig durch viele kleine äußere Einflüsse.
Er muß daher vor jeder Wägung neu bestimmt werden. Legt man auf eine der beiden Waagschalen *zusätzlich* eine Masse Δm, so „wandert" der Nullpunkt auf den Wert N_2. Die Differenz $N_2 - N_1$ in Skalenteilen ergibt dann die Empfindlichkeit pro aufgelegte Massendifferenz Δm. Wenn die Masse Δm gerade 1 mg beträgt, so weiß man damit, welche Auslenkung in Skalenteilen 1 mg Belastung einer Waagschale zur Folge hat.
In der anschließenden Praktikumsaufgabe wird die Bedeutung der Empfindlichkeit verdeutlicht werden.

6.3.2.2 Auftriebskorrektur

Jeder Körper besitzt – auch in Luft – einen Auftrieb. Nehmen wir an, wir bestimmen die Masse eines gefüllten Reagenzglases mit einem Volumen von 10 cm³ ohne Berücksichtigung des Auftriebs zu 5 g. Welche Fehler machen wir?
Für den Auftrieb in Luft gilt

$$F_A = \varrho_L \cdot g \cdot V \qquad \text{(s. Gl. 4.11)}$$

mit:

F_A = Auftrieb des Reagenzglases in Luft
ϱ_L = Dichte von Luft $\approx 1{,}3\ \text{kg/m}^3$
g = $9{,}81\ \text{m/s}^2$
V = Volumen des Reagenzglases = $10\ \text{cm}^3$ ($= 10^{-5}\ \text{m}^3$)

Es ergibt sich für den Auftrieb:

$$F_A = 1{,}3\ \text{kg/m}^3 \cdot 9{,}81\ \text{m/s}^2 \cdot 10^{-5}\ \text{m}^3 = 12{,}753 \cdot 10^{-5}\ \text{kg} \cdot \text{m/s}^2$$

Mit $1\text{N} = 1\ \text{kg} \cdot 1\ \text{m/s}^2$ beträgt der Auftrieb des betreffenden Reagenzglases

$$F_A = 12{,}753 \cdot 10^{-5}\ \text{N}$$

Der hier berechnete Auftrieb ist als Gewichtskraft gleich der Erdbeschleunigung g mal der Masse m_k, wobei m_k die Masse ist, um die die abgelesene Masse des Reagenzglases vergrößert werden muß.

Es gilt also: $12{,}753 \cdot 10^{-5}\ \mathrm{N} = m_k \cdot 9{,}81\ \mathrm{m/s^2}$

Daraus folgt:

$$m_k = \frac{12{,}753 \cdot 10^{-5}}{9{,}81}\,\mathrm{kg} = 1{,}3 \cdot 10^{-2}\ \mathrm{g}$$

Man mißt also die Masse des Reagenzglases wegen des Auftriebs um 13 mg falsch, und zwar zu klein. Ob dieser Fehler von Wichtigkeit ist, hängt natürlich von der jeweiligen Fragestellung ab. Um Fehler, die durch den Auftrieb bedingt sind, zu vermeiden, ist es notwendig, bei jeder Messung eine Auftriebskorrektur durchzuführen.

Die Auftriebskorrektur errechnet sich nach der folgenden Beziehung:

$$m = m_0 \cdot \left(1 + \frac{\varrho_L}{\varrho_k} - \frac{\varrho_L}{\varrho_G}\right) \tag{6.19}$$

mit:

m = Masse des auszumessenden Körpers mit Auftriebskorrektur
m_0 = Masse des auszumessenden Körpers ohne Auftriebskorrektur
ϱ_k = Dichte des auszumessenden Körpers
ϱ_L = Dichte von Luft
ϱ_G = Dichte der verwendeten Gewichtsstücke, in der Regel Aluminium ($\varrho_{Al} = 2{,}79\ \mathrm{g/cm^3}$)

Herleitung von Gl. 6.19. Die gemessene Gewichtskraft des Körpers F_{Go}, die durch die Masse m_0 erzeugt wird, ist um den Auftrieb F_{Ak} des Körpers zu klein und um den Auftrieb der Gewichtsstücke F_{AG} auf der anderen Waagschale zu groß. Es gilt daher für die „wahre" gesuchte Gewichtskraft F_{Gk}:

$$F_{Gk} = F_{Go} + F_{Ak} - F_{AG} \tag{6.20}$$

Mit Hilfe von Gl. 3.14 und Gl. 4.11 folgt:

$$m \cdot g = m_0 \cdot g + \varrho_L \cdot g \cdot V_k - \varrho_L \cdot V_G \cdot g \tag{6.21}$$

Durch g dividiert sowie mit

$$V_k = \frac{m}{\varrho_k} \text{ und } V_G = \frac{m_G}{\varrho_G}$$

folgt:

$$m = m_0 + \varrho_L \cdot \frac{m}{\varrho_k} - \varrho_L \cdot \frac{m_G}{\varrho_G} \tag{6.22}$$

Als Näherung setzen wir in Gl. 6.22 $m \approx m_0 \approx m_G$:

$$m = m_0 + \frac{\varrho_L}{\varrho_k} \cdot m_0 - \frac{\varrho_L}{\varrho_G} \cdot m_0 \tag{6.23}$$

Nach dem Ausklammern von m_0 folgt:

$$m = m_0 \left(1 + \frac{\varrho_L}{\varrho_k} - \frac{\varrho_L}{\varrho_G}\right) \tag{6.23a}$$

Damit ist Gl. 6.19 bewiesen.

6.3.2.3 12. Praktikumsaufgabe (Wägung mit einer Analysenwaage)

Es soll mit Hilfe einer Analysenwaage die Masse eines Körpers, der aus Kupfer besteht, bestimmt werden.

1. Bestimmung der Empfindlichkeit

Zunächst wird die Empfindlichkeit E der Waage bestimmt, und zwar in dem Bereich, der der Masse des auszumessenden Körpers – in diesem Fall ein Stück Kupfer – entspricht.

Diesen Bereich stellen wir bei einer Vormessung fest. Wir stellen fest, daß der auszumessende Körper eine Masse besitzt, die in der Größenordnung von 5 g liegt.

Um den Nullpunkt einer schwingenden Analysenwaage zu bestimmen, wählt man auf der einen Seite des Zeigerausschlags eine gerade Anzahl von Meßwerten und auf der anderen Seite eine ungerade Anzahl. Der Nullpunkt ergibt sich aus dem arithmetischen Mittel beider Seiten. Man muß auf der einen Seite jeweils einen Meßwert weniger messen als auf der anderen, weil die Waage eine gedämpfte Schwingung durchführt. Nehmen wir an, die Waage besitzt in Abb. 48 den Nullpunkt an dem Skalenwert *1*.

Die Waage soll links bis zur Anzeige 7 schwingen, auf der rechten Seite bis -4. Als Mittelwert, Nullpunkt der Waage, ergäbe sich daher:

$$\frac{7 + (-4)}{2} = 1{,}5$$

Beim erneuten Zurückschwingen des Zeigers nach links schlägt der Zeiger wegen der Dämpfung nur noch bis zur 5.

Messen wir daher zweimal auf der linken Seite und einmal auf der rechten so folgt für den Mittelwert links:

$$\frac{7 + 5}{2} = 6$$

Der Nullpunkt der Waage ergibt sich damit auf diese Weise exakt zu:

$$\frac{6 - 4}{2} = 1$$

a) Bestimmung des Nullpunkts N_1 der auf beiden Seiten (l und r) mit je 5 g belasteten Waage

l_i [Skt]	r_i [Skt]
$l_1 = -\ 10$	$r_1 = +8$
$l_2 = -\ 9{,}5$	$r_2 = +7{,}8$
$l_3 = -\ 8{,}5$	
$\bar{l} = -\ 9{,}3$	$\bar{r} = 7{,}9$

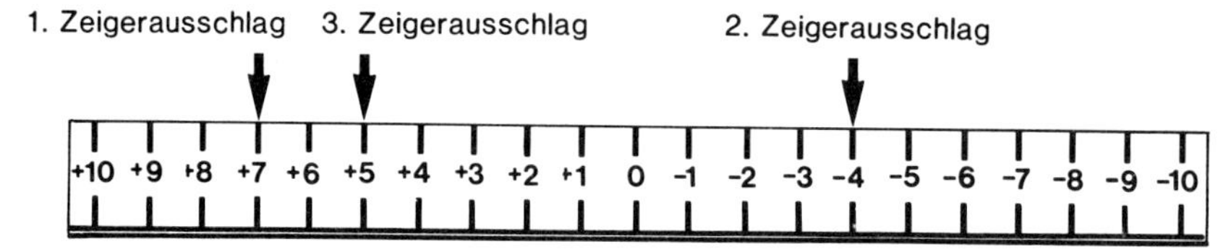

Abb. 48. Zur Bestimmung des Nullpunktes der Analysenwaage muß wegen der Dämpfung rechts und links eine um den Wert Eins verschiedene Anzahl von Ausschlägen gemessen werden.

Daraus ergibt sich

$$N_1 = \frac{-9{,}3 + 7{,}9}{2} = -0{,}7$$

b) Auf die linke Waagschale wird zu dem Massenstückchen von 5 g zusätzlich noch eine Masse von 1 mg gelegt und der Nullpunkt N_2 bestimmt:

l_i [Skt]	r_i [Skt]
$l_1 = -5{,}5$	$r_1 = 0{,}1$
$l_2 = -5{,}2$	$r_2 = 0$
$l_3 = -4{,}9$	
$\bar{l} = -5{,}2$	$\bar{r} = 0{,}05$

Es ergibt sich:

$$N_2 = \frac{-5{,}2 + 0{,}05}{2} = -2{,}575$$

Die gesuchte Empfindlichkeit E bei einer Belastung beider Waagschalen mit je 5 g ergibt sich nach der Definition von Gl. 6.18 somit zu:

$$E = \frac{N_2 - N_1}{1\,\text{mg}} = \frac{-2{,}575 - (-0{,}7)}{1\,\text{mg}}$$

also:

$$\boldsymbol{E = \frac{1{,}875}{1\,\text{mg}}}$$

Nach diesem Schema läßt sich die Empfindlichkeit der Waage bei jeder beliebigen Belastung ausmessen.

2. Bestimmung des Nullpunktes N_0 der unbelasteten Waage:

l_i [Skt]	r_i [Skt]
$l_1 = -11{,}8$	$r_1 = 8{,}1$
$l_2 = -10{,}9$	$r_2 = 7{,}9$
$l_3 = -10{,}2$	
$\bar{l} = -10{,}96$	$\bar{r} = 8{,}0$

Daraus ergibt sich für N_0

$$N_0 = \frac{-10{,}96 + 8}{2} = -1{,}48$$

3. Bestimmung des Nullpunktes N_3 der mit der Masse m belasteten Waage:
Der Körper mit der Masse m wird auf die linke Waagschale gelegt. Auf die rechte Waagschale werden so lange die geeichten Wägestückchen gelegt, bis sich der Zeiger der Waage innerhalb der Skala befindet.

l_i [Skt]	r_i [Skt]
$l_1 = -9$	$r_1 = 7$
$l_2 = -8{,}7$	$r_2 = 6{,}8$
$l_3 = -8{,}4$	
$\bar{l} = -8{,}7$	$\bar{r} = 6{,}9$

Es ergibt sich:

$$N_3 = \frac{-8{,}7 + 6{,}9}{2} = -0{,}9$$

4. Bestimmung der Masse des Metallstückchens:

a) Abzählen der aufgelegten Massenstückchen auf der rechten Seite. Die Massenstückchen besitzen zusammen eine Masse von $m_0 = 5{,}350$ g.

b) Da sich die Nullpunkte der mit dem Körper belasteten (N_3) und der unbelasteten Waage (N_0) um 0,58 Skalenteile unterscheiden, muß diese Differenz in mg umgerechnet werden. Es folgt mit Hilfe der errechneten Empfindlichkeit:

$$\frac{1{,}875\ \text{Skt}}{1\ \text{mg}} = \frac{0{,}58\ \text{Skt}}{x}$$

Daraus folgt:

$$x = \frac{0{,}58}{1{,}875}\,\text{mg} = 0{,}31\ \text{mg}$$

Dieser Wert muß noch zu dem gemessenen Wert von 5,350 g addiert werden. Es ergibt sich für die Masse des Metallstückchens

$$m_0 = (5{,}350 + 0{,}00031)\,\text{g}$$

also:

$$m_0 = 5{,}35031\ \text{g}$$

c) Um die tatsächliche Masse m des Körpers möglichst exakt bestimmen zu können, führen wir noch die Auftriebskorrektur nach Gl. 6.19 durch:
Die Dichte des Körpers ist $\varrho_k = 5{,}3\ \text{g/cm}^3$ und die der Wägestückchen $\varrho_G = 2{,}3\ \text{g/cm}^3$. Die Dichte von Luft sei $0{,}0013\ \text{g/cm}^3$. Somit folgt:

$$m = 5{,}35031 \cdot \left(1 + \frac{0{,}0013}{5{,}3} - \frac{0{,}0013}{2{,}3}\right)$$

Somit besitzt der Metallkörper eine Masse von:

$$\boldsymbol{m = 5{,}34859\ \text{g}}$$

7 Schwingungen und Wellen

Wir haben bereits eine Schwingung kennengelernt, und zwar in Kap. 3.2.1 die Schwingung des mathematischen Pendels zur Bestimmung der Erdbeschleunigung g. Im folgenden sollen die physikalischen und mathematischen Gesetzmäßigkeiten von Schwingungen und Wellen allgemein betrachtet werden.

7.1 Frequenz *f*; *ν* (sprich nü)

Wir haben über die Frequenz bereits an früherer Stelle gesprochen. Trotzdem soll an dieser Stelle nochmals kurz darauf eingegangen werden. Die Anzahl an Schwingungen pro Zeit wird als Frequenz bezeichnet:

$$f = \frac{\text{Anzahl der Schwingungen}}{\text{Zeit}}$$
$$[f] = \left[\frac{1}{T}\right] = \text{Hz} \tag{7.1}$$

Die gesetzliche Einheit der Frequenz ist das Hertz, wobei 1 Hertz (Abk. Hz) eine Schwingung pro Sekunde bedeutet. Wenn beispielsweise ein Pendel in 4 s eine Schwingung ausführt, so besitzt es eine Frequenz von $^1/_4$ Hz. Die Zeit t, die ein System für die Durchführung einer Schwingung benötigt, wird als Schwingungsdauer oder Periodenzeit bezeichnet und mit T abgekürzt. Auch Drehbewegungen können mit derselben Mathematik wie Schwingungen behandelt werden. Ihr Plattenspieler besitzt daher auch eine Frequenz, und zwar üblicherweise eine von $33^1/_3$ Umdrehungen pro Minute, also 0,556 Hz. Die Kurbelwelle Ihres Autos besitzt eine Frequenz, die in der Technik als „Touren" bezeichnet wird. Sie hängt von der Geschwindigkeit ab und sollte in der Regel 5000–8000 pro Minute, also 83,3–133,3 Hz nicht übersteigen.

7.2 Ungedämpfte Schwingung

Eine ungedämpfte Schwingung liegt stets dann vor, wenn die Schwingungsamplitude eines schwingenden Systems mit der Zeit stets gleichbleibt. Wegen der Reibungsverluste tritt jedoch bei realen Schwingungen stets eine gewisse Dämpfung auf, die zu einem allmählichen Energieverlust und damit zu einer Verringerung der Amplitude führt.

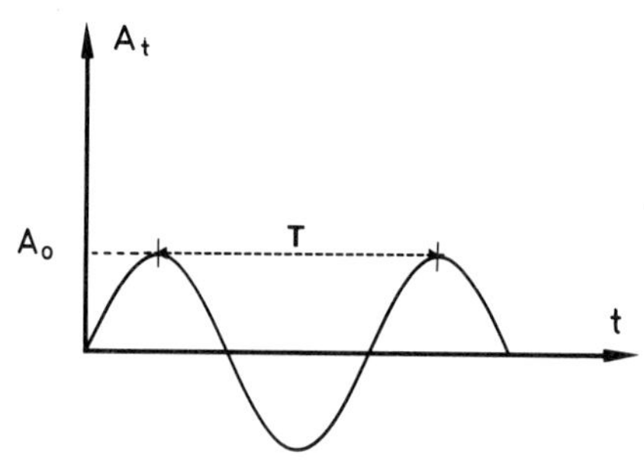

Abb. 49. Verlauf der Amplitude A_t einer ungedämpften Schwingung mit der maximalen Amplitude A_0 sowie der Schwingungsdauer T in Abhängigkeit von der Zeit t

Aber eine ungedämpfte Schwingung kann dadurch erzeugt werden, daß man den Energieverlust stets von außen ausgleicht, wie z.B bei elektrischen Schwingkreisen oder den alten Uhrenpendeln, oder aber die Schwingung nur während einer so kurzen Zeit betrachtet, in der die Verluste so gering sind, daß sie vernachlässigt werden können.
Im folgenden wollen wir aus dem Kollektiv sehr vieler Schwingungen eine spezielle Schwingung näher betrachten, und zwar eine *harmonische Schwingung*. Ein System führt dann harmonische Schwingungen aus, wenn das System in gleichen Zeiten gleiche Bewegungszustände annimmt. Dabei kommt es periodisch zu dem Wechsel zwischen zwei Energiearten, beim Pendel z.B. zwischen potentieller und kinetischer Energie. Man kann allgemein feststellen:

Eine Schwingung ist ein zeitlich periodischer Vorgang

Mathematisch läßt sich eine ungedämpfte harmonische Schwingung wie folgt darstellen:

$$A_t = A_0 \cdot \sin(\omega \cdot t + \varphi) \tag{7.2}$$

mit:

A_t = Auslenkung zu irgendeinem beliebigen Zeitpunkt (= Amplitude der Schwingung)
A_0 = maximale Schwingungsamplitude
t = Zeit, zu der A_t jeweils betrachtet wird
ω = Kreisfrequenz = $2 \cdot \pi \cdot f$
f = Frequenz = Schwingungen pro Zeit (gemessen in Hz)
T = Zeit für genau eine Schwingung = Schwingungsdauer
φ = Phasenwinkel im Bogenmaß; er gibt an, welcher Schwingungszustand bei $t = 0$ vorliegt

Meist wird Gl. 7.2, wie in Abb. 49, mit $\varphi = 0$ dargestellt. Das bedeutet, daß bei Versuchsbeginn, also bei $t = 0$, wegen $\sin 0 = 0$ auch die Amplitude $A_t = 0$ ist. Aber oft beginnt man, ein schwingendes System bei $t = 0$ mit der maximalen Auslenkung, also mit $A_{t=0} = A_0$, in Gang zu setzen. Bei $t = 0$ soll dann A_t den Wert A_0 besitzen. Das ließe sich aber ohne die Größe φ nicht erreichen. Für diesen Fall besitzt φ den Wert von 90° bzw. im Bogenmaß von $\pi/4$.

7.3 Gedämpfte Schwingung

Wie bereits erwähnt, verliert jedes schwingende System aufgrund von Reibungsverlusten allmählich Energie. Die maximale Schwingungsamplitude A_0 wird daher mit der Zeit stets kleiner, bis die Schwingung ganz zum Stillstand kommt, also A_0 den Wert Null annimmt. Jedoch ist die Abnahme von A_0 nicht willkürlich, sondern geschieht nach einer mathematischen Gesetzmäßigkeit. Und zwar nimmt die Amplitude A_0 mit einer e-Funktion ab. Die mathematische Darstellung des zeitlichen Verhaltens von A_t einer gedämpften Schwingung sieht wie folgt aus:

$$A_t = A_0 \cdot \sin(\omega \cdot t + \varphi) \cdot e^{-\lambda \cdot t} \tag{7.3}$$

mit:

A_t = jeweiliger Wert der Amplitude zur Zeit t
A_0 = maximale Amplitude am Schwingungsbeginn, also zur Zeit $t = 0$
e = Euler-Zahl, Basis des natürlichen Logarithmus ($e \approx 2{,}17$)
t = Zeit, zu der A_t betrachtet wird
λ = Dämpfungsfaktor; er hängt stark davon ab, was für eine Art von Schwingung vorliegt (z. B. Pendelschwingung, elektrische Schwingung)
ω = Kreisfrequenz
φ = Phasenwinkel

Die e-Funktion ist von großer Bedeutung und wird uns vor allem bei der Betrachtung radioaktiver Vorgänge noch mehrmals begegnen.

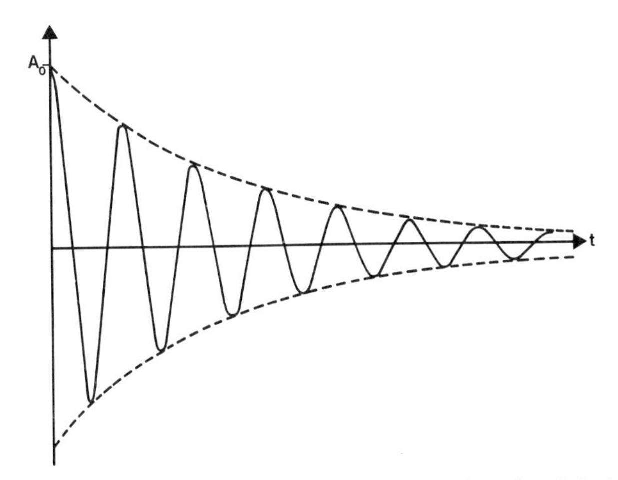

Abb. 50. Zeitlicher Verlauf der Amplitude einer gedämpften Schwingung

7.4 Wellen

Betrachtet man eine schwingende Feder, so gehorcht ihre Amplitude A_t einer durch Gl. 7.2 bzw. 7.3 gegebenen Gesetzmäßigkeit. Hängt man beispielsweise viele Federn nebeneinander, die z. B. alle an der Decke eines Labors angebracht werden, und regt jede Feder zu Schwingungen an, so schwingen die Federn – jede für sich – wiederum,

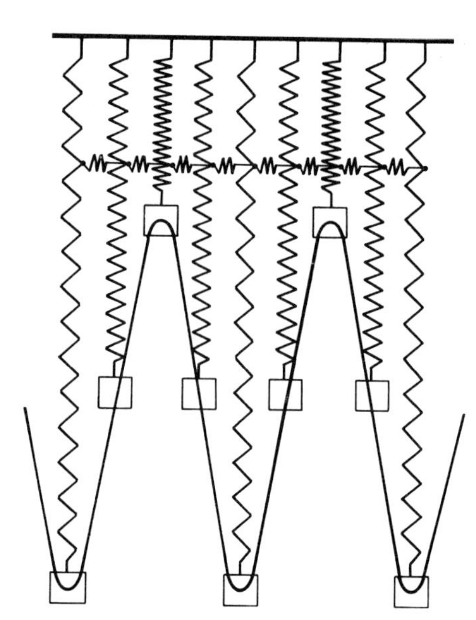

Abb. 51. Entstehung einer Welle durch die Übertragung der Energie einer Schwingung auf benachbarte schwingungsfähige Bereiche, in diesem Fall Federn

wie es Gl. 7.2 bzw. Gl. 7.3 voraussagt. Wenn man aber die hängenden Federn jeweils – z. B. durch andere kleine Federn – miteinander koppelt und die erste Feder wiederum zu Schwingungen anregt, so gibt sie ihre Energie an die zweite und diese an die dritte weiter usw. Die ursprüngliche Schwingung breitet sich räumlich aus. Es ist eine Welle entstanden. Eine Welle entsteht also durch einzelne Schwingungen, die sich im Raum ausbreiten. Bei Wasserwellen z. B. breitet sich der Schwingungszustand der Moleküle an einem bestimmten Ort über die ganze Wasserfläche aus. Eine Welle setzt sich also aus vielen einzelnen Schwingungen zusammen.
Allgemein läßt sich feststellen:

Eine Welle ist ein *räumlich* und *zeitlich* periodischer Vorgang.

Das zeitliche und räumliche Verhalten einer Welle gleicht mathematisch dem einer Schwingung. Das ist auch einsichtig, da sie sich, wie erwähnt, aus vielen einzelnen Schwingungen zusammensetzt. Wir betrachten wiederum nur harmonische Schwingungen und harmonische Wellen.
Um von der Gleichung einer Schwingung zu der Gleichung für eine Welle zu kommen, muß man ein Glied einfügen, das die *räumliche Periodizität* beinhaltet. Es gilt für die ungedämpfte Welle:

$$A_{t,s} = A_0 \cdot \sin\left[\omega \cdot \left(t - \frac{s}{c}\right) + \varphi\right] \tag{7.4}$$

mit:

$A_{t,s}$ = Amplitude der Welle zur Zeit t und am Ort s
A_0 = maximale Amplitude der Welle
ω = Kreisfrequenz
s = Ort, an dem die Amplitude der Welle betrachtet wird

c = Ausbreitungsgeschwindigkeit der Welle (bei Licht im Vakuum = $3 \cdot 10^8$ m/s)
t = Zeitpunkt, zu dem die Amplitude der Welle betrachtet wird
φ = Phasenwinkel im Bogenmaß

Eine Welle läßt sich einerseits an einem festen Ort, also für s = konst., betrachten. Dann betrachtet man nur die zeitliche Periodizität an diesem Ort, also eine Schwingung. Man kann aber auch die räumliche Periodizität zu einem festen Zeitpunkt (t = konst.) betrachten. Das geschieht z.B. bei Meereswellen durch eine Photographie. In Abb. 52a,b sind beide Fälle dargestellt. Die mathematische Form einer gedämpften Welle ähnelt prinzipiell der von Gl. 7.3.

7.4.1 Wellenlänge λ (sprich lambda)

Eine Schwingung besitzt keine Wellenlänge. Das muß gleich an dieser Stelle gesagt werden. Daher gibt es in Abb. 49 oder 50 auch keine Wellenlänge. Die Entfernung von Schwingungsmaximum zu Schwingungsmaximum in Abb. 49 ist die Schwingungsdauer bzw. Periodendauer T. Bei einer Welle ist die Wellenlänge λ wie folgt definiert:

> Die Wellenlänge λ ist die kürzeste Entfernung zweier Punkte mit gleichem Schwingungszustand (Phase).

Die Wellenlänge ist daher nicht nur der Abstand von einem Maximum zum nächsten Maximum wie in Abb. 52b gezeichnet, sondern auch der Abstand irgendwelcher anderer gleicher Schwingungszustände. Der Schwingungszustand einer Schwingung oder einer Welle wird oft auch als Phase bezeichnet.

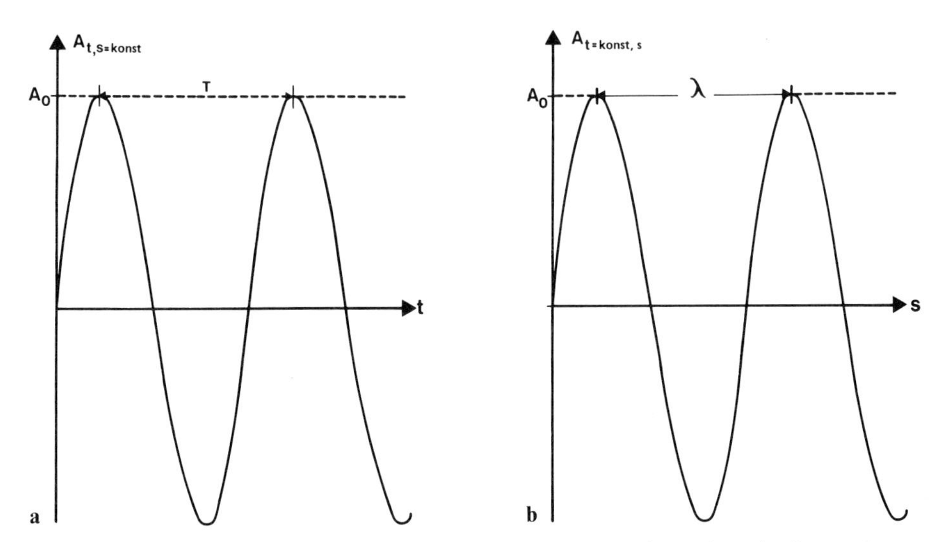

Abb. 52. a Zeitlicher Verlauf der Amplitude einer Welle an einem festen Ort, also für s = konst. **b** Räumlicher Verlauf der Amplitude einer Welle zu einem festen Zeitpunkt, also für t = konst.

Die Wellenlänge λ, die Frequenz f und die Ausbreitungsgeschwindigkeit c einer Welle hängen über die folgende sehr wichtige Gleichung zusammen:

$$\boxed{c = \lambda \cdot f} \tag{7.5}$$

mit:

c = Ausbreitungsgeschwindigkeit der Welle
λ = Wellenlänge der Welle
f = Frequenz der Welle

Beispiele

1. Sie hören gern Radio, und zwar UKW auf 88 MHz (Megahertz). Welche Wellenlänge besitzen die Wellen dieser Frequenz? Eine Radiowelle ist eine elektromagnetische Welle und breitet sich in Luft etwa mit der Vakuumlichtgeschwindigkeit $c_0 = 3 \cdot 10^8$ m/s aus.
Mit Hilfe von Gl. 7.5 ergibt sich daher:

$$\lambda = \left(\frac{3 \cdot 10^8 \text{ m}}{88 \cdot 10^6/\text{s} \cdot \text{s}}\right)$$

also:

$$\boldsymbol{\lambda = \frac{3}{88} \cdot 10^2 \text{ m} = 3{,}41 \text{ m}}$$

Die von Ihrem Lieblingssender abgestrahlten Wellen mit einer Frequenz von 88 MHz besitzen also eine Wellenlänge von 3,41 m.

2. In der Medizin wird häufig Ultraschall für diagnostische Zwecke angewendet. Die Frequenz der Ultraschallwellen liegt dabei in der Größenordnung von ca. 2–12 MHz. Welche Wellenlänge besitzt Ultraschall von 2 MHz in Luft?
Die Schallgeschwindigkeit in Luft beträgt rund 330 m/s. Also:

$$\lambda = \frac{330 \text{ m}}{2 \cdot 10^6/\text{s} \cdot \text{s}} = 0{,}000165 \text{ m}$$

$$\boldsymbol{\lambda = 0{,}165 \text{ mm}}$$

Da die Schallgeschwindigkeit in Wasser von 20 °C etwa 1485 m/s beträgt, ist die Wellenlänge *derselben Welle* in Wasser oder im menschlichen Gewebe entsprechend größer.

8 Elektrizitätslehre, Gleichstrom

Die Grundlage der gesamten Elektrizitätslehre sind elektrische Ladungen. In 2.2.6 haben wir bereits ausführlich über Ladungen und Ströme gesprochen. Daher sollen an dieser Stelle die wichtigsten Tatsachen nur noch kurz wiederholt werden.
Eine Ladung besitzt entweder ein positives oder ein negatives Vorzeichen. Die kleinste bekannte Ladung ist die Ladung eines Elektrons (e^-) bzw. die des Protons (e^+, p^+). Eine bestimmte Menge Ladungen, nämlich $0{,}624 \cdot 10^{19}\, e^-$, bezeichnet man als Coulomb.

$$1C = 0{,}624 \cdot 10^{19}\, e^- \tag{8.1}$$

Jede Ladung erzeugt ein elektrisches Feld E. Gleichnamige Ladungen stoßen sich dabei über ihre Felder ab, ungleichnamige ziehen sich an.
Je nach der Anordnung der Ladungen zueinander gibt es: Monopole (= einzelne Ladungen), Dipole, Quadrupole, Oktupole usw.

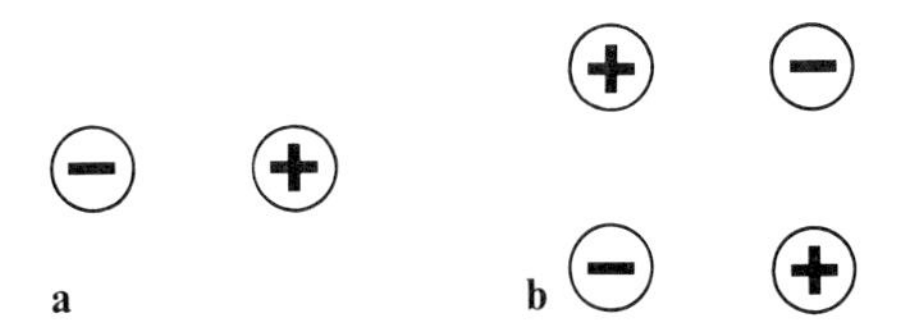

Abb. 53. a Ladungsverteilung eines Dipols. **b** Ladungsverteilung eines Quadrupols

8.1 Elektrisches Feld

Bei einer einzelnen positiven Ladung – in diesem Fall denkt man sich die dazugehörige negative Ladung als im Unendlichen befindlich – geht das Feld von der Ladung radial bis ins Unendliche. Bei einer einzelnen negativen Ladung ist der Feldverlauf genauso bis auf die Tatsache, daß das Feld die umgekehrte Richtung hat, also auf die Ladung hin zeigt.
Das elektrische Feld einer einzelnen Ladung q berechnet sich wie folgt:

$$E = \frac{1}{4\pi \cdot \varepsilon \cdot \varepsilon_0} \cdot \frac{q}{r^2} \tag{8.2}$$

mit:

E = elektrisches Feld einer Punktladung im Abstand r
ε_0 = absolute Dielektrizitätskonstante ($\varepsilon = 8{,}85 \cdot 10^{-12}\, A \cdot s/V \cdot s$)

ε = dimensionslose Stoffkonstante des Mediums, in dem sich die Ladung befindet (= relative Dielektrizitätskonstante. Im Vakuum ist ε exakt 1, in Luft ungefähr 1; in Wasser z.B. gleich 81)
q = Ladung
r = Abstand von der Ladung bis zu dem Ort, an dem das Feld gemessen wird

Das Feld eines Dipols, also zweier im Abstand d angeordneter Ladungen, ist in Abb. 55a, b dargestellt.
Das Feld eines Dipols nimmt mit der dritten Potenz des Abstands vom Dipol, also mit r^{-3} ab. Ein weiteres spezielles, leicht zu berechnendes elektrisches Feld ist das Feld zwischen zwei Kondensatorplatten. Das dort herrschende homogene elektrische Feld E berechnet sich wie folgt:

$$E = \frac{U}{d} \tag{8.3}$$

mit:
E = homogenes elektrisches Feld zwischen 2 Kondensatorplatten
d = Abstand der Platten
U = elektrische Spannung zwischen den Platten

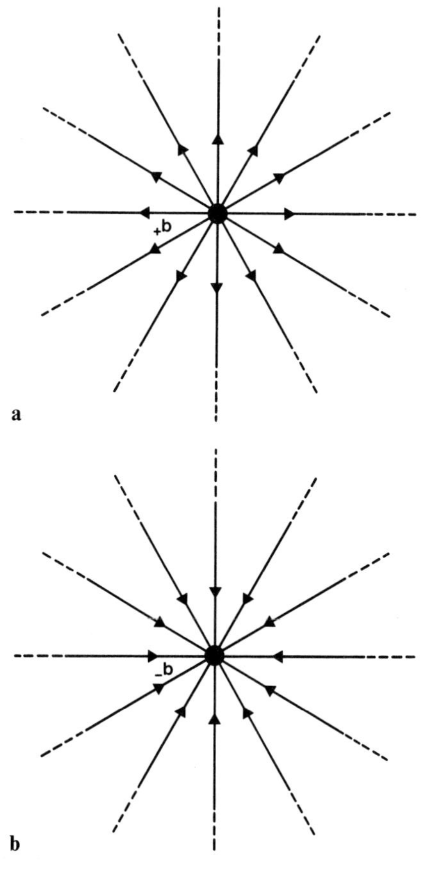

Abb. 54. a Feldverlauf einer positiven Ladung. **b** Feldverlauf einer negativen Ladung

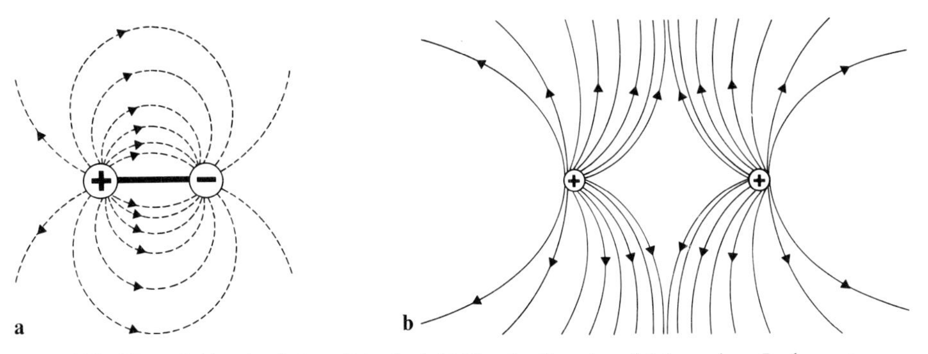

Abb. 55. **a** Feldverlauf eines Dipols. **b** Feldverlauf zweier gleichnamiger Ladungen

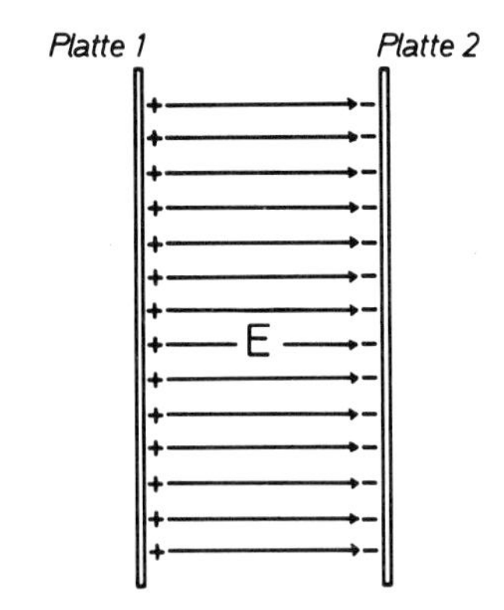

Abb. 56. Feldverlauf im Inneren zweier elektrisch geladener Platten (Kondensator). Zum Rand hin wird das Feld (E) inhomogen.

8.1.1 Kraftwirkung auf eine Ladung im elektrischen Feld

Zwischen den Platten eines Kondensators, der auf eine Spannung U aufgeladen wird, besteht ein elektrisches Feld E. Bringt man in dieses Feld eine Ladung, z.B. ein Elektron, so übt das Feld eine Kraft auf das Elektron aus. Diese Kraft berechnet sich nach der folgenden Gleichung:

$$F = q \cdot E \tag{8.4}$$

mit:

F = Kraftwirkung auf eine Ladung
E = elektrisches Feld
q = Ladung, die sich in dem Feld E befindet

Gleichung 8.4 ist beispielsweise überall da von Bedeutung, wo sich Ladungen in einem elektrischen Feld bewegen, z.B. in Fernsehröhren, Oszillographenröhren, Röntgenröhren oder in Teilchenbeschleunigern.

8.2 Coulomb-Kraft

Die elektrischen Felder von Ladungen sind der Grund für die elektrischen Anziehungskräfte zwischen den verschiedensten Ladungsanordnungen. So wirken spezielle

Kräfte zwischen zwei einzelnen Ladungen (Coulomb-Kräfte), zwischen jeweils zwei Ladungen (Dipolkräfte), zwischen vier Ladungen (Quadrupolkräfte) usw....

Diese Kräfte sind oft recht kompliziert, daher wollen wir uns auf die Darstellung einer speziellen Kraft, der Coulomb-Kraft, beschränken. Coulomb-Kräfte sind die Kräfte, die zwischen zwei einzelnen Ladungen wirken. Die Kraft, die eine Ladung q_1 über ihr elektrisches Feld auf eine zweite Ladung q_2, die sich in einem Abstand r befindet, ausübt, berechnet sich dabei wie folgt:

$$F = \frac{1}{4 \cdot \pi \cdot \varepsilon \cdot \varepsilon_0} \cdot \frac{q_1 \cdot q_2}{r^2} \tag{8.5}$$

mit:

F = Kraft zwischen zwei Ladungen
r = Abstand der Ladungen voneinander
ε_0, ε = siehe Gl. 8.2
q_1, q_2 = elektrische Ladungen

Gleichung 8.5 wird als Coulomb-Gesetz, die Kraft F als Coulomb-Kraft bezeichnet.

Beispiel. Das Natrium- und Chloratom des Kochsalzes (NaCl) (s. 4.13.1) werden über Coulomb-Kräfte zusammengehalten. Befindet sich Kochsalz jedoch im Wasser, so ist ε nicht mehr gleich 1 wie in Luft, sondern hat den Wert $\varepsilon = 81$. Die Kraft F zwischen den beiden Atomen wird nach Gl. 8.5 daher in Wasser auf den 81. Teil der in Luft wirkenden Kraft verringert – das Kochsalzmolekül bricht auseinander, es wird im Wasser gelöst.

8.3 Strom (*I*)

Bewegte Ladungen bedeuten einen elektrischen Strom. Der elektrische Strom (I) ist eine Basisgröße und wird in Ampere (A) gemessen. Die exakte Definition des Ampére ist auf S. 35 nachzulesen.

Strom und Ladung hängen wie folgt zusammen:

$$I = \frac{\Delta q}{\Delta t} \quad \text{(s. Gl. 2.12)}$$

mit:

I = elektrischer Strom
Δq = in der Zeit Δt bewegte Ladungen
Δt = Zeit, in der Δq Ladungen bewegt werden

Der elektrische Strom ist ein sehr wichtiger Energieträger. Seine Wirkungen bestehen u.a. in der Erzeugung von Licht, Wärme und elektromagnetischen Feldern.

8.4 Magnetfeld (*H*), magnetische Flußdichte (*B*)

Ladungen besitzen grundsätzlich ein elektrisches Feld, jedoch kein magnetisches Feld. Erst wenn sich Ladungen bewegen, wenn z. B. ein Strom fließt, entsteht zusätzlich ein

Magnetfeld. Fließt der Strom in einem Leiter, so besitzt das Magnetfeld H im Abstand r von dem Leiter (Draht) die folgende Stärke:

$$H = \frac{I}{2\pi r} \tag{8.6}$$

mit:

H = Stärke des Magnetfeldes eines vom Strom I durchflossenen Leiters im Abstand r
I = Strom in dem Leiter
r = Abstand von dem Leiter

Ein konstanter Strom erzeugt ein konstantes Magnetfeld. Dabei ist festzustellen, daß sich konstante Magnetfelder und elektrische Felder in keiner Weise gegenseitig beeinflussen. Ein konstantes Magnetfeld übt so z.B. auf eine ruhende Ladung keinerlei Kräfte aus. Ebenso übt ein elektrisches Feld keine Kraft auf einen Magneten aus. Bei bewegten Ladungen oder bei zeitlich veränderlichen Feldern jedoch sieht das anders aus. Hiervon später mehr.
Die Feldstärke des homogenen Magnetfelds H im Inneren einer langen Spule berechnet sich wie folgt:

$$H = n \cdot I \tag{8.7}$$

mit:

H = Magnetfeldstärke im Inneren einer Spule
$n = \frac{\text{Anzahl der Windungen}}{\text{Länge der Spule}}$
I = durch die Spule hindurchfließender Strom

Es gibt eine ganze Reihe weiterer Formeln für die Berechnung von Magnetfeldern, eines ist jedoch allen Formeln gemeinsam: die Einheit Strom pro Länge:

$$[H] = \frac{\text{Strom}}{\text{Länge}} = \frac{I}{l} \tag{8.8}$$

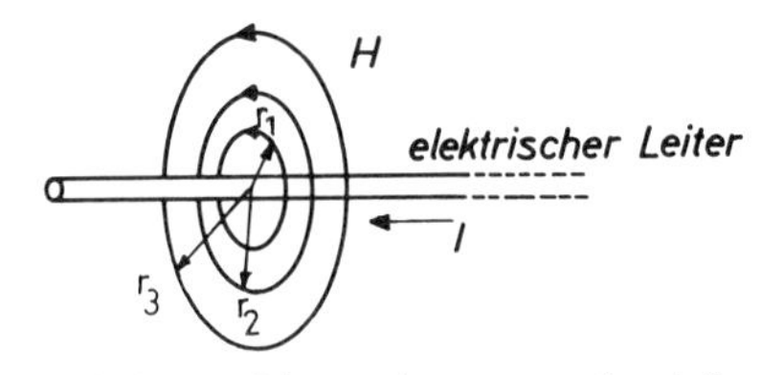

Abb. 57. Magnetisches Feld um einen stromdurchflossenen Leiter

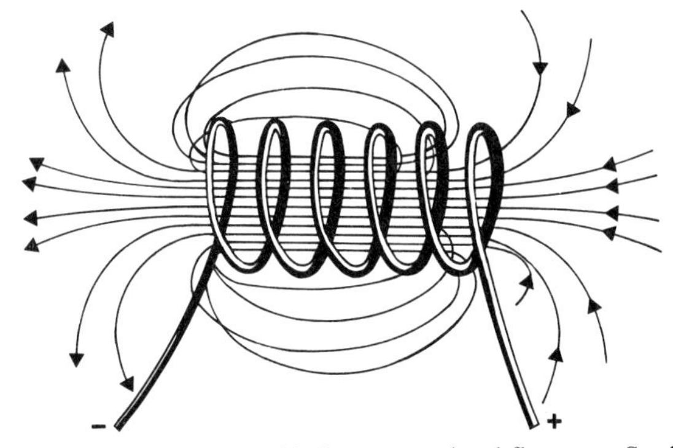

Abb. 58. Magnetisches Feld einer stromdurchflossenen Spule

Setzt man in Gl. 8.8 für den Strom speziell Ampere und für die Länge das Meter, so ergibt sich die gesetzliche Einheit der magnetischen Feldstärke:

$$[H] = \frac{\text{Ampere}}{\text{Meter}} = \frac{\text{A}}{\text{m}} \tag{8.8a}$$

Oft wird die magnetische Feldstärke H mit der magnetischen Flußdichte B verwechselt, vereinfacht wird nämlich oft auch B als Magnetfeldstärke bezeichnet.
Die Magnetfeldstärke H und die magnetische Flußdichte B hängen im Vakuum wie folgt zusammen:

$$B = \mu_0 \cdot H \tag{8.9}$$

mit:

B = magnetische Flußdichte im Vakuum, die durch ein Magnetfeld H hervorgerufen wird

H = magnetische Feldstärke

μ_0 = absolute Permeabilität $\left(1{,}256 \cdot 10^{-6} \frac{\text{V} \cdot \text{s}}{\text{A} \cdot \text{m}}\right)$ (μ_0 ist eine Naturkonstante)

8.4.1 Hysteresiskurve

In Materie, wie z. B. Eisen, ist das Verhalten von B sehr viel komplizierter als in Gl. 8.9 dargestellt, da in Materie eine Materialkonstante μ hinzukommt, die nicht konstant ist, sondern ihren Wert mit dem Feld H selber ändert. Es gilt für die magnetische Flußdichte B in Materie:

$$B = \mu_0 \cdot \mu \cdot H \tag{8.10}$$

mit:

μ = relative Permeabilität (von Luft $\mu \approx 1$, in Eisen μ bis zu 10000 und mehr)

B und H hängen wegen der Abhängigkeit der Permeabilität μ von H in einer recht komplizierten Weise voneinander ab. Die graphische Darstellung dieser Abhängigkeit ergibt eine Kurve, die als Hysteresiskurve bezeichnet wird.

Mit: $[\mu_0] = \frac{\text{V} \cdot \text{s}}{\text{A} \cdot \text{m}}$ und $[H] = \frac{\text{A}}{\text{m}}$ ergibt sich aus Gl. 8.10 für die Einheiten von B:

$$[B] = \frac{\text{V} \cdot \text{s} \cdot \text{A}}{\text{A} \cdot \text{m} \cdot \text{m}} = \frac{\text{V} \cdot \text{s}}{\text{m}^2} \tag{8.11}$$

Dabei wird $\frac{1\,\text{V} \cdot \text{s}}{\text{m}^2}$ als Tesla bezeichnet. Also:

$$1\,T = \frac{\text{V} \cdot \text{s}}{\text{m}^2} \tag{8.12}$$

8.4.2 Magnetfeld eines Magneten

Wir haben festgestellt, daß jedes Magnetfeld durch bewegte Ladungen hervorgerufen wird. Wieso besitzt dann ein Eisenmagnet eigentlich ein Magnetfeld? Wo fließt dort denn ein Strom? Die Antwort lautet: In jedem Atom bewegen sich auf bestimmten

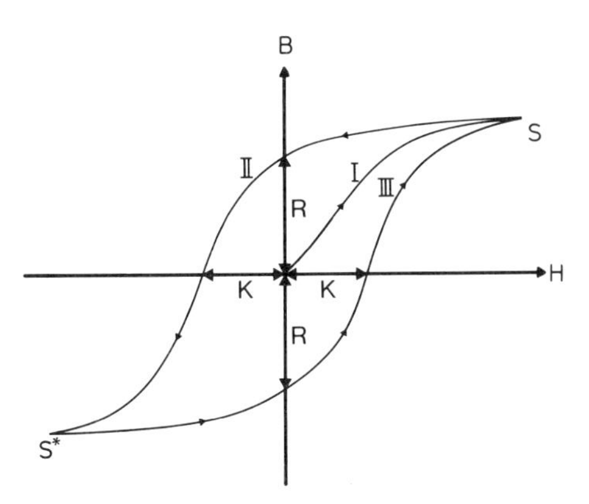

Abb. 59. Hysteresiskurve. Sie gibt den Verlauf der magnetischen Induktion B in Abhängigkeit vom Magnetfeld H in Eisen an. Man beginnt bei dem „jungfräulichen" Eisen bei $B = 0$ und $H = 0$. Mit steigender Feldstärke H steigt B auf Kurve *I* bis zum Punkt S. Verringert man H anschließend wieder, so nimmt B nach Kurve *II* ab. Bei $H = 0$ besitzt B noch einen von 0 verschiedenen Wert; dieser Wert wird als Remanenz (R) bezeichnet. B erreicht erst bei einem negativen Wert von H, der sog. Koerzitivkraft (K), den Wert 0. Bei noch größerem negativen H wird auch B dann negativ. Man durchfährt alle Werte, bis die Kurve den Wert S^* erreicht hat. Läßt man H anschließend wieder wachsen, so wächst diesmal B auf Kurve *III*. Die Größe von B bei $H = 0$ bezeichnet man wieder als Remanenz. Im Punkt S trifft Kurve *III* mit Kurve *I* und *II* zusammen. Das Feld H wird mit Hilfe einer stromdurchflossenen Spule erzeugt. Dabei ist die Feldstärke H stets dem Strom I proportional.

Bahnen Elektronen um den Atomkern. Diese *bewegten Ladungen* stellen daher definitionsgemäß einen Strom dar.
Jedes einzelne Atom in einem Eisenmagneten stellt somit die Quelle für ein kleines „Elementarmagnetfeld" dar. Wenn diese kleinen Magnetfelder alle in dieselbe Richtung wirken, verstärken sie sich: Wir erhalten ein resultierendes Magnetfeld, also einen Magneten. Sind die vielen kleinen Magnetfelder nicht gleichgerichtet, so können sie sich gegenseitig aufheben: Die betrachtete Materie ist dann nach außen unmagnetisch.
Die Anordnung der Elektronen und die Lage der Atome bzw. Moleküle zueinander können zur Verstärkung bzw. Kompensation der einzelnen Elementarfelder führen. Dieser Anordnung nach kennt man drei Arten von Magnetismus, die im folgenden genauer besprochen werden sollen.

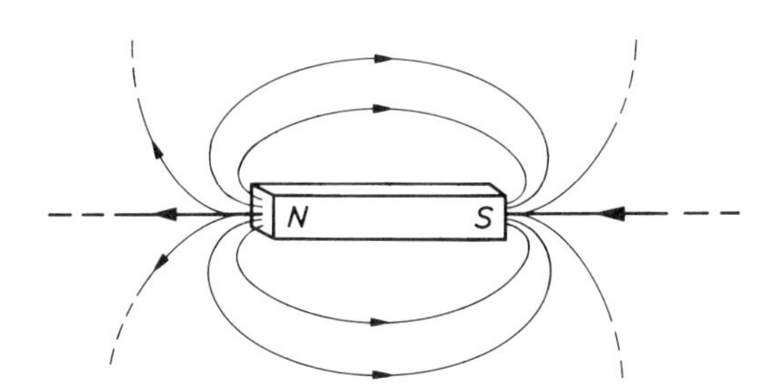

Abb. 60. Magnetisches Feld eines Permanentmagneten

8.4.3 Ferromagnetismus

Die bekannteste Art des Magnetismus ist der sog. Ferromagnetismus der Elemente Eisen, Nickel und Kobalt. Bei diesen Metallen gibt es eine Anzahl von Atomverbänden (Weißsche Bezirke), in denen viele Atome im gleichen Sinne ausgerichtet sind. Untereinander besitzen diese Bezirke jedoch statistisch verteilt verschiedene Magnetfeldrichtungen. Bringt man ein solches Metall in ein starkes Magnetfeld, so „klappen" (mit Mikrophon hörbar) die untereinander verschieden gerichteten Bezirke alle in einer Richtung um, und man erhält ein Gesamtfeld aller gleichgerichteten Bezirke in einer bestimmten Richtung. Bei speziellen Eisenarten bleibt diese Richtung auch nach Abschalten des äußeren Feldes erhalten (Permanentmagneten), bei anderen Eisensorten klappen die Bezirke aufgrund der thermischen Bewegung wieder in statistisch verteilte Richtungen zurück (Weicheisen). Das Zurückklappen läßt sich auch bei Permanentmagneten durch starke mechanische Einwirkungen, z.B. starkes Schlagen oder Erhitzen, erreichen. Je wärmer das Material ist, desto stärker ist die Bewegung seiner Moleküle, je stärker die Bewegung seiner Moleküle ist, desto schwieriger ist es, sie in eine Richtung zu magnetisieren.

8.4.4 Paramagnetismus

Im Gegensatz zum Ferromagnetismus gibt es bei den paramagnetischen Stoffen keine derartigen in sich gleich ausgerichteten Bezirke. Die einzelnen Moleküle, die jeweils ein kleines Magnetfeld besitzen, werden bei Anlegen eines äußeren Feldes in die Richtung dieses Feldes ausgerichtet. Paramagnetische Substanzen besitzen damit ebenfalls ein resultierendes Feld. Da jedoch immer nur ein bestimmter Anteil der Moleküle ausgerichtet werden kann, ist das resultierende Feld geringer als beim Ferromagnetismus.
Diese Tatsache macht man sich u.a. wie folgt zunutze: Soll Luft auf ihren Sauerstoffgehalt analysiert werden, so bringt man sie in das Feld eines starken Magneten. Sauerstoff besitzt paramagnetisches Verhalten, die anderen Bestandteile der Luft dagegen sind diamagnetisch. Der Sauerstoff drängt infolge seiner paramagnetischen Eigenschaft an den Ort des stärksten Feldes. An dieser Stelle befindet sich ein geheizter Draht, der das Gas in seiner unmittelbaren Umgebung erwärmt. Mit zunehmender Temperatur nimmt der Paramagnetismus ab. Das erwärmte Gas wird daher von dem nachströmenden kalten Gas verdrängt, da auf das stärker paramagnetische (kältere) Gas eine stärkere Kraft ausgeübt wird. Es entsteht auf diese Weise eine Gasströmung, deren Geschwindigkeit dem Sauerstoffgehalt annähernd proportional ist. Die Messung dieser Strömung erfolgt durch den Heizdraht, der zu diesem Zweck als temperaturabhängiger Widerstand ausgebildet ist und in einer entsprechenden Meßanordnung die Bestimmung des Sauerstoffgehaltes des Gases ermöglicht.

8.4.5 Diamagnetismus

Bei dem Ferromagnetismus und Paramagnetismus besaßen die einzelnen Atome aufgrund ihrer Elektronenkonfiguration ein resultierendes „atomares" Magnetfeld, das in einem äußeren Feld entsprechend ausgerichtet werden kann. Bei diamagnetischen Substanzen besitzt das einzelne Atom kein derartiges resultierendes Magnetfeld, da die Elektronenkonfiguration dieser Atome bzw. Moleküle so beschaffen ist, daß sich die einzelnen Felder bereits innerhalb eines Atoms gegenseitig aufheben. Erst ein äußeres Feld induziert in jedem einzelnen Atom durch Ladungsverschiebung ein Magnetfeld, das ihrer Ursache entgegengesetzt gerichtet ist. Das magnetische Feld diamagnetischer Substanzen ist also dem äußeren Feld entgegengesetzt gerichtet und zudem sehr klein.

8.5 Elektrische Spannung (U)

Die elektrische Spannung ist als die auf die Ladung bezogene Arbeit definiert, die man in einem elektrischen Feld aufwenden muß, um eine Ladung q von einem Punkt des Feldes zu einem anderen zu befördern.
Es gilt also:

$$U = \frac{W}{q} \tag{8.13}$$

mit:

U = elektrische Spannung zwischen 2 Punkten in einem elektrischen Feld E
q = bewegte Ladung
W = Arbeit, um die Ladung q in einem elektrischen Feld E von einem Punkt zu einem anderen zu bewegen

Die gesetzliche Einheit der Spannung ergibt sich aus Gl. 8.13 nach Einsetzen der Einheit für die Arbeit (Newtonmeter) und der Einheit der Ladung (Coulomb). Diesen Quotienten nennt man Volt. Also:

$$[U] = \mathrm{V} = \frac{1N \cdot \mathrm{m}}{1C} \tag{8.14}$$

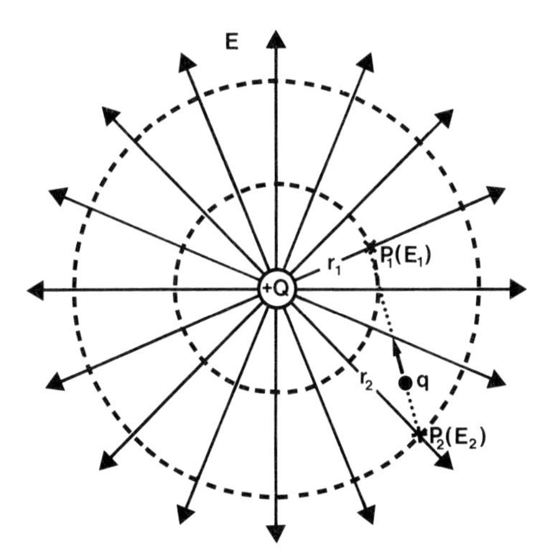

Abb. 61. Im elektrischen Feld einer Ladung Q wird eine andere Ladung q von Punkt P_2 zum Punkt P_1 bewegt. Dazu wird die Arbeit W aufgewendet bzw. je nach Vorzeichen der Ladungen gewonnen. Die benötigte Arbeit pro Ladung q ergibt die elektrische Spannung, die im Feld E zwischen P_1 und P_2 herrscht.

8.6 Ohmsches Gesetz

An einen Metalldraht wird eine Spannung U_1 angelegt. Wir sehen, daß in dem Draht ein Strom I_1 fließt. Wenn wir unter Konstanthaltung der Temperatur des Drahtes die angelegte Spannung U_1 verdoppeln, also $U_2 = 2 \cdot U_1$ anlegen, so verdoppelt sich auch die Stromstärke. Bei einer Verdreifachung der Spannung verdreifacht sich der Strom usw. Wir stellen eine Proportionalität zwischen der Stromstärke und der Spannung fest:

$$U \sim I$$

Um eine Gleichung zu erhalten, führen wir einen Proportionalitätsfaktor ein, den wir mit R abkürzen. Es gilt dann die folgende Beziehung:

$$U = R \cdot I \qquad (8.15)$$

mit:

U = Spannung über einem Leiter
I = Strom, der in einem Leiter fließt, über dem die Spannung U liegt
R = Widerstand des Leiters, in dem der Strom I fließt und über dem die Spannung U liegt

Gleichung 8.15 wird üblicherweise als Ohmsches Gesetz bezeichnet und ist eine der wichtigsten Beziehungen der gesamten Elektrizität. Strenggenommen ist Gl. 8.15 eine Definitionsgleichung für den Widerstand R. Dann ist $U \sim R$ das eigentliche Ohmsche Gesetz. Die gesetzliche Einheit des Widerstands ergibt sich aus Gl. 8.15: Setzt man für die Spannung 1V und für den Strom 1A, so besitzt R die Einheit von 1 Ohm (Abk. Ω):

$$[R] = \Omega = \frac{\text{V}}{\text{A}} \qquad (8.16)$$

Liegt über einem elektrischen Leiter eine Spannung von 1V und fließt daraufhin ein Strom von 1A, so besitzt der Leiter einen Widerstand von 1Ω. Je größer der Widerstand eines Leiters ist, desto geringer ist bei gleicher Spannung der Strom, der durch ihn hindurchfließt.
Sind in einem beliebigen Stromkreis zwei Größen gegeben, so läßt sich mit Hilfe von Gl. 8.15 jeweils die dritte berechnen.
Wichtig ist es, darauf hinzuweisen, daß das Ohmsche Gesetz in dieser Form nur dann gilt, wenn Gleichströme oder niederfrequente Wechselströme betrachtet werden und die Temperatur des Leiters konstant bleibt. Bei höheren Stromstärken ist letzteres aber nicht mehr der Fall, da sich mit zunehmender Temperatur in der Regel eine Widerstandserhöhung ergibt. Aus diesem Grund ergibt sich in Abb. 62 statt der nach Gl. 8.15 erwarteten Geraden eine Kurve.
Natürlich besitzt z. B. ein Metalldraht auch dann einen elektrischen Widerstand, wenn keine Spannung anliegt und kein Strom fließt. Der Widerstand muß sich daher aus den Eigenschaften des Leiters selbst berechnen lassen. Es zeigt sich, daß der Wider-

stand R um so größer ist, je länger der Draht ist, und um so geringer wird, je größer seine Querschnittsfläche A ist. Es gilt insgesamt:

$$R = \varrho \cdot \frac{l}{A} \tag{8.17}$$

mit:

R = Widerstand eines Leiters
ϱ = spezifischer Widerstand = Materialkonstante (nicht zu verwechseln mit der Dichte)
l = Länge des Leiters
A = Querschnitt des Leiters

In der Proportionalitätskonstante ϱ steckt das Material des Leiters. Kupfer z.B. besitzt ein anderes ϱ als Silber oder Aluminium.

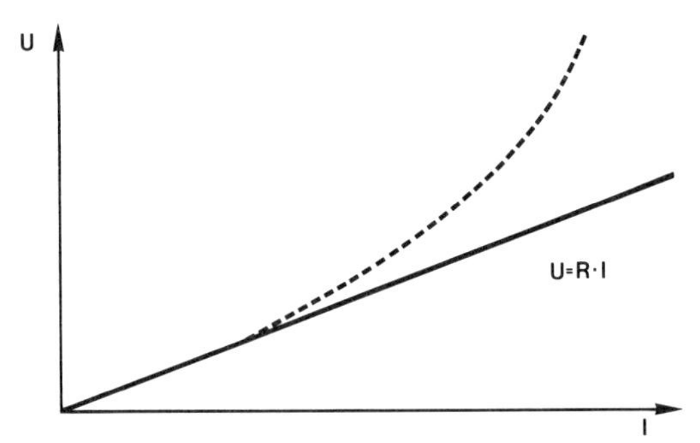

Abb. 62. Graphische Darstellung des Ohmschen Gesetzes entsprechend Gl. 8.15. Wegen der Erwärmung des Widerstands bei größeren Stromstärken weicht der tatsächliche Kurvenverlauf (gestrichelt) von dem nach Gl. 8.15 berechneten mit größer werdendem Strom immer mehr ab.

Beispiele

1. In einem Draht fließt ein Strom I = 750 mA bei einer Spannung von U = 10 V. Wie groß ist der Widerstand R des Drahtes?
Es ergibt sich:

$$\mathbf{R = \frac{10\,V}{0{,}75\,A} \approx 13{,}33\,\Omega}$$

2. Welcher Strom I fließt in einem Leiter mit einem Widerstand von R = 12 kΩ und einer Spannung von U = 6 kV?
Es ergibt sich:

$$\mathbf{I = \frac{6\,000\,V}{12\,000\,\Omega} = 0{,}5\,A}$$

3. Ein Leiter aus Kupfer besitzt eine Länge l = 30 cm und einen Querschnitt $A = 0{,}7\,\mathrm{mm}^2$. Der spezifische Widerstand ϱ_{Cu} von Kupfer ergibt sich aus einer Tabelle zu $\varrho_{\mathrm{Cu}} = 0{,}0016\,\Omega \cdot \mathrm{cm}$. Wie groß ist der Widerstand des Drahtes?
Es ergibt sich mit Hilfe von Gl. 8.17:

$$\mathbf{R = \frac{0{,}0016\,\Omega \cdot 30\,cm}{0{,}7 \cdot 10^{-2}\,cm} = 6{,}86\,\Omega}$$

8.7 Serienkreis

Wenn wir bisher von einem Leiter gesprochen haben, so kann das eine Glühbirne, ein Elektromotor, ein Heizofen o.ä. sein. Allgemein bezeichnet man alles, durch das ein Strom hindurchfließen kann, als Widerstand.
Wenn eine ganze Reihe von Widerständen vorliegen, z.B. die 24 Glühbirnen an Ihrem Weihnachtsbaum, so lassen sie sich in verschiedener Weise miteinander verschalten. Eine Art der Verschaltung wird als Serienschaltung bzw. Hintereinanderschaltung oder auch Reihenschaltung bezeichnet und ist in Abb. 63 dargestellt. Das Hinterein-

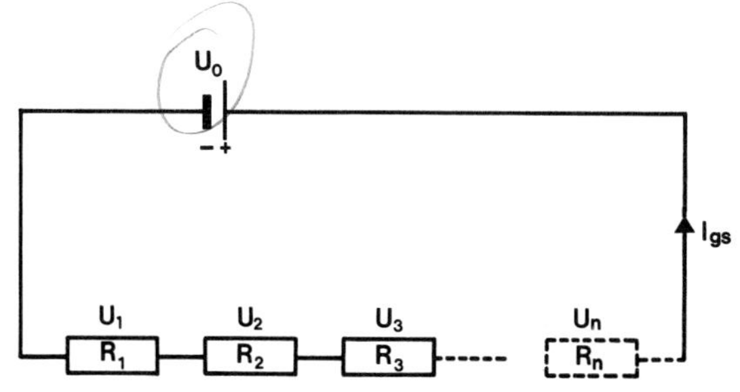

Abb. 63. Serienschaltung = Hintereinanderschaltung von n Widerständen. Über allen Widerständen zusammen liegt die Spannung U_0, und durch alle fließt der Strom I_{gs}.

anderschalten von Widerständen zu einem Serienkreis geschieht so, daß man den Ausgang des einen Widerstands jeweils mit dem Eingang des nächsten verbindet. Für eine derartige Anordnung ergeben sich mit Hilfe des Ohmschen Gesetzes einige spezielle Gesetzmäßigkeiten.
Der Strom I_{gs}, der in dem gesamten Kreis fließt, ist gleich dem Strom, der durch jeden einzelnen Widerstand fließt. Das ist leicht einzusehen, da der Strom in den einzelnen Widerständen nicht verlorengehen und auch nicht neu entstehen kann.
Es gilt also:

$$I_{gs} = I_1 = I_2 = I_3 = \cdots = I_n \qquad (8.18)$$

Mit Hilfe des Energieerhaltungssatzes läßt sich zeigen, daß in einem Serienkreis die Summe aller Spannung Null ist. Dabei ist zu berücksichtigen, daß die Spannung, wenn man sie von Plus nach Minus berechnet, ein anderes Vorzeichen besitzt als die von Minus nach Plus.
Als Gleichung läßt sich das Gesagte wie folgt darstellen:

$$U_1 + U_2 + U_3 + U_4 + \cdots + U_n = 0 \qquad (8.19)$$

oder mit Hilfe des Summenzeichens:

$$\sum_{i=1}^{n} U_i = 0 \qquad (8.19\,a)$$

1. Kirchhoffsche Regel

Beispiel. Wir wenden Gl. 8.19 auf Abb. 63 an:
Wir rechnen die Spannungen in Richtung von Plus nach Minus positiv und die von

Minus nach Plus negativ. Man kann es auch genau umgekehrt machen, das Ergebnis ist dasselbe:

$$U_1 + U_2 + U_3 + \cdots + U_n - U_0 = 0$$

oder

$$U_0 = U_1 + U_2 + U_3 + \cdots + U_n \tag{8.20}$$

mit:

U_0 = Spannung der Spannungsquelle
U_1, U_2, U_3, U_n = Spannungen, die über den einzelnen Widerständen $R_1, R_2, R_3 \ldots R_n$ liegen

Gleichung 8.20 kommt wie folgt zustande. Man beginnt am Pluspol der Spannungsquelle. Dann nehmen die Spannungen U_1, U_2, $U_3, \ldots$ in dieser Richtung stets von Plus nach Minus ab. Um von der Quelle zum Ausgangspunkt zurückzugelangen, muß man in der Spannungsquelle von Minus nach Plus wandern. Das aber bedeutet verabredungsgemäß ein Minuszeichen für U_0.

8.7.1 1. Kirchhoffsches Gesetz

Das Ohmsche Gesetz lautet für den gesamten Stromkreis von Abb. 63 mit dem Gesamtwiderstand R_{gs}:

$$U_0 = I \cdot R_{gs}$$

Für jeden einzelnen Widerstand gilt entsprechend Gl. 8.15:

$$U_1 = R_1 \cdot I$$
$$U_2 = R_2 \cdot I$$
$$U_3 = R_3 \cdot I$$
$$\vdots$$
$$U_n = R_n \cdot I$$

Nach Einsetzen der Werte für $U_1, U_2, U_3, \ldots, U_n$ in Gl. 8.20 folgt:

$$I \cdot R_{gs} = I \cdot R_1 + I \cdot R_2 + I \cdot R_3 + \cdots + I \cdot R_n$$

Nach Division durch I ergibt sich

$$R_{gs} = R_1 + R_2 + R_3 + \cdots + R_n \tag{8.21}$$

oder mit Hilfe des Summenzeichens:

$$R_{gs} = \sum_{i=1}^{n} R_i \tag{8.21a}$$

1. Kirchhoffsches Gesetz

Gleichung 8.21 wird als 1. Kirchhoffsches Gesetz bezeichnet und besagt, daß in einem Serienkreis der gesamte Widerstand R_{gs} die Summe der Einzelwiderstände ist. Was aber ist der Gesamtwiderstand eigentlich? In Abb. 63 taucht er nirgendwo auf.
Der Gesamtwiderstand ist der Widerstand, der das gleiche elektrische Verhalten besitzen würde, wenn man ihn anstelle der einzelnen Widerstände in Abb. 63 einsetzen

würde. Man erhält also mit Hilfe von Gl. 8.21 den Wert *eines* Widerstands, der das gleiche elektrische Verhalten besitzt wie die vielen einzelnen zusammen.

Beispiel. Wie groß ist der Strom I_0 in dem Stromkreis nach Abb. 64, und welche Spannung liegt über R_3?
Mit Hilfe von Gl. 8.21 ergibt sich:

$$R_{gs} = 10\,\Omega + 15\,\Omega + 50\,\Omega + 10\,\Omega + 4\,\Omega + 20\,\Omega$$

also:

$$R_{gs} = 109\,\Omega$$

Nach Gl. 8.15 folgt für den Strom I in dem Kreis:

$$I = \frac{200\text{ V}}{109\,\Omega} = 1{,}835\text{ A}$$

Schließlich ergibt sich für die über R_3 liegende Spannung U_3:

$$\mathbf{U_3 = 1{,}835\,A \cdot 50\,\Omega = 91{,}75\,V}$$

Entsprechend kann man auch die Spannungen über R_1, R_2, R_4, R_5, und R_6 berechnen.

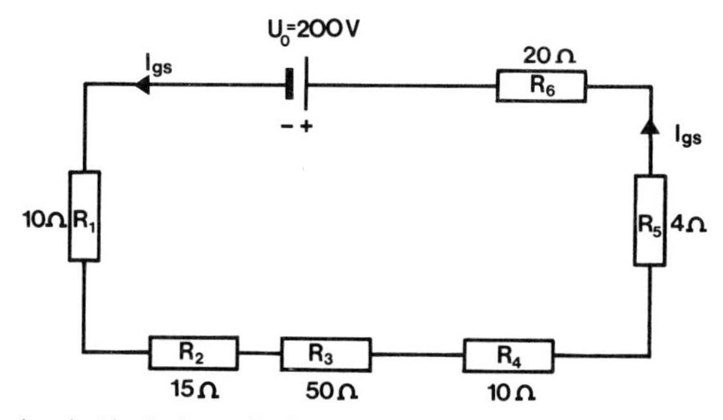

Abb. 64. Schaltkreis mit 6 in Serie geschalteten Widerständen. Die anliegende Spannung beträgt 200 V. Es sind der Strom I_{gs} sowie die Spannung U_3 über R_3 zu berechnen.

8.8 Parallelkreis

Es ist möglich, mehrere Widerstände auch so zu schalten, wie in Abb. 65 dargestellt. Eine Schaltung nach Abb. 65 wird als Parallelschaltung oder auch Nebeneinanderschaltung bezeichnet. Bei einer Parallelschaltung werden die Eingänge und die Ausgänge aller Widerstände jeweils zusammengeschaltet. In einem Parallelkreis entsprechend Abb. 65 gilt für die Ströme:

$$I_{gs} = I_1 + I_2 + I_3 + \cdots + I_n \tag{8.22}$$

bzw.

$$I_1 + I_2 + I_3 + \cdots + I_n - I_{gs} = 0$$

Mit Hilfe des Summenzeichens geschrieben:

$$\sum_{i=0}^{n} I_i = 0$$

2. Kirchhoffsche Regel (8.22a)

Von der Gültigkeit von Gl. 8.22 kann man sich anhand von Abb. 65 leicht überzeugen. Der gesamte Strom teilt sich vor den Widerständen und fließt dann durch die einzelnen Widerstände. Da in den Widerständen kein Strom verlorengehen und auch keiner neu entstehen kann, muß die Summe aller Einzelströme gleich dem Gesamtstrom sein.

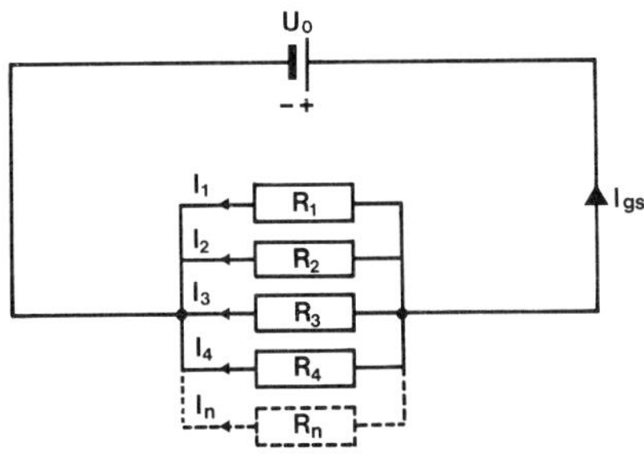

Abb. 65. Parallelschaltung von n Widerständen (R_1, R_2, R_3, R_4, ... R_n). Über jedem einzelnen Widerstand liegt die Spannung U_0. Der gesamte Strom I_{gs} teilt sich entsprechend der Größe der Widerstände in die Teilströme I_1, I_2, I_3 ... I_n auf.

8.8.1 2. Kirchhoffsches Gesetz

Das 2. Kirchhoffsche Gesetz macht eine Aussage über den Gesamtwiderstand R_{gs} in einem Parallelkreis:
Es gilt entsprechend Abb. 65:

$$\frac{1}{R_{gs}} = \frac{1}{R_1} + \frac{1}{R_2} + \frac{1}{R_3} + \cdots + \frac{1}{R_n} \qquad (8.23)$$

oder mit Hilfe des Summenzeichens

$$\frac{1}{R_{gs}} = \sum_{i=1}^{n} \frac{1}{R_i} \qquad (8.23\,a)$$

2. Kirchhoffsches Gesetz

Gleichung 8.23 bzw. 8.23a bedeutet: Der reziproke Wert des Gesamtwiderstandes R_{gs} ist gleich der Summe der reziproken Werte der Einzelwiderstände.

Ableitung von Gl. 8.23

Es gilt für Abb. 65:

$$I_{gs} = I_1 + I_2 + I_3 + \cdots + I_n \qquad \text{(s. Gl. 8.22)}$$

Mit Hilfe des Ohmschen Gesetzes ergibt sich:

$$\frac{U_0}{R_{gs}} = \frac{U_0}{R_1} + \frac{U_0}{R_2} + \frac{U_0}{R_3} + \cdots + \frac{U_0}{R_n}$$

Da alle Widerstände von exakt demselben elektrischen Punkt ausgehen und alle auf demselben zusammenkommen, ist natürlich die Spannung über allen Widerständen gleich. Kürzt man U_0 heraus, so folgt wie gewünscht Gl. 8.23.

Beispiele

1. Es liegt ein Parallelkreis nach Abb. 66 vor. Wie groß ist der Strom I_{gs} in der Schaltung? Wie groß ist I_1?
Für den gesamten Widerstand ergibt sich:

$$\frac{1}{R_{gs}} = \frac{1}{10\,\Omega} + \frac{1}{30\,\Omega} + \frac{1}{20\,\Omega} + \frac{1}{60\,\Omega}$$

Auf den Hauptnenner 60 gebracht und entsprechend erweitert:

$$\frac{1}{R_{gs}} = \frac{6}{60\,\Omega} + \frac{2}{60\,\Omega} + \frac{3}{60\,\Omega} + \frac{1}{60\,\Omega}$$

also:

$$\frac{1}{R_{gs}} = \frac{12}{60\,\Omega}$$

Gesucht ist nicht $\frac{1}{R_{gs}}$, sondern R_{gs}. Es folgt für R_{gs}:

$$R_{gs} = \frac{60}{12}\,\Omega = 5\,\Omega$$

Nach dem Ohmschen Gesetz folgt für den gesuchten Strom:

$$\mathbf{I_{gs} = \frac{120\,V}{5\,\Omega} = 24\,A}$$

In dem Kreis fließt also ein Strom von 24 A. Der Strom I_1 durch den Widerstand R_1 berechnet sich ebenfalls mit Hilfe des Ohmschen Gesetzes:

$$\mathbf{I_1 = \frac{120\,V}{10\,\Omega} = 12\,A}$$

Entsprechend lassen sich I_2, I_3, und I_4 berechnen. Ihre Summe ergibt dann nach Gl. 8.22 den gesamten Strom, also 24 A.

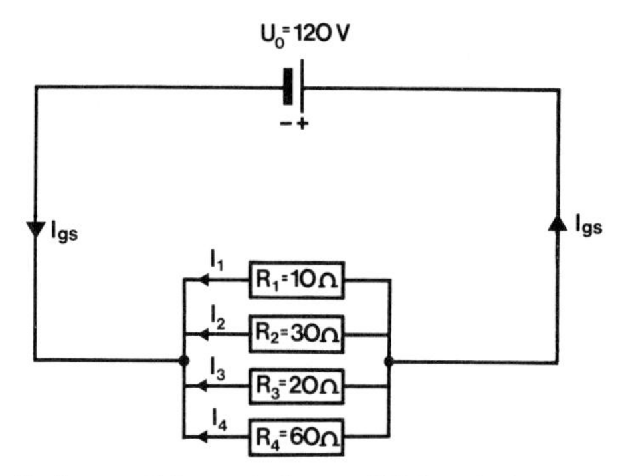

Abb. 66. Stromkreis mit 4 parallel geschalteten Widerständen. Bei gegebener Spannung $U_0 = 120$ V werden der Gesamtwiderstand R_{gs} sowie der Strom I_{gs} und I_1 gesucht.

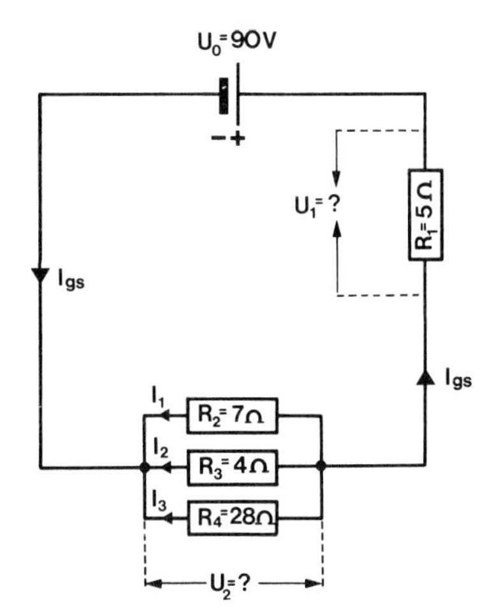

Abb. 67. Schaltkreis mit parallel und in Serie geschalteten Widerständen. Gesucht sind der Strom I_{gs}, der in dem gesamten Schaltkreis fließt, sowie die Spannung U_1 über R_1 und U_2 über dem gesamten Parallelteil.

2. Es liegt ein Schaltkreis nach Abb. 67 vor. Gefragt ist nach der Spannung U_1 über R_1 sowie nach U_2, die über R_2, R_3 und R_4 liegt. Die gesamte über dem Kreis liegende Spannung U_0 beträgt 90 V. Wie groß ist der Strom I_{gs}? Für den Widerstand der 3 parallel geschalteten Widerstände R_2, R_3, R_4, den wir mit $R_{\|}$ (R parallel) abkürzen wollen, ergibt sich:

$$\frac{1}{R_{\|}} = \frac{1}{7\,\Omega} + \frac{1}{4\,\Omega} + \frac{1}{28\,\Omega}$$

Auf den Hauptnenner 28 gebracht und entsprechend erweitert:

$$\frac{1}{R_{\|}} = \frac{4}{28\,\Omega} + \frac{7}{28\,\Omega} + \frac{1}{28\,\Omega}$$

Daraus folgt für $R_{\|}$

$$\boldsymbol{R_{\|} = \frac{28}{12}\,\Omega = 2{,}333\,\Omega}$$

Es liegt jetzt ein Serienkreis vor, der aus R_1 und $R_{\|}$ besteht. Der gesamte Widerstand R_{gs} setzt sich daher seriell aus $R_{\|}$ und R_1 zusammen:

$$R_{gs} = 2{,}333\,\Omega + 5\,\Omega = 7{,}333\,\Omega$$

Für den Strom I_{gs} ergibt sich damit:

$$\boldsymbol{I_{gs} = \frac{90\,\mathrm{V}}{7{,}333\,\Omega} = 12{,}3\,\mathrm{A}}$$

Mit Hilfe des Ohmschen Gesetzes folgt für U_1:

$$\boldsymbol{U_1 = 12{,}3\,\mathrm{A} \cdot 5\,\Omega = 61{,}5\,\mathrm{V}}$$

Die Spannung U_2, die über dem Parallelkreis liegt, berechnet sich mit Hilfe des Ohmschen Gesetzes:

$$\boldsymbol{U_2 = I_{gs} \cdot R_{\|} = 12{,}3\,\mathrm{A} \cdot 2{,}333\,\Omega = 28{,}7\,\mathrm{V}}$$

Zusammenfassung

1. Serienkreis:

1. Kirchhoffsche Regel In einem Serienkreis ist die Summe aller Spannungen gleich Null $\sum_{i=1}^{n} U_i = 0$	1. Kirchhoffsches Gesetz Der Gesamtwiderstand R_{gs} in einem Serienkreis ist gleich der Summe der Einzelwiderstände $R_{gs} = \sum_{i=1}^{n} R_i$

Der Strom in einem Serienkreis ist in jedem Widerstand derselbe.

2. Parallelkreis:

2. Kirchhoffsche Regel In einem Parallelkreis ist der gesamte Strom I_{gs} gleich der Summe der einzelnen Ströme $I_{gs} = \sum_{i=1}^{n} I_i$	2. Kirchhoffsches Gesetz In einem Parallelkreis ist der reziproke Wert des Gesamtwiderstands gleich der Summe der reziproken Werte der Einzelwiderstände $\frac{1}{R_{gs}} = \sum_{i=1}^{n} \frac{1}{R_i}$

Die Spannung bei parallel geschalteten Widerständen ist über allen Widerständen gleich.

8.9 Potentiometer (Spannungsteiler)

Ein Potentiometer ist im Grunde nichts anderes als ein Widerstand, der es ermöglicht, mit Hilfe eines Schiebers an jeder Stelle des gesamten Widerstands R_{gs} einen Teil R_T abzugreifen. Liegt über dem gesamten Widerstand R_{gs} die Spannung U_0, so greift man über R_{gs} eine Teilspannung der Gesamtspannung U_0 ab, die wir U_T nennen wollen. Mit Hilfe des Ohmschen Gesetzes gilt in Abb. 68 für U_0:

$$U_0 = R_{gs} \cdot I \qquad \text{(s. 8.15)}$$

und für U_T:

$$U_T = R_T \cdot I \qquad \text{(s. 8.15)}$$

Teilt man U_T durch U_0, so folgt:

$$\frac{U_T}{U_0} = \frac{R_T}{R_{gs}} \qquad (8.24)$$

Nach U_T aufgelöst folgt:

$$U_T = U_0 \cdot \frac{R_T}{R_{gs}} \tag{8.24a}$$

Potentiometergleichung

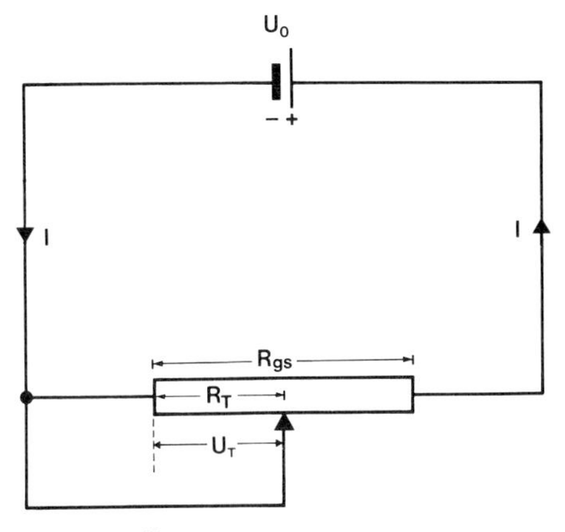

Abb. 68. Potentiometerschaltung. Über dem gesamten Widerstand R_{gs} liegt die Spannung U_0. Über dem Teilwiderstand R_T läßt sich eine Teilspannung U_T abgreifen. Durch Variation von R_T von 0 bis R_{gs} läßt sich jede Spannung von 0 bis U_0 abgreifen.

Beispiele

1. Ein Potentiometer besitzt einen gesamten Widerstand von $R_{gs} = 100\ \Omega$. Über dem Potentiometer liegt eine Spannung $U_0 = 200$ V. Man benötigt für einen speziellen Zweck eine Spannung von 50 V. An welcher Stelle kann man mit dem Schieber des Potentiometers diese Spannung abgreifen? Zur Lösung stellen wir Gl. 8.24 nach R_T um.

Es ergibt sich:

$$R_T = R_{gs} \cdot \frac{U_T}{U_0}$$

Mit den Werten aus der Aufgabe folgt für R_T:

$$R_T = \frac{50\ \text{V}}{200\ \text{V}} \cdot 100\ \Omega = \mathbf{25\ \Omega}$$

Über dem Teilwiderstand $R_T = 25\ \Omega$ liegt also die gesuchte Spannung von 50 V.

2. Ein Potentiometer besitzt einen Widerstand von $R_{gs} = 200\ \Omega$ bei einer Spannung von $U_0 = 150$ V. Welche Spannung U_T greift man über dem Teilwiderstand $R_T = 100\ \Omega$ ab? Es ergibt sich nach Gl. 8.24a:

$$U_T = 150\ \text{V} \cdot \frac{100\ \Omega}{200\ \Omega}$$

also:

$$\boldsymbol{U_T = 75\ \text{V}}$$

8.10 Meßinstrumente

Ströme und Spannungen werden mit Hilfe von Amperemetern und Voltmetern gemessen. Es gibt eine große Anzahl von Prinzipien, nach denen diese Instrumente aufgebaut sind. Wir wollen uns auf die Meßinstrumente beschränken, die Sie während Ihrer Ausbildung und später im medizinischen Bereich benutzen werden.

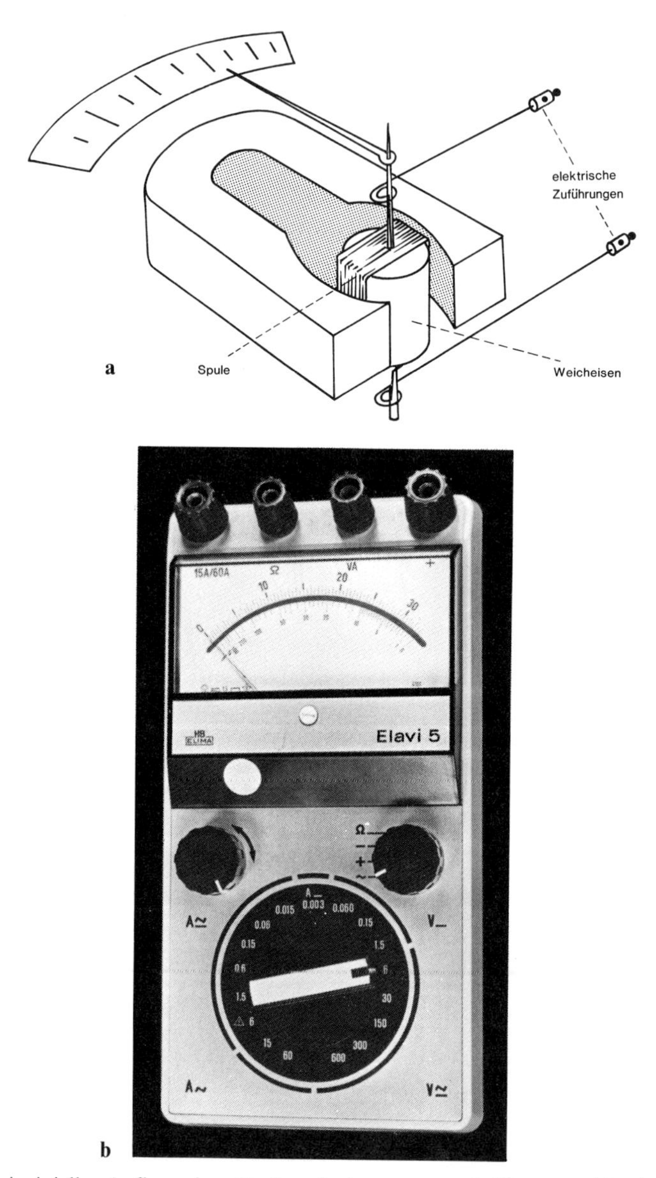

Abb. 69. a Prinzipieller Aufbau eines Drehspulgalvanometers. **b** Photographie eines typischen Vielfachmeßinstruments. Mit dem Gerät können Ströme, Spannungen und Widerstände gemessen werden. Es ist sowohl für Gleichstrom als auch für Wechselstrom zu verwenden.

8.10.1 Amperemeter

Ein Amperemeter ist ein Instrument zur Messung elektrischer Ströme.
Wir haben auf S. 143 bereits festgestellt, daß jeder stromdurchflossene Leiter um sich herum ein Magnetfeld B aufbaut. Wenn wir einen Metalldraht zu einer Spule aufdrehen, beeinflussen sich die Magnetfelder des Drahtes gegenseitig so, daß innerhalb und außerhalb der Spule ein Magnetfeld H bzw. eine magnetische Induktion B entsteht. Wichtig ist die Tatsache, daß die Stärke des Magnetfeldes H proportional dem Strom I ist, der in der Spule fließt.
Es gilt:

$$H \sim I \tag{8.25}$$

Bringt man eine Spule, die drehbar gelagert ist, in einen Permanentmagneten, so befindet sich die Spule in dem konstanten Magnetfeld H_0 des Magneten. Solange durch die Spule kein Strom fließt, wirkt auf die Spule auch keine Kraft, sie wird daher auch nicht abgelenkt. Fließt jedoch ein Strom, so erzeugt er in der Spule ein Feld H. Die beiden Magnetfelder H und H_0 führen zu einer Kraft F, die zu einer Auslenkung der Spule führt. Diese Kraft F ist proportional zu H bzw. nach Gl. 8.10 zu B:

$$F \sim B \tag{8.26}$$

Somit gilt wegen Gl. 8.25, daß die Kraft auch dem durch die Spule fließenden Strom proportional ist (Transitivitätsgesetz):

$$F \sim I \tag{8.27}$$

Die Ablenkung der Spule ist also ein Maß für den Spulenstrom I. Mit Hilfe eines Zeigers und einer geeichten Skala läßt sich daher der Strom I messen. Man bezeichnet ein Amperemeter, das auf diese Weise funktioniert, als *Drehspulinstrument*. In Abb. 69a ist der prinzipielle Aufbau eines Drehspulinstruments dargestellt. Abbildung 69b zeigt ein kommerzielles Meßinstrument, wie es oft in Technik und Wissenschaft verwendet wird.

8.10.1.1 Innenwiderstand eines Amperemeters (R_i)

Wie aus Abb. 69a ersichtlich, fließt der Strom in dem Meßinstrument durch eine Spule. Da die Spule nichts weiter ist als ein aufgewickelter Draht, besitzt sie natürlich einen elektrischen Widerstand R. Somit besitzt ein Amperemeter einen Widerstand, der als *Innenwiderstand* bezeichnet wird. Der Innenwiderstand R_i eines Meßinstruments ist also ein völlig „normaler" Widerstand.
Das Amperemeter wird so geschaltet, daß der gesamte Strom, den man messen will, durch das Instrument fließt. Der Strom, der durch den in Abb. 70 dargestellten Kreis fließt, wird durch U_0 sowie R und R_i bestimmt. Damit der Innenwiderstand R_i des Meßinstruments den Strom I, den man messen will, nicht verändert, müßte R_i *Null* sein. Da das nicht möglich ist, muß er wenigstens gegenüber den Widerständen – in Abb. 70 gegenüber R – des Stromkreises sehr klein sein.
Also:

Der Innenwiderstand eines Amperemeters soll theoretisch Null, praktisch zumindestens sehr klein sein gegenüber allen anderen Widerständen des Stromkreises.

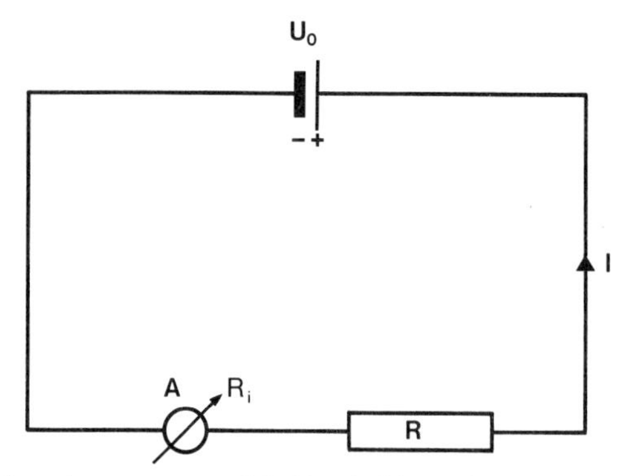

Abb. 70. Schaltung eines Amperemeters (A). Es wird in Serie mit den übrigen Elementen eines Stromkreises geschaltet.

Beispiel. Ein Amperemeter besitzt einen Innenwiderstand von 0,25 Ω. Mit diesem Instrument soll der Strom in einem Stromkreis gemessen werden. Ohne das Amperemeter besitzt der Kreis einen Widerstand von 50 Ω. Es fließt ohne das Meßinstrument ein Strom von 50 mA. Es stellt sich die Frage, wie groß der Strom ist, wenn das Instrument in den Kreis geschaltet wird. Mit Hilfe von Gl. 8.15 ergibt sich für die Spannung U ohne das Amperemeter:

$$U = 50 \cdot 10^{-3} \mathrm{A} \cdot 50\,\Omega$$

also:

$$U = 2{,}5\ \mathrm{V}$$

Mit dem Meßinstrument fließt in dem Kreis ein Strom I von:

$$I = \frac{2{,}5\ \mathrm{V}}{50\,\Omega + 0{,}25\,\Omega} = \frac{2{,}5\ \mathrm{V}}{50{,}25\,\Omega}$$

also:

$$\boldsymbol{I = 49{,}75\ \mathrm{mA}}$$

8.10.2 Voltmeter

Nach dem Ohmschen Gesetz sind Strom und Spannung einander proportional. Da der Widerstand der Spule eines Amperemeters bekannt ist, folgt aus der Messung des Stromes I natürlich auch die Spannung $U = R_i \cdot I$. Daher kann ein Amperemeter im Prinzip genausogut als Voltmeter benutzt werden. Man muß nur für diesen Zweck die Skala des Instruments entsprechend eichen.

Auf den meisten Vielzweckinstrumenten kann man daher von Strom auf Spannung umschalten, um aus einem Amperemeter ein Voltmeter zu machen. Mit Hilfe eines Voltmeters mißt man die Spannungen, die über Widerständen oder über Spannungsquellen liegen. Es wird so geschaltet wie in Abb. 71 dargestellt.

Das Voltmeter wird parallel zu dem Widerstand oder der Spannungsquelle geschaltet und nicht wie ein Amperemeter in Serie.

Der Strom I, der durch R fließt, bestimmt die gesuchte Spannung über dem Widerstand. Wenn aber ein Teil von I – anstatt wie erwünscht durch R – durch das parallel

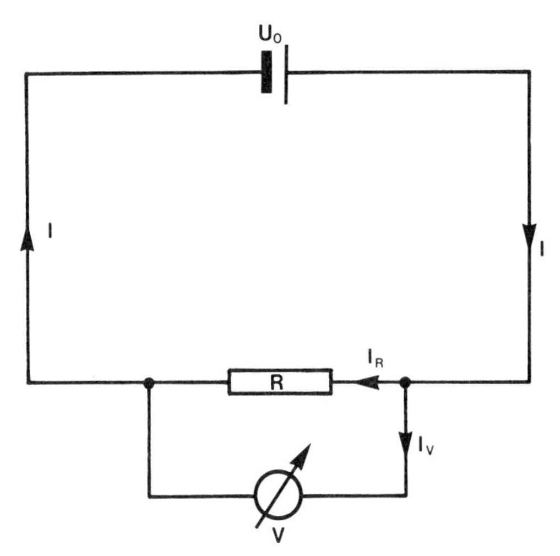

Abb. 71. Schaltung eines Voltmeters (*V*). Es ist parallel zu dem Widerstand *R* geschaltet, über den die Spannung gemessen werden soll. So fließt ein, wenn auch in der Regel geringer (unerwünschter) Teil des Stromes (I_V) durch das Meßgerät.

geschaltete Voltmeter fließt, so wird die Spannung *U* über *R* kleiner und daher falsch gemessen. Aus diesem Grund muß der Innenwiderstand eines Voltmeters theoretisch unendlich groß sein. In der Praxis muß er zumindest sehr groß gegenüber *R* sein.

Zusammenfassung

Amperemeter	Voltmeter
Sehr kleiner Innenwiderstand; sollte theoretisch Null sein. Es wird in Serie geschaltet.	Sehr großer Innenwiderstand; sollte theoretisch unendlich groß sein. Es wird parallel geschaltet.

8.11 13. Praktikumsaufgabe (Widerstandsmessung)

Es ist ein unbekannter Widerstand auszumessen.

1. Methode

Um die Messung durchzuführen, wird eine Schaltung benutzt, wie sie in Abb. 72 dargestellt ist.
Um R_x zu erhalten, müssen wir die Spannung U_m, die über R_x liegt, sowie den durch den Widerstand hindurchfließenden Strom I_m messen. Mit Hilfe des Ohmschen Gesetzes ergibt sich dann der gesuchte Widerstand R_x zu:

$$R_x = \frac{U_m}{I_m} \qquad \text{(s. Gl. 8.15)}$$

Wegen der Innenwiderstände von Amperemeter und Voltmeter macht man bei dieser Messung jedoch einen prinzipiellen Fehler. Man mißt zwar eine korrekte Spannung, aber das Amperemeter zeigt einen Strom I_m an, von dem ein, wenn auch geringer Anteil, nämlich I_V, nicht wie gefordert durch R_x fließt, sondern durch das Voltmeter. Wir messen daher mit dem Amperemeter einen zu großen Strom; der berechnete Widerstand ist also zu klein. Der gemessene Strom I_m setzt sich, wie aus Abb. 72 ersichtlich, aus I_R und I_V zusammen:

$$I_m = I_R + I_V \tag{8.28}$$

Gefordert aber ist nur I_R.

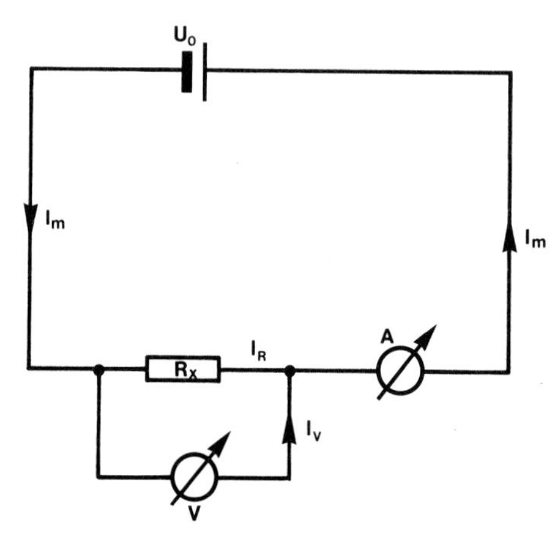

Abb. 72. Mit einem Amperemeter sowie mit einem Voltmeter ist mit Hilfe des Ohmschen Gesetzes der Widerstand R_x zu bestimmen. Wegen des über das Voltmeter fließenden Stroms I_V mißt man mit dem Amperemeter statt des korrekten Stromes I_R den zu großen Strom $I_m = I_V + I_R$.

Mit Hilfe des Ohmschen Gesetzes ergibt sich:

$$I_R = \frac{U_m}{R_x} \text{ und } I_V = \frac{U_m}{R_i}$$

in Gl. 8.28 eingesetzt:

$$I_m = \frac{U_m}{R_x} + \frac{U_m}{R_i} \tag{8.29}$$

mit:

I_m = gesamter gemessener Strom
U_m = gemessene Spannung
R_i = Innenwiderstand des Voltmeters
R_x = gesuchter Widerstand

Um R_x zu erhalten, muß Gl. 8.29 nach R_x aufgelöst werden:

$$\frac{1}{R_x} = \frac{I_m}{U_m} - \frac{1}{R_i}$$

Daraus folgt:

$$\frac{1}{R_x} = \frac{I_m \cdot R_i - U_m}{U_m \cdot R_i}$$

also:

$$R_x = \frac{U_m \cdot R_i}{I_m \cdot R_i - U_m} \tag{8.29a}$$

Mit Hilfe von Gl. 8.29a läßt sich daher der Meßfehler rechnerisch korrigieren.

2. Methode

Um den prinzipiellen Meßfehler bei der Strommessung nach Abb. 72 zu vermeiden, messen wir anschließend Strom und Spannung nach einer Schaltung, die in Abb. 73 dargestellt ist. Diesmal messen wir einen korrekten Strom I_R, aber eine falsche Span-

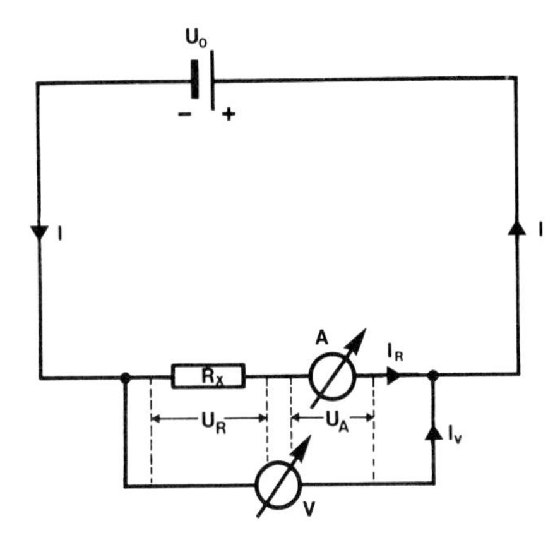

Abb. 73. Mit einem Voltmeter sowie einem Amperemeter ist mit Hilfe des Ohmschen Gesetzes der unbekannte Widerstand R_x zu messen. Diesmal mißt man einen korrekten Strom, nämlich I_R, aber eine zu große Spannung. Es wird die Spannung $(U_R + U_A)$ statt U_R gemessen.

nung. An dem Innenwiderstand R_i des Amperemeters fällt nämlich zusätzlich eine Spannung $U_A = I_m \cdot R_i$ ab.

Gesucht ist die Spannung U_R über R_x; gemessen wird aber die Spannung U_R vermehrt um U_A:

$$U_m = U_R + U_A \tag{8.30}$$

oder mit Hilfe des Ohmschen Gesetzes

$$U_m = I_m \cdot (R_x + R_i) \tag{8.31}$$

mit:

U_m = gemessene Gesamtspannung
I_m = gemessener Strom
R_x = gesuchter Widerstand
R_i = Innenwiderstand des Amperemeters

Nach R_x aufgelöst folgt:

$$R_x = \frac{U_m}{I_m} - R_i \tag{8.31a}$$

Mit Hilfe von Gl. 8.31a kann die falsch gemessene Spannung rechnerisch korrigiert werden.

Meßergebnisse und Auswertung

Man könnte eine Spannung U_m und den dazugehörigen Strom I_m messen und in Gl. 8.29a einsetzen. Mit Kenntnis von R_i ließe sich dann R_x berechnen. Wir gehen jedoch etwas anders vor. Wir messen 10 verschiedene Spannungen U_m und somit 10 Ströme I_m. Diese Werte übertragen wir in eine Graphik und berechnen die Steigung der Geraden. Mit Hilfe von Gl. 8.32 läßt sich dann R_x berechnen.

1. Meßergebnisse für die Schaltung nach Abb. 72.

Tabelle 20. Meßergebnisse der Messung des Widerstands

U_{mi} [V]	I_{mi} [A]	I_{mi} [mA]
U_{m1} = 0,125	I_{m1} = 0,0005	= 0,5
U_{m2} = 0,25	I_{m2} = 0,001	= 1
U_{m3} = 0,375	I_{m3} = 0,0015	= 1,5
U_{m4} = 0,5	I_{m4} = 0,00225	= 2,25
U_{m5} = 0,625	I_{m5} = 0,00275	= 2,75
U_{m6} = 0,75	I_{m6} = 0,0033	= 3,3
U_{m7} = 0,875	I_{m7} = 0,00383	= 3,83
U_{m8} = 1	I_{m8} = 0,00448	= 4,48
U_{m9} = 1,125	I_{m9} = 0,005	= 5
U_{m10} = 1,25	I_{m10} = 0,0056	= 5,6

Auf der Rückseite des Voltmeters liest man bei einem Meßbereich von 1,5 V einen Widerstand $R_i = 5\ \text{k}\Omega$ ab (Abb. 74). Zur Auswertung gehen wir von Gl. 8.29 aus, die wir so umstellen, daß die folgende Form erscheint:

$$U_m = I_m \cdot \frac{R_i \cdot R_x}{R_i + R_x} \tag{8.32}$$

Gleichung 8.32 besitzt die Form einer Geraden ($y = m \cdot x$), in der U_m dem y und I_m dem x entspricht. Der Term b ist in diesem Fall 0.
Der Term

$$\left(\frac{R_i \cdot R_x}{R_i + R_x}\right)$$

entspricht der Steigung m_1 der Geraden.
Es gilt also:

$$m_1 = \frac{R_i \cdot R_x}{R_i + R_x} \tag{8.33}$$

Nach R_x aufgelöst:

$$R_x = \frac{R_i \cdot m_1}{R_i - m_1} \tag{8.33a}$$

Bringen wir die Meßergebnisse aus Tabelle 20 in eine graphische Darstellung, so erhalten wir Abb. 75.
Die Steigung der Geraden berechnet sich aus der Graphik zu:

$$\boldsymbol{m_1 = \frac{\Delta U_m}{\Delta I_m} = 220\ \Omega.}$$

Diesen Wert für die Steigung m können wir in Gl. 8.33a einsetzen.

Meßber.	C	Ri	Meßber.	C	Ri
60 A	2	0,5 mΩ	600 V	20	2 MΩ
15 A	0,5	0,5 mΩ	300 V	10	1 MΩ
6 A	0,2	92 mΩ	150 V	5	0,5 MΩ
1,5 A	0,05	0,32 Ω	30 V	1	100 kΩ
0,6 A	0,02	0,8 Ω	6 V	0,2	20 kΩ
0,15 A	0,005	3,7 Ω	1,5 V	0,05	5 kΩ
0,06 A	0,002	12 Ω	150 mV	5	500 Ω
0,015 A	0,0005	80 Ω	60 mV	2	200 Ω
0,003 A	0,0001	128 Ω			

Abb. 74. Innenwiderstände (R_i) des Mehrzweckmeßgeräts von Abb. 69b bei verschiedenen Meßbereichen. Die vorliegenden Werte sind auf die Rückseite des Intruments aufgedruckt. Die mittlere Spalte mit C überschrieben, ist der Faktor, mit dem der auf dem Instrument *abgelesene* Wert muliplziert werden muß, um den tatsächlichen Meßwert zu erhalten.

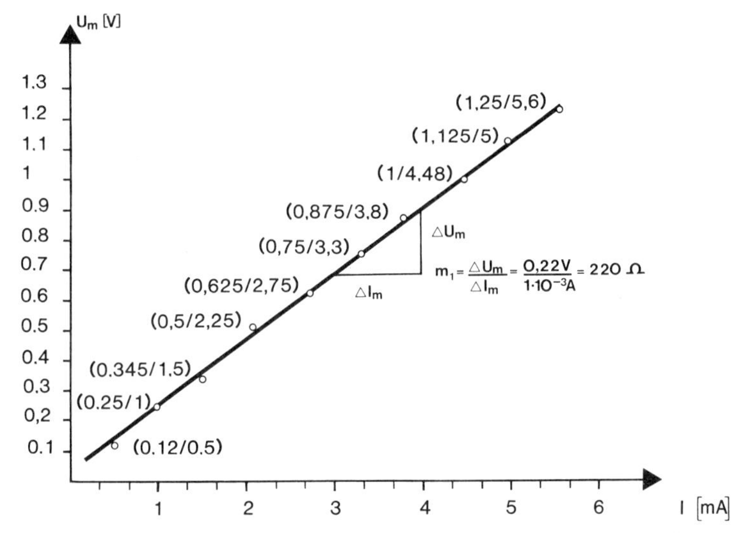

Abb. 75. Graphische Darstellung der Meßergebnisse von Tabelle 20. Nach Gl. 8.32 muß sich eine Gerade mit der Steigung $m_1 = R_i \cdot R_x/(R_i + R_x)$ ergeben.

Mit dem Innenwiderstand des Voltmeters nach Abb. 74 von $R_i = 5\,\text{k}\Omega$ folgt dann für R_x:

$$\boldsymbol{R_x = \frac{5000 \cdot 220\,\Omega}{5000 - 220} = 230{,}1\,\Omega}$$

Hätten wir den Widerstand nur mit U_m/I_m berechnet, also ohne Berücksichtigung des Innenwiderstands R_i des Meßinstruments, so hätten wir einen Widerstand von $R_x = 217{,}6\,\Omega$ erhalten.

2. Meßergebnisse für die Schaltung nach Abb. 73.

Auf der Rückseite des Amperemeters (s. Abb. 74) liest man bei einem Meßbereich von 0,06 A einen Innenwiderstand $R_i = 12\,\Omega$ ab.

Tabelle 21. Meßergebnisse für die Schaltung nach Abb. 73

U_{mi} [V]	I_{mi} [N]	I_{mi} [mA]
U_{m1} = 1	I_{m1} = 0,004	= 4
U_{m2} = 1,5	I_{m2} = 0,0065	= 6,5
U_{m3} = 2	I_{m3} = 0,0085	= 8,5
U_{m4} = 2,2	I_{m4} = 0,0095	= 9,5
U_{m5} = 2,5	I_{m5} = 0,0108	= 10,8
U_{m6} = 3	I_{m6} = 0,013	= 13
U_{m7} = 3,5	I_{m7} = 0,0152	= 15,2
U_{m8} = 3,9	I_{m8} = 0,0168	= 16,8
U_{m9} = 0,5	I_{m9} = 0,002	= 2
U_{m10} = 1,2	I_{m10} = 0,005	= 5

Zur Auswertung tragen wir wie unter 1. die Meßergebnisse von Tabelle 21 in eine Graphik ein (Abb. 76). Zur Bestimmung von R_x gehen wir von Gl. 8.31 aus:

$$U_m = (R_x + R_i) \cdot I_m \qquad \text{(s. Gl. 8.31)}$$

Gleichung 8.31 ist ebenfalls eine Geradengleichung der Form $y = m_2 \cdot x + b$. Dabei entspricht U_m dem y und I_m dem x. Die Summe $(R_x + R_i)$ entspricht der Steigung m_2. Der Term b ist wiederum 0.

Es gilt also:

$$m_2 = R_x + R_i \qquad (8.34)$$

bzw.

$$R_x = m_2 - R_i \qquad (8.34\,a)$$

In Abb. 76 ergibt sich die Steigung m_2 der Geraden aus dem eingezeichneten Steigungsdreieck zu $\Delta U_m/\Delta I_m = 227\ \Omega$.

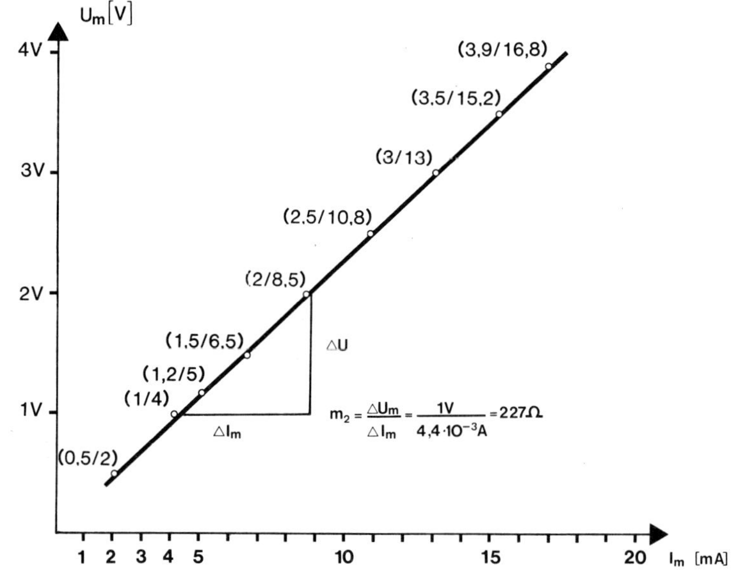

Abb. 76. Graphische Darstellung der Meßwerte von Tabelle 21. Nach Gl. 8.31 ergibt sich eine Gerade mit der Steigung $m_2 = R_x + R_i$.

Diesen Wert in Gl. 8.34a eingesetzt:

$$R_x = 227\,\Omega - 12\,\Omega$$

also:

$$\mathbf{R_x = 215\,\Omega}$$

8.12 14. Praktikumsaufgabe (Widerstandsmessung mit einer Wheatstone-Brücke)

Zur Messung eines unbekannten Widerstandes R_x wird eine Schaltung verwendet, wie in Abb. 77 dargestellt. Eine derartige Schaltung wird als Wheatstone-Brücke bezeichnet. Der gesuchte Widerstandswert R_x wird nach der folgenden Gleichung berechnet

$$R_x = R \cdot \frac{l_1}{(l - l_1)} \tag{8.35}$$

mit

R_x = unbekannter Widerstand
R = vorliegender bekannter Vergleichswiderstand
l_1 = abgelesene Länge auf der Brücke auf der Seite, auf der R_x liegt
l = gesamte Länge der Brücke

Ableitung von Gl. 8.35

Die Brücke wird mit Hilfe des Schiebers so eingestellt (abgeglichen), daß über das Amperemeter A kein Strom fließt, also zwischen den Punkten C und B keine Spannung herrscht. Für diesen Fall gilt für den linken Teil der Brücke unter Anwendung des Ohmschen Gesetzes:

$$U_x = I_1 \cdot R_x \qquad \text{(s. Gl. 8.15)}$$

und

$$U_1 = I_2 \cdot R_1$$

Für den rechten Teil der Brücke gilt entsprechend

$$U_R = I_1 \cdot R$$

und

$$U_2 = I_2 \cdot R_2$$

Da zwischen den Punkten C und B durch das Abgleichen der Brücke keine Spannung herrscht, sind C und B elektrisch identisch. Daher ist auf der linken Seite der Brücke U_x gleich U_1 und auf der rechten Seite U_R gleich U_2. Es folgt somit:

$$I_1 \cdot R_x = I_2 \cdot R_1 \tag{8.36}$$

und entsprechend:

$$I_1 \cdot R = I_2 \cdot R_2 \tag{8.37}$$

Nach der Division von Gl. 8.36 durch Gl. 8.37 folgt:

$$\frac{R_x}{R} = \frac{R_1}{R_2} \tag{8.38}$$

Nach R_x aufgelöst folgt:

$$R_x = R \cdot \frac{R_1}{R_2} \tag{8.38a}$$

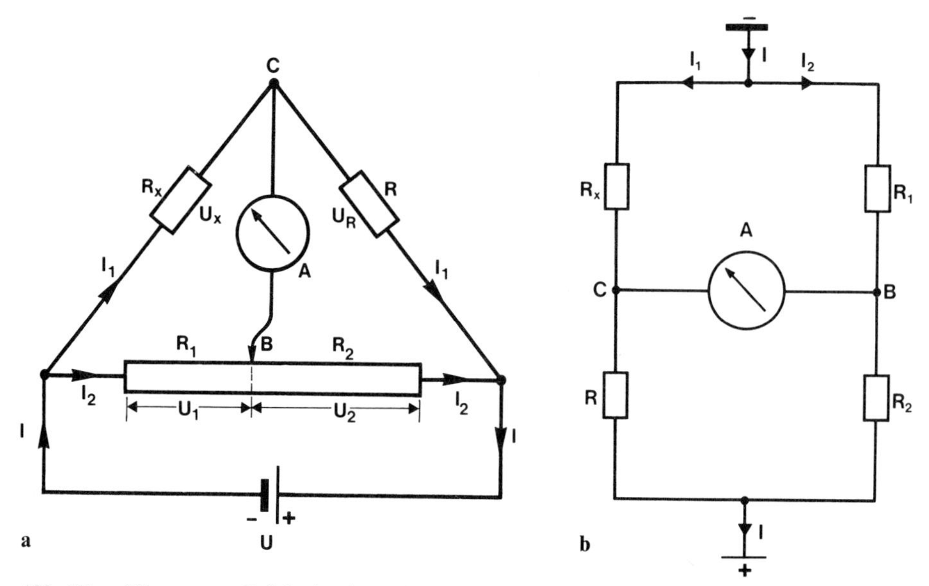

Abb. 77. **a** Wheatstone-Brücke in einer üblichen Darstellung. Die eigentliche „Brücke" besteht aus einem Zentimeterstab mit einem als Widerstand ausgeführten Metalldraht. Auf der Brücke lassen sich mit Hilfe des Schiebers die Widerstände R_1 und R_2 so einstellen, daß das Amperemeter stromfrei ist. **b** Wheatstone-Brücke in einer mehr prinzipiellen Darstellung

Nach Gl. 8.17 gilt für den Widerstand R_1:

$$R_1 = \varrho \cdot \frac{l_1}{A} \qquad \text{(s. Gl. 8.17)}$$

mit

R_1 = Widerstand des Drahtes der Länge l_1
ϱ = spezifischer Widerstand des Drahtes
l_1 = Länge des Widerstandes R_1
A = Querschnitt des Brückendrahtes, der R_1 bildet

Entsprechend gilt für R_2:

$$R_2 = \varrho \cdot \frac{(l - l_1)}{A} \qquad \text{(s. Gl. 8.17)}$$

Da es sich bei R_1 und R_2 um denselben Draht nur mit verschiedener Länge handelt, sind ϱ und A natürlich gleich. R_1 und R_2 werden in Gl. 8.38a eingesetzt:

$$R_x = \frac{R \cdot \frac{\varrho \cdot l_1}{A}}{\varrho \cdot \frac{(l - l_1)}{A}} \qquad (8.39)$$

Durch ϱ und A gekürzt:

$$R_x = R \cdot \frac{l_1}{(l - l_1)} \qquad \text{(s. Gl. 8.35)}$$

Um den unbekannten Widerstand R_x zu messen, müssen bei bekanntem Vergleichswiderstand R nur Längen gemessen werden. Das ist mit Hilfe der Zentimetereinteilung der Brücke einfach und exakt zu erreichen.

Meßergebnisse und Auswertung

Für den gesuchten Widerstand folgt mit Hilfe der Meßergebnisse von Tabelle 22:

$$R_x = 28 \cdot \frac{86{,}557}{13{,}443}\,\Omega$$

also:

$$\mathbf{R_x = 180{,}29\,\Omega}$$

Tabelle 22. Meßergebnisse der Widerstandsmessung mit der Wheatstone-Brücke

l_{1i} [cm]	$(l-l_1)_i$ [cm]
$l_{1,1} = 86{,}80$	$(l-l_1)_1 = 13{,}20$
$l_{1,2} = 86{,}68$	$(l-l_1)_2 = 13{,}32$
$l_{1,3} = 87{,}0$	$(l-l_1)_3 = 13{,}0$
$l_{1,4} = 86{,}48$	$(l-l_1)_4 = 13{,}52$
$l_{1,5} = 86{,}1$	$(l-l_1)_5 = 13{,}9$
$l_{1,6} = 87{,}13$	$(l-l_1)_6 = 12{,}87$
$l_{1,7} = 85{,}3$	$(l-l_1)_7 = 14{,}7$
$l_{1,8} = 86{,}21$	$(l-l_1)_8 = 13{,}79$
$l_{1,9} = 87{,}27$	$(l-l_1)_9 = 12{,}73$
$l_{1,10} = 86{,}60$	$(l-l_1)_{10} = 13{,}4$
$\bar{l}_1 = 86{,}557$	$\overline{(l-l_1)} = 13{,}443$

Der Größtfehler ΔR_x berechnet sich mit Hilfe von Gl. 1.11 zu:

$$\Delta R_x = R_x \cdot \left(\frac{s_{\bar{l}_1}}{\bar{l}_1} + \frac{s_{\overline{l-l_1}}}{\overline{l_1 - l_1}} + \frac{s_{\bar{R}}}{\bar{R}} \right) \tag{8.40}$$

Mit Tabelle 22 ergibt sich:

$\bar{l}_1 = 86{,}557$ cm

$\overline{l-l_1} = 13{,}443$ cm

$s_{\bar{l}_1} = 0{,}183$ cm

$s_{\overline{l-l_1}} = 0{,}183$ cm

$\frac{s_{\bar{R}}}{\bar{R}} = 0{,}05 = 5\%$ (Firmenangabe)

Dies in Gl. 8.40 eingesetzt:

$$\Delta R_x = 180{,}29 \cdot \left(\frac{0{,}183}{86{,}557} + \frac{0{,}183}{13{,}443} + 0{,}05 \right) \Omega$$

ausgerechnet:

$$\Delta R_x = 11{,}85\,\Omega$$

Somit lautet das Ergebnis der Messung:

$$\mathbf{R_x = (180{,}29 \pm 11{,}85)\,\Omega}$$

8.13 Innenwiderstand einer Spannungsquelle, Klemmspannung

Eine Spannungsquelle kann eine Batterie, ein Akkumulator oder auch der Generator in einem Elektrizitätswerk sein. Die Spannung in der Steckdose z. B. stammt von den Generatoren der Elektrizitätswerke.
Völlig unabhängig von der Art der Spannungsquelle besitzt jede Spannungsquelle einen Widerstand, der als Innenwiderstand R_i bezeichnet wird. Das ist verständlich, da jede Spannungsquelle aus Materie besteht, durch die der erzeugte Strom hindurchfließt. Ein Autoakkumulator besteht z. B. aus Blei, Bleioxid und Bleisulfat. Der Innenwiderstand einer Spannungsquelle hängt daher von ihrem inneren Aufbau ab. Ein Bleiakkumulator z. B. besitzt einen sehr geringen Innenwiderstand. Er liegt unter 0,01 Ω.

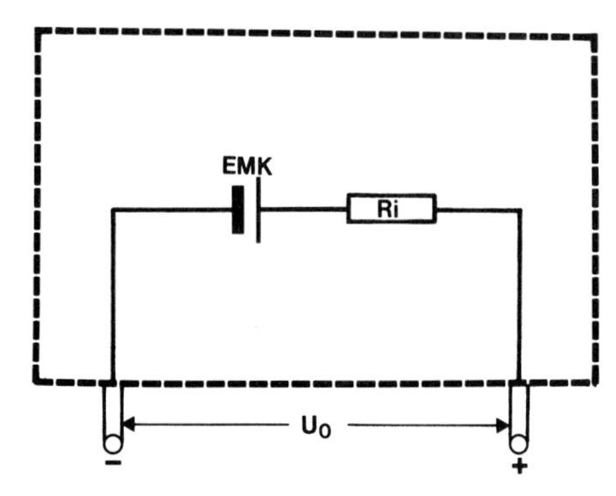

Abb. 78. Eine reale Spannungsquelle wird idealisiert dargestellt als eine ideale Spannungsquelle mit einem zusätzlichen Innenwiderstand R_i. Die maximale Spannung, die die Spannungsquelle liefern kann, ist gleich der *EMK* (elektromotorischen Kraft). Bei einem Stromfluß fällt jedoch bereits ein Teil der Spannung in der Spannungsquelle an R_i ab, so daß die Klemmspannung U_0 bei Belastung stets kleiner ist als die *EMK*.

An dem Innenwiderstand R_i fällt durch den hindurchfließenden Strom bereits ein Teil der von der Spannungsquelle erzeugten Spannung ab. Um diesen Spannungsabfall berechnen zu können, teilen wir die Spannungsquelle „künstlich“ in 2 Teile, eine ideale Spannungsquelle ohne Innenwiderstand und den zusätzlichen Innenwiderstand R_i. Die ideale Spannungsquelle erzeugt eine Spannung, die als EMK (elektromotorische Kraft) bezeichnet wird.
Tatsächlich sind die ideale Spannungsquelle und der Innenwiderstand natürlich ein Teil. Die Spannung, die man außen an der Spannungsquelle abgreift, wird als Klemmspannung bezeichnet. Sie wird mit U_0 abgekürzt. Wenn die Spannungsquelle nicht belastet wird, also außen kein Widerstand angeschlossen ist, so liegt am Ausgang der Quelle die volle EMK. Die Klemmspannung U_0 ist dann gleich der EMK. Schließt man jedoch einen Verbraucher mit dem Widerstand R_a an, so wird ein bestimmter Strom I fließen. Mit Hilfe des Ohmschen Gesetzes gilt für die EMK als die gesamte maximal zur Verfügung stehende Spannung:

$$\mathrm{EMK} = I \cdot (R_i + R_a) \tag{8.41}$$

oder:

$$\mathrm{EMK} = U_0 + U_i$$

mit:

EMK = maximale Spannung der Batterie ohne Belastung
U_0 = Klemmspannung
U_i = an R_i bei Belastung also Stromfluß bereits abfallende Spannung

Für die Klemmspannung U_0 gilt entsprechend:

$$U_0 = I \cdot R_a \tag{8.42}$$

Dividiert man Gl. 8.42 durch Gl. 8.41 so folgt:

$$\frac{U_0}{\text{EMK}} = \frac{I \cdot R_a}{I \cdot (R_i + R_a)} \tag{8.43}$$

Nach U_0 aufgelöst und durch I gekürzt:

$$\boxed{U_0 = \text{EMK} \cdot \frac{R_a}{(R_i + R_a)}} \tag{8.43 a}$$

Um eine möglichst große Klemmspannung U_0 zu erhalten, muß nach Gl. 8.43a R_i möglichst klein gegenüber R_a oder, was auf dasselbe herauskommt, R_a groß gegenüber R_i sein. Wenn R_i im Idealfall Null ist, so ist U_0 gleich der EMK:

$$R_i \approx 0 \Rightarrow (R_i + R_a) \approx R_a$$

Dies auf Gl. 8.43a angewendet:

$$U_0 = \text{EMK} \cdot \frac{R_a}{R_a} = \text{EMK} \tag{8.44}$$

Gleichung 8.43a ermöglicht es also, bei gegebener EMK sowie bekannten Widerständen R_i und R_a die Klemmspannung U_0 zu berechnen. Die Spannung von 220 V an Ihrer Steckdose ist eine Klemmspannung. Damit bei sehr starker Belastung des Netzes die Spannung nicht zurückgeht, „zusammenbricht", wie man auch sagt, muß das Elektrizitätswerk über Regelschaltungen zusätzlich Stabilisierungsmaßnahmen ergreifen.

Beispiele

1. Eine Batterie besitzt einen Innenwiderstand von 0,1 Ω sowie eine EMK von 9 V. Die EMK ist in der Regel außen auf eine Batterie aufgedruckt. Sie wollen ein Transistorradio mit einem Widerstand von 4 Ω betreiben. Welche Klemmspannung besitzt die Batterie bei Betreiben des Radios? Welche Spannung gibt sie also von den 9 V noch an das Radio ab?
Es folgt mit Hilfe von Gl. 8.43a:

$$U_0 = 9\,\text{V} \frac{4\,\Omega}{4\,\Omega + 0{,}1\,\Omega} = 8{,}78\,\text{V}$$

Die Batterie gibt an das Radio eine Spannung von 8,78 V ab. Das ist noch ausreichend!

2. Der Akkumulator in Ihrem Auto besitzt eine EMK von 12 V und einen Innenwiderstand von $R_i = 0{,}01\,\Omega$. Wenn Sie Ihr Auto anlassen, fließt über den Anlasser ein

Strom von 70 A. Welche Spannung liegt in diesem Moment noch an dem Akkumulator?
Da wir den Widerstand R_a des Anlassers nicht kennen, müssen wir etwas anders als in Beispiel 1 vorgehen.
Mit Hilfe des Ohmschen Gesetzes gilt für den Spannungsabfall U_i an dem Innenwiderstand R_i:

$$U_i = 0{,}01\ \Omega \cdot 70\ \mathrm{A} = 0{,}7\ \mathrm{V}$$

Diese Spannung „verliert“ der Akku bei einer Belastung mit 70 A bereits „in sich selbst“. Dies von 12 V abgezogen, ergibt die verbleibende Klemmspannung:

$$\mathbf{U_0 = 12 - 0{,}7\ V = 11{,}3\ V}$$

8.13.1 15. Praktikumsaufgabe (Messung des Innenwiderstands sowie der EMK einer Spannungsquelle)

Es sollen der Innenwiderstand R_i sowie die EMK einer kommerziellen Batterie bestimmt werden.
Nach Gl. 8.41 gilt:

$$\mathrm{EMK} = U_0 + U_i \qquad \text{(s. Gl. 8.41)}$$

mit:

EMK = maximale Spannung, die eine unbelastete Spannungsquelle erzeugen kann
U_0 = Klemmspannung = Spannung der belasteten Spannungsquelle
U_i = Spannung, die über R_i, also bereits innerhalb der Spannungsquelle abfällt

Umgestellt ergibt sich Gl. 8.41a zu:

$$U_0 = \mathrm{EMK} - U_i \qquad (8.41\,\mathrm{a})$$

Mit $U_i = R_i \cdot I$ folgt:

$$U_0 = -\ R_i \cdot I + \mathrm{EMK} \qquad (8.45)$$

Gleichung 8.45 bildet die Grundlage unserer Messung. Mit Hilfe einer Schaltung nach Abb. 79 messen wir bei steigender Belastung, also kleiner werdendem R_a, den Strom I und die Spannung U_0. Gleichung 8.45 ist die mathematische Darstellung einer Geraden. Dabei entspricht die Spannung U_0 dem y aus der allgemeinen Geradengleichung (s. 1.7.1) und der Strom I dem x. Der Innenwiderstand R_i ist dann die Steigung m der Geraden, während die EMK den Achsenabschnitt b auf der U_0-Achse darstellt.

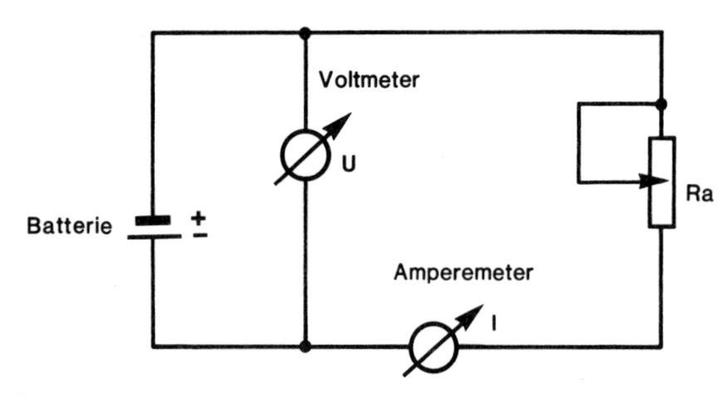

Abb. 79. Meßanordnung zur Messung des Innenwiderstands einer Spannungsquelle

Meßergebnisse und Auswertung

Die Werte von Tabelle 23 werden in einer Graphik aufgetragen. Die Steigung der Geraden, also R_i, ergibt sich aus Abb. 80 zu:

$$\boldsymbol{R_i = \frac{\Delta U_0}{\Delta I} = \frac{0{,}7\ \mathrm{V}}{0{,}8\ \mathrm{A}} = 0{,}875\ \Omega}$$

Tabelle 23. Meßergebnisse der Messung des Innenwiderstands einer Spannungsquelle

I_i [A]	U_{oi} [V]
$I_1 = 1{,}5$	$U_{o1} = 2{,}4$
$I_2 = 1{,}3$	$U_{o2} = 2{,}39$
$I_3 = 0{,}5$	$U_{o3} = 3{,}0$
$I_4 = 0{,}4$	$U_{o4} = 3{,}2$
$I_5 = 0{,}25$	$U_{o5} = 3{,}3$
$I_6 = 0{,}2$	$U_{o6} = 3{,}4$
$I_7 = 0{,}19$	$U_{o7} = 3{,}5$

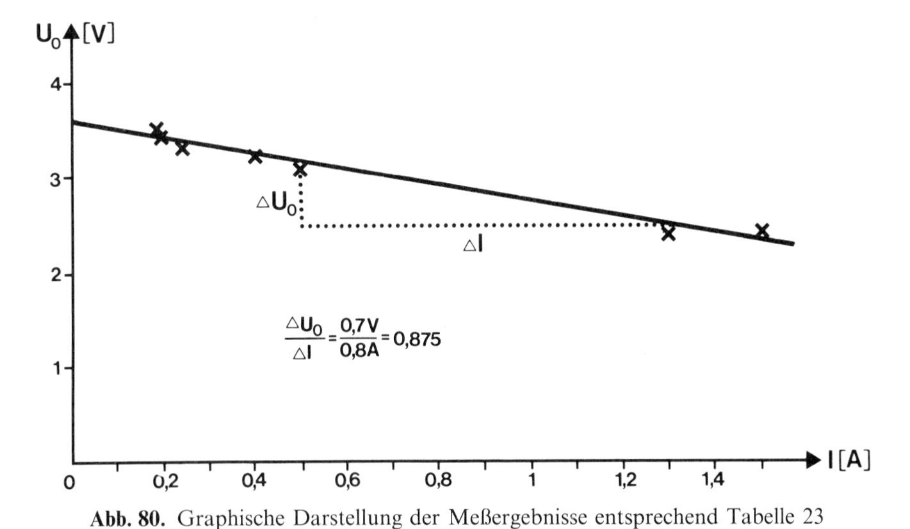

Abb. 80. Graphische Darstellung der Meßergebnisse entsprechend Tabelle 23

Der Schnittpunkt der Kurve mit der U_0-Achse ergibt die EMK. Man liest in Abb. 80 einen Wert der EMK ab:

$$\mathbf{EMK = 3{,}55\ V}$$

Eine Fehlerrechnung erübrigt sich, da statistische Schwankungen bei der Zeichnung der Geraden in Abb. 80 eingehen.

8.14 Thermoelement, Thermospannung

Lötet man zwei verschiedene Metalle in der Weise zusammen, wie es in Abb. 81 gezeigt ist, so erhält man ein Thermoelement. Wenn die beiden Lötstellen A und B auf gleicher Temperatur liegen, so fließt im Kreis kein Strom. Wenn aber A und B verschiedene Temperaturen besitzen, so entsteht zwischen A und B eine elektrische Spannungsdifferenz, und es fließt ein Strom (Seebeck-Effekt), der mit Hilfe eines Amperemeters gemessen werden kann. Die so entstandene elektrische Spannung bezeichnet man als Thermospannung. Eine Anordnung nach Abb. 81 wirkt also als Spannungsquelle. Die für den Stromfluß notwendige Energie zieht das Thermoelement aus dem Temperaturunterschied von A und B. Legt man die eine Lötstelle z.B. in Eiswasser auf eine feste Temperatur von 0 °C, so läßt sich durch Messung der Thermospannung die Temperatur der anderen Lötstelle bestimmen. Thermoelemente dienen daher als einfache, aber genaue Temperaturmesser. Für die Thermospannung gilt:

$$U_{\mathrm{Th}} = a \cdot (t_A - t_B) + b \cdot (t_A - t_B)^2 \tag{8.46}$$

mit:

U_{Th} = Thermospannung
a, b = Konstanten
t_A = Temperatur der einen Lötstelle
t_B = Temperatur der anderen Lötstelle (z.B. 0 °C)

In Tabelle 24 sind die Werte von a für einige Metalle dargestellt. Dabei ist Platin als Vergleichssubstanz gewählt worden. Wenn ein Metall einen positiven Wert von a besitzt, so bedeutet dies, daß das Platin an der wärmeren Stelle das höhere Potential besitzt: Mit Hilfe von Tabelle 24 ergibt sich beispielsweise für die Kombination von Kupfer und Eisen der folgende Wert für a:

$$a = 0{,}018 - 0{,}0075 \text{ mV/°C} = 10{,}5 \cdot 10^{-6} \text{ V/°C}$$

Wenn zwischen Kupfer und Eisen also eine Temperaturdifferenz von 1 °C vorliegt, so besitzt die Thermospannung U_{Th} den Wert von:

$$U_{\mathrm{Th}} = 10{,}5 \cdot 10^{-6} \text{ V} = 0{,}0105 \text{ mV}$$

Die Konstante b dagegen ist außerordentlich klein. Für die Metallkombination Eisen-Kupfer beträgt sie nur $b = 0{,}0275 \cdot 10^{-6}$ V/°C. Daher kann für nicht allzu große Temperaturdifferenzen der quadratische Term in Gl. 8.46 vernachlässigt werden. Es gilt dann in guter Näherung statt Gl. 8.46:

$$U_{\mathrm{Th}} = a \cdot (t_A - t_B) \tag{8.47}$$

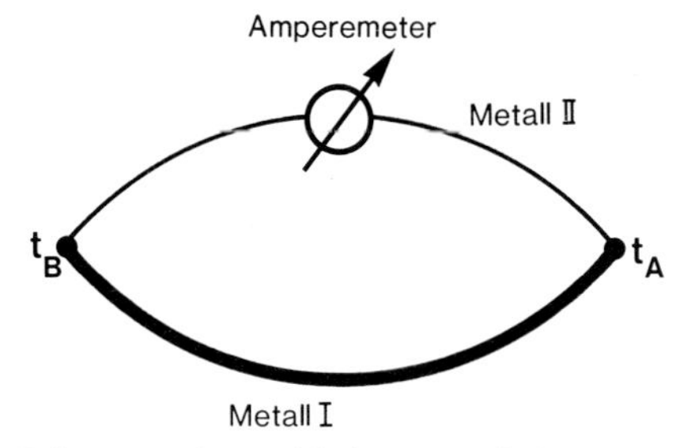

Abb. 81. Thermoelement. Bringt man 2 verschiedene Metalle in Kontakt und sind die Temperaturen der beiden Kontaktstellen (t_A, t_B) verschieden, so entsteht eine Spannung, Thermospannung genannt, und es fließt ein Strom.

Tabelle 24. Thermospannungen einiger Metalle gegen Platin pro Grad Celsius

Metall	a [mV/°C]
Platin	0
Blei	0,0045
Rhodin	0,0065
Silber	0,0072
Gold	0,0075
Kupfer	0,0075
Eisen	0,018
Silicium	0,448
Nickel	− 0,015
Konstantan	− 0,0344
Wismut	− 0,077

Wegen der geringen Thermospannungen schaltet man häufig zwei oder mehr Thermoelemente hintereinander. Dann addieren sich die Thermospannungen entsprechend. Man bezeichnet eine derartige Anordnung als Thermosäule. Als besonders günstige Metallkombination haben sich u.a. Eisen-Konstantan (bis ca. 900 °C), Nickel-Nickelchrom (bis ca. 1200 °C) oder speziell für hohe Temperaturen Iridium-Iridiumrhodium und Platin-Platinrhodium (bis ca. 1600 °C) erwiesen.

8.14.1 Peltier-Effekt

Die Umkehrung des Seebeck-Effekts besteht darin, daß man mit Hilfe einer externen Spannungsquelle einen Strom durch das Thermoelement schickt. Dann erwärmt sich die eine Lötstelle, während sich die andere abkühlt. Man bezeichnet diesen Effekt als Peltier-Effekt (auch Thomson-Effekt) und die Schaltung nicht mehr als Thermoelement, sondern als Peltier-Element. Bei Metallen ist dieser Effekt zu gering, um ihn sinnvoll nutzen zu können. Aber es gibt spezielle Halbleiter (z.B. *n*- oder *p*-leitende Mischkristalle der Telluride und Selenide oder Wismut und Antimon), die so starke Effekte zeigen, daß Peltier-Elemente zum Kühlen von elektronischen Schaltungen, von Kühlschranken u.ä. als sog. thermoelektrische Kühler benutzt werden können. In der Hauptsache benutzt man Peltier-Elemente da, wo mechanisch bewegte Teile (wie Lüfter, Wasser-, Ölkühlung usw.) stören würden und günstige Leistungsgewichte erzielt werden müssen (z.B. Raumfahrt).
Ein typisches industriell gefertigtes Peltier-Element besteht z.B. aus Kühlblöcken mit den zugehörigen Wärmetauschern. Der Kühl- bzw. Wärmebetrieb erfolgt durch Umpolen der Stromrichtung des Peltier-Speisestroms; die Temperaturregelung kann durch Ein- oder Ausschalten des Speisestroms erfolgen. Somit sind Temperaturen je nach Größe der Peltier-Elemente zwischen +100 °C und −60 °C möglich.

8.14.2 16. Praktikumsaufgabe (Messungen mit einem Thermoelement)

Es soll die Kostante *a* eines Thermoelements entsprechend Gl. 8.47 ermittelt werden. Dabei wird die Temperatur t_B der einen Lötstelle mittels Eiswasser auf 0 °C gehalten.

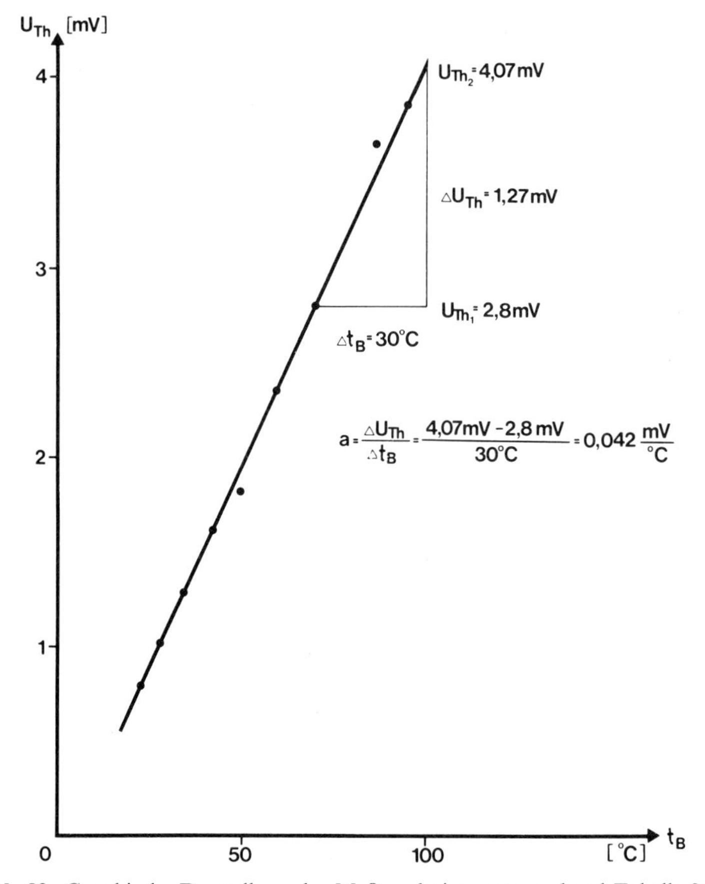

Abb. 82. Graphische Darstellung der Meßergebnisse entsprechend Tabelle 25

Aus diesem Grund ist die Temperaturdifferenz nach Gl. 8.47 gleich der Temperatur t_A. Die Temperatur t_A wird in 5-Grad-Schritten in einem Wasserbad bis auf ca. 100 °C erhöht. Dabei wird jeweils mit Hilfe eines Millivoltmeters die Thermospannung U_{Th} gemessen. Der Versuchsaufbau entspricht mit einem kleinen Unterschied Abb. 81. Um nicht zu kleine Thermospannungen zu erhalten, werden für die Messung *zwei Thermoelemente in Reihe* geschaltet.

Meßergebnisse und Auswertung

Trägt man t_A gegen U_{Th} in einer graphischen Darstellung auf, so erhält man eine Gerade, deren Steigung die gesuchte Größe a ergibt. Das ist wie folgt zu verstehen: Vergleicht man Gl. 8.47 mit der Geradengleichung

$$y = m \cdot x + b \qquad \text{(s. Gl. 1.13)}$$

so erkennt man, daß Gl. 8.47 die Darstellung einer Geraden mit der Steigung $m = a$

ist. Außerdem steht statt x die Temperatur t_A und statt y die Thermospannung U_{Th}. Der Term b ist gleich 0.
Aus Abb. 82 ergibt sich für a:

$$\mathbf{a = 0{,}042\ mV/°C}$$

Tabelle 25. Meßergebnisse für die Messung der Konstante a eines Thermoelements

t_{Ai} [°C]	U_{Thi} [mV]
t_{A1} = 23,3	U_{Th1} = 0,775
t_{A2} = 28,0	U_{Th2} = 1,05
t_{A3} = 35,0	U_{Th3} = 1,28
t_{A4} = 42,0	U_{Th4} = 1,6
t_{A5} = 50,0	U_{Th5} = 1,8
t_{A6} = 60,0	U_{Th6} = 2,35
t_{A7} = 70,0	U_{Th7} = 2,8
t_{A8} = 80,0	U_{Th8} = 3,2
t_{A9} = 87,0	U_{Th9} = 3,55
t_{A10} = 95,0	U_{Th10} = 3,85

8.15 Elektrische Leistung, Watt (P, W)

Die elektrische Spannung U ist definiert als Arbeit des elektrischen Stroms W_{el} pro Ladung q.

$$U = \frac{W_{el}}{q} \qquad \text{(s. Gl. 8.13)}$$

Umgestellt folgt:

$$W_{el} = U \cdot q \qquad (8.48)$$

Nach Gl. 2.12a gilt für die Ladung $q = I \cdot t$. Dies in Gl. 8.48 eingesetzt, ergibt

$$W_{el} = U \cdot I \cdot t \qquad (8.49)$$

mit:

W_{el} = in der Zeit t vom elektrischem Strom I bei einer Spannung U vollbrachte Arbeit
U = Spannung
I = Strom
t = betrachtete Zeit

Die Arbeit des elektrischen Stroms, also die Größe, die Sie zu bezahlen haben, ergibt sich aus dem Produkt von Spannung, Strom und der betrachteten Zeit. Setzt man für die Spannung in Gl. 8.49 Volt, für den Strom Ampere und für die Zeit Stunden, so folgt:

$$[W_{el}] = \mathrm{V \cdot A \cdot h} \qquad (8.49\,a)$$

Die Leistung P ist allgemein als Arbeit pro Zeit definiert. Dies auf Gl. 8.49 angewendet:

$$P = \frac{W_{el}}{t} = U \cdot I \qquad (8.50)$$

Das Produkt aus Strom und Spannung ergibt also die Leistung eines elektrischen Gerätes. Setzt man in Gl. 8.50 für die Spannung U Volt und für den Strom I Ampere, so folgt die gesetzliche Einheit der elektrischen Leistung:

$$[P] = \text{Volt} \cdot \text{Ampere} = \text{Watt} \tag{8.50a}$$

Das Produkt Volt mal Ampere wird als Watt bezeichnet.

$$\begin{aligned} 1\,\text{W} &= 1\,\text{V} \cdot 1\,\text{A} \\ 1\,\text{kW} &= 10^3\,\text{W} = \text{Kilowatt} \\ 1\,\text{MW} &= 10^6\,\text{W} = \text{Megawatt} \\ 1\,\text{GW} &= 10^9\,\text{W} = \text{Gigawatt} \end{aligned}$$

Die Leistung elektrischer Geräte ist in der Regel aufgedruckt oder in der Gebrauchsanweisung angegeben. Bei Glühlampen z.B. steht sie direkt auf dem Glaskörper. So können Sie u.a. 25 W-, 40 W-, 60 W- oder 100 W-Birnen kaufen.
Aus Gl. 8.50 folgt für die elektrische Arbeit:

$$W_{el} = P \cdot t \tag{8.51}$$

mit:

W_{el} = elektrische Arbeit
P = elektrische Leistung
t = Zeit

mit den Einheiten:

Wattsekunde = Ws
Kilowattstunde = kWh

Beispiele

1. Wie teuer kommt Sie der 24stündige Gebrauch einer 100 W-Glühbirne?
Mit Hilfe von Gl. 8.51 ergibt sich für die elektrische Arbeit W_{el}:

$$W_{el} = 100\,\text{W} \cdot 24\,\text{h} = 2400\,\text{Wh}$$

bzw:

$$W_{el} = 2{,}4\,\text{kWh (Kilowattstunden)}$$

Dem Elektrizitätswerk bezahlen Sie die verbrauchte Kilowattstunde. Der Preis differiert etwas: Nehmen wir einen mittleren Preis von 0,23 DM pro kWh an. Dann kostet Sie das Leuchten der Glühbirne in 24 h:

$$2{,}4\,\text{kWh} \cdot 0{,}23\,\text{DM/kWh} = 55{,}2\,\text{Pfennige}$$

2. Ein Durchlauferhitzer mit einer Leistung von 15 kW wird 2 h betrieben. Wieviel kostet das?
Nach Gl. 8.51 folgt:

$$W_{el} = 15\,\text{kW} \cdot 2\,\text{h} = 30\,\text{kWh}$$

also:

$$30\,\text{kWh} \cdot 0{,}23\,\text{DM/kWh} = 6{,}90\,\text{DM}$$

3. Welcher Strom fließt in einer 100 W-Birne bei einer Spannung von 220 V? Welchen Widerstand besitzt die Birne?
Es folgt aus Gl. 8.50a

$$100\ \mathrm{W} = 220\ \mathrm{V} \cdot x\,\mathrm{A}$$

also:

$$\boldsymbol{x = \frac{100\ \mathrm{W}}{220\ \mathrm{V}} = 0{,}455\ \mathrm{A}}$$

In der Birne fließt also ein Strom von 0,455 A. Der Widerstand R ergibt sich mit Hilfe des Ohmschen Gesetzes zu:

$$\boldsymbol{R = \frac{220\ \mathrm{V}}{0{,}455\ \mathrm{A}} = 483{,}52\ \Omega}$$

8.16 Elektronenvolt (eV)

Für die elektrische Arbeit gilt:

$$W_{\mathrm{el}} = q \cdot U \qquad \text{(s. Gl. 8.48)}$$

Setzen wir für die Spannung U speziell 1 V und für die Ladung q die Elementarladung e^-, so ergibt sich für die Arbeit, um die Elementarladung e^- über eine Spannung von 1 V zu bewegen, eine Energie von einem Elektronenvolt (1 eV). Bewegt sich die Ladung e^- von dem negativen zu dem positiven Pol, so gewinnt man diese Arbeit. Das Elektron besitzt dann eine Energie von 1 eV.

$$[W_{\mathrm{el}}] = 1\ \mathrm{V} \cdot 1\ e^- = 1\ \mathrm{eV}\ \text{(Elektronenvolt)} \qquad (8.52)$$

Weiterhin gibt es:

1 keV	= 1000 eV	= Kiloelektronenvolt
1 MeV	= 10^6 eV	= Megaelektronenvolt
1 GeV	= 10^9 eV	= Gigaelektronenvolt

Das Elektronenvolt ist, wie erwähnt, eine gesetzliche Einheit für die Energie von Strahlung, und zwar sowohl von Korpuskular- wie von elektromagnetischer Strahlung.
Ein Elektronenvolt rechnet sich wie folgt in Joule um:

$$1\ \mathrm{eV} = 1{,}6021892 \cdot 10^{-19}\ \mathrm{J} \qquad (8.52\,\mathrm{a})$$

9 Elektrizitätslehre, Wechselstrom

Bisher haben wir stets vorausgesetzt, daß Strom und Spannung konstant sind (wir es also mit Gleichstrom zu tun haben). Das ist aber in sehr vielen Fällen der täglichen Praxis sowie bei vielen elektrischen bzw. elektronischen Schaltkreisen nicht der Fall. Spannung und Strom ändern sich mit der Zeit. Das kann periodisch, wie z.B. sinusförmig, oder in anderer Form geschehen. Die in Abb. 83a–e dargestellten zeitlichen Verläufe sind nur ein paar Beispiele, wie sich eine Spannung zeitlich ändern kann. Alles sind Wechselspannungen. Da aber der Spannungsverlauf nach Abb. 83a derjenige ist, der am meisten verwendet wird und der aus den „Steckdosen kommt", soll auf ihn besonders eingegangen werden. Wenn wir im folgenden von Wechselstrom(-spannung) sprechen, so ist stets ein Verlauf nach Abb. 83a gemeint.

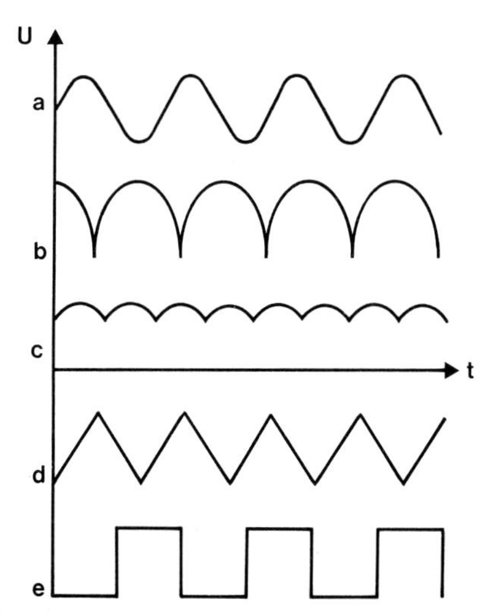

Abb. 83 a–e. Verschiedene Spannungsverläufe. **a** Sinusförmige Spannung, **b** mit einer Graetz-Schaltung erzeugte Spannung (s. Abb. 116), **c** mit einer Sechspulsgleichrichterschaltung (s. Abb. 117a) erzeugte Spannung, **d** Dreieckspannung, **e** Rechteckspannung

9.1 Prinzipien der Erzeugung von Wechselstrom, Induktion

Wir machen folgendes Experiment: Zwischen den beiden Polen eines möglichst starken Magneten drehen wir mit der Hand oder mit einem kleinen Motor einen zu einer

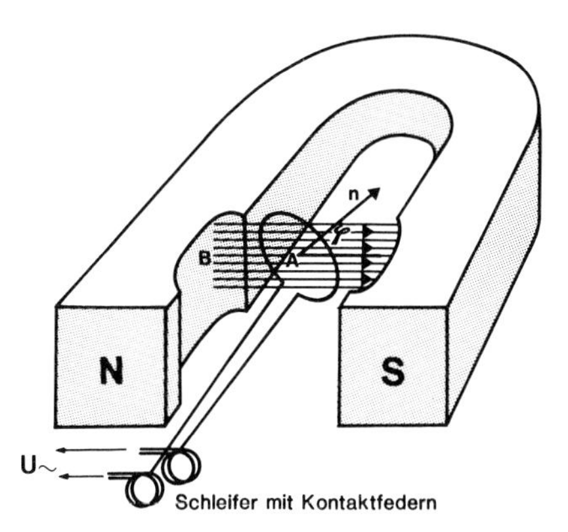

Abb. 84. In dem konstanten Magnetfeld B dreht man einen zu einer Schleife gebogenen Draht. Über einen Schleifer kann der erzeugte Strom zum Verbraucher geführt werden. Bei Drehung der Leiterschleife in dem Magnetfeld wird eine Spannung induziert. Die Richtung der Fläche A ist die Senkrechte auf A und wird mit n bezeichnet. Dabei ist die „Flächennormale" n ein Vektor. Der Winkel φ ist der Winkel, den die Fläche A mit dem Magnetfeld B bildet.

Leiterschleife gebogenen Draht. Außen ist die Leiterschleife über einen Schleifer mit zwei Leitern verbunden. Über den Schleifer läßt sich die in der Leiterschleife entstandene Spannung nach außen führen. Ohne den Schleifer würde sich der Draht sonst beim Drehen der Leiterschleife aufwickeln und irgendwann reißen. Wir stellen fest, daß in der sich drehenden Leiterschleife eine Wechselspannung entsteht, die einen zeitlichen Verlauf besitzt, wie in Abb. 83a dargestellt. Die Spannung der Leiterschleife läßt sich z. B. gut mit Hilfe eines Oszillographen (s. 10.9) darstellen. Mit Hilfe der Anordnung nach Abb. 84 haben wir also einen sehr einfachen Wechselstromgenerator gebaut. In der Tat sehen die großen kommerziellen Stromerzeugermaschinen (= Generatoren) im Prinzip nicht sehr viel anders aus. Aber darüber Näheres in den nächsten Kapiteln. Wir wollen zunächst verstehen, warum bei der Drehung einer Leiterschleife in einem Magnetfeld mit der magnetischen Flußdichte (Kraftflußdichte) B eine elektrische Wechselspannung entsteht.
Wenn sich die Leiterschleife mit der Fläche A in dem Magnetfeld mit der magnetischen Flußdichte B dreht, so ändert sich B, das die Fläche A der Schleife durchsetzt. Wenn A senkrecht zu B steht, „geht" am meisten von B durch A, steht A parallel im Feld, so ist der Durchgang von B durch A gleich 0. Man bezeichnet das Produkt aus B, A und dem Cosinus des Winkels φ zwischen B und A als den magnetischen Fluß Φ (sprich phi). Die Richtung einer Fläche ist dabei durch eine Gerade bestimmt, die senkrecht auf A steht. Diese Gerade wird als Flächennormale bezeichnet. Somit kann man sagen: Der Winkel φ ist der Winkel zwischen dem Magnetfeld und der Flächennormalen n. Zusammengefaßt gilt für den magnetischen Fluß:

$$\Phi = A \cdot B \cdot \cos\varphi \tag{9.1}$$

mit:

Φ = magnetischer Fluß, der die Fläche A durchsetzt
A = Größe der Fläche
B = magnetische Flußdichte
φ = Winkel zwischen B und der Fläche A

Da gilt:

$$\omega = \frac{\varphi}{t} \qquad \text{(s. Gl. 6.1)}$$

folgt:

$$\varphi = \omega \cdot t$$

Dies in Gl. 9.1 eingesetzt, ergibt:

$$\Phi = A \cdot B \cdot \cos(\omega t) \tag{9.2}$$

Gleichung 9.1 und Gl. 9.2 sind völlig gleichwertig. Aber oft zeigt sich, daß Gl. 9.2 für viele Zwecke besser geeignet ist. Mit Kenntnis der Größe Φ können wir jetzt feststellen: Durch die zeitliche Änderung des magnetischen Flusses wird in der Spule eine elektrische Spannung U induziert. Wenn die Leiterschleife aus zwei Wicklungen besteht, so erhalten wir die doppelte Spannung, bei drei die dreifache und bei n Wicklungen das n-fache der Spannung.
Eine Leiterschleife mit n Wicklungen bezeichnet man als Spule. Fassen wir das Gesagte zusammen, so gilt für die in einer Spule mit n Wicklungen induzierte Spannung:

$$U = -n \cdot \frac{\Delta\Phi}{\Delta t} \tag{9.3}$$

Induktionsgesetz

mit:

U = in einer Leiterschleife mit n Wicklungen im Feld B induzierte Spannung
n = Anzahl der Spulenwicklungen
$\frac{\Delta\Phi}{\Delta t}$ = zeitliche Änderung des magnetischen Flusses Φ

Die zeitliche Ableitung von Φ nach Gl. 9.3, also $\Delta\Phi/\Delta t$, ergibt mit Hilfe der Differentialrechnung (denn genau genommen bildet man statt $\Delta\Phi/\Delta t$ das Differential $d\Phi/dt$) das folgende:

$$U = n \cdot \frac{\Delta\Phi}{\Delta t} = n \cdot A \cdot B \cdot \omega \cdot \sin(\omega \cdot t) \tag{9.4}$$

Das Produkt $n \cdot A \cdot B \cdot \omega$ ergibt die maximale induzierte Spannung U_0, so daß für den zeitlichen Verlauf einer induzierten Wechselspannung aus Gl. 9.4 folgt:

$$U = U_0 \cdot \sin(\omega t) \tag{9.5}$$

mit:

U – Größe der induzierten Spannung zum Zeitpunkt t
t = Zeit, zu der U gerade betrachtet wird
ω = Kreisfrequenz: Sie ist das 2π-fache der „echten" Umdrehungsfrequenz f der Spule
U_0 = Maximalwert der induzierten Wechselspannung

Gleichung 9.5 ist also eine Darstellung des zeitlichen Verlaufs der induzierten Wechselspannung U in Abhängigkeit von der Zeit t. Sie ist eine der wichtigsten Gleichungen des Themenkreises „Wechselstrom". Für den *Strom* in einem Widerstand gilt eine entsprechende Gleichung.

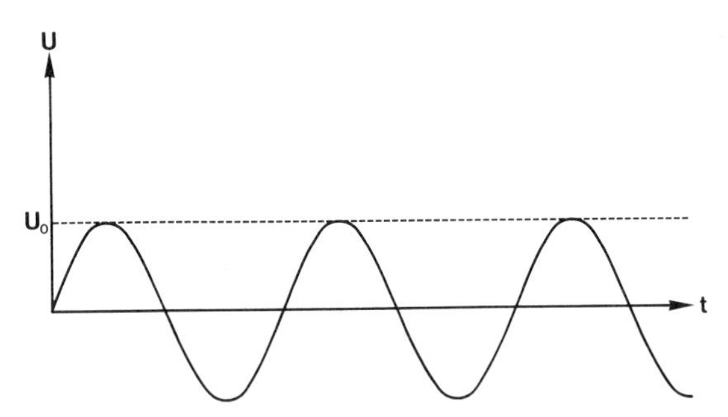

Abb. 85. Zeitlicher Verlauf einer sinusförmigen Wechselspannung U. U_0 = Maximalwert der induzierten Spannung

Es gilt:

$$\boxed{I = I_0 \cdot \sin(\omega \cdot t)} \qquad (9.6)$$

mit:

I = Größe des durch Induktion erzeugten Stromes zum Zeitpunkt t
I_0 = maximaler Strom
t = Zeit, zu der I betrachtet wird
ω = Kreisfrequenz

Der Strom I verhält sich also genauso wie die Spannung U, man müßte daher in Abb. 85 an der U-Achse nur I auftragen, um das zeitliche Verhalten des Stromes darzustellen.

9.2 Technische Erzeugung von Wechselstrom

Um Strom im großtechnischen Rahmen zu erzeugen, wird das im vorherigen Kapitel beschriebene Prinzip verwendet. Jedoch benutzt man nicht nur eine Spule, sondern insgesamt drei, die in einem Winkel von 120° gegeneinander versetzt sind. Auf diese Weise erzeugt man sozusagen 3 einzelne Wechselströme, die um 120° gegeneinander phasenverschoben sind. Diese Art von Strom wird als Drehstrom oder Dreiphasenstrom, manchmal auch als Kraftstrom bezeichnet. Man benutzt diese Art der Stromerzeugung, da sie sich als die wirtschaftlichste herausgestellt hat.
Die in dem Generator eines Kraftwerks erzeugte Spannung liegt im Kilovoltbereich. Anschließend wird die Spannung auf 30 000 oder mehr Volt hochtransformiert (s. 9.3) und über Hochspannungsleitungen transportiert. In speziellen Transformatoren wird sie dann kurz vor dem Verbraucher auf die Ihnen bekannte Spannung von 220 bzw. 380 V heruntertransformiert. Dabei liegt zwischen den Phasen untereinander jeweils eine Spannung von 380 V und zwischen einer Phase und dem Nulleiter eine Spannung von 220 V. Unter einer Phase versteht man die drei gegeneinander oder gegenüber dem Nulleiter spannungsführenden Leitungen.
Man kann Drehstrom auf zwei verschiedene Weisen erzeugen. Mit einer Stern- oder einer Dreieckschaltung.
In Ihrem Haushalt greifen Sie an den „normalen" Anschlüssen 220 V ab, also die Spannung zwischen einer der drei Phasen *L1*, *L2* oder *L3* und dem Nulleiter. Aber

für spezielle Haushaltsmaschinen, wie z. B. Elektroherd oder Waschmaschine, stehen Ihnen auch Drehstromsteckdosen zur Verfügung. Hier kommen 5 Leitungen aus der Wand. Es sind dies neben den Phasen *L1*, *L2*, *L3* der Nulleiter sowie eine in Abb. 86 nicht eingezeichnete Schutzleitung, die mit der Erde verbunden ist.
Um die magnetische Flußdichte *B* zu verstärken und damit die Leistung eines Generators zu erhöhen, benutzt man einen gewissen Teil des von den stromerzeugenden

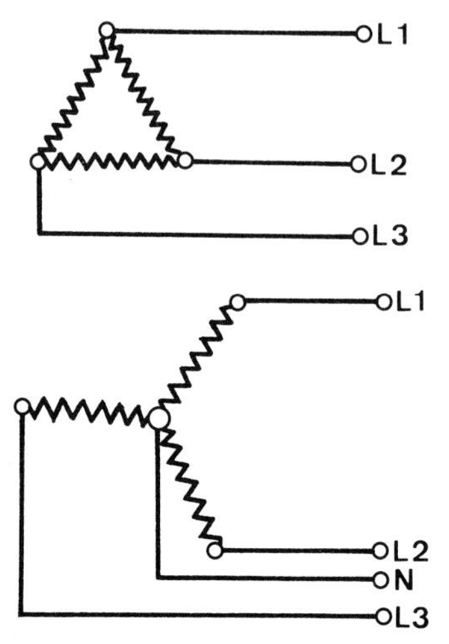

Abb. 86 a, b. Prinzipschaltung eines Drehstromgenerators mit den Phasen *L1*, *L2*, *L3*. **a** Dreieckschaltung, **b** Sternschaltung

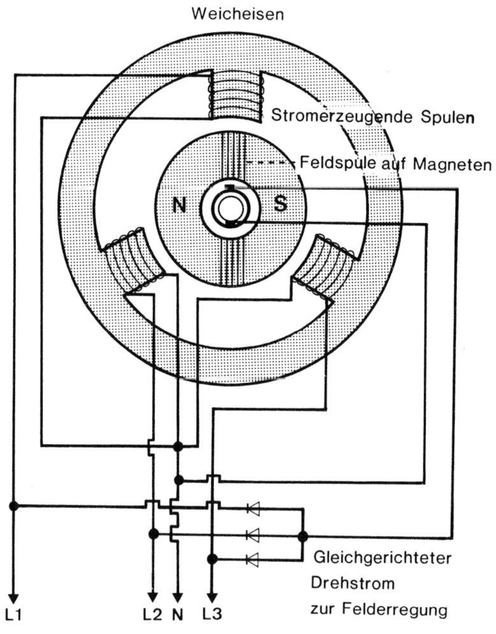

Abb. 87. Prinzipieller Aufbau eines in der Technik verwendeten Drehstromgenerators

Spulen erzeugten Stromes nach Gl. 8.7 wiederum zur Verstärkung des Magnetfeldes und damit nach Gl. 8.9 bzw. 8.10 zur Verstärkung der magnetischen Flußdichte. Diese Spulen, die der Verstärkung des Magnetfeldes dienen, werden als Erregerspulen bezeichnet. Was Ihnen vielleicht auffällt: Im Gegensatz zu Abb. 84 drehen sich hier der Magnet nebst Erregerspule, während die stromerzeugenden Spulen fest stehen. Das ändert jedoch nichts an dem Prinzip der Induktion. Man hätte genausogut auch

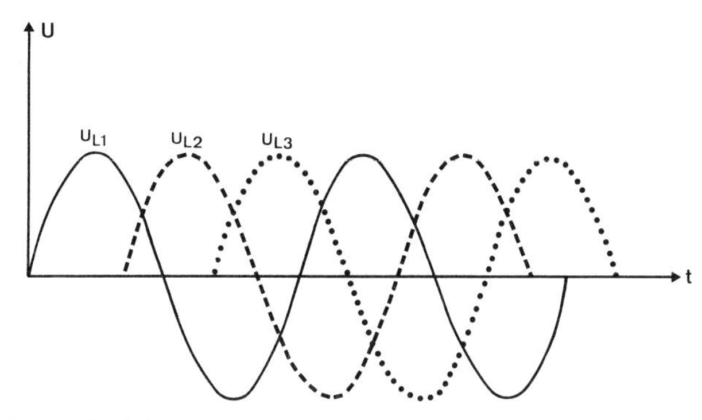

Abb. 88. Zeitlicher Verlauf der drei in einem Drehstromgenerator erzeugten Wechselströme, die im Haushalt verwendet werden. Jede Wechselspannung U_{L1}, U_{L2}, U_{L3} wird gegen den Nulleiter gemessen und besitzt beim Verbraucher eine Spannung von $U_{\mathrm{eff}} = 220\,\mathrm{V}$. Die Phasenverschiebung der Spannungen beträgt jeweils $120° = \frac{2}{3}\pi$. Die Spannung der 3 Phasen jeweils gegeneinander gemessen beträgt $U_{\mathrm{eff}} = 380\,\mathrm{V}$.

die Spule stehen lassen und den Magneten drehen können. Physikalisch wäre das exakt dasselbe. Da bei dieser Art der Schaltung die Ströme über die Schleifer (Kollektoren) jedoch geringer sind und sie daher länger halten, wählt man diese Art der Stromerzeugung.

9.3 Transformator

Wir betrachten eine Spule mit n Wicklungen, die von einem Wechselstrom durchflossen wird. In geringem Abstand von dieser Spule befindet sich eine zweite Spule, ebenfalls mit n Wicklungen, an die zur Darstellung ein Oszillograph angeschlossen ist. Die Spulen sind nicht elektrisch miteinander verbunden (galvanisch voneinander getrennt) (Abb. 89). Es zeigt sich auf dem Oscillographen, daß auch in der zweiten Spule eine Wechselspannung entstanden ist und ein Strom fließt. Wie ist das zu erklären? Die stromdurchflossene Spule, die wir als Primärspule bezeichnen wollen, erzeugt ein Magnetfeld H das eine magnetische Flußdichte B zur Folge hat. Ein Teil dieses Magnetfeldes durchsetzt die Sekundärspule. Da in der Primärspule ein Wechselstrom fließt, entsteht ein im Rhythmus des Wechselstroms veränderliches Magnetfeld. Die Sekundärspule wird also von einer veränderlichen Flußdichte B durchsetzt. Das aber bedeutet einen zeitlich veränderlichen Fluß Φ. Nach Gl. 9.4 hat aber ein zeitlicher veränderlicher Fluß eine elektrische Spannung zur Folge. Die Primärspule *induziert* also in der Sekundärspule eine Spannung U_{in}. Wenn wir beide Spulen

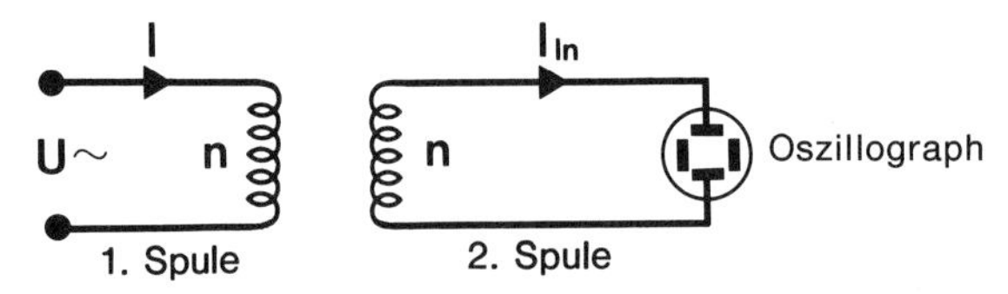

Abb. 89. Durch die linke Spule mit n Windungen fließt ein von außen angelegter Strom I, der in der Spule ein wechselndes Magnetfeld erzeugt. Dieses sich ändernde Magnetfeld *induziert* in der rechten Spule, die ebenfalls n Windungen besitzen soll, eine Wechselspannung und damit einen Wechselstrom. Die linke Spule wirkt dabei wie ein Sender und die rechte wie ein Empfänger. Auf dem Oszillographenschirm beobachten wir die induzierte Spannung, deren Größe stark von der Entfernung der beiden Spulen voneinander abhängt.

elektrisch isoliert auf ein geschlossenes Eisenjoch setzen, so geht fast 99% des Magnetflusses von Spule 1 auch durch Spule 2. In diesem Fall verhalten sich die Spannungen U_1 der Primärspule und U_{in} der Sekundärspule wie ihre Wicklungszahlen. Eine derartige Anordnung nach Abb. 90a, b bezeichnet man als Transformator (auch Umformer genannt).
Es gilt nach dem Gesagten:

$$\frac{U_1}{U_{in}} = \frac{n_1}{n_2} \tag{9.7}$$

mit:
U_1 = angelegte Spannung der Primärspule
U_{in} = induzierte Spannung der Sekundärspule
n_1 = Wicklungszahl der Primärspule
n_2 = Wicklungszahl der Sekundärspule

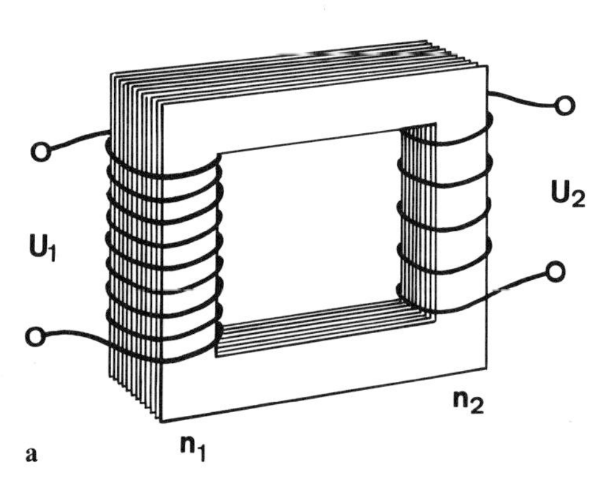

Abb. 90 a, b. Transformator. **a** Schematisch: Damit der gesamte magnetische Fluß Φ der Primärspule auch die Sekundärspule durchsetzt, befinden sich die beiden Spulen elektrisch isoliert auf einem geschlossenen Eisenjoch. Um Induktionsströme in dem Joch möglichst zu vermeiden, ist es aus einzelnen, voneinander isolierten Lamellen zusammengesetzt. **b** Photographie eines für Praktikumsversuche verwendeten Transformators

Die Leistung P_2 im Sekundärkreis kann wegen des Energiesatzes allenfalls gleich der Leistung P_1 im Primärkreis sein. Wenn keine Verluste auftreten, gilt: $P_2 = P_1$.

Mit:

$$P_1 = U_1 \cdot I_1 \tag{9.8}$$

$$P_2 = U_{in} \cdot I_2 \tag{9.8a}$$

folgt:

$$U_1 \cdot I_1 = U_{in} \cdot I_2 \tag{9.9}$$

umgestellt:

$$\frac{U_{in}}{U_1} = \frac{I_1}{I_2} = \frac{n_2}{n_1} \tag{9.10}$$

Man sieht an Gl. 9.10, daß sich Strom und Spannung im Sekundärkreis genau umgekehrt proportional verhalten, d.h. je größer die induzierte Spannung, desto kleiner der Strom und je kleiner die induzierte Spannung, desto größer der induzierte Strom. Wenn der Transformator belastet wird, also in dem Sekundärkreis ein Strom fließt, gelten Gl. 9.7 und Gl. 9.10 nicht mehr. Eine ausführliche Besprechung des belasteten Transformators ist so kompliziert, daß wir in diesem Buch darauf verzichten müssen. Mit Hilfe des Transformators lassen sich beliebige Spannungen „hoch"- oder heruntertransformieren. Transformatoren werden außerdem für die galvanische Trennung zwischen Netz und Verbraucher verwendet. In der Radiologie benutzt man sie für die Erzeugung der Kathodenheizspannung von 6–20 V sowie der Anodenspannung von 30–150 kV; bei Therapieröhren sogar bis zu ca. 400 kV.

Beispiele

1. An der Primärseite eines Transformators liegen 220 V. Das Windungsverhältnis von Sekundär- zu Primärspule beträgt 1000. Welche Spannung erhält man auf der Sekundärseite des Transformators?

$$\frac{220\ \text{V}}{U_{in}} = \frac{1}{1000}$$

also:

$$\boldsymbol{U_{in} = 220\ \text{V} \cdot 1000 = 220\ \text{kV}}$$

2. Man benötigt für eine Röntgenröhre eine Spannung von 30 kV. Wie groß muß das Windungsverhältnis der beiden Spulen sein, wenn an der Primärseite eine Spannung von 220 V anliegt?

$$\frac{30\ \text{kV}}{220\ \text{V}} = \frac{n_2}{n_1}$$

$$\frac{30\,000\ \text{V}}{220\ \text{V}} = \frac{n_2}{n_1}$$

also:

$$\boldsymbol{\frac{n_2}{n_1} = 136{,}4}$$

Um aus dem Netz mit 220 V eine Spannung von 30 kV zu erhalten, muß die Sekundärspule rund 136,4mal soviele Wicklungen besitzen wie die Primärspule.

9.3.1 17. Praktikumsaufgabe (Messungen mit dem Transformator)

1. Versuchsteil

Es ist Gl. 9.7 für den unbelasteten Transformator mit einer Schaltung entsprechend Abb. 91 experimentell zu prüfen. Um in Abb. 91 einen unendlich großen Widerstand R zu erhalten, also den Transformator nicht zu belasten, wird die Sekundärspule des Transformators offengelassen. Von einer einstellbaren Wechselspannungsquelle wird eine Spannung $U_1 = 50$ V an die Primärwicklung des Transformators gelegt. Diese Wechselspannung induziert in der Sekundärspule eine Spannung U_2.
Für 5 verschiedene Windungsverhältnisse n_2/n_1 wird jeweils das Verhältnis der Sekundärspannung zur Primärspannung berechnet und mit n_2/n_1 verglichen, also der Quotient aus U_2/U_1 und n_2/n_1 gebildet. Bei *exakter* Gültigkeit von Gl. 9.7 müßte stets der Wert 1 herauskommen.

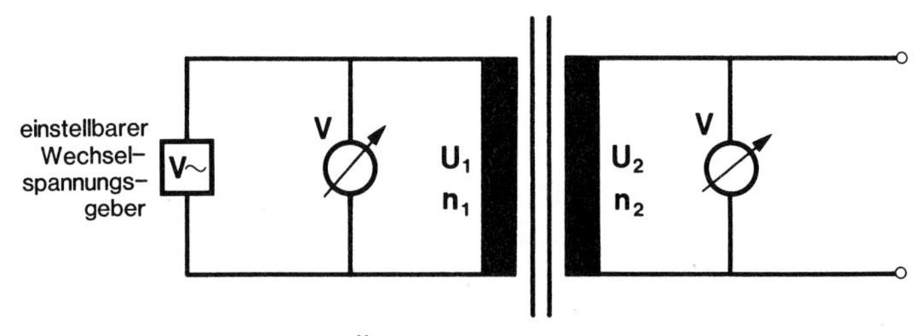

Abb. 91. Schaltung zur Messung des Übersetzungsverhältnisses eines unbelasteten Transformators

Tabelle 26. Meßergebnisse der Messung für die Gültigkeit der Transformatorgleichung

n_1	n_2	n_2/n_1	U_1 [V]	U_2 [V]	U_2/U_1	$(U_2/U_1):(n_2/n_1)$
1600	1600	1	50	49	0,98	0,98
1600	400	1/4	50	11,5	0,23	0,92
400	1600	4/1	50	170	3,4	0,85
400	400	1	50	42,5	0,85	0,85

2. Versuchsteil

Bei fester Windungszahl, $n_2 = 1600$ und $n_1 = 400$, sollen das Übersetzungsverhältnis $\ddot{u} = U_2/U_1$ sowie das Verhältnis I_2/I_1 bei einem veränderlich belasteten Transforma-

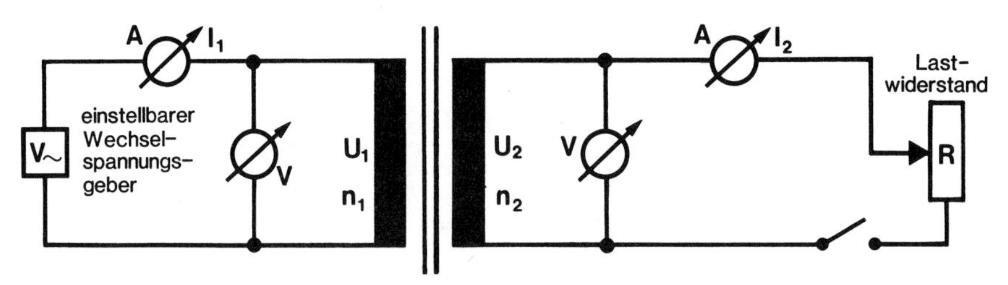

Abb. 92. Schaltung zur Messung des Verhaltens eines belasteten Transformators

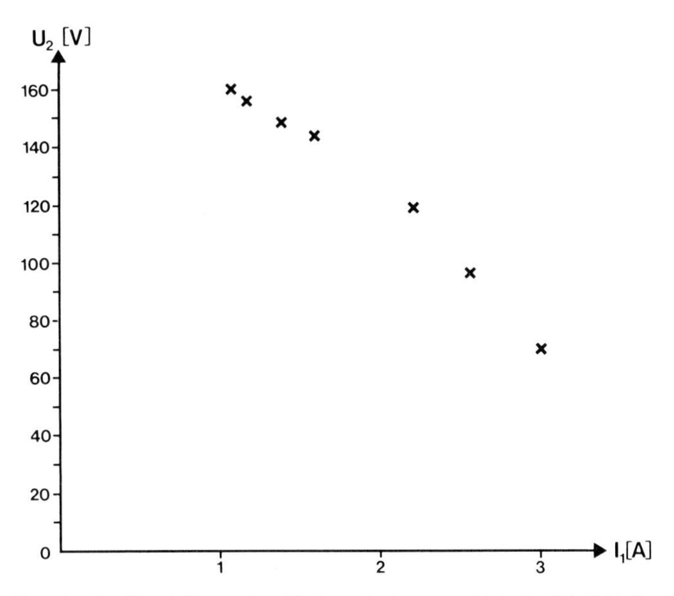

Abb. 93. Graphische Darstellung der Meßergebnisse von Tabelle 27 (Abhängigkeit der Spannung U_2 von I_1)

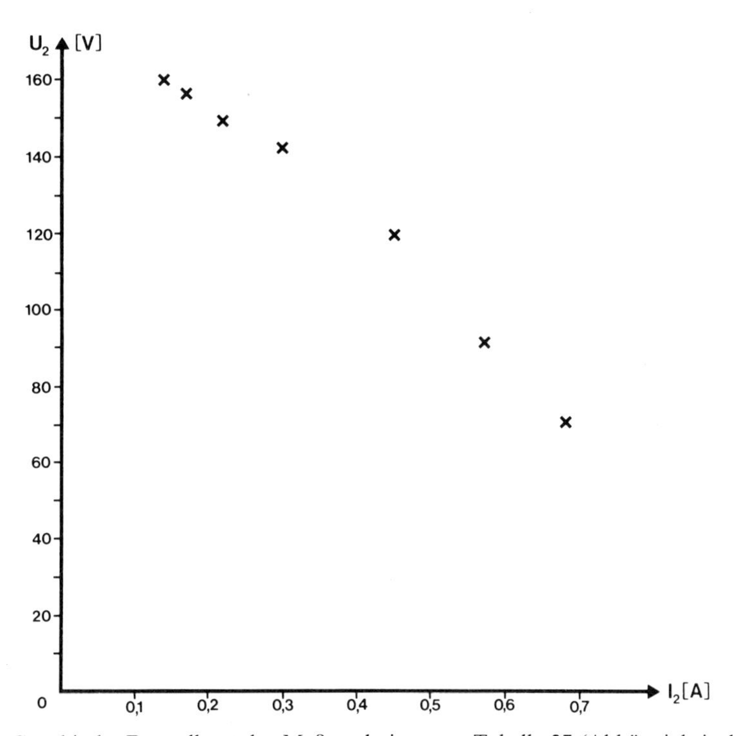

Abb. 94. Graphische Darstellung der Meßergebnisse von Tabelle 27 (Abhängigkeit der Spannung U_2 von I_2)

tor bestimmt werden. Für die Messung wird die in Abb. 92 dargestellte Schaltung verwendet. Zuerst wird bei nicht belastetem Transformator die Primärspannung U_1 wiederum auf den festen Wert von 50 V eingestellt. Es sind bei konstanter Primärspannung für 5 verschiedene Belastungen im Sekundärkreis Strom und Spannung im Primär- und Sekundärkreis zu messen. Die Belastung des Sekundärkreises kann über den regelbaren Widerstand R verändert werden. Es ist wiederum das Übersetzungs-

Tabelle 27. Meßergebnisse bei der Messung am belasteten Transformator

U_1 [V]	U_2 [V]	$U_2/U_1 = ü$	$\frac{n_2 = 1600}{n_1 = 400}$	$(U_2/U_1):\left(\frac{n_2}{n_1}\right)$	I_1 [A]	I_2 [A]	I_2/I_1
50	160	3,2	4	0,8	1,1	0,14	0,127
50	156	3,12	4	0,78	1,19	0,17	0,143
50	149	2,98	4	0,745	1,39	0,24	0,173
50	142	2,84	4	0,71	1,6	0,3	0,186
50	119	2,38	4	0,595	2,2	0,45	0,205
50	90,6	1,812	4	0,453	2,56	0,57	0,223
50	70	1,4	4	0,35	3,0	0,68	0,227

verhältnis $ü = U_2/U_1$ mit dem Verhältnis der Windungszahlen n_2/n_1 zu vergleichen. Außerdem ist die Sekundärspannung U_2 graphisch in Abhängigkeit vom Primärstrom I_1 sowie vom Sekundärstrom I_2 darzustellen (Abb. 93, 94). In der 5. Zeile von Tabelle 27 erkennt man, daß die Abweichungen von Gl. 9.7 mit zunehmender Belastung immer größer werden.

9.4 Effektivstrom, Effektivspannung (I_{eff}; U_{eff})

Zur Berechnung der elektrischen Leistung beim Gleichstrom haben wir in Gl. 8.50 das Produkt aus Spannung und Strom gebildet. Das war problemlos, da Strom und Spannung stets einen konstanten Wert besaßen, aber beim Wechselstrom ändern sich Spannung und Strom ständig. Welche Werte muß man jetzt in Gl. 8.50 einsetzen: das Maximum, das Minimum, irgendeinen Zwischenwert oder den Mittelwert? Leider ist der Mittelwert von U und I bei einem sinusförmigen Wechselstrom stets exakt Null! Die Lösung ist trotzdem relativ einfach. Wir setzen Gl. 9.5 und Gl. 9.6 für Spannung und Strom ein. Die elektrische Leistung P ergibt sich dann wie folgt:

$$P = I_0 \cdot \sin(\omega t) \cdot U_0 \cdot \sin(\omega t) \qquad \text{(Gl. 9.11)}$$

etwas vereinfacht:

$$P = I_0 \cdot U_0 \cdot \sin^2(\omega t) \qquad \text{(Gl. 9.11 a)}$$

Mit Hilfe der Integralrechnung zeigt sich, daß das Produkt $\sin^2(\omega t)$ von 0 bis T integriert, gerade den Wert $T/2$ ergibt. Somit folgt für die mittlere elektrische Leistung des Wechselstroms:

$$P = \frac{I_0 \cdot U_0}{2} \qquad (9.12)$$

Anstelle der Gleichspannung U und des Gleichstroms I wie in Gl. 8.50 muß man bei Wechselstrom jeweils die Scheitelwerte von Strom und Spannung nehmen und durch

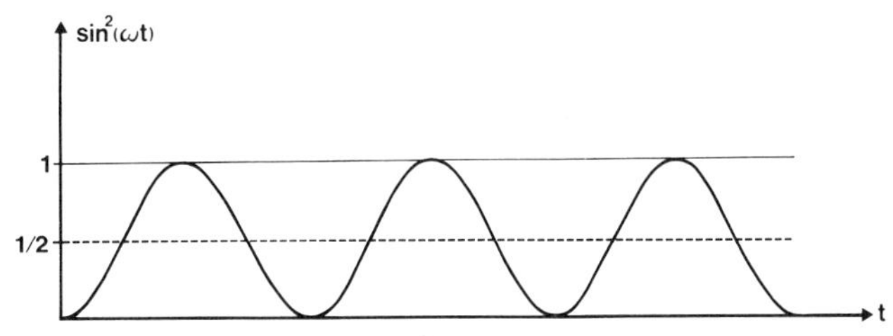

Abb. 95. Zeitlicher Verlauf der Funktion $\sin^2(\omega \cdot t)$. Der Mittelwert einer oder mehrerer ganzer Perioden ergibt den Wert $\frac{1}{2}$ und nicht wie beim $\sin(\omega \cdot t)$ den Wert 0.

2 dividieren. An sich liegt mit Gl. 9.12 eine Lösung unserer Frage nach der Berechnung der Leistung von Wechselstrom vor. Wir wollen Gl. 9.12 jedoch noch etwas umformen. Im Nenner schreiben wir statt 2 den Ausdruck $\sqrt{2} \cdot \sqrt{2}$, was bekanntlich gleich 2 ist. Also:

$$P = \frac{I_0 \cdot U_0}{\sqrt{2} \cdot \sqrt{2}} \tag{9.13}$$

Die Größe $U_0/\sqrt{2}$ bezeichnen wir als Effektivspannung U_{eff} und $I_0/\sqrt{2}$ als Effektivstrom I_{eff}. Somit läßt sich die Leistung eines elektrischen Wechselstroms wie folgt berechnen:

$$\boxed{P = I_{\text{eff}} \cdot U_{\text{eff}}} \tag{9.14}$$

mit:

P = Leistung eines elektrischen Wechselstroms

$U_{\text{eff}} = \frac{U_0}{\sqrt{2}}$ (Effektivspannung)

$I_{\text{eff}} = \frac{I_0}{\sqrt{2}}$ (Effektivstrom)

Beim Wechselstrom setzt man also zur Berechnung der Leistung (und anderer Größen) jeweils die Effektivwerte von Strom und Spannung ein. Dann erhält man eine Gl. 8.50 völlig analoge Gleichung. Wenn man also die Effektivwerte benutzt, rechnet man mit Wechselstrom „genauso" wie mit Gleichstrom.

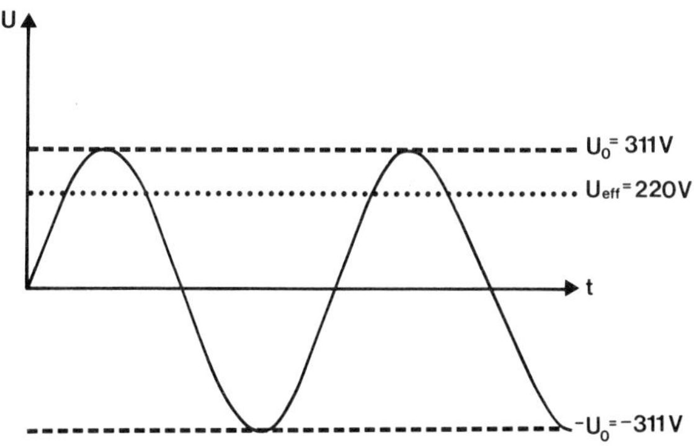

Abb. 96. Zeitlicher Verlauf der Spannung des „Haushaltsstroms". Die Angabe 220 V bezieht sich auf die Effektivspannung (U_{eff}). Die maximale Spannung U_0 beträgt $U_{\text{eff}} \cdot \sqrt{2} = 311$ V.

Beispiel. Die Spannung von 220 V bei unserem Haushaltsstrom ist eine *Effektivspannung*. Wie groß ist dann die maximale Spannung U_0?
Es ergibt sich:

$$\mathbf{U_0 = 220 \cdot \sqrt{2}\,V = 311\,V}$$

9.5 Spule, induktiver Widerstand

Wie bereits erwähnt, ist eine Spule im Prinzip nichts anderes als ein eng und elektrisch isoliert aufgewickelter Draht. Die Isolierung erfolgt dadurch, daß der gesamte Draht außen mit einer dünnen Lackschicht versehen ist. Eine Spule besitzt für Gleichstrom einen Widerstand, der exakt gleich dem Widerstand ist, den der Draht hätte, wenn er in voller Länge, also nicht aufgewickelt vorläge. Diesen Widerstand bezeichnet man als Ohmschen Widerstand. Wenn aber ein Wechselstrom durch die Spule fließt, wird das entstehende Magnetfeld ständig auf- und abgebaut, also zeitlich verändert. Die zeitliche Änderung eines Magnetfeldes bedeutet aber eine induzierte Spannung. In diesem Fall wird von der Spule in sich selbst eine Spannung induziert, die die ursprünglich angelegte Spannung reduziert, also auch zu einem geringeren Strom führt. Dies hat die Wirkung eines Wechselstromwiderstands. Der Wechselstromwiderstand einer Spule berechnet sich dabei wie folgt:

$$\boxed{R_L = \omega \cdot L} \tag{9.15}$$

mit:

R_L = Wechselstromwiderstand einer Spule
ω = Kreisfrequenz
L = Spulenkonstante, wird als Selbstinduktion, Induktivität oder auch Induktionskonstante bezeichnet und in Henry (H) gemessen

Die Induktivität einer sehr langen Spule berechnet sich wie folgt:

$$L = \frac{\mu \cdot \mu_0 \cdot n^2 \cdot A}{l} \tag{9.16}$$

mit

L = Selbstinduktion (Induktivität) [gemessen in Henry]
n = Anzahl der Windungen
A = Querschnittfläche der Spule
μ_0 = Naturkonstante ($= 1{,}256 \cdot 10^{-6}\ V \cdot s/A \cdot m$), wird als absolute Permeabilität oder magnetische Feldkonstante bezeichnet
μ = relative Permeabilität; ist eine Stoffkonstante (von Luft etwa $\mu = 1$)
l = Länge der Spule

Für Gleichstrom, also $\omega = 0$, ist R_L natürlich exakt 0. Je höher die Frequenz des Stromes ist, um so größer wird nach Gl. 9.15 der Wechselstromwiderstand der Spule. Der gesamte Widerstand R_{gs} einer Spule setzt sich aus dem Drahtwiderstand R, also dem Ohmschen Widerstand, und dem Wechselstromwiderstand R_L zusammen. Dabei berechnet sich der gesamte Widerstand der Spule nicht einfach als Summe des Ohm-

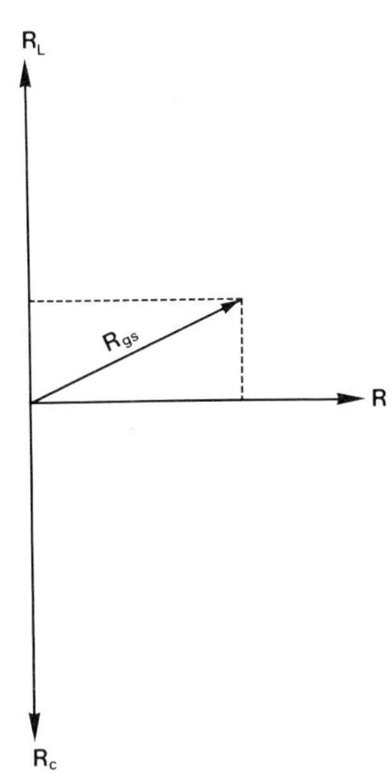

Abb. 97. Der Gesamtwiderstand (R_{gs}) aus Ohmschen (R) und induktiven Widerständen (R_L) in einem Serienkreis berechnet sich nicht einfach aus der Summe der einzelnen Widerstände, sondern mit Hilfe des Pythagoras wie folgt: $R_{gs} = \sqrt{R^2 + R_L^2}$.

schen und induktiven Widerstands. Es ergibt sich statt dessen der folgende Zusammenhang:

$$R_{gs} = \sqrt{R^2 + R_L^2} \tag{9.17}$$

mit:

R_{gs} = gesamter Widerstand einer Spule
R_L = Wechselstromwiderstand der Spule
R = Ohmscher Widerstand der Spule

Beispiel:

1. Eine Spule mit einer Induktivität von 5 mH (Millihenry) besitzt einen Ohmschen Widerstand von 5 Ω. Welchen gesamten Widerstand setzt sie einem Wechselstrom von 50 Hz entgegen?
Der Wechselstromwiderstand R_L ergibt sich nach Gl. 9.15 zu:

$$R_L = \frac{50}{\text{s}} \cdot 2 \cdot \pi \cdot 5 \cdot 10^{-3}\,\text{H} = 1{,}570\,\Omega$$

Für den gesamten Widerstand R_{gs} folgt nach Gl. 9.17:

$$R_{gs} = \sqrt{(5\,\Omega)^2 + (1{,}57\,\Omega)^2}$$

ausgerechnet:

$$\mathbf{R_{gs} = 5{,}24\,\Omega}$$

2. In einem elektronischen Schaltkreis befindet sich eine als Drosselspule bezeichnete Spule mit einer Induktivität von 50 mH und einem Gleichstromwiderstand von 2 Ω. Durch die Spule fließt ein Gleichstrom mit einer Spannung von 5 V und mit der

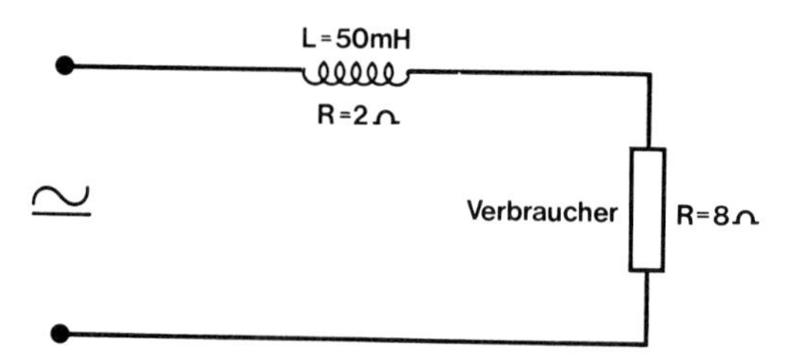

Abb. 98. Ein Wechselstrom sowie ein Gleichstrom mit gleicher Spannung fließen über eine Spule durch einen Verbraucher mit einem Widerstand von 8 Ω. Es stellt sich die Frage, wie groß die Spannungen bzw. Ströme der beiden Anteile nach Durchgang durch die Spule noch sind.

gleichen Spannung ein Wechselstrom von 80 MHz. Wie groß ist der Spannungsabfall, den die Ströme jeweils an einem nachgeschalteten Verbraucher (z.B. Lautsprecher) mit einem Ohmschen Widerstand von 8 Ω zur Folge haben (Abb. 98)?
Für den Gleichstrom I gilt:

$$I = \frac{5\ \text{V}}{2\ \Omega + 8\ \Omega} = 0{,}5\ \text{A}$$

Damit liegt über dem Verbraucher eine Gleichspannung U von:

$$\mathbf{U = 0{,}5\ A \cdot 8\ \Omega = 4\ V}$$

Für den Wechselstrom I gilt:

$$I = \frac{5\ \text{V}}{\sqrt{(2\ \Omega + 8\ \Omega)^2 + (R_L)^2}}$$

Der Wechselstromwiderstand R_L der Spule für 80 MHz ergibt sich nach Gl. 9.15 und Gl. 6.6:

$$R_L = 80 \cdot 10^6 \cdot 2 \cdot \pi \cdot 50 \cdot 10^{-3}\ \Omega = 25{,}13 \cdot 10^6\ \Omega$$

Somit folgt:

$$I = \frac{5\ \text{V}}{\sqrt{(2\ \Omega + 8\ \Omega)^2 + (25{,}13 \cdot 10^6\ \Omega)^2}} = 1{,}99 \cdot 10^{-7}\ \text{A}$$

An dem Widerstand R des Lautsprechers fällt die folgende Wechselspannung $U_\sim$ ab:

$$\mathbf{U_\sim = 8\ \Omega \cdot 1{,}99 \cdot 10^{-7}\ A = 1{,}59 \cdot 10^{-6}\ V}$$

An dem Widerstand R liegt von der Eingangsspannung von 5 V bei 80 MHz also nur noch eine Spannung von rund 2 μV gegenüber einer Spannung von 4 V bei Gleichstrom. Obwohl beide Ströme mit 5 V in die Spule „hineingegeben" werden, kommt fast nur der Gleichstrom hindurch. Die Spule wirkt für hohe Frequenzen wie ein *Filter*. Da nur Gleichstrom bzw. Wechselströme mit niedrigen Frequenzen die Spule „passieren" können, bezeichnet man eine Schaltung entsprechend Abb. 98 als „Tiefpaß".

9.5.1 Serienschaltung von Spulen

Man kann nicht nur Widerstände hintereinander oder parallel schalten, sondern auch andere Schaltelemente wie z.B. Spulen. Es stellt sich die Frage, wie groß die gesamte

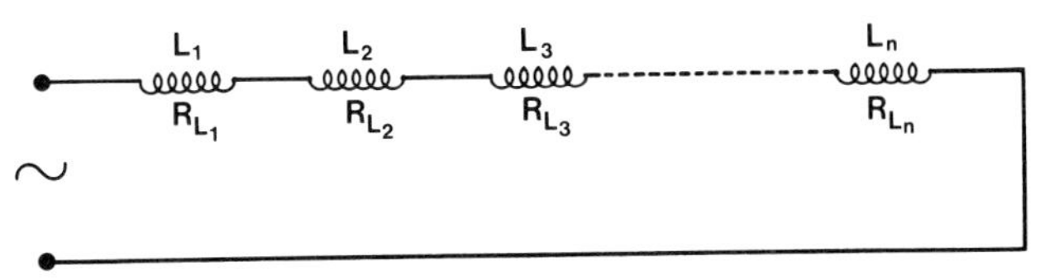

Abb. 99. Serienschaltung von n Spulen. $L_1, L_2, L_3, \ldots L_n$ = Induktivität der jeweiligen Spule; $R_{L1}, R_{L2}, R_{L3}, \ldots R_{Ln}$ = Wechselstromwiderstand der jeweiligen Spule

Induktivität L_{gs} ist, wenn n Spulen mit den Induktivitäten $L_1, L_2, L_3 \ldots L_n$ hintereinander geschaltet sind. Der induktive Widerstand der Spulen betrage jeweils R_{L1}, $R_{L2} \ldots R_{Ln}$. Für den gesamten induktiven Widerstand R_{Lgs} der Spulen gilt nach Gl. 8.21:

$$R_{Lgs} = R_{L1} + R_{L2} + R_{L3} \ldots + R_{Ln} \tag{9.18}$$

mit Hilfe von Gl. 9.15 ergibt sich:

$$\begin{aligned} R_{Lgs} &= \omega \cdot L_{gs} \\ R_{L1} &= \omega \cdot L_1 \\ R_{L2} &= \omega \cdot L_2 \\ R_{L3} &= \omega \cdot L_3 \\ &\vdots \\ R_{Ln} &= \omega \cdot L_n \end{aligned}$$

mit:

R_{Lgs} = gesamter induktiver Widerstand
L_{gs} = gesamte Induktivität
ω = Kreisfrequenz
$R_{L1}, R_{L2}, R_{L3}, \ldots R_{Ln}$ = induktiver Widerstand der 1., 2. 3. ... n'ten Spule

Dies in Gl. 9.18 eingesetzt ergibt:

$$\omega \cdot L_{gs} = \omega \cdot L_1 + \omega \cdot L_2 + \omega \cdot L_3 + \cdots + \omega \cdot L_n \tag{9.19}$$

Durch ω dividiert:

$$L_{gs} = L_1 + L_2 + L_3 + \cdots + L_n$$

oder mit Hilfe des Summenzeichens:

$$L_{gs} = \sum_{i=1}^{n} L_i \tag{9.19a}$$

Bei einer Serienschaltung von n Spulen mit den Induktivitäten $L_1, L_2, L_3, \ldots L_n$ ergibt sich die gesamte Induktivität L_{gs} als Summe der einzelnen Induktivitäten.

9.5.2 Parallelschaltung von Spulen

Es sind n Spulen wie in Abb. 100 parallel geschaltet. Wie groß ist in dieser Schaltung die gesamte Induktivität L_{gs}? Für den gesamten Widerstand R_{gs} des Parallelkreises gilt

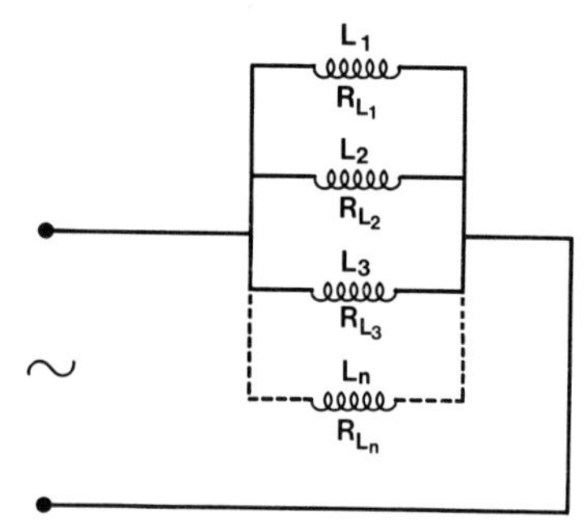

Abb. 100. Parallelschaltung von n Spulen. $L_1, L_2, L_3, \ldots L_n$ = Induktivität der jeweiligen Spule; $R_{L1}, R_{L2}, R_{L3} \ldots R_{Ln}$ = Wechselstromwiderstand der jeweiligen Spule

analog Gl. 8.23:

$$\frac{1}{R_{L_{gs}}} = \frac{1}{R_{L_1}} + \frac{1}{R_{L_2}} + \frac{1}{R_{L_3}} + \cdots + \frac{1}{R_{L_n}}$$

Mit Hilfe von Gl. 9.15 ergibt sich:

$$\frac{1}{\omega \cdot L_{gs}} = \frac{1}{\omega \cdot L_1} + \frac{1}{\omega \cdot L_2} + \frac{1}{\omega \cdot L_3} + \cdots + \frac{1}{\omega \cdot L_n} \tag{9.20}$$

Mit ω multipliziert:

$$\frac{1}{L_{gs}} = \frac{1}{L_1} + \frac{1}{L_2} + \frac{1}{L_3} + \cdots + \frac{1}{L_n}$$

oder mit Hilfe des Summenzeichens:

$$\frac{1}{L_{gs}} = \sum_{i=1}^{n} \frac{1}{L_i} \tag{9.20a}$$

Bei der Parallelschaltung von n Induktivitäten ist der reziproke Wert der gesamten Induktivität gleich der Summe der reziproken Werte der Einzelinduktivitäten.

Achtung:

Die Induktivitäten verhalten sich wie Ohmsche Widerstände.

9.6 Kondensator

Wir stellen zwei Metallplatten mit jeweils einer Fläche A in einem festen Abstand d einander gegenüber. Die beiden Platten besitzen elektrisch keinerlei Kontakt. Eine derartige Anordnung wird als Kondensator bzw. „Kapazität" bezeichnet. Bringt man auf die Platte eine elektrische Ladung q_1, so entsteht zwischen den Platten eine Spannung U_1. Verdoppelt man die Ladung, so verdoppelt sich die Spannung. Bei Verdreifachung der Ladung verdreifacht sich die Spannung usw.... Spannung U und Ladung q sind proportional.

$$U \sim q$$

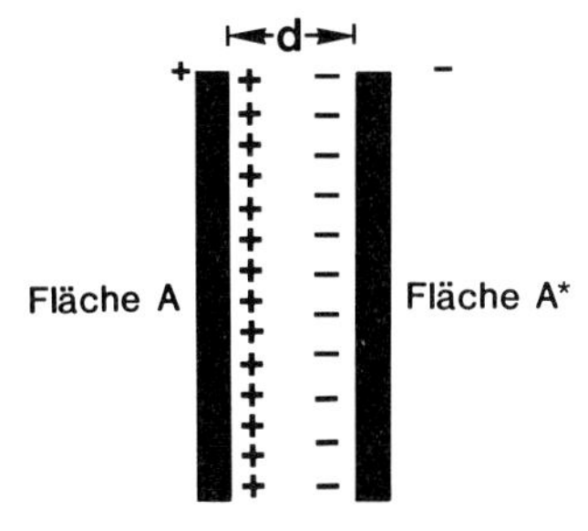

Abb. 101. Prinzipieller Aufbau eines Kondensators. Zwei elektrisch leitende Platten mit der Fläche A stehen sich im Abstand d gegenüber. Bringt man auf die Platten Ladungen, so entsteht zwischen ihnen eine Spannung.

Um aus der obigen Proportionalität eine Gleichung zu bekommen, führen wir eine Proportionalitätskonstante C ein.
Es gilt dann:

$$q = C \cdot U \tag{9.21}$$

mit:
q = Ladung, die sich auf den beiden Platten befindet
U = Spannung, die sich aufgrund der Ladung q zwischen den Platten einstellt
C = Kapazität des Kondensators, gemessen in Farad (F)

Die Maßeinheit der Kapazität C folgt aus Gl. 9.21 nach Umstellen: Wenn ein Kondensator bei einer Ladung $q = 1$ Coulomb eine Spannung $U = 1$ V besitzt, so besitzt er eine Kapazität C von 1 Farad. Also:

$$[C] = 1\ \mathrm{F} = \frac{1\ \mathrm{C}}{1\ \mathrm{V}} \tag{9.22}$$

Wenn ein Kondensator bei einer so großen Ladung wie 1 Coulomb nur eine Spannung von 1 V besitzt, so muß der Kondensator sehr groß sein. Eine Kapazität von 1 F ist daher ein sehr großer Wert. Als Untereinheiten gibt es:

1 mF	$= 10^{-3}$ F	= 1 Millifarad
1 µF	$= 10^{-6}$ F	= 1 Mikrofarad
1 nF	$= 10^{-9}$ F	= 1 Nanofarad
1 pF	$= 10^{-12}$ F	= 1 Pikofarad

Die Kapazität C eines Kondensators läßt sich allgemein wie folgt berechnen:

$$C = \varepsilon \cdot \varepsilon_0 \cdot \frac{A}{d} \tag{9.23}$$

mit:
C = Kapazität (in Farad)
A = Fläche des Kondensators (in m^2)
d = Abstand der beiden Flächen (in m)
ε = relative Dielektrizitätskonstante, Stoffkonstante (von Luft $\varepsilon \approx 1$; von Wasser $\varepsilon \approx 81$)
ε_0 = absolute Dielektrizitätskonstante ($\varepsilon_0 = 8{,}854 \cdot 10^{-12}\ A \cdot s / V \cdot m$)

9.6.1 Entladung eines Kondensators

Wir nehmen an, daß der Kondensator auf eine Spannung von U_0 aufgeladen worden ist (Abb. 102a). Wenn wir den Kondensator anschließend über einen Widerstand R entladen (Abb. 102b), so ändert sich die Spannung U des Kondensators mit der Zeit t vom Maximalwert U_0 bis auf den Wert 0 nach der folgenden Funktion:

$$U = U_0 \cdot e^{-\frac{t}{RC}} \tag{9.24}$$

mit:

U = Spannung über dem Kondensator (zu einem beliebigen Zeitpunkt t)
U_0 = maximale Spannung über dem Kondensator, gemessen zur Zeit $t = 0$
e = Euler-Zahl ($e \approx 2{,}71$)
t = Zeit, zu der die Spannung U betrachtet wird
R = Widerstand, über den der Kondensator entladen wird
C = Kapazität des Kondensators

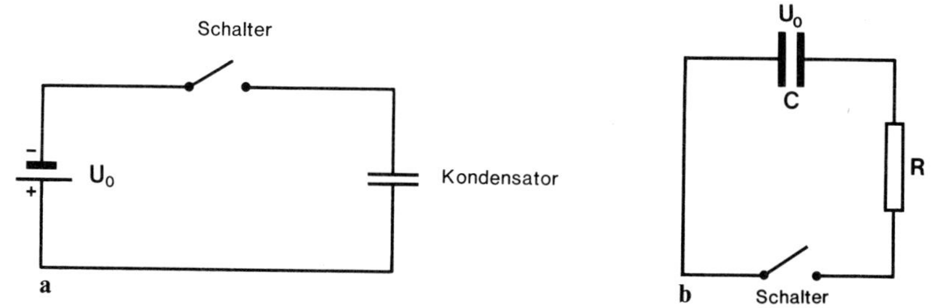

Abb. 102. a Der Kondensator wird mit Hilfe einer Spannungsquelle auf die Spannung U_0 aufgeladen. **b** Nach Schließen des Schalters entlädt sich die Kapazität über den Widerstand R. Die Entladung geschieht nicht linear, sondern über eine e-Funktion.

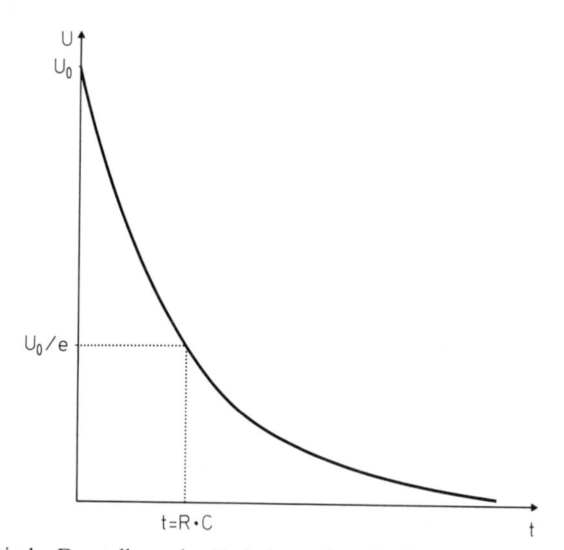

Abb. 103. Graphische Darstellung der Entladung eines Kodensators C über einen Widerstand R entsprechend Gl. 9.24

Da im Exponenten jeder Zahl – hier der Zahl e – nur eine dimensionslose Zahl stehen darf, muß das Produkt $R \cdot C$ die Dimension einer Zeit haben. Betrachtet man die Spannung U an dem Kondensator nach einer Zeit t, die gleich dem Produkt aus $R \cdot C$ ist, also für $t = R \cdot C$, so ergibt sich:

$$U = U_0 \cdot e^{-\left(\frac{R \cdot C}{R \cdot C}\right)} = U_0 \cdot e^{-1} \qquad (9.25)$$

mit:

$$e^{-1} = \frac{1}{e}$$

folgt:

$$U = \frac{U_0}{e} \qquad (9.25\,a)$$

Nach der Zeit $t = R \cdot C$ ist die Kondensatorspannung genau auf den e-ten Teil der Anfangsspannung abgesunken. Man bezeichnet das Produkt $R \cdot C$ als *Zeitkonstante*.

9.6.2 Widerstand eines Kondensators im Wechselstromkreis

Schaltet man einen Kondensator über einen Schalter in einem Gleichstromkreis, so wird er sich aufladen und dann jeden weiteren Stromfluß verhindern. Der Widerstand eines Kondensators in einem Gleichstromkreis ist also nach Beendigung des Aufladevorgangs unendlich groß.
Wie aber verhält sich ein Kondensator in einem Kreis, in dem Wechselstrom fließt? Der Kondensator wird sich bei der einen Halbwelle entsprechend wie beim Gleichstrom aufladen, aber bei der nächsten Halbwelle sich wieder entsprechend entladen und andersherum aufladen. Er wechselt also im Rhythmus der angelegten Spannung seinen Ladungszustand. Es fließt daher in dem Kreis ein Strom, natürlich nur hin und her über R und nicht durch die Luft zwischen den Platten. Der Widerstand R_C eines Kondensators in einem Wechselstromkreis ist daher nicht unendlich groß, sondern hängt wie folgt von der Frequenz des Stroms und der Kapazität des Kondensators ab:

$$\boxed{R_C = \frac{1}{\omega \cdot C}} \qquad (9.26)$$

mit:

R_C = Wechselstromwiderstand eines Kondensators
ω = Kreisfrequenz der angelegten Spannung
C = Kapazität des Kondensators

Man sieht an Gl. 9.26, daß der Wechselstromwiderstand eines Kondensators um so kleiner wird, je höher die Frequenz des Stromes und je größer die Kapazität des Kondensators ist. Das Verhalten des Kondensators ist in diesen Punkten also gerade umgekehrt wie das der Spule.

Beispiele

1. Wir betrachten einen Strom mit einer Eingangsspannung von 5 V sowie 50 Hz. Wie groß ist die Spannung U_R am Widerstand $R = 100\,\Omega$, wenn die Kapazität C des Kondensators 5 µF beträgt?

Der Strom I ergibt sich analog zu Gl. 9.17:

$$I = \frac{5\,\text{V}}{\sqrt{(100\,\Omega)^2 + R_C^2}} \tag{9.27}$$

Der Widerstand R_C des Kondensators berechnet sich mit Hilfe von Gl. 9.26 zu:

$$R_C = \frac{1}{50\,\text{Hz} \cdot 2\pi \cdot 5 \cdot 10^{-6}\,\text{F}}$$

also:

$$\boldsymbol{R_C = 637\,\Omega}$$

Dies ist in Gl. 9.27 eingesetzt:

$$I = \frac{5\,\text{V}}{\sqrt{(637\,\Omega)^2 + (100\,\Omega)^2}} = 0{,}00775\,\text{A}$$

oder:

$$\boldsymbol{I = 7{,}75\,\text{mA}}$$

Die Spannung über R, also U_R, berechnet sich dann zu:

$$U_R = 0{,}00775\,\text{A} \cdot 100\,\Omega = 0{,}775\,\text{V}$$

Die Spannung über dem Kondensator C läßt sich aus der Differenz von $U_0 = 5$ V und $U_R = 0{,}678$ V berechnen:

$$\boldsymbol{U_C = 5\,\text{V} - 0{,}775\,\text{V} = 4{,}225\,\text{V}}$$

Bei einem Strom von 50 Hz fällt also eine Spannung von rund 4,23 V an dem Kondensator und nur rund 0,78 V an dem Widerstand R ab. Bei Gleichspannung ist die Spannung über R natürlich exakt 0, und die gesamte Spannung liegt über dem Kondensator.

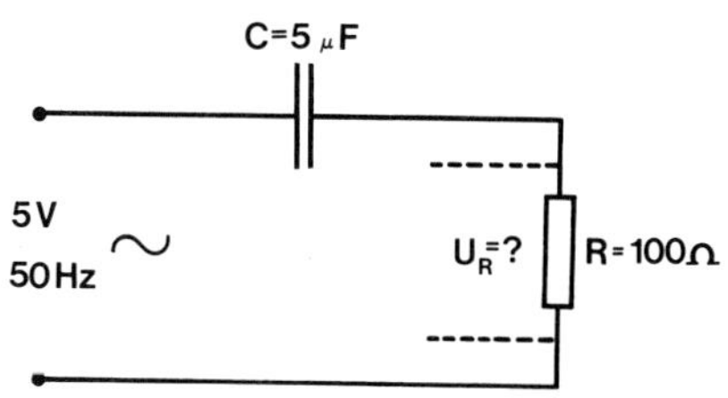

Abb. 104. Am Eingang der Schaltung liegt eine Spannung von 5 V mit einer Frequenz von 50 Hz. Die Spannung U_R am Widerstand $R = 100\,\Omega$ soll berechnet werden.

2. Es liegen die gleichen Verhältnisse wie im 1. Beispiel vor ($U_0 = 5$ V, $C = 5\,\mu$F, $R = 100\,\Omega$) mit Ausnahme der Frequenz. Die angelegte Spannung soll jetzt eine Frequenz von 80 MHz besitzen. Welche Spannung liegt jetzt über dem Verbraucher R?

Für den Strom folgt wie vorher:

$$I = \frac{5\,\text{V}}{\sqrt{(100\,\Omega)^2 + R_C^2}} \tag{9.28}$$

R_C berechnet sich nach Gl. 9.26 wie folgt:

$$R_C = \frac{1}{80 \cdot 10^6 \cdot 2\pi\,\text{Hz} \cdot 5 \cdot 10^{-6}\,\text{F}}$$

also

$$\boldsymbol{R_C = 0{,}000398\,\Omega \approx 0{,}0004\,\Omega}$$

Dies in Gl. 9.28 eingesetzt, ergibt:

$$\boldsymbol{I} = \frac{5\,\mathrm{V}}{\sqrt{(100\,\Omega)^2 + (4\cdot 10^{-4}\,\Omega)^2}} = \mathbf{0{,}05\,A}$$

Über R fällt jetzt somit praktisch die gesamte Spannung ab. Hohe Frequenzen läßt ein Kondensator also sehr viel besser passieren als niedrige. Daher wirkt ein Kondensator als Filter; er kann Spannungen verschiedener Frequenzen voneinander trennen. Er läßt hochfrequente Ströme besser passieren als niederfrequente. Wegen der erwähnten Eigenschaften wirkt der Kondensator in Abb. 104 als *Hochpaß*.

9.6.3 Serienschaltung von Kondensatoren

In 8.7 hatten wir bei der Serienschaltung von n Widerständen den Gesamtwiderstand R_{gs} bestimmt. Er berechnete sich als Summe der Einzelwiderstände. In diesem Zusammenhang soll die Frage nach der Gesamtkapazität C_{gs} bei einer Serienschaltung von Kapazitäten, wie in Abb. 105 dargestellt, beantwortet werden. Die kapazitiven Widerstände der Kondensatoren berechnen sich nach Gl. 9.26 wie folgt:

$$R_{C\mathrm{gs}} = \frac{1}{\omega \cdot C_{\mathrm{gs}}}$$

$$R_{C1} = \frac{1}{\omega \cdot C_1}$$

$$R_{C2} = \frac{1}{\omega \cdot C_2}$$

$$R_{C3} = \frac{1}{\omega \cdot C_3}$$

$$R_{Cn} = \frac{1}{\omega \cdot C_n}$$

Für den gesamten Widerstand $R_{C\mathrm{gs}}$ gilt nach Gl. 8.21

$$R_{C\mathrm{gs}} = R_{C1} + R_{C2} + R_{C3} \ldots + R_{Cn}$$

Die Widerstände in dieser Gleichung werden durch die obigen ersetzt:

$$\frac{1}{\omega \cdot C_{\mathrm{gs}}} = \frac{1}{\omega \cdot C_1} + \frac{1}{\omega \cdot C_2} + \frac{1}{\omega \cdot C_3} + \cdots + \frac{1}{\omega \cdot C_n} \tag{9.29}$$

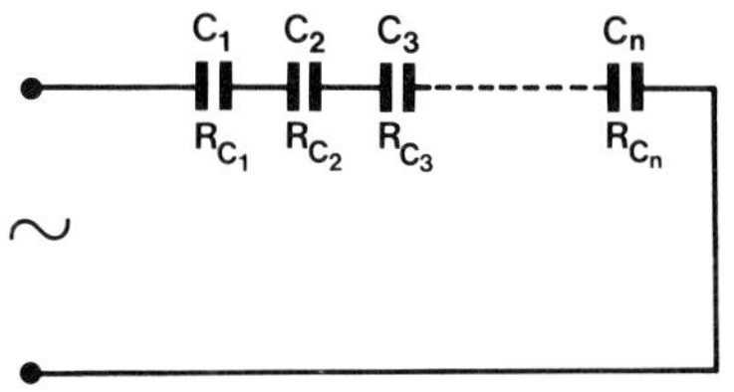

Abb. 105. Serienschaltung von n Kondensatoren. C_1, C_2, $C_3 \ldots C_n$ = Kapazität des jeweiligen Kondensators; R_{C1}, R_{C2}, $R_{C3}, \ldots R_{Cn}$ = Wechselstromwiderstand des jeweiligen Kondensators

Durch ω dividiert folgt:

$$\frac{1}{C_{gs}} = \frac{1}{C_1} + \frac{1}{C_2} + \frac{1}{C_3} + \dots \frac{1}{C_n}$$

oder mit Hilfe des Summenzeichens

$$\frac{1}{C_{gs}} = \sum_{i=1}^{n} \frac{1}{C_i} \qquad (9.29\,\text{a})$$

Der reziproke Wert der Gesamtkapazität von n hintereinandergeschalteten Kapazitäten berechnet sich nach Gl. 9.29a aus der Summe der reziproken Werte der Einzelkapazitäten.

Achtung:

In Serie geschaltete Kapazitäten verhalten sich umgekehrt wie Ohmsche Widerstände.

9.6.4 Parallelschaltung von Kondensatoren

Wie berechnet sich die Gesamtkapazität C_{gs}, wenn die Kapazitäten wie in Abb. 106 parallel geschaltet sind?
Für den Gesamtwiderstand R_{Cgs} in einem Parallelkreis gilt nach Gl. 8.23:

$$\frac{1}{R_{Cgs}} = \frac{1}{R_{C1}} + \frac{1}{R_{C2}} + \frac{1}{R_{C3}} + \dots + \frac{1}{R_{Cn}}$$

Mit den Werten nach Gl. 9.26 folgt:

$$\frac{1}{\frac{1}{\omega \cdot C_{gs}}} = \frac{1}{\frac{1}{\omega \cdot C_1}} + \frac{1}{\frac{1}{\omega \cdot C_2}} + \frac{1}{\frac{1}{\omega \cdot C_3}} + \dots + \frac{1}{\frac{1}{\omega \cdot C_n}} \qquad (9.30)$$

Umgeformt und durch ω dividiert ergibt:

$$C_{gs} = C_1 + C_2 + C_3 + \dots + C_n$$

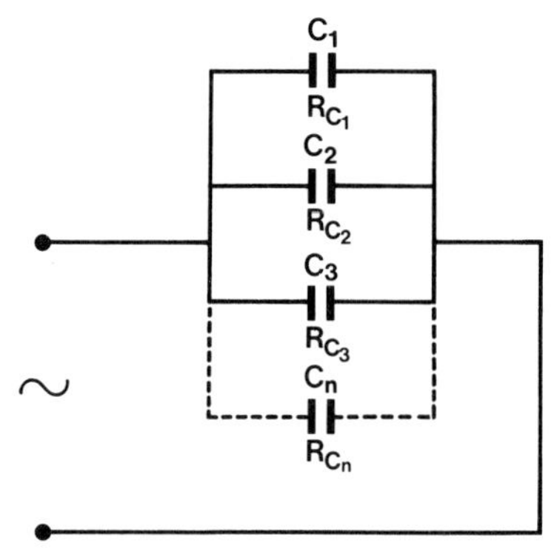

Abb. 106. Parallelschaltung von n Kondensatoren. C_1, C_2, C_3, ... C_n = Kapazität des jeweiligen Kondensators; R_{C1}, R_{C2}, R_{C3}, ... R_{Cn} = Wechselstromwiderstand des jeweiligen Kondensators

Mit Hilfe des Summenzeichens:

$$C_{gs} = \sum_{i=1}^{n} C_i \tag{9.30a}$$

Bei einer Parallelschaltung von Kapazitäten ergibt sich die gesamte Kapazität C_{gs} als Summe der Einzelkapazitäten.

Achtung:

Parallel geschaltete Kapazitäten verhalten sich umgekehrt wie Ohmsche Widerstände und Spulen.

Zusammenfassung:

$R = \varrho \cdot \frac{l}{A}$ Ohmscher Widerstand eines Drahtes (s. Gl. 8.17).

$R_L = \omega \cdot L$ induktiver Widerstand einer Spule (s. Gl. 9.15).

$R_C = \frac{1}{\omega \cdot C}$ kapazitiver Widerstand eines Kondensators (s. Gl. 9.26).

Serienkreis:

$R_{gs} = \sum_{i=1}^{n} R_i$ Ohmsche Widerstände (s. Gl. 8.21 a).

$L_{gs} = \sum_{i=1}^{n} L_i$ Induktivitäten (s. Gl. 9.19 a).

$\frac{1}{C_{gs}} = \sum_{i=1}^{n} \frac{1}{C_i}$ Kapazitäten (s. Gl. 9.29 a).

Parallelkreis:

$\frac{1}{R_{gs}} = \sum_{i=1}^{n} \frac{1}{R_i}$ Ohmsche Widerstände (s. Gl. 8.23 a)

$\frac{1}{L_{gs}} = \sum_{i=1}^{n} \frac{1}{L_i}$ Induktivitäten (s. Gl. 9.20 a).

$C_{gs} = \sum_{i=1}^{n} C_i$ Kapazitäten (s. Gl. 9.30 a).

9.7 Schwingkreis

Es liegt eine Schaltung wie in Abb. 107 vor.
Wir laden den Kondensator bei geöffnetem Schalter mit Hilfe einer Spannungsquelle auf die Spannung U_0 auf. Nach Schließen des Schalters wird sich der Kondensator C über die Spule L entladen. Während der Entladung fließt über die Spule L ein

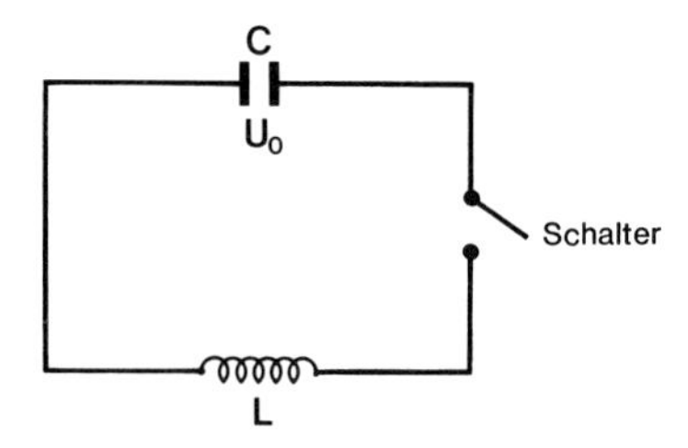

Abb. 107. Schwingkreis. C Kondensator; U_0 Spannung, mit der der Kondensator aufgeladen wird; L Spule

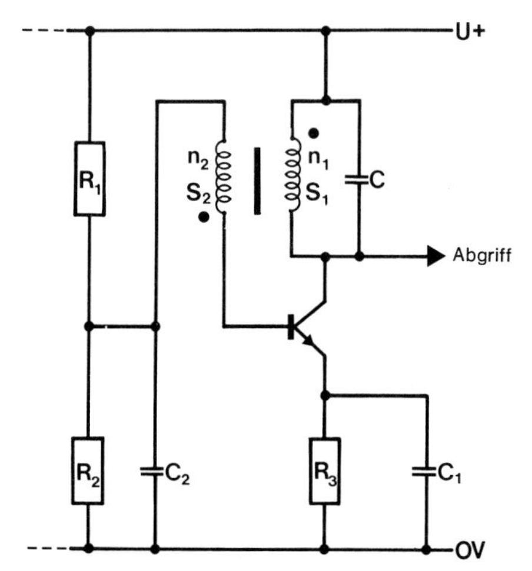

Abb. 108. Schaltplan eines speziellen Schwingkreises – Meißner-Oszillator genannt – mit Transistorsteuerung. Der Schwingkreis, bestehend aus der Spule S_1 und dem Kondensator C, bekommt durch Induktion über die Spule S_2 und den Transistor ihre „verlorengegangene" Energie „nachgeliefert". Es entsteht auf diese Weise eine ungedämpfte Schwingung. Die Widerstände R_1 und R_2 bilden einen Spannungsteiler für die angelegte Gleichspannungsversorgung des Transistors, also zur Festlegung seines Arbeitspunktes. R_3 und C_1 dienen der Gegenkopplung also auch der Festlegung des Arbeitspunktes. C_2 bestimmt die Phase der Schwingung im NF(Niederfrequenz)-Gebiet.

Strom, der in der Spule ein Magnetfeld erzeugt. Wenn der Kondensator entladen ist, also durch die Spule kein Strom mehr fließt, bricht das Magnetfeld der Spule zusammen. Dabei wird in der Spule eine Spannung mit umgekehrtem Vorzeichen induziert, die den Kondensator wieder auflädt, diesmal jedoch mit umgekehrter Spannung. Dies geschieht im periodischen Wechsel. Der Schwingkreis erzeugt somit eine sinusförmige Schwingung, die teilweise als elektromagnetische Welle in die Umgebung abgestrahlt wird. Wegen der Energieverluste durch Wärme und der abgestrahlten Energie kommt der Schwingungsvorgang nach einiger Zeit zum Ende. Es entsteht eine gedämpfte Schwingung, wie in Abb. 50 dargestellt ist. Die Kreisfrequenz ω einer ungedämpften Schwingung in einem derartigen Kreis berechnet sich wie folgt:

$$\omega = \frac{1}{\sqrt{L \cdot C}} \tag{9.31}$$

bzw. die „echte Frequenz“ f:

$$f = \frac{1}{2\pi\sqrt{L \cdot C}} \tag{9.32}$$

mit:

ω = Kreisfrequenz des Schwingkreises
f = Frequenz des Schwingkreises
L = Induktivität der Spule
C = Kapazität des Kondensators

Damit die Schwingungen des Kreises so lange andauern wie notwendig oder erwünscht, wird der Schwingkreis in einen elektrischen Schaltkreis mit einer Röhre oder einem Transistor eingebaut. Der Energieverlust im Kreis wird dann elektrisch jeweils wieder zugeführt. In Abb. 108 ist eine derartige Schaltung dargestellt. In jedem Radio, Fernseher oder anderen elektrischen Geräten befinden sich eine ganze Reihe von Schwingkreisen.

10 Elektronik, Halbleiterelemente

Die elektronischen Halbleiterelemente spielen u.a. in der medizinischen Meßtechnik eine sehr große Rolle. Es gibt keinen Taschenrechner, keine γ-Kamera, keine Röntgenanlage, in der sich nicht Halbleiterelemente befinden. So ist es heute bereits möglich, auf einem Halbleiterchip von einigen mm^2 Fläche einige zigtausend Schaltelemente wie Transistoren, Dioden, Kondensatoren und Widerstände unterzubringen. So besitzen LSI-Chips (Large Scale Integration) auf ca. $4\,mm^2$ rund 65000 Elemente, VLSI-Chips (Very Large Scale Integration) sogar ca. 2 Millionen auf rund $10\,mm^2$. Früher mit der Röhrentechnik hätte diese Anzahl an Schaltelementen große Räume erfordert. Da die Röhrentechnik heute keine kommerzielle Rolle mehr spielt, werden wir im folgenden nicht mehr darauf eingehen; mit Ausnahme einiger spezieller Röhren wie der Oszillographenröhre (Braunsche Röhre) oder der Röntgenröhre. Bevor wir uns mit einigen speziellen Halbleiterelementen beschäftigen können, ist es notwendig, einige Tatsachen über Leiter, Nichtleiter (Isolatoren) und Halbleiter darzustellen.

10.1 Leiter

In Metallen, als typische Vertreter elektrisch besonders gut leitender Stoffe, gibt es eine große Anzahl von Elektronen, die nicht direkt an ein bestimmtes Atom gebunden sind. Diese Elektronen sind in dem metallischen Kristallverband praktisch frei beweglich. Diese frei beweglichen Elektronen ergeben die gute elektrische Leitfähigkeit der Metalle. Eine von außen an das Metall angelegte Spannung führt dazu, daß sich die Elektronen in Richtung des Feldes ohne großen Widerstand in dem Metall bewegen können. Man bezeichnet diese frei beweglichen Elektronen als *Leitfähigkeitselektronen*. Die übrigen noch ans Atom gebundenen Elektronen werden als *Valenzelektronen* bezeichnet. Valenz- und Leitfähigkeitselektronen unterscheiden sich physikalisch insbesondere durch ihre Bindungsenergie. Die Energie eines Elektrons wird – negativ gemessen – um so größer, je näher das Teilchen dem positiven Kern kommt. Je fester ein Elektron gebunden ist, desto mehr Energie ist notwendig, um es aus seiner Bindung an den Kern herauszulösen und es zu einem freien Elektron zu machen.
Diese Tatsache läßt sich gut mit Hilfe eines speziellen Modells darstellen, dem sog. Bändermodell. Ein Atom besitzt diesem Modell zufolge 2 Energiebänder, das Valenzband mit den gebundenen Elektronen, die zum elektrischen Strom keinen Beitrag liefern, und das Leitungsband mit den frei beweglichen Elektronen (Abb. 109). Bei Leitern gehen diese beiden Bereiche ineinander über, so daß nur eine ganz geringe Energie notwendig ist, um Elektronen aus dem Valenzband in das Leitungsband zu bringen. Bei normaler Zimmertemperatur, die eine bestimmte kinetische Energie der

Elektronen zur Folge hat, befinden sich bereits in sehr großer Anzahl Elektronen im Leitungsband und geben dem Leiter die erwähnten guten elektrischen Eigenschaften. Metalle besitzen daher einen sehr geringen elektrischen Widerstand. Der spezifische Widerstand ϱ_{Cu} von Kupfer z. B. beträgt etwa $10^{-6}\ \Omega \cdot cm$. Der spezifische Widerstand von Kupfer gibt den Widerstand eines Kupferdrahtes von 1 mm^2 Querschnitt und 1 cm Länge an.

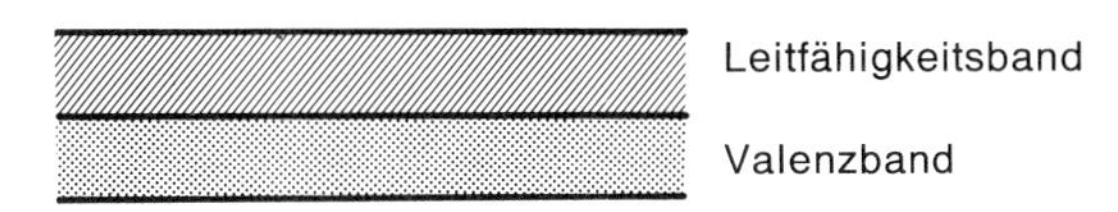

Abb. 109. Elektronenbändermodell eines metallischen Leiters

10.2 Isolatoren

Ein Techniker würde sagen: Leiter besitzen einen sehr geringen elektrischen Widerstand, Isolatoren einen sehr großen Widerstand. (Der spezifische Widerstand ist größer als $10^{10}\ \Omega \cdot cm$). Genauer und physikalisch exakter läßt sich der Unterschied mit Hilfe des Bändermodells erklären: Ein *idealer* Isolator besitzt im Leitfähigkeitsband keine Elektronen. Im Gegensatz zu den Metallen besteht bei Isolatoren zwischen dem Valenzband und dem Leitfähigkeitsband eine für Elektronen verbotene Energiezone der Breite ΔE. Dieser Energiebereich ΔE kann von Elektronen aus quantentheoretischen Gründen nicht besetzt werden. Die Elektronen können sich also nur im Valenzband und/oder im Leitfähigkeitsband befinden.

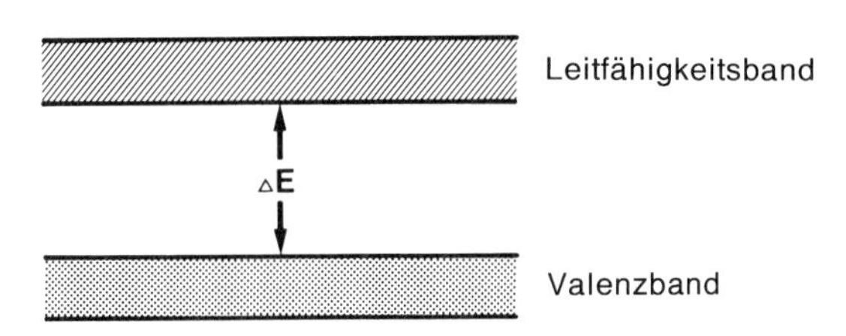

Abb. 110. Elektronenbändermodell eines Isolators

Im Isolator befinden sich theoretisch alle Elektronen im Valenzband. Durch Verunreinigungen und Baufehler eines realen Isolatorkristalls befindet sich jedoch tatsächlich eine, wenn auch nur geringe Anzahl von Elektronen im Leitfähigkeitsband.
Bei normaler Raumtemperatur reicht die Energie der Elektronen des Valenzbandes nicht aus, um in das Leitfähigkeitsband zu gelangen. Es stehen beim Isolator daher nur sehr wenige Elektronen für den elektrischen Strom zur Verfügung. Die Energiebreite ΔE der verbotenen Zone des Isolators beträgt einige Elektronenvolt. Sie ist somit so breit, daß sie auch von sehr energiereichen Elektronen nicht mehr überwunden werden kann.

10.3 Halbleiter

Zwischen den Leitern und Isolatoren sind physikalisch die Halbleiter einzuordnen. Technisch besitzen die Halbleiter einen spezifischen Widerstand, der zwischen dem der Leiter und dem der Isolatoren liegt. Physikalisch unterscheiden sie sich durch die Breite der verbotenen Zone. Sie beträgt beim Halbleiter bis zu ca. 2,5 eV, ist also geringer als bei den Isolatoren. Diese Breite der verbotenen Zone befähigt einige Elektronen, aufgrund ihrer thermischen Energie bereits bei Zimmertemperatur aus dem Valenzband in das Leitfähigkeitsband zu gelangen, natürlich nur die, deren Energie größer als ΔE ist. Außerdem befinden sich auch beim Halbleiter aufgrund von Kristallbaufehlern und Verunreinigungen Elektronen im Leitfähigkeitsband. Aus diesen Gründen besitzt ein Halbleiter eine bestimmte Anzahl Elektronen im Leitfähigkeitsband, die zwar sehr viel geringer als bei den Metallen ist, aber größer als bei Isolatoren.

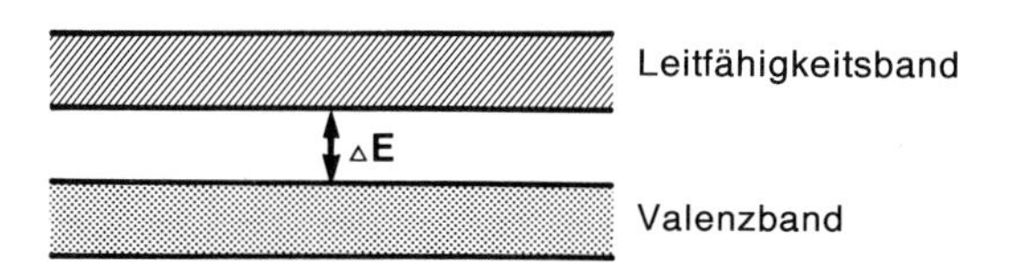

Abb. 111. Elektronenbändermodell eines Halbleiters

Für das Verständnis der Halbleiterbauelemente müssen wir uns im folgenden genauer mit dem physikalischen Verhalten von Halbleitern beschäftigen. Der Einfachheit halber wollen wir exemplarisch den Halbleiter Silizium betrachten, da dieses neben dem Germanium die Grundlage fast der gesamten Halbleitertechnik bildet. Reines Silizium besitzt folgenden Aufbau: Es gehört der 4. Gruppe des Periodensystems an, besitzt also 4 Elektronen (Valenzelektronen) auf der äußeren Schale. Diese 4 Elektronen bilden jeweils mit den Elektronen der benachbarten Atome Elektronenpaare, so daß sich eine räumlich aufgebaute Gitterstruktur mit kovalenten Bindungen ergibt. Um den Halbleiter technisch zu verwenden, geht man wie folgt vor: Das Silizium wird von allen Fremdatomen (Verunreinigungen), soweit es technisch möglich ist, gereinigt. Danach wird es entweder mit 3wertigen oder 5wertigen Fremdatomen – genau dosiert – wieder verunreinigt. Diese genau dosierte Verunreinigung läßt sich so steuern, daß man die elektrischen Eigenschaften eines Halbleiters recht gut festlegen kann. Man bezeichnet diese gesteuerten Verunreinigungen als *Dotierung*.
Wird das Silizium z. B. mit Arsen dotiert, so werden die Arsenatome in den Kristall eingebaut. Da das Arsen aus der 5. Gruppe des Periodensystems stammt, besitzt es 5 Valenzelektronen auf der äußeren Schale. Es hat somit ein Elektron mehr als das Silizium. Dieses überzählige Elektron ist nicht fest gebunden und daher frei beweglich. Es verhält sich somit in unserem Modell wie ein Leitfähigkeitselektron und sitzt daher natürlich im Leitfähigkeitsband. Die Anzahl der dotierten Fremdatome im Siliziumkristall wird sehr gering gehalten, etwa ein Fremdatom auf 10^6 Siliziumatome. Dennoch bestimmen sie weitgehend das elektrische Verhalten des Halbleiters.
Wird das Silizium dagegen mit einem 3wertigen Element, z. B. Indium, dotiert, so wird das Indiumatom anstelle eines Siliziumatoms in den Kristall eingebaut. Das Indium-

atom besitzt jedoch nur 3 Elektronen auf der äußeren Schale, es fehlt somit in dem dotierten Silizium-Indium-Kristall ein Elektron.
Dieses fehlende Elektron wird als Loch bezeichnet und besitzt formal das Verhalten einer positiven Ladung. Im Halbleiter können sich auch diese Löcher von einem Atom zum nächsten fortbewegen, indem jeweils ein Elektron aus einem anderen Atom in das entsprechende Loch springt und an seinem alten Platz ein Loch zurückläßt, in das wiederum ein Elektron des nächsten Atoms springen kann, das seinerseits dort ein Loch zurückläßt. Diese Bewegung entspricht der Wanderung von Löchern, d.h. einem Strom von positiven Ladungsträgern in einer dem Elektronenstrom entgegengesetzten Richtung. Dieser Strom wird als Löcherstrom bezeichnet. Dieser Löcherstrom ist also etwas Neues und bei „normalen" Leitern völlig unbekannt, denn in Leitern gibt es nur einen Elektronenstrom (in Elektrolyten und Gasen allerdings bewegen sich auch positive und negative Ionen). Halbleiter, die mit 3wertigen Fremdatomen dotiert worden sind, bezeichnet man als p-leitend bzw. p-dotiert. Das p kommt von positiv und weist auf das fehlende Elektron bzw. das Loch hin, das, wie erwähnt, den Charakter einer positiven Ladung besitzt. Die mit 5wertigen Atomen dotierten Halbleiter bezeichnet man dagegen als n-leitend bzw. n-dotiert. Das n stammt von negativ und bezeichnet das zusätzliche Elektron.
Durch die Dotierung erhält der Halbleiter künstlich eine bestimmte Anzahl von zusätzlichen Ladungsträgern und wird somit schon bei Zimmertemperatur zu einem relativ guten Leiter.

10.4 Die pn-Grenzschicht

Nimmt man einen p-dotierten Siliziumkristall und bringt ihn mit einem n-dotierten Siliziumkristall mechanisch in Kontakt, so geschehen einige sehr wesentliche physikalische Prozesse:
Im n-dotierten Kristall befinden sich, wie erwähnt, frei bewegliche überschüssige negative Ladungsträger; im p-dotierten Kristall dagegen fehlen Elektronen, was wir als Löcher bezeichnet haben. Nach den Gesetzen der Diffusion werden also Elektronen vom n-Kristall in den p-Kristall und Löcher aus dem p-Kristall in den n-Kristall wandern. Diese Diffusion wird so lange vor sich gehen, bis sich durch die Ladungsverschiebungen eine Spannung, die als Antidiffusionsspannung bezeichnet wird, aufgebaut hat, die der weiteren Diffusion von Ladungsträgern ein Ende setzt. Der negative Pol dieser Antidiffusionsspannung liegt im p-Kristall, da dorthin eine bestimmte Anzahl negativer Ladungen diffundiert ist. Der positive Pol befindet sich im n-Kristall.
In einem bestimmten Bereich der Grenzschicht zwischen den beiden Kristallen rekombinieren (= vereinigen) Elektronen und Löcher. In dieser Grenzschicht gibt es

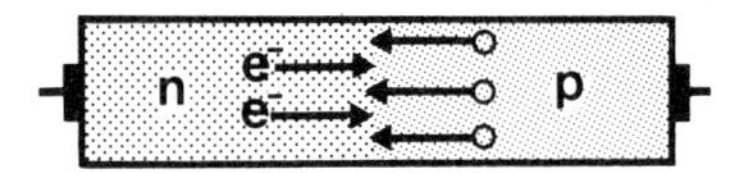

Abb. 112. Aus der *n*-dotierten Schicht wandern Elektronen in die *p*-Schicht, während aus der *p*-dotierten Schicht Löcher in die *n*-Schicht wandern. Diese Diffusion erreicht ein Gleichgewicht, wenn eine bestimmte elektrische Spannung, die Antidiffusionsspannung, erreicht ist.

daher keine bzw. erheblich weniger freie Ladungsträger als in den beiden Kristallhälften. Durch die Diffusion und die anschließende Rekombination wird der Prozeß der Dotierung in der Grenzschicht sozusagen wieder rückgängig gemacht. Die Grenzschicht besitzt somit im Gegensatz zu den dotierten Kristallhälften einen hohen elektrischen Widerstand, wirkt also stark isolierend. Es kommt nun darauf an, diesen Grenzschichtwiderstand durch von außen angelegte Spannungen veränderbar zu machen.

Technisch werden allerdings nicht, wie bisher beschrieben, zwei getrennte und verschiedene dotierte Kristalle zusammengeführt. Stattdessen wird nur ein einziger Kristall benutzt, der mit Hilfe spezieller „Masken" entsprechend p- und n-dotiert wird. Die beschriebenen physikalischen Prinzipien der Grenzschicht ändern sich durch diese spezielle Art der Herstellung jedoch nicht.

10.5 Halbleiterdiode

Legt man an die beiden verschieden dotierten Halbleiterkristalle von außen eine elektrische Spannung an, so erhält man eine Halbleiterdiode. Hier gibt es zwei Möglichkeiten:

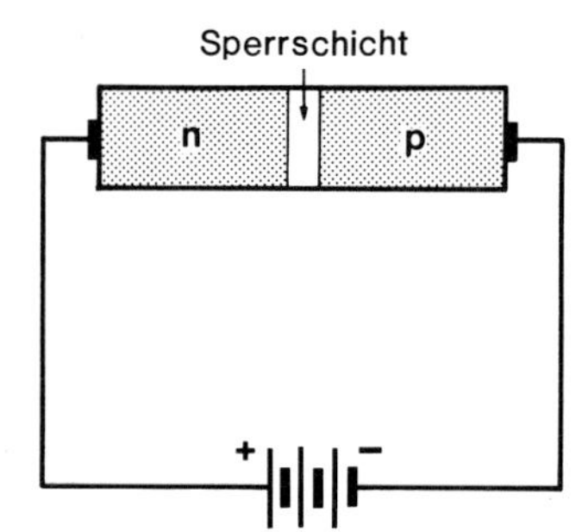

Abb. 113. Zwei verschieden dotierte Halbleiter als Diode in Sperrichtung gepolt

1. Der positive Pol der angelegten Spannung liegt am n-Kristall, der negative am p-Kristall (Abb. 113). Die Richtung dieser Spannung ist dieselbe wie die der Antidiffusionsspannung. Die von außen angelegte Spannung verstärkt also noch die Diffusion der Ladungsträger und läßt daher keine weiteren Ladungsträger fließen. Dies läßt sich auch wie folgt erklären: Das positive Potential am n-Kristall läßt die negativen Ladungsträger des n-Kristalls aus der Grenzschicht heraus wandern; ebenso zieht das negative Potential die positiven Ladungsträger des p-Kristalls aus der Grenzschicht heraus. Im Endeffekt werden der Grenzschicht, die wegen der Rekombination der Ladungsträger bereits einen großen Widerstand besitzt, noch mehr Ladungsträger entzogen. Die Grenzschicht wird somit breiter und hochohmiger. Somit kann bei einer derartigen Polung kein Strom durch den Halbleiter fließen. *Die Diode ist gesperrt.*
2. Der positive Pol der angelegten Spannung liegt am p-Kristall, der negative Pol am n-Kristall (Abb. 114). Die von außen angelegte Spannung ist jetzt der Antidiffusionsspannung entgegengesetzt gerichtet; die angelegte Spannung ermöglicht es also, sofern sie ihrer Größe nach über der Antidiffusionsspannung [auch Schleusenspannung genannt; bei Germanium (Ge) etwa 0,2 bis 0,4 V und bei Silizium (Si) etwa 0,6 bis

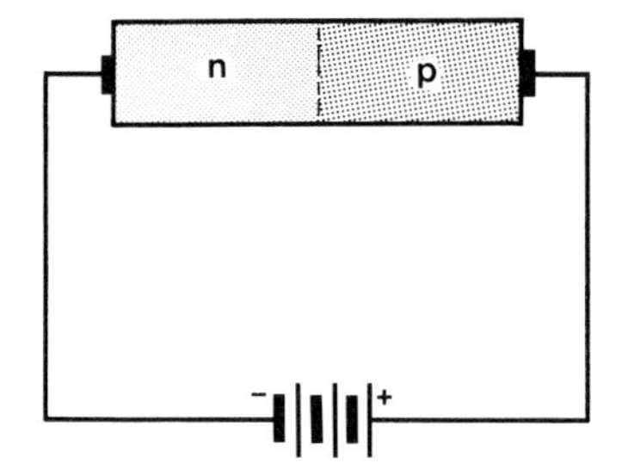

Abb. 114. Zwei verschieden dotierte Halbleiter als Diode in Durchlaßrichtung geschaltet. Bei dieser Polung verschwindet die Sperrschicht.

0,8 V] liegt, daß Ladungsträger fließen. Die positive Spannung „drückt" aus dem p-Kristall Löcher in die Grenzschicht, die negative Spannung aus dem n-Kristall Elektronen. Die Grenzschicht wird dadurch so weit abgebaut, daß sie elektrisch einen sehr geringen Widerstand bietet, also gut leitet. Dabei werden insgesamt mehr Ladungsträger in die Grenzschicht geschwemmt, als dort rekombinieren können. Es fließt ein Strom. *Die Diode ist geöffnet.*

10.6 Gleichrichterschaltungen

Eine Diode eignet sich aufgrund ihres elektrischen Verhaltens (sog. Ventilwirkung) hervorragend als Gleichrichter. Ein Gleichrichter ist eine Schaltung, die einen Wechselstrom in einer Richtung durchläßt, in der anderen dagegen sperrt. Ein *Gleichstrom* ist ein Strom, der über die Zeit hin konstant bleibt, also ständig in einer Richtung fließt.

Ein *Wechselstrom* ist ein Strom, der zwischen positiven und negativen Werten schwankt, sich also periodisch mit der Zeit ändert.

Ein *pulsierender Gleichstrom* dagegen bleibt stets nur im positiven oder nur im negativen Bereich, er kann allenfalls 0 werden.

Wenn wir eine Diode wie in Abb. 115 schalten, so erhält man aus einer sinusförmigen Wechselspannung den in Abb. 115 dargestellten Spannungsverlauf am Ausgang der Diode. Im Praktikum auf S. 220 f. werden weitere Schaltungen mit Dioden vorgestellt.

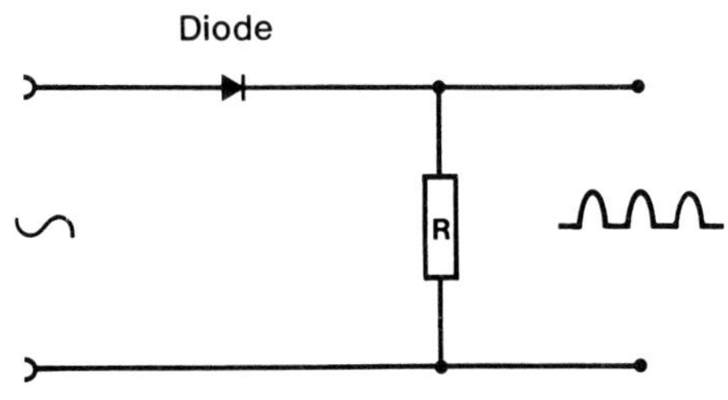

Abb. 115. Ausgangsspannung einer in Durchlaßrichtung geschalteten Diode bei sinusförmiger Eingangsspannung

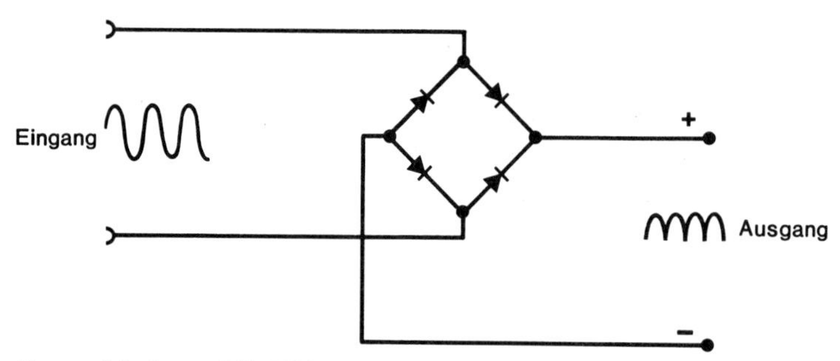

Abb. 116. Graetz-Schaltung. Mit Hilfe von 4 Dioden erhält man eine wesentlich bessere Spannungskonstanz der angelegten Sinusspannung als mit nur 1 Diode.

10.6.1 Graetz-Schaltung, Sechspuls-, Zwölfpulsgleichrichterschaltung

Um auch den in Abb. 115 dargestellen abgeschnittenen Teil der Eingangsspannung zu erhalten, schaltet man 4 Dioden in einer Weise zusammen, wie in Abb. 116 dargestellt. Eine derartige Schaltung bezeichnet man als *Graetz-Schaltung*. In der Röntgentechnik wird diese Schaltung auch als Zweipulsschaltung bezeichnet. Mit 6 oder 12 Dioden lassen sich Schaltungen aufbauen, die, wie Abb.117a und Abb. 117b zeigen, nur noch sehr gering pulsierende Spannungen erzeugen. Sie werden als Sechspuls- bzw. Zwölfpulsgleichrichter bezeichnet.

10.7 Transistor

Wie wir bei der Diode bereits gesehen haben, läßt sich eine pn-Grenzschicht von außen durch das Anlegen verschieden gepolter Spannungen steuern. Ein Transistor besitzt nun nicht 2 verschieden dotierte Zonen und damit 1 Grenzschicht, sondern 3 dotierte Zonen und damit 2 Grenzschichten.
Es lassen sich prinzipiell 2 verschiedene Arten von Transistoren herstellen: pnp-Dotierungsfolge oder npn-Dotierungsfolge.
Ohne angelegte Spannung entstehen analog wie bei der Diode zwischen den verschieden dotierten Schichten ladungsträgerverarmte Grenzschichten.
Wir wollen im folgenden die npn-Folge genauer betrachten (alle Überlegungen gelten analog auch für die pnp-Folge, nur muß die Spannungspolung jeweils umgekehrt sein).
Legen wir an die beiden äußeren Schichten, also die beiden n-Schichten, eine Spannung, wie in Abb. 118 gezeigt, so ist entweder die eine Grenzschicht gesperrt und die andere geöffnet oder umgekehrt. Die Erklärung für dieses Verhalten ist dieselbe wie bei der Diode. Es fließt also in beiden Fällen kein Strom durch den Kristall. Schließt man jedoch den „Transistor" an 2 Spannungsquellen U_1 und U_2 an, wobei U_2 größer

Abb. 117. **a** Sechspulsgleichrichterschaltung. Man erhält aus einer sinusförmigen Eingangsspannung eine nur noch sehr geringfügig wellige Ausgangsspannung. Derartige Schaltungen finden besonders bei Röntgenröhrengeneratoren Verwendung. **b** Zwölfpulsgenerator. Die Welligkeit ist noch geringer als bei der Sechspulsgleichrichterschaltung.

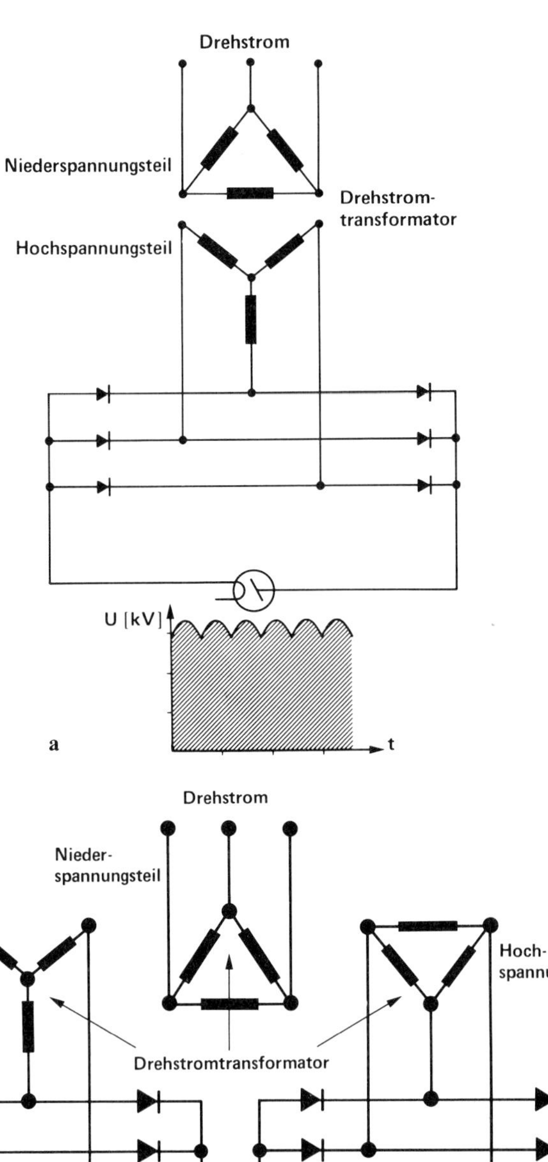
Drehstrom
Niederspannungsteil
Drehstrom-
transformator
Hochspannungsteil
U [kV]
a
t

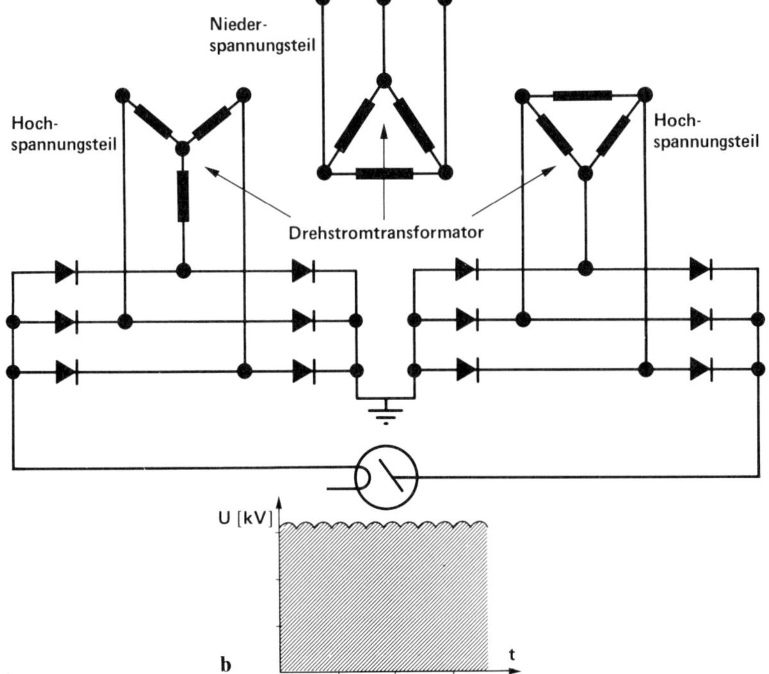
Drehstrom
Nieder-
spannungsteil
Hoch-
spannungsteil
Hoch-
spannungsteil
Drehstromtransformator
U [kV]
b
t

als U_1 sein soll, so ändert sich das elektrische Verhalten des Kristalls völlig. Der untere Stromkreis mit der Spannung U_1 führt Strom, da die Diode in Leitrichtung geschaltet ist. Die obere Diode dagegen ist gesperrt. Man könnte jetzt vorschnell argumentieren: Die eine Diode ist offen, dort fließt ein Strom, die andere ist gesperrt, dort fließt kein Strom. Das wäre nichts Neues und ergäbe sicherlich kein neues Bauteil wie einen Transistor. Tatsächlich erfolgen einige zusätzliche Prozesse: Die mittlere p-Schicht, die Basis, wird bei der Dotierung extrem dünn ausgeführt. Fließt ein Strom in der unteren Diode, so erhalten die negativen Ladungsträger so viel Energie, daß sie durch die Sperrschicht der oberen Diode hindurchtreten können; dies tun sie in großer Anzahl. Technisch sind die Schichten so dotiert und dimensioniert, daß der überwiegende Teil der von der unteren Schicht startenden Ladungsträger durch die Sperrschicht hindurch in die obere Schicht gelangt und nur ein Bruchteil über die Basis nach außen abfließen kann. Die untere Schicht wird als Emitter, die obere Schicht als Kollektor bezeichnet. In Abb. 119 ist die Ausführung eines modernen Transistors, in Abb. 120 dessen Schaltzeichen aufgezeichnet. Wenn wir die Basis als Eingang des Transistors und den Kollektor als Ausgang nehmen, so fließen in der Basis nach dem oben Gesagten beispielsweise 1% des Emitterstromes und im Kollektor 99%. Wir haben also in diesem Fall ein verstärkendes Halbleiterelement vorliegen. Es besitzt in

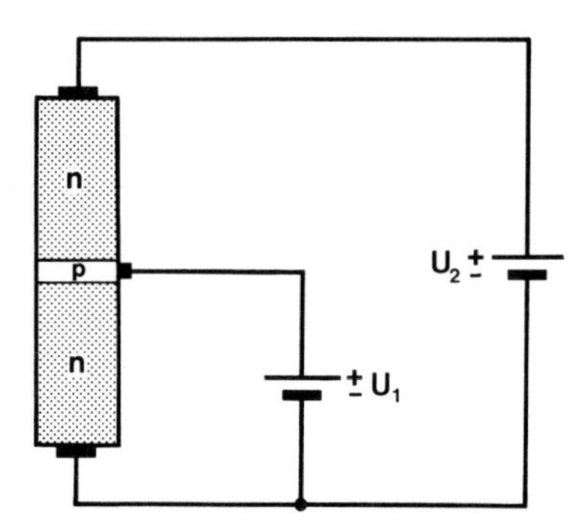

Abb. 118. Drei dotierte Halbleiterschichten werden mit Hilfe zweier Spannungen so geschaltet, daß mit Hilfe von U_1 über U_2 ein steuerbarer Strom fließt.

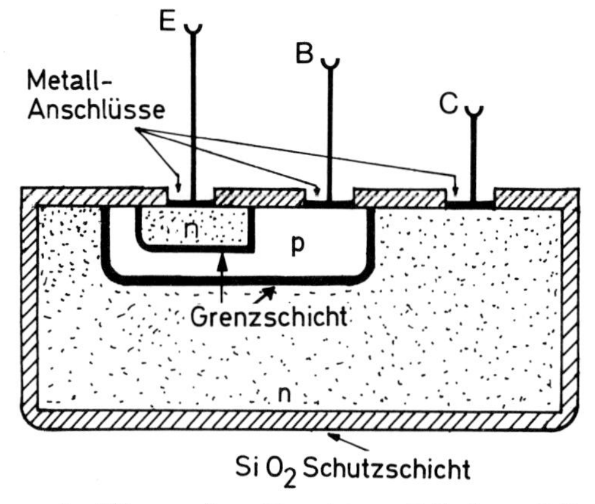

Abb. 119. Moderne Ausführung eines Transistors. *E* Emitter, *B* Basis, *C* Kollektor

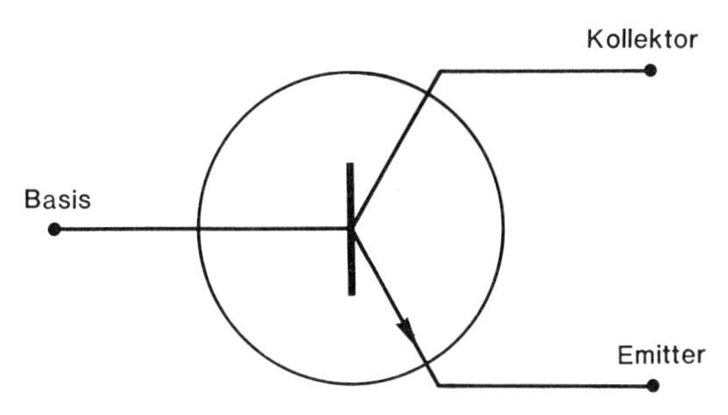

Abb. 120. Schaltzeichen eines *npn*-Transistors

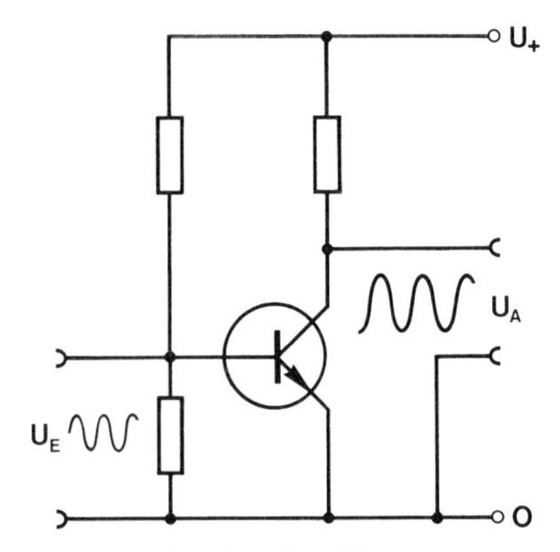

Abb. 121. Verstärkerschaltung. Eine sinusförmige Eingangsspannung erscheint verstärkt und um 180° phasenverschoben am Ausgang. U_F = Eingangsspannung, U_A = verstärkte Ausgangsspannung

diesem Fall eine Stromverstärkung von 99, da der Ausgangsstrom des Kollektors in diesem Fall 99mal so groß ist wie der Eingangsstrom der Basis. Die Stromverstärkung handelsüblicher Transistoren liegt je nach Aufbau etwa zwischen 20facher und 1000facher Verstärkung (unser Beispiel von 99% und 1% ist nur bei einem ganz bestimmten Aufbau des Transistors zu erhalten, ist also nicht irgendwie als typisch zu bezeichnen). Wichtig ist zu erwähnen, daß die eingezeichneten Gleichspannungen U_1 und U_2 nur den Arbeitspunkt, also die statischen Strom- und Spannungsverhältnisse am Transistor, festlegen. Diese festen Gleichspannungen werden überlagert durch das zu verstärkende Signal; dies kann ebenfalls eine Gleichspannung oder aber eine beliebige Wechselspannung sein (Abb. 121).

10.8 Differenzverstärker

Ein spezieller Verstärker spielt vor allem in der Medizin eine große Rolle: der Differenzverstärker. Er besitzt zwei Eingänge, bezogen auf den Erdeingang. In Abb. 122a, b ist ein einfaches Schaltbeispiel für einen Differenzverstärker dargestellt. Legt man an den einen Eingang eine Spannung U_1, bezogen auf den Erdeingang, so erscheint diese Spannung in gleicher Polung verstärkt am Ausgang. Dieselbe Span-

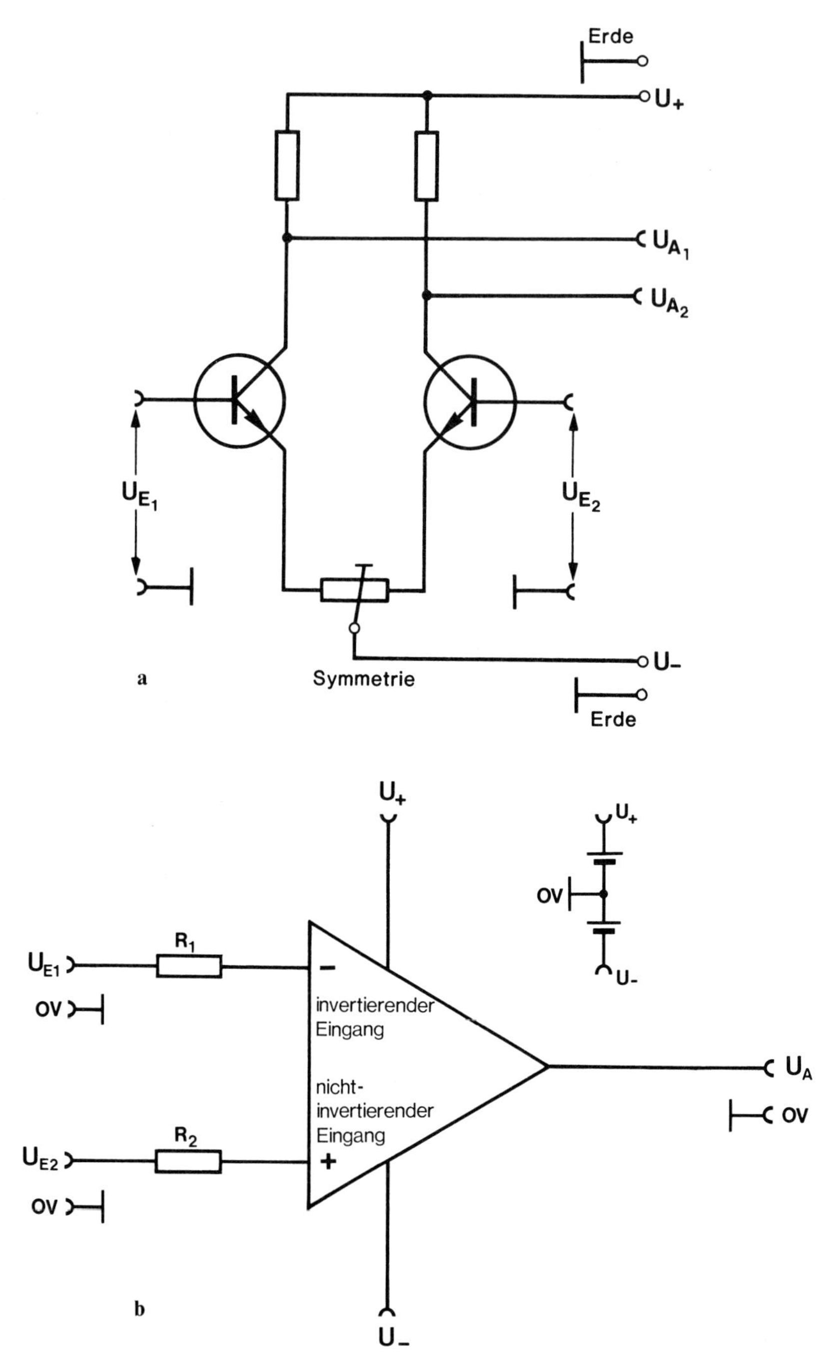

Abb. 122. a Differenzverstärker. Es gibt 2 Eingänge mit jeweils 2 Anschlüssen, an die die auf Erdpotential bezogenen beiden Spannungen U_{E1} und U_{E2} angelegt werden können. Diese beiden Spannungen werden voneinander subtrahiert am Ausgang als Ausgangsspannung $U_{A\,(1,\,2)}$ abgegriffen. Der Verstärker wird mit 2 Spannungsquellen U_+ und U_- versorgt. „Die Mitte" zwischen U_+ und U_- ist die Erde. **b** Schaltzeichen eines Differenzverstärkers

nung, an den anderen Eingang gelegt, erscheint am Ausgang mit umgekehrtem Vorzeichen, aber um denselben Faktor verstärkt. Diesen Eingang nennt man daher „invertierend" im Gegensatz zu dem „nichtinvertierenden" Eingang. Wird an beide Eingänge gleichzeitig dieselbe Spannung U gelegt, so heben sich die jeweils verstärkten Spannungen am Ausgang zu Null auf. Der Verstärker verstärkt also nur die Differenz zweier Spannungen: daher der Name Differenzverstärker (differential amplifier).
Es ist also möglich, an einen Differenzverstärker zwei verschiedene Spannungen U_1 und U_2 anzulegen, so daß am Ausgang die Differenz der beiden Spannungen erscheint.
Es gibt zwei Ausgangsspannungen. Die eine ist dabei der Größe nach gleich der anderen. Sie besitzt jedoch ein anderes Vorzeichen. Daher bezeichnet man den zweiten Ausgang auch als *invertierten* Ausgang.
Die Ausgangsspannungen werden zwischen dem Ausgang und der Erde abgegriffen. Die Spannungen U_+ und U_- mit ihrem Mittelabgriff (= Erde) dienen der Gleichspannungsversorgung des Verstärkers.
Der Vorteil des Differenzverstärkers besteht in der automatischen Unterdrückung von induzierten Störsignalen, die gleich stark auf beide Eingänge treffen und sich daher am Ausgang gegenseitig aufheben (EMG, EKG, EEG).
Bei Verbindung des invertierenden Eingangs mit dem Erdanschluß kann ein Differenzverstärker auch als unipolarer, also als „normaler" Verstärker benutzt werden.

10.9 Kathodenstrahloszillograph

Ein Kathodenstrahloszillograph (kurz: Oszillograph oder Oszilloskop genannt) dient der Sichtbarmachung zeitlich veränderlicher elektrischer Vorgänge. Im Prinzip ist er wie folgt aufgebaut:

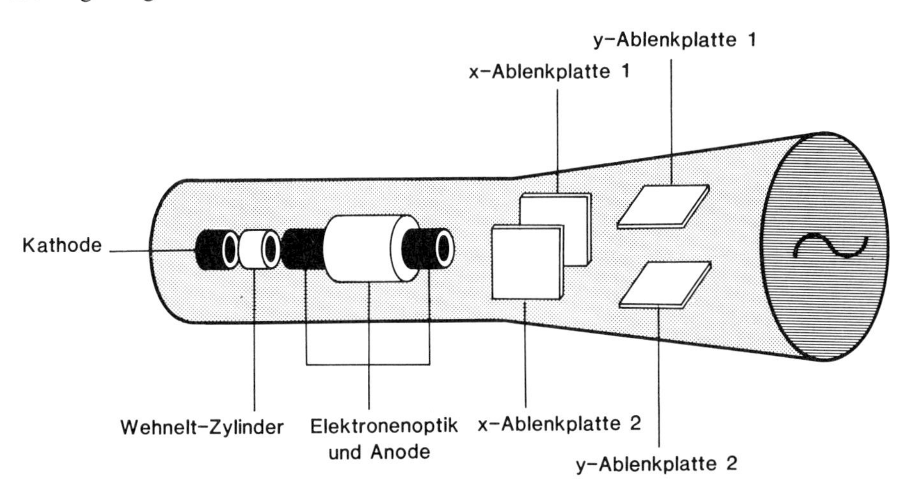

Abb. 123. Kathodenstrahloszillograph. Die interessierende Spannung wird an die y-Platten angelegt. Die x-Platten werden in der Regel für die Zeitablenkung intern von einem Generator mit einer Sägezahnspannung versorgt. Für spezielle Fragestellungen läßt sich aber auch von außen eine beliebige Spannung auf die x-Platten geben.

Von einer Glühkathode werden Elektronen emittiert und mit einer Spannung bis zu ca. 25 kV zur Anode hin beschleunigt. Die Anode befindet sich nicht am Ende der Laufstrecke der Elektronen wie z.B. bei einer Röntgenröhre, sondern, als Zylinder ausgeführt, ein Stück vor dem Leuchtschirm, auf den die Elektronen auftreffen. Hinter der Anode befinden sich die Ablenkplatten sowie der Leuchtschirm. Der Leuchtschirm besteht z.B. aus Zinksulfid (ZnS) mit einem Edelmetall dotiert, er leuchtet beim Auftreffen der Elektronen kurzzeitig auf.
Zwischen Glühkathode und Anode befinden sich Magnetspulen als Teil der Elektronenoptik, die den Elektronenstrahl bündeln, so daß ein möglichst punktförmiges „Bild" auf dem Bildschirm entsteht. Weiterhin befindet sich über der Glühkathode ein Wehnelt-Zylinder, der mit Hilfe einer negativen Spannung die Anzahl der austretenden Elektronen und damit die Helligkeit des Bildes regelt. Je negativer die an diesen Zylinder angelegte Spannung ist, desto stärker sind die zurücktreibenden Kräfte, die auf die Elektronen wirken, um so weniger Elektronen können also den Leuchtschirm erreichen. Das Bild wird dunkler. Ab einer bestimmten Grenze können überhaupt keine Elektronen mehr austreten; es entsteht kein Bild mehr.

Achtung:

> Beim Aufprall der Elektronen auf den Leuchtschirm steht genügend Energie zur Verfügung, um sehr weiche Röntgenstrahlen zu erzeugen. Deren Reichweite ist jedoch äußerst gering und daher unschädlich. Sie werden in dem Glas der Röhre bereits weitgehend absorbiert.

Gelangt der Elektronenstrahl in das elektrische Feld zweier einander gegenüber liegender Kondensatorplatten, so wirkt auf die Elektronen eine Kraft (s. Gl. 8.4), so daß die Elektronen um einen bestimmten Winkel abgelenkt werden.
Der durch den Elektronenstrahl auf dem Schirm erzeugte Leuchtpunkt bzw. Leuchtfleck erscheint dann nicht mehr in der Mitte des Leuchtschirms, sondern in der oberen bzw. unteren Hälfte, je nach der Polung des Kondensators. Um den Strahl nach „oben" bzw. „unten" abzulenken, müssen die Platten horizontal angebracht werden. Bringt man zusätzlich Platten vertikal an, so entsteht eine Ablenkung nach links bzw. nach rechts, je nach Vorzeichen der angelegten Spannung. Legt man an die horizontalen Platten eine sinusförmige Wechselspannung, so ändert sich in demselben Rhythmus auch die auf die Elektronen ausgeübte Kraft und damit deren Ablenkung. Die Elektronenstrahl wird rhythmisch von Null bis zu einem maximalen Wert nach oben ausgelenkt, geht dann wieder auf Null (positive Halbwelle des Sinus), um dann nach unten ausgelenkt zu werden (negative Halbwelle). Der Leuchtpunkt wandert auf dem Leuchtschirm im Rhythmus der angelegten Sinuswelle auf und ab; je größer die Frequenz, um so schneller wandert der Leuchtpunkt. Bei einer Frequenz von ca. 30 Hz und mehr wandert er so schnell, daß wir nur noch einen senkrechten Strich auf dem Schirm sehen können. Legt man statt dessen eine Spannung an die Platten, die einen Verlauf wie Abb. 83e besitzt (Rechteckspannung), so „springt" der Punkt sehr schnell auf die durch die Spannung U_0 bestimmte Auslenkung und springt nach Ende der Spannung U_0 wiederum nach Null. Dies erfolgt wegen der geringen Masse der Elektronen nahezu verzögerungsfrei.

Aus diesem Grund sieht man auf dem Schirm jeweils nur zwei Punkte, dazwischen allenfalls einen feinen Strich. Es ist gleich, ob wir eine Sinusspannung oder Rechteckspannung oder sonst eine Spannung auf die horizontalen Ablenkplatten geben, wir sehen stets nur eine Auslenkung in der Senkrechten (y-Richtung).
Von einer Sinuswelle oder einem Rechteckimpuls ist auf dem Bildschirm daher auf diese Weise nichts zu erkennen. Um zu verstehen, wie der gesamte zeitliche Spannungsverlauf auf dem Schirm zustande kommt, ein Beispiel:
Zeichnet man auf einer Wandtafel ständig im gleichen Rhythmus, z.B. mit Kreide, Striche von links nach rechts und zurück, so entsteht ein einziger Strich. Wird die Tafel jedoch gleichzeitig heruntergezogen, so entsteht im Idealfall eine Sinuswelle von oben nach unten. Nach demselben Prinzip funktioniert auch ein Direktschreiber. Das Papier wird unter dem bewegten Schreibzeiger hinwegbewegt; je schneller das Papier läuft, desto weiter werden die registrierten Kurven gespreizt. Mit Hilfe der Papiergeschwindigkeit kann man daher ein elektrisches Signal zeitlich interpretieren.
Beim Oszillographen können wir den Sichtschirm nicht bewegen, jedoch können wir den Elektronenstrahl mit Hilfe zweier vertikaler Kondensatorplatten nach links und rechts ablenken. Da sich die vertikale Ablenkung (oben/unten) mit der horizontalen (von links nach rechts) unbeeinflußt überlagert, bekommen wir zusätzlich eine zeitliche Ablenkung in der Waagerechten, der x-Richtung. Man gibt hierzu auf die vertikal angeordneten x-Platten eine allmählich linear ansteigende Spannung, die den Strahl nach rechts lenkt. Dies geschieht so lange, bis die Spannung ihr Maximum U_{max} erreicht hat. Anschließend fällt die Spannung sehr schnell auf den negativen Ausgangspunkt zurück, wobei der Strahl wiederum nach links zurückspringt. Dieser Vorgang wiederholt sich fortwährend. Dabei bildet sich die auf die y-Platten gegebene Sinus- oder Rechteckspannung in ihrem zeitlichen Verlauf auf dem Oszillographenschirm ab. Während die Spannung zurückspringt, wird gleichzeitig der Wehnelt-Zylinder stark negativ angesteuert – dunkel getastet, wie man sagt –, so daß der Strahl beim Zurückspringen unsichtbar wird. Je schneller die Spannung an den x-Platten ansteigt, desto schneller wird der Strahl von rechts nach links abgelenkt. Diese Ablenkung läßt sich zeitlich eichen. In Abb. 124 ist ein derartiger Spannungsverlauf an den x-Platten aufgezeichnet. Man bezeichnet diesen Spannungsverlauf als Sägezahnspannung. Jeder Oszillograph erzeugt diese Sägezahnspannung intern mit Hilfe eines gesonderten Schaltkreises, einem Sägezahngenerator (oder Kippgenerator).

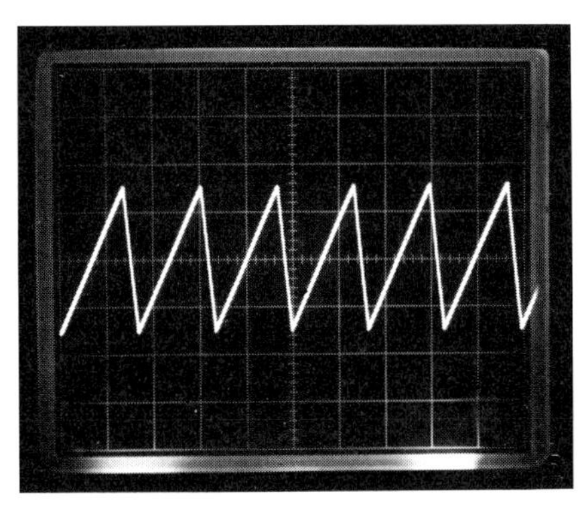

Abb. 124. Sägezahnspannung mit einer Frequenz von 1 kHz

Die maximale Spannung U_{max} ist bei den verschiedenen Frequenzen (Schnelligkeit der Ablenkung) der Sägezahnspannung stets dieselbe.
Bei den modernen Oszillographen gibt es eine große Anzahl weiterer elektronischer Zusatzschaltungen für alle möglichen Zwecke. Wir wollen auf ihre Beschreibung verzichten, da sie oft von Hersteller zu Hersteller schwanken.
Eines sei jedoch erwähnt: Es gibt Oszillographen, bei denen es möglich ist, das jeweilige Schirmbild zu speichern und auf Wunsch wieder zu löschen. Der Speichervorgang geschieht dabei elektronisch. Für Dokumentationszwecke ist es möglich, z.B. mit Hilfe einer Polaroidkamera, von dem Schirmbild Aufnahmen zu machen.

10.9.1 18. Praktikumsaufgabe (Demonstrationsversuche mit dem Oszillographen)

Ein „normales" Voltmeter (s. 8.10.2) ist in der Regel so geschaltet, daß es die Effektivspannung anzeigt, im Falle der Netzspannung also 220 V. Ein Oszillograph jedoch gibt den gesamten zeitlichen Spannungsverlauf wieder. Auf ihm liest man daher im Maximum der dargestellten Wechselspannungen jeweils die maximalen Spannungswerte ab (die sog. Spitzenspannungswerte: Abk. U_{ss}). Legt man daher eine Spannung von $U_{eff} = 1$ V an den Eingang eines Oszillographen, so besitzt das Spannungsmaximum einen Wert von $U_{ss} = 1\ \text{V} \cdot 2 \cdot \sqrt{2} = 2{,}828$ V. Im folgenden sollen eine Reihe von Experimenten mit einem Oszillographen vorgeführt werden. Es ist dabei sinnvoll, die folgenden Experimente als Vorführpraktikum durchzuführen:

1. Es wird aus einem Wechselspannungsgenerator eine Spannung von $U_{eff} = 1$ V mit einer Frequenz von 100 Hz entsprechend Abb. 125 auf den Eingang des Oszillographen gegeben und auf dem Oszillographenschirm dargestellt. Es ist sowohl die Spannungsempfindlichkeit des Oszillographen als auch die Zeitablenkung zu verändern. Die Spannungsempfindlichkeit des von uns für den Versuch benutzten Oszillographen läßt sich von 5 mV/cm (5 Millivolt pro Zentimeter) bis zu 5 V/cm verändern. Die Zeit, die von links nach rechts läuft, kann von 0,05 ms/cm bis 5 s/cm ($\triangleq$ 20 kHz/cm bis 0,2 Hz/cm) verändert werden. In Abb. 126a–d ist dargestellt, wie sich das Schirmbild bei fester Spannung $U_{eff} = 1$ V ($\triangleq U_{ss} = 2{,}828$ V) und fester Frequenz von 100 Hz verändert, wenn man die Zeitablenkung sowie die Empfindlichkeit des Oszillographen verändert.
2. Eine Wechselspannung mit unbekannter Frequenz f wird an den Eingang des Oszillographen angelegt. Es ist die Frequenz dieser Wechselspannung zu bestimmen. Die Zeitskala ist so eingestellt, daß ein Skalenteil 0,1 ms bedeutet. Von einem Maximum bis zum nächsten sind es nach Abb. 127 1 Skalenteil, also 0,1 ms $= 10^{-4}$ s.

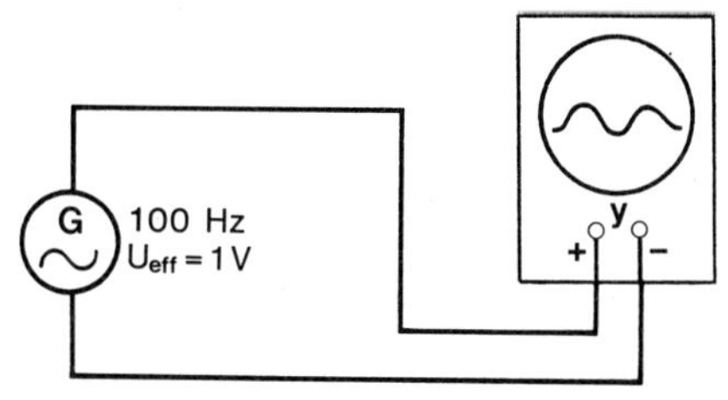

Abb. 125. Meßanordnung zur Darstellung einer sinusförmigen Wechselspannung mit einer Spannung von $U_{eff} = 1\ \text{V} \triangleq U_{ss} = 2{,}8$ V sowie einer Frequenz von 100 Hz

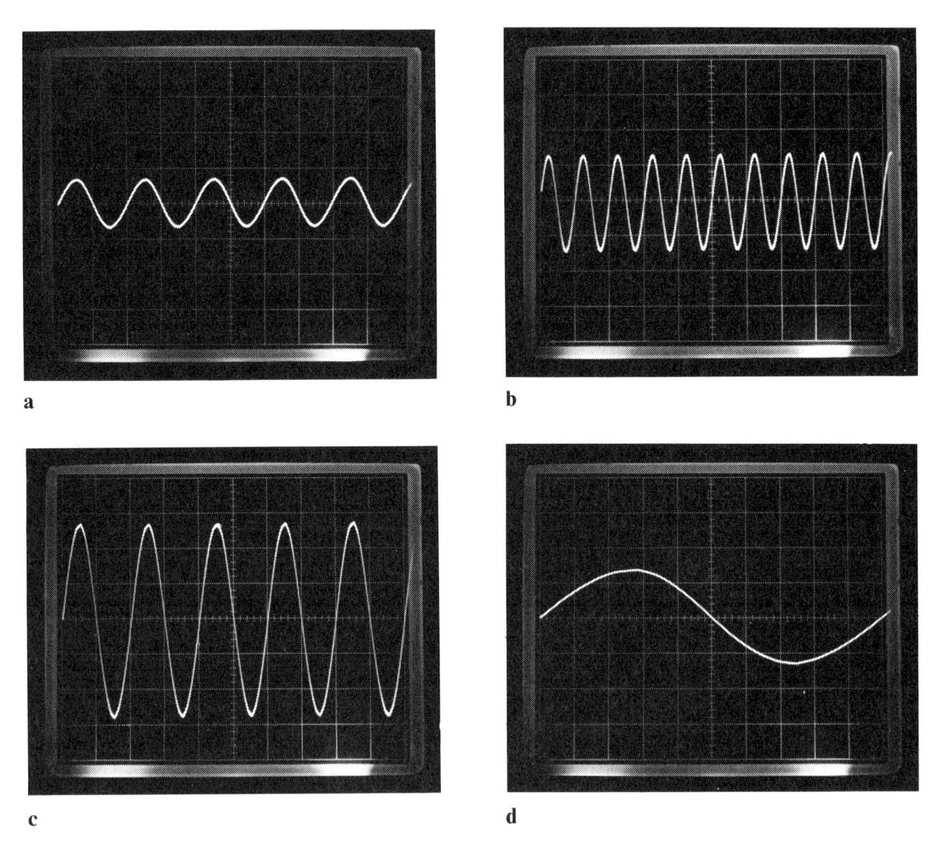

Abb. 126 a–d. Veränderung des Schirmbildes eines Oszillographen in Abhängigkeit von seiner Zeitablenkung und Empfindlichkeit. **a** Empfindlichkeit 2 V/cm, Zeitablenkung 5 ms/cm; **b** Empfindlichkeit 1 V/cm, Zeitablenkung 10 ms/cm; **c** Empfindlichkeit 0,5 V/cm, Zeitablenkung 5 ms/cm; **d** Empfindlichkeit 1 V/cm, Zeitablenkung 1 ms

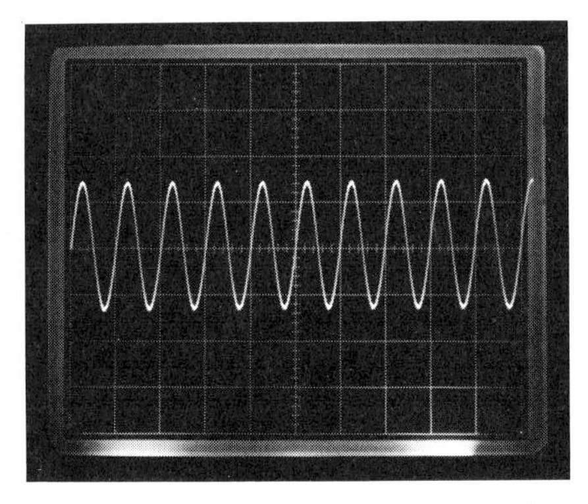

Abb. 127. Frequenzberechnung. Auf den Eingang des Oszillographen wird eine Spannung von $U_{eff} = 1$ V mit unbekannter Frequenz f gegeben. Die Zeitablenkung beträgt 0,1 ms/cm, die Spannungsempfindlichkeit 1 V/cm. Es errechnet sich eine Frequenz von 10 kHz.

Somit folgt:

$$f = \frac{1}{T} = \frac{1}{10^{-4}\,\text{s}} = 10^4/\text{s} \qquad \text{(s. Gl. 7.1)}$$

also:

$$f = \mathbf{10\ kHz}$$

3. In einen Stromkreis nach Abb. 128 ist eine Diode geschaltet. Über diese Schaltung wird eine Spannung von $U_{\text{eff}} = 1$ V mit einer Frequenz von 100 Hz auf den Oszillographen gegeben. Die Empfindlichkeit des Oszillographen beträgt 1 V pro cm, die Zeitablenkung 5 ms pro cm. Da die Diode nur den einen Teil der Spannung durchläßt, ergibt sich ein Verhalten wie in Abb. 129 dargestellt. Schaltet man, wie in Abb. 130 geschehen, in den Schaltkreis von Abb. 128 einen Kondensator von 10 μF, so ergibt sich eine starke Glättung der angelegten Wechselspannung. Der Signalverlauf auf dem Oszillographenschirm bei dieser Schaltung ist in Abb. 131 dargestellt. Schaltet man entsprechend Abb. 132 in den Kreis einen Widerstand, belastet also die Schaltung, so ergibt sich unter sonst gleichen Bedingungen ein Signalverlauf auf dem Schirm wie in Abb. 133 dargestellt. In diesem Fall reicht die Glättung durch den Kondensator nicht aus. Um auch bei Belastung eine gute Glättung zu erhalten, schaltet man daher einen weiteren Kondensator sowie einen als Siebwiderstand be-

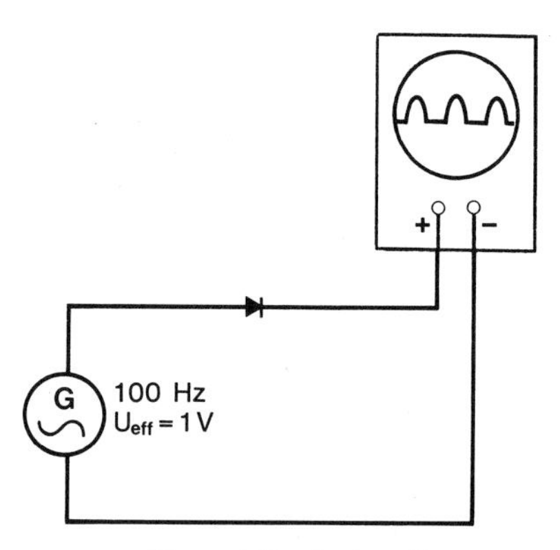

Abb. 128. Eine Wechselspannung von $U_{\text{eff}} = 1$ V mit einer Frequenz von 100 Hz wird mit Hilfe einer Diode gleichgerichtet. Die Diode schneidet die negativen Teile des Eingangssignals ab.

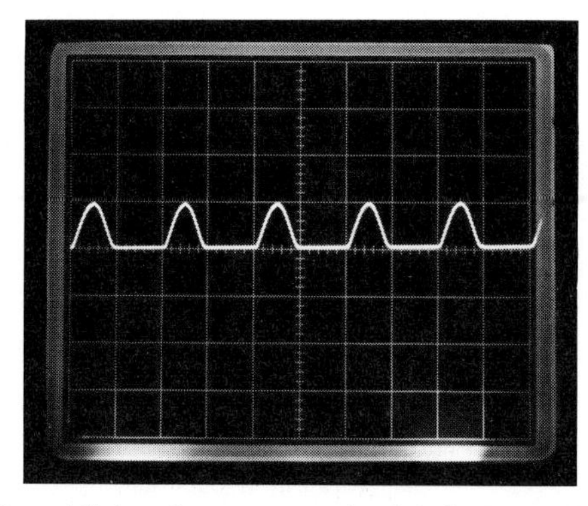

Abb. 129. Darstellung des zeitlichen Spannungsverlaufs beim Versuch nach Abb. 128 auf dem Oszillographenschirm. Spannungsempfindlichkeit 1 V/cm, Zeitablenkung 5 ms/cm

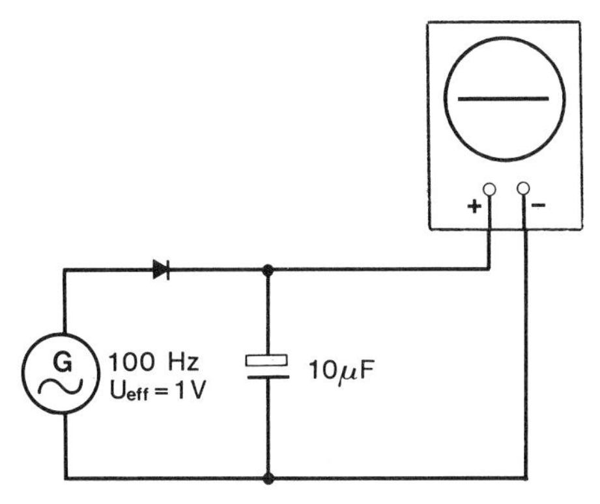

Abb. 130. Zusätzlich ist in den Schaltkreis von Abb. 128 ein Kondensator von 10 μF (Elektrolytkondensator) geschaltet worden. Das erhaltene Signal (in Abb. 131 dargestellt) zeigt erheblich weniger Schwankungen als das mit der Schaltung nach Abb. 128 gewonnene.

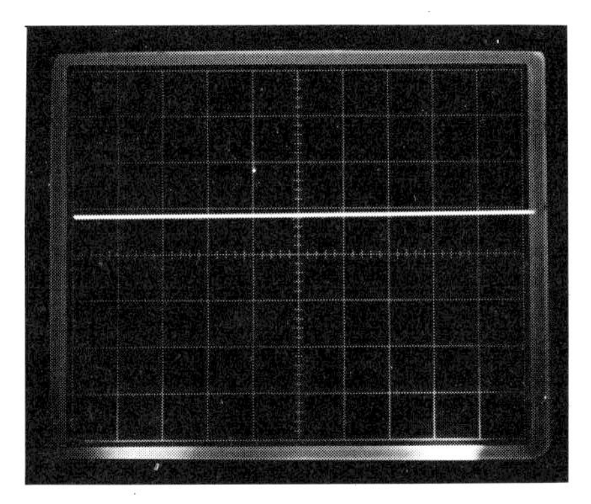

Abb. 131. Darstellung des mit dem Schaltkreis in Abb. 130 gewonnenen Spannungsverlaufs auf dem Oszillographenschirm. Empfindlichkeit: 1 V/cm, Zeitablenkung: 5 ms/cm

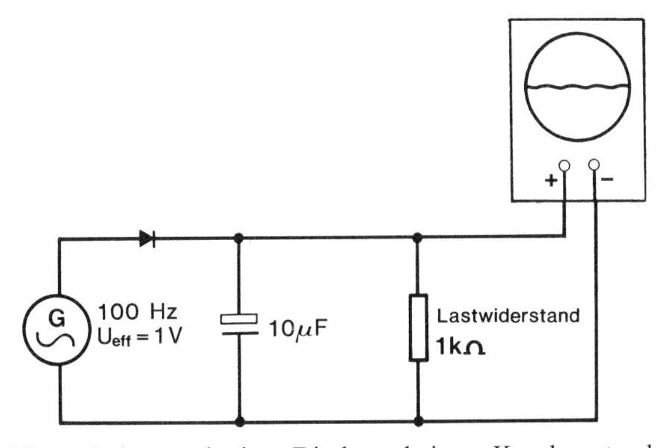

Abb. 132. Gleichrichterschaltung mit einer Diode und einem Kondensator bei einer Belastung mit 1 kΩ. Die Konstanz der erhaltenen Spannung ist, wie in Abb. 133 ersichtlich, relativ schlecht.

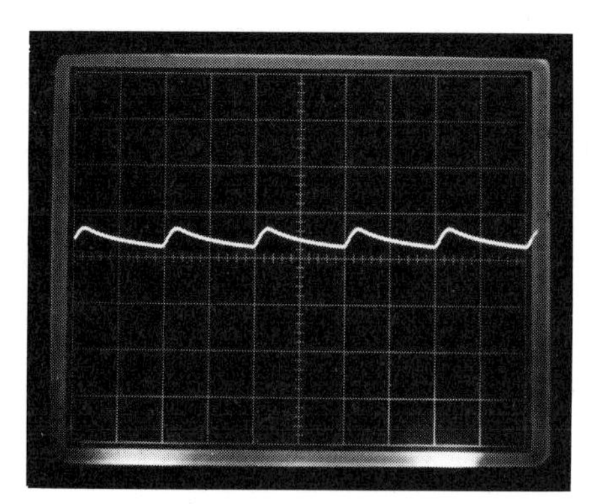

Abb. 133. Spannungsverlauf einer entsprechend Abb. 132 durch eine Diode und einen Kondensator gleichgerichteten sinusförmigen Wechselspannung mit Belastung von 1 kΩ

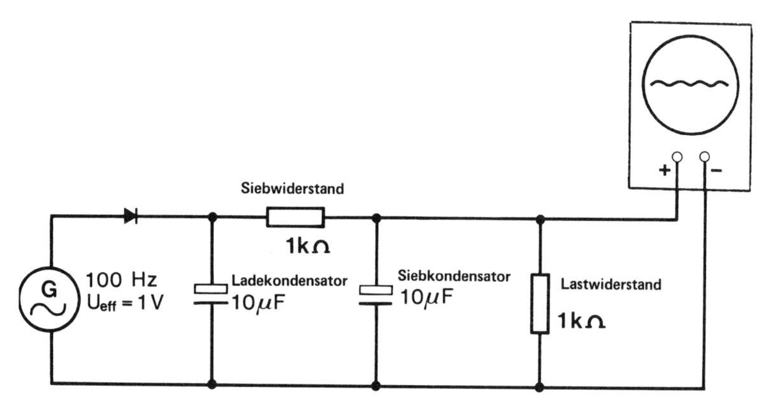

Abb. 134. Belastete Gleichrichterschaltung mit einer Diode, Sieb- und Ladekondensator sowie Siebwiderstand

zeichneten Widerstand in den Kreis (Abb. 134). In Abb. 135 sieht man, daß sich mit dem zusätzlichen Kondensator eine erheblich bessere Glättung der angelegten Wechselspannung ergibt als vorher. Den ersten Kondensator nennt man *Ladekondensator*, den zweiten *Siebkondensator*.

4. Für viele Zwecke ist jedoch eine bessere Konstanz der Gleichspannung als in Abb. 135 erforderlich. Aus diesem Grund benutzt man eine Graetz-Schaltung, also eine Schaltung mit insgesamt vier Dioden (Abb. 136). Die Eingangsspannung ist wieder $U_{\text{eff}} = 1$ V bei einer Frequenz von 100 Hz. Es ergibt sich auf dem Oszillographenschirm ein Spannungsverlauf, wie in Abb. 137 dargestellt. Mit einem zusätzlichen Ladekondensator, wie in Abb. 138 dargestellt, ergibt sich ein Verhalten des Spannungsverlaufs, wie in Abb. 139 dargestellt ist.

Um eine noch bessere und stabilere Spannungskonstanz zu erhalten, wird in der Technik eine Schaltung, wie in Abb. 140 dargestellt, verwendet. Diese Gleichrichterschaltung wird in vielen Schaltungen, wie Hi-Fi-Geräten, Fernsehern, Radios usw. verwendet.

Wenn eine noch bessere Konstanz der Gleichspannung erforderlich ist, verwendet man in der Regel elektronisch geregelte Gleichspannungsgeräte.

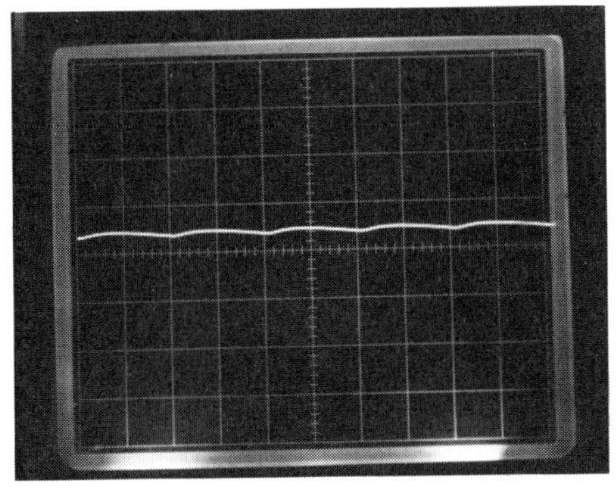

Abb. 135. Spannungsverlauf auf dem Oszillographenschirm bei der in Abb. 134 dargestellten Schaltung

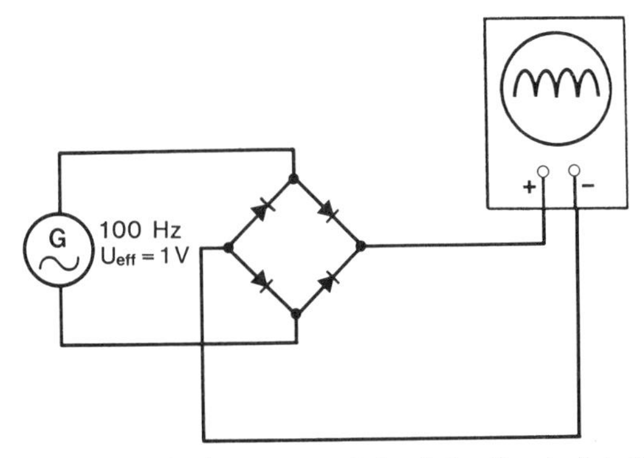

Abb. 136. Eine sinusförmige Wechselspannung wird auf eine Graetz-Schaltung gegeben und auf einem Oszillographenschirm dargestellt.

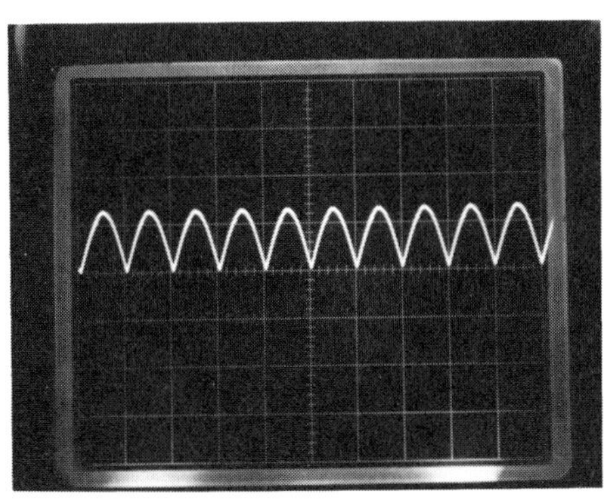

Abb. 137. Spannungsverlauf einer durch eine Graetz-Schaltung „gleichgerichteten" Wechselspannung ohne Belastung

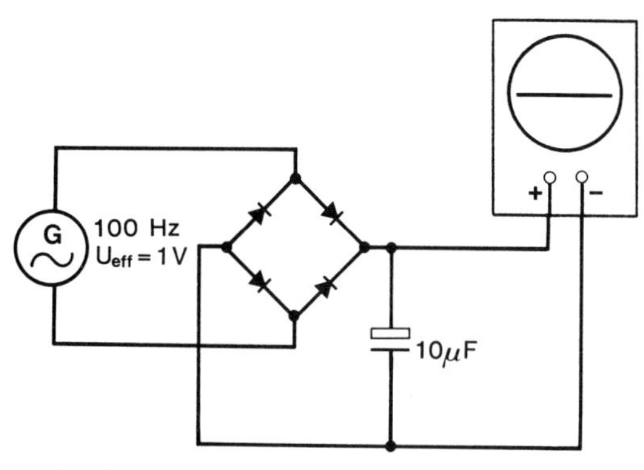

Abb. 138. Zur Glättung der Ausgangsspannung einer Graetz-Schaltung wird ein Kondensator verwendet.

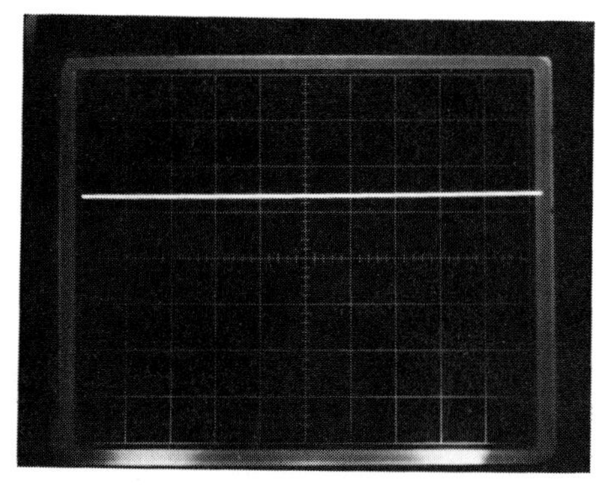

Abb. 139. Spannungsverlauf einer sinusförmigen Wechselspannung bei einer Schaltung entsprechend Abb. 138

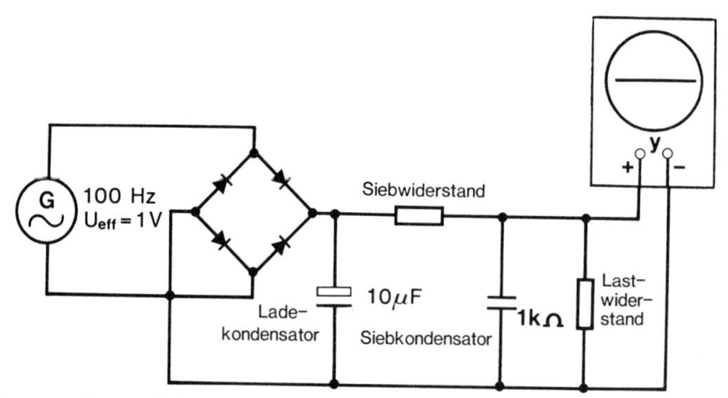

Abb. 140. Belastete Graetz-Schaltung mit Lade- und Siebkondensator sowie Siebwiderstand. Eine derartige Gleichrichterschaltung ist eine in der Technik sehr oft verwendete Schaltungsart mit einer recht guten Spannungskonstanz.

11 Optik

Die Optik befaßt sich mit den physikalischen Eigenschaften von sichtbarem Licht. Sichtbares Licht ist eine elektromagnetische Welle mit einer Wellenlänge λ zwischen etwa 380 nm (= 0,38 µm) und 780 nm (= 0,78 µm). Licht mit einer Wellenlänge von 380 nm wird vom menschlichen Auge als violett empfunden, mit einer Wellenlänge von 780 nm als rot. Licht mit einer Wellenlänge, die kleiner ist als 380 nm, liegt im ultravioletten Bereich (UV); Licht mit einer größeren Wellenlänge als 780 nm im Infraroten (IR). Sowohl UV als auch IR werden in der Medizin genutzt, können aber vom menschlichen Auge nicht mehr wahrgenommen werden. Es gibt jedoch Augen, z.B. die von bestimmten Insekten, die auch noch im UV-Bereich sehen können. Infrarot ist reine Wärmestrahlung.

Über Wellen haben wir bereits in 7.4 gesprochen. Beim Licht schwingen keine Moleküle, sondern Felder, und zwar elektrische und magnetische. Aus diesem Grund kann sich eine elektromagnetische Welle auch ohne Materie, also auch im Vakuum ausbreiten. Radiowellen, Röntgen- bzw. γ-Strahlung sind wie das Licht elektromagnetische Wellen. Sie unterscheiden sich nur in ihrer Wellenlänge und Frequenz.

Die Ausbreitungsgeschwindigkeit aller elektromagnetischen Wellen beträgt im Vakuum rund $c_0 = 3 \cdot 10^8$ m/s. In durchsichtiger Materie wie z.B Glas oder Wasser ist sie geringer. Der exakte Wert ist: $c_0 = 2{,}997925 \cdot 10^8$ m/s.

Wegen des Wellencharakters von Licht müßte man strenggenommen alle Erscheinungen des Lichts mit Hilfe von Wellenmodellen erklären. Es lassen sich aber glücklicherweise eine ganze Reihe von Erscheinungen so darstellen, als ob das Licht in Form von *Strahlen* existiert. Diese Betrachtungsweise der Verhaltensformen von Licht wird als *geometrische Optik* bezeichnet. Andere Erscheinungen, wie z.B. die Interferenz, lassen sich mit dem Strahlenmodell nicht verstehen, hier muß man mit Gesetzen der Wellenoptik arbeiten.

11.1 Reflexion, Absorption, Streuung

Trifft ein paralleles Strahlenbündel auf eine ebene, glatt polierte Fläche, so wird ein Teil des Lichts reflektiert und ein Teil absorbiert.

Für das reflektierte Licht gilt:

Der Einfallswinkel ist stets gleich dem Ausfallswinkel und liegt mit ihm in einer Ebene:

$$\alpha_{\text{in}} = \alpha_{\text{aus}} \tag{11.1}$$

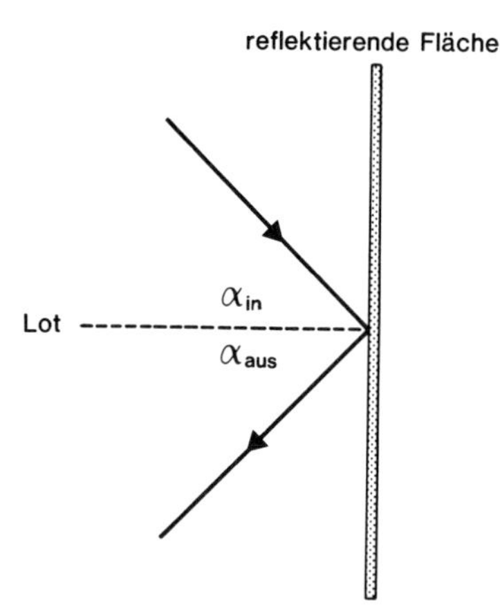

Abb. 141. Zum Reflexionsgesetz. Es gilt, daß der Einfallswinkel α_{in} gleich dem Ausfallswinkel α_{aus} ist. Dabei müssen Einfalls-, Ausfallsstrahl sowie Einfallslot in einer Ebene liegen.

Der Anteil des absorbierten Lichts und des reflektierten Lichts vom gesamten einfallenden Licht hängt von der Frequenz des Lichts und vor allem von den Eigenschaften der Fläche ab. Eine schwarze Fläche absorbiert sehr viel mehr von dem einfallenden Licht als z. B. eine hochpolierte Metallfläche. Das Reflexions- (R_R) bzw. Absorptionsvermögen (R_A) ist ein Maß für die Reflexion bzw. Absorption.

$$R_A = \frac{I_A}{I_E} \tag{11.2}$$

bzw.

$$R_R = \frac{I_R}{I_E} \tag{11.3}$$

mit:

R_A = Absorptionsvermögen einer Fläche für Licht bestimmter Frequenz
R_R = Reflexionsvermögen einer Fläche für Licht bestimmter Frequenz
I_E = Intensität des einfallenden Lichts
I_R = Intensität des reflektierten Lichts
I_A = Intensität des absorbierten Lichts

Fällt ein paralleles Lichtbündel auf eine sehr unregelmäßige und nicht exakt plane Oberfläche, so z.B. auf eine weiße Gipsfläche, dann wird an den vielen einzelnen Unebenheiten der Fläche jeder einzelne Strahl des einfallenden Lichtbündels in eine andere Richtung reflektiert. Das einfallende Licht wird daher insgesamt diffus gestreut. Ziehen Sie aber jetzt nicht den Schluß, das Gl. 11.1 nicht gilt. Gleichung 11.1 gilt auch hier, aber in diesem Fall für jeden einzelnen Strahl.
Licht kann auch an Gasmolekülen gestreut werden, so z. B. das Sonnenlicht an den Luftmolekülen oder bei Durchgang durch eine Flüssigkeit an den in der Flüssigkeit gelösten Molekülen. So ist z.B. der blaue Himmel eine Folge der Streuung des Sonnenlichts an den Luftmolekülen: Die Streuung geschieht dabei mit der 4. Potenz der Frequenz des Lichts. Blaues Licht wird also sehr viel mehr aus dem Sonnenlicht herausgestreut als grünes, gelbes, rotes u.s.w. Daher „fehlt" dem weißen Sonnenlicht ein kleiner Anteil violett und blau und die Sonne erscheint in der Komplementärfarbe

von blau also gelblich. Das gestreute Licht sieht man als „blauen" Himmel. Geht die Sonne unter, so ist der Weg des Lichts durch die Lufthülle weiter als beim Sonnenhochstand am Mittag; es wird bereits ein merklicher Teil des grünen Lichts gestreut. Die Sonne erscheint in der Komplementärfarbe von grün, also rot. Deshalb ist die Sonne rot, wenn sie untergeht.

11.2 Brechungsindex (n)

Jeder Stoff besitzt eine Reihe chemischer und physikalischer Eigenschaften, die durch entsprechende Größen wie Dichte, spezifisches Leitvermögen, Atomgewicht usw. dargestellt werden können. Eine Eigenschaft, die für optische Betrachtungen sehr wichtig ist, ist der Brechungsindex. Der Brechungsindex einer Substanz ist wie folgt definiert:

$$n = \frac{c_0}{c_n} \tag{11.4}$$

mit:

n = Brechungsindex
c_0 = Lichtgeschwindigkeit im Vakuum
c_n = Lichtgeschwindigkeit in dem Stoff mit dem Brechungsindex n

Mit Hilfe von Gl. 11.4 läßt sich z. B. die Lichtgeschwindigkeit c_n in Materie mit einem bekannten Brechungsindex n ausrechnen. Nehmen wir an, ein bestimmtes Glas besitzt einen Brechungsindex für gelbes Licht von $n = 1{,}35$. So breitet sich gelbes Licht mit der Geschwindigkeit c_n in diesem Glas aus:

$$c_n = \frac{c_0}{n} \tag{11.4a}$$

$$c_n = \frac{3 \cdot 10^8 \text{ m}}{1{,}35 \text{ s}} = 2{,}22 \cdot 10^8 \text{ m/s}$$

Wichtig ist dabei, daß Licht mit verschiedenen Frequenzen, also mit verschiedenen Farben, in Materie jeweils eine andere Geschwindigkeit c_n besitzt. Daher gibt es nicht *den* Brechungsindex von Wasser, Glas etc., sondern nur einen Brechungsindex für gelbes, rotes, blaues usw. Licht. In der Regel wird der Brechungsindex für eine ganz bestimmte gelbe Natriumlinie angegeben. Da sich die Änderung aber erst auf der zweiten oder dritten Stelle hinterm Komma bermerkbar macht, kann man in der Praxis dennoch von *dem* Brechungsindex sprechen. Die Abhängigkeit des Brechungsindex von der Frequenz des betrachteten Lichts wird als *Dispersion* bezeichnet. Diese Eigenschaft ist z. B. für das Entstehen von Farben in einem Prisma oder für die Farben eines Regenbogens verantwortlich. In den folgenden Kapiteln wollen wir eine Reihe von Gesetzen der geometrischen Optik besprechen.

11.3 Snelliussches Brechungsgesetz

Es soll einfarbiges, also monochromatisches und paralleles Licht von einem Medium mit dem Brechungsindex n_1, z. B. Luft, in ein anderes Medium mit dem Brechungsindex n_2, z.B. Wasser, übertreten. Dabei wird das Lichtbündel an der Grenzfläche zwischen den beiden Medien gebrochen, und zwar so, daß es in dem optisch dichteren Medium zum Lot hin gebrochen wird. Ein Medium wird als optisch dichter bezeichnet als ein anderes, wenn sein Brechungsindex größer ist.

Die Brechung entsprechend Abb. 142 läßt sich mathematisch wie folgt formulieren:

$$\frac{n_1}{n_2} = \frac{\sin\beta}{\sin\alpha} \quad \text{Snellius-Brechungsindex} \tag{11.5}$$

mit:

n_1 = Brechungsindex des Mediums I
n_2 = Brechungsindex des Mediums II ($n_2 > n_1$)
α = Winkel des Strahls im Medium I, bezogen auf das Lot
β = Winkel des Strahls im Medium II, bezogen auf das Lot

mit der Definition des Brechungsindex nach Gl. 11.4

$$n_1 = \frac{c_0}{c_1} \quad \text{und} \quad n_2 = \frac{c_0}{c_2}$$

ergibt sich aus Gl. 11.5:

$$\frac{c_2}{c_1} = \frac{\sin\beta}{\sin\alpha} \tag{11.6}$$

mit:

c_1 = Lichtgeschwindigkeit im Medium I
c_2 = Lichtgeschwindigkeit im Medium II

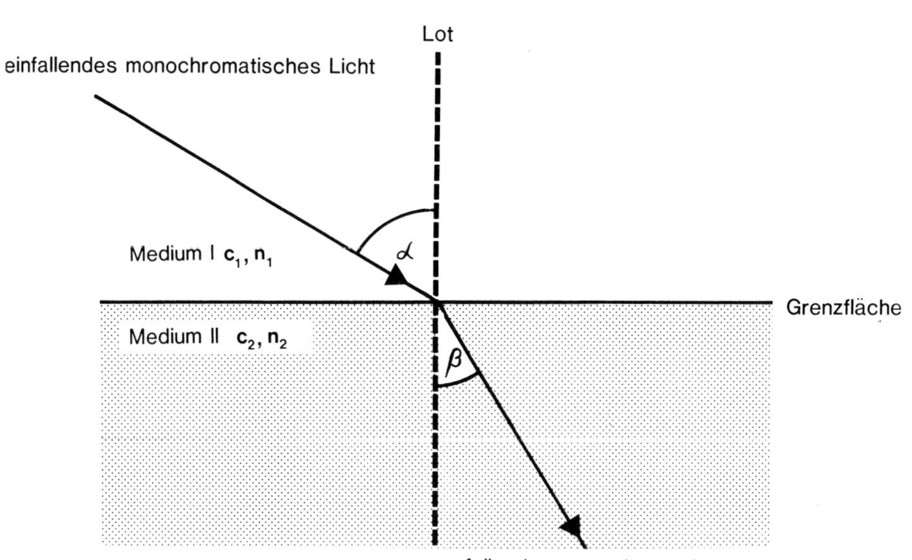

Abb. 142. Paralleles monochromatisches (= einfarbiges) Licht fällt aus dem Medium *I* mit dem Brechungsindex n_1 in ein Medium mit dem Brechungsindex n_2. Wenn n_2 größer ist als n_1, wird das Licht zum Lot hin gebrochen. Die Lichtgeschwindigkeit ist im Medium *I* c_1 und im Medium *II* c_2. Sie ist in Materie stets kleiner als im Vakuum, wo sie bekanntlich rund $c_0 = 3 \cdot 10^8$ m/s beträgt.

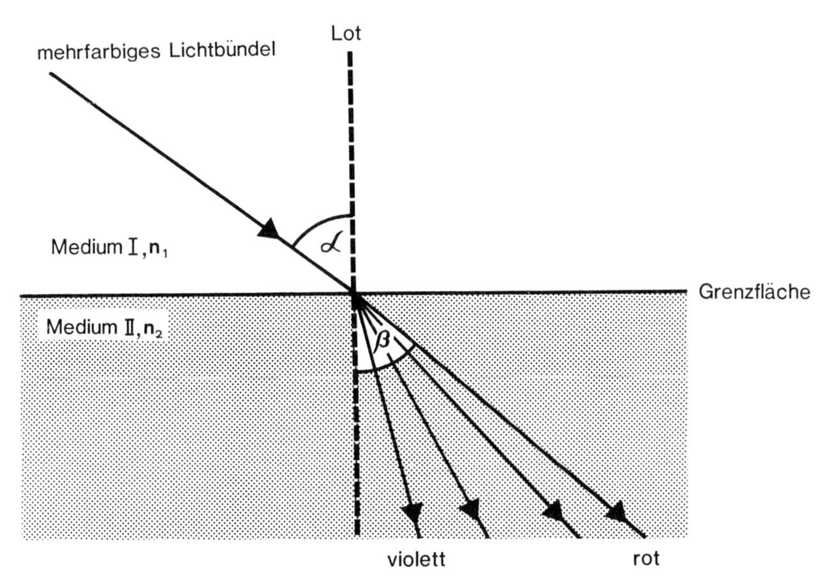

Abb. 143. Mehrfarbiges paralleles Licht trifft aus dem Medium *I* mit dem Brechungsindex n_1 auf ein Medium *II* mit dem Brechungsindex n_2. Dabei wird rotes Licht am wenigsten, violettes am stärksten gebrochen. Man nennt diese Erscheinung Dispersion.

Wenn das Licht senkrecht einfällt, also $\alpha = 0$ ist, so folgt aus Gl. 11.5, daß auch $\beta = 0$ ist. Bei senkrechtem Einfall geht das Licht also von dem einen Medium ungebrochen in das andere über. Läßt man anstelle eines monochromatischen Lichtbündels (= nur eine Frequenz) mehrfarbiges Licht übertreten, so werden die verschiedenen Frequenzen (= Farben) wegen der Dispersion verschieden stark gebrochen: Violett am stärksten, Rot am wenigsten.

11.4 Totalreflexion

Wir betrachten nochmals einen Fall, wie er bereits in Abb. 142 behandelt worden ist. Jetzt lassen wir den Strahl in umgekehrter Richtung, also vom Medium II ins Medium I laufen (Abb. 144a, b). Dabei wird der Strahl nach Gl. 11.5 an der Grenzfläche vom Lot weg gebrochen. Irgendwann tritt der Fall ein, daß der Strahl im Medium I nicht weiter vom Lot weg gebrochen werden kann, da er bereits parallel zur Grenzfläche verläuft. In diesem Fall ist der Winkel α gerade 90°. Wird der Winkel β noch größer, dann bleibt der Strahl im Medium II, er wird total reflektiert.
Also: Bei Überschreiten eines bestimmten Grenzwinkels (β_{gr}) wird paralleles monochromatisches Licht beim Übertritt von einem optisch dichten in ein optisch dünnes Medium totalreflektiert.
Der Grenzwinkel berechnet sich mit Hilfe der umgestellten Gl. 11.5 wie folgt:

$$\frac{n_2}{n_1} = \frac{\sin 90^\circ}{\sin \beta}$$

Mit $\sin 90^\circ = 1$ folgt:

$$\frac{n_2}{n_1} = \frac{1}{\sin \beta_{gr}} \tag{11.7}$$

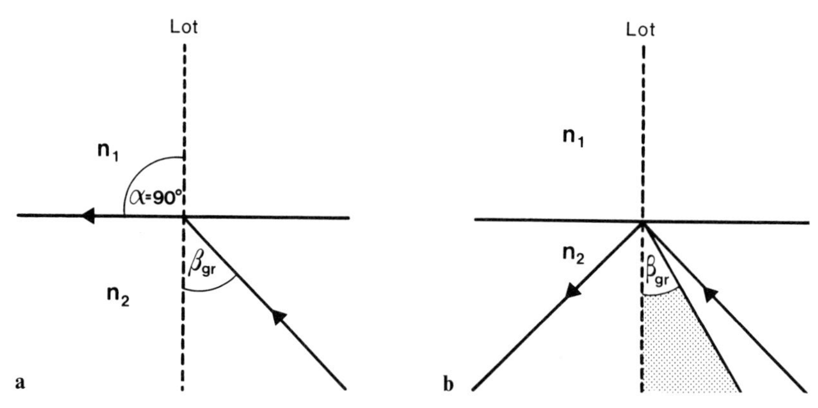

Abb. 144. **a** Monochromatisches Licht, das unter einem Winkel, der gleich dem Grenzwinkel β_{gr} ist, einfällt, wird parallel zur Oberfläche gebrochen. **b** Trifft dasselbe Licht unter einem Winkel auf, der größer ist als der Grenzwinkel, so findet Totalreflexion statt.

In der Regel gibt man den Winkel für eine bestimmte Substanz, bei dem Totalreflexion erfolgt, bezogen auf das Vakuum, also für $n_1 = 1$ an. Gleichung 11.7 vereinfacht sich für diesen Fall wie folgt:

$$\boxed{n = \frac{1}{\sin \beta_{gr}}} \tag{11.8}$$

mit:

n = Brechungsindex des Stoffes, dessen Grenzwinkel betrachtet wird (Er entspricht n_2 in Gl. 11.7. Wir haben den Index 2 der Einfachheit halber weggelassen.)

β_{gr} = Grenzwinkel, der Winkel bei dem gerade Totalreflexion auftritt

11.5 Prisma

Die Tatsache, daß Licht beim Übergang von Medien mit verschiedenen Brechungsindices an den Grenzflächen gebrochen wird, macht man sich vor allem beim Prisma,

Abb. 145. Prisma mit einer viereckigen Grundfläche. Die Grundfläche befindet sich in der Abb. hinten.

wie z.B. in Spektralphotometern, zunutze. Ein Prisma besteht in der Regel aus Glas und muß mindestens zwei gegeneinander geneigte Flächen besitzen.
Beispielsweise kann ein Prisma eine dreikantige oder vierkantige Grundfläche besitzen. Ein Prisma mit einer vierkantigen Grundfläche besitzt dann die Form einer Pyramide (Abb. 145). Der Winkel γ, den die beiden geneigten Flächen miteinander bilden, heißt der „brechende Winkel" (Abb. 146).
Wenn man monochromatisches Licht so auf die Eintrittsfläche des Prismas fallen läßt, daß es sich in dem Prisma parallel zur Grundfläche ausbreitet, so gilt für die Ablenkung des Lichts, also den Winkel zwischen dem einfallenden und dem ausfallenden Strahl, die folgende Beziehung:

$$\delta = \gamma \cdot (n - 1) \qquad (11.9)$$

mit:

δ = gesamte Ablenkung des einfallenden parallelen Lichtbündels
n = Brechungsindex des Prismas
γ = brechender Winkel des Prismas

Bei nicht parallelem Strahlengang im Prisma gilt statt Gl. 11.9 eine sehr viel kompliziertere Gleichung, auf die hier nicht eingegangen werden soll. Fällt weißes paralleles Licht auf die eine brechende Fläche, so wird jede Farbe verschieden stark gebrochen. Bei einem Prisma tritt der Effekt der Dispersion so stark in Erscheinung, daß weißes Licht *deutlich sichtbar* in seine Farben zerlegt wird.

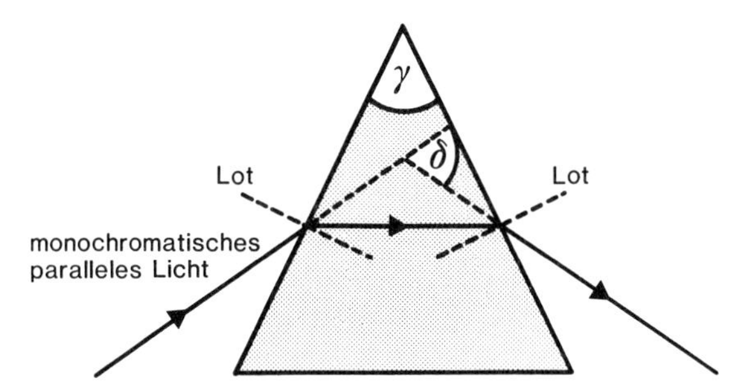

Abb. 146. Fällt monochromatisches paralleles Licht auf ein Prisma, so wird es gebrochen. Der Winkel δ zwischen dem einfallenden und dem ausfallenden Licht ist der gesamte Brechungswinkel. Der Winkel γ ist der brechende Winkel des Prismas. Der Winkel δ ist wegen der Dispersion von der Wellenlänge des einfallenden Lichts abhängig.

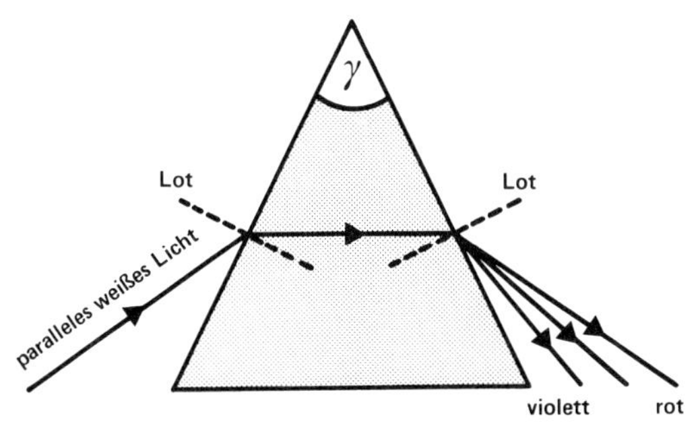

Abb. 147. Auf ein Prisma fällt weißes Licht. Wegen der Dispersion wird das Licht verschieden stark gebrochen, rotes Licht am wenigsten, violettes am stärksten.

11.6 Linsen

In Photoapparaten, Mikroskopen, Photometern, Projektionsapparaten etc. befinden sich Linsen zur optischen Abbildung. Eine Linse besteht aus einem durchsichtigen Stoff, meist Glas, dessen Flächen hochglanzpoliert sind. Man unterscheidet Sammellinsen und Zerstreuungslinsen. Dabei gibt es drei verschiedene Arten von Sammel- bzw. Zerstreuungslinsen.

11.6.1 Sammellinsen

Eine Sammellinse ist dadurch charakterisiert, daß sie in der Mitte stets dicker ist als am Rand. Das führt dazu, daß auffallendes Licht gesammelt wird.

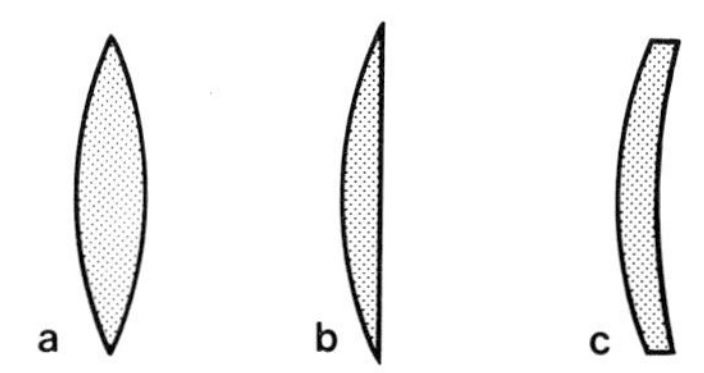

Abb. 148 a–c. Sammellinsen. **a** Bikonvexlinse, **b** Plankonvexlinse, **c** Konkavkonvexlinse

Eine Sammellnise besitzt einen Brennpunkt *F*. Der Brennpunkt *F* besitzt von der Linsenmitte einen Abstand *f*. Diese Strecke wird als Brennweite bezeichnet. Der Brennpunkt einer Linse ist wie folgt definiert:

> Der Brennpunkt einer dünnen Sammellinse ist der Punkt, in dem parallel zur optischen Achse auffallendes Licht vereinigt wird.

Dies ist in der Praxis jedoch aus vielerlei Gründen nie exakt erfüllt. Denken Sie z.B. an die Dispersion: Wegen der verschieden starken Brechung von Licht mit verschiede-

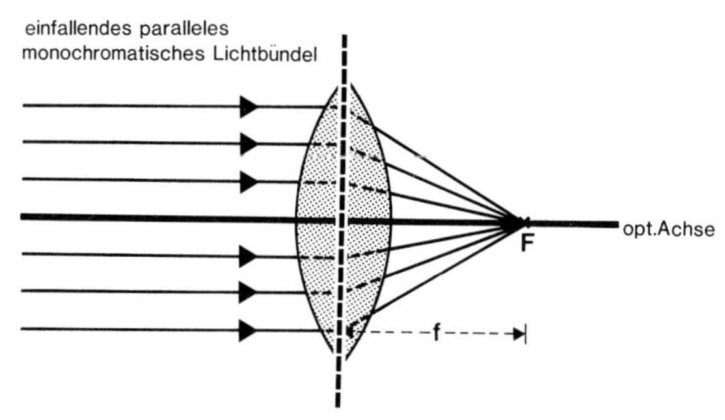

Abb. 149. Zur optischen Achse paralleles und monochromatisches Licht wird bei einer dünnen Sammellinse in einem Punkt, dem Brennpunkt *F*, vereinigt. Der Abstand des Brennpunktes *F* von der Linsenmitte wird als Brennweite *f* bezeichnet.

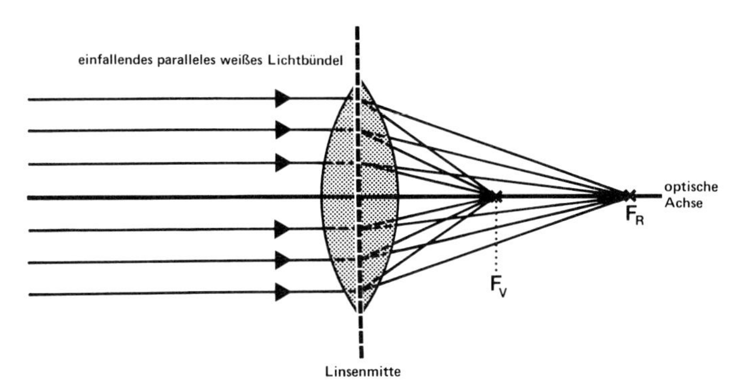

Abb. 150. Zur optischen Achse paralleles mehrfarbiges Licht wird verschieden stark gebrochen (Dispersion) und daher in verschiedenen Brennpunkten gesammelt. Die Brennweite von rotem Licht ist am größten, die von violettem am kleinsten. F_R Brennpunkt des roten Lichts, F_V Brennpunkt des violetten Lichts

nen Frequenzen besitzt eine Linse daher für die verschiedenen Farben jeweils einen anderen Brennpunkt (Abb. 150). Dies kann zu Abbildungsfehlern führen und muß in optischen Systemen wie Photoapparaten oder Mikroskopen durch entsprechende Linsensysteme korrigiert werden. Den durch die Dispersion erzeugten *Linsenfehler* bezeichnet man als *chromatische Aberration* (Farbabweichung).
Eine weitere Bedingung ist, daß die Strahlen nahe der optischen Achse einfallen. Im anderen Fall weichen die einfallenden Strahlen vom Brennpunkt ab, und zwar werden Randstrahlen stärker gebrochen als die achsennahen Strahlen. Man bezeichnet die Abweichung der Randstrahlen vom Brennpunkt als *sphärische Aberration*! Im folgenden nehmen wir jedoch idealisiert an, daß eine Linse exakt einen genau definierten Brennpunkt besitzt.

11.6.1.1 Projektionslinse

Stellt man einen abzubildenden Gegenstand innerhalb des Bereichs zwischen einfacher und doppelter Brennweite auf, so wird er auf einen Schirm scharf abgebildet. Das Bild *B* des Gegenstandes *G* ist dabei umgekehrt, vergrößert und reell (Abb. 151). Reell bedeutet, daß man es ohne zusätzliche Hilfsmittel wie weitere Linsen auf einem Schirm (Film) auffangen kann. Man konstruiert das durch die Linse erzeugte Bild dadurch, daß man zu seiner Darstellung bestimmte *charakteristische Strahlen* verwendet. Das sind der

1. Mittelpunktstrahl, der ungebrochen durch den Mittelpunkt der Linse hindurchgeht
2. Brennstrahl, der durch den Brennpunkt der Linse geht und die Linse parallel zur optischen Achse verläßt
3. Parallelstrahl, der nach Verlassen der Linse durch den Brennpunkt hindurchgeht

Eine Projektionslinse befindet sich beispielsweise in Diaprojektoren. Um ein aufrechtes Bild zu erhalten, muß man daher das Diapositiv umgekehrt und seitenverkehrt

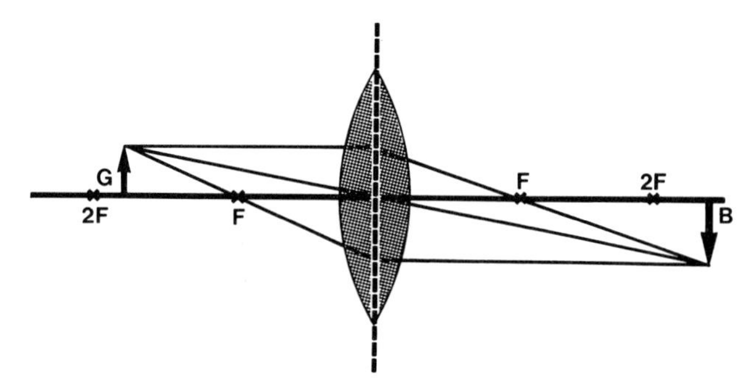

Abb. 151. Bikonvexlinse als Projektionslinse. Der Gegenstand *G* steht zwischen der einfachen und zweifachen Brennweite. Das Bild *B* erscheint außerhalb der zweifachen Brennweite, ist reell, vergrößert und umgekehrt. *F* Brennpunkt, *2 F* Punkt, der die doppelte Brennweite (*2f*) von der Linsenmitte entfernt ist

einlegen. Jede Sammellinse kann im Prinzip als Projektionslinse benutzt werden. Es kommt nur darauf an, wo sich der abzubildende Gegenstand befindet. Stellt man ihn bei derselben Linse außerhalb der zweifachen Brennweite auf, so wirkt dieselbe Linse als photographische Linse.

11.6.1.2 Photographische Linse

Eine Sammellinse wirkt als photographische Linse, wenn sich der Gegenstand außerhalb der zweifachen Brennweite befindet. Die Bildkonstruktion kann wiederum mit den drei charakteristischen Strahlen durchgeführt werden (Abb. 152). Zwei Strahlen reichen jedoch bereits aus.
Das Bild der photographischen Linse ist nach Tabelle 28 und nach Abb. 152 verkleinert, umgekehrt und reell. In jedem Photoapparat befindet sich eine derartig wirkende Linse bzw. – zum Ausgleich der Linsenfehler – ein ganzes Linsensystem mit einer derartigen Wirkung.

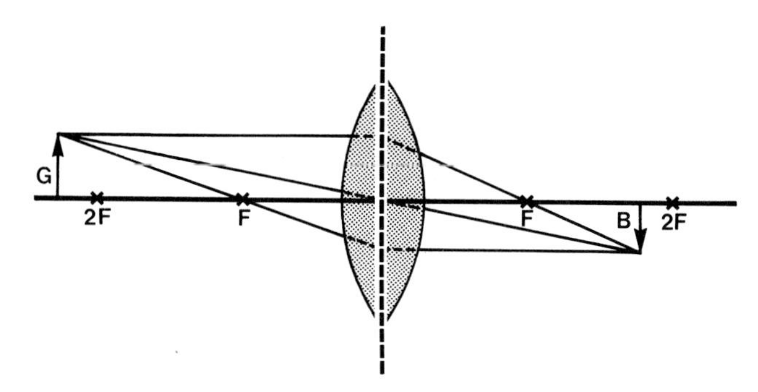

Abb. 152. Photographische Linse. Die dargestellte Linse wirkt als photographische Linse, da sich der Gegenstand außerhalb der doppelten Brennweite *2f* befindet. Das Bild ist umgekehrt, verkleinert und reell.

11.6.1.3 Lupe

Bringt man den abzubildenden Gegenstand bei einer Sammellinse zwischen Linse und einfache Brennweite, so entsteht kein reelles Bild mehr, da die Strahlen hinter der Linse divergieren. Auf einem Schirm läßt sich daher kein Bild auffangen.
Aber mit Hilfe einer weiteren Linse, z.B. dem Auge kann ein reelles Bild erzeugt werden. Das Bild erscheint dabei dem Auge in der rückwärtigen Verlängerung der einfallenden Strahlen. Man nennt das Bild daher virtuell (Abb. 153).
Eine Lupe erzeugt ein aufrechtes, virtuelles und vergrößertes Bild.

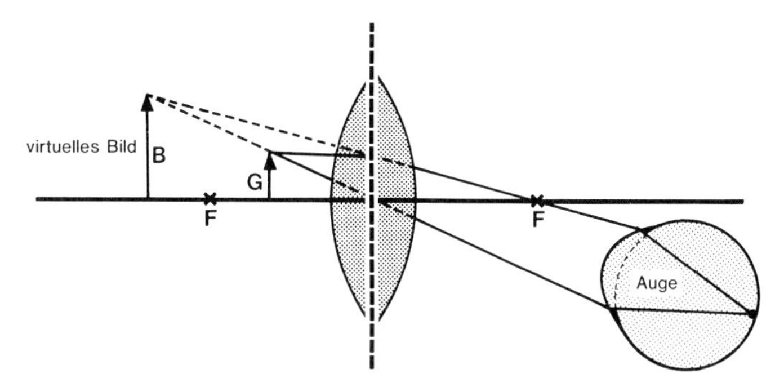

Abb. 153. Lupe. Ein Gegenstand, der sich innerhalb der einfachen Brennweite der Linse befindet, erzeugt kein reelles Bild. Um trotzdem ein Bild zu erhalten, muß eine weitere Linse, z. B. das Auge, verwendet werden. Aus diesem Grund bezeichnet man das aufrechte, vergrößerte Bild einer Lupe als virtuell.

11.6.1.4 Linsengesetz

Die Abbildung eines Gegenstandes auf einem Schirm mit Hilfe einer Linse läßt sich mit Hilfe eines Gesetzes darstellen (Abb. 154). Dabei bezeichnet man die Entfernung der Gegenstandsvorderseite von der Linsenmitte als Gegenstandsweite und kürzt sie mit g ab.
Die Entfernung des Bildes von der Linsenmitte wird entsprechend als Bildweite bezeichnet und mit b abgekürzt. Die 3 Größen b, g und f hängen bei einer dünnen Linse wie folgt zusammen:

$$\frac{1}{f} = \frac{1}{b} + \frac{1}{g} \tag{11.10}$$

Abbildungsgesetz dünner Linsen

mit:

f = Brennweite der Linse
b = Bildweite
g = Gegenstandsweite

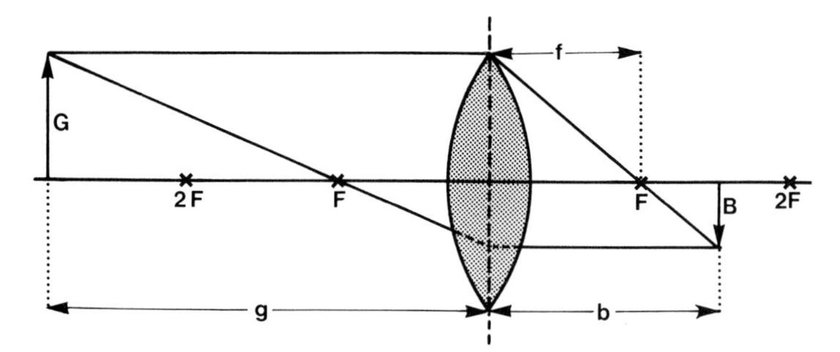

Abb. 154. Die Abbildung B eines Gegenstandes G läßt sich mit Hilfe des Linsengesetzes beschreiben. G Gegenstand, g Gegenstandsweite, b Bildweite, f Brennweite, F Brennpunkt, $2F$ Punkt in der Entfernung $2f$, also der doppelten Brennweite, von der Linsenmitte

Tabelle 28. Zusammenfassung der Abbildungseigenschaften der verschiedenen Sammellinsen

Linse wirkt als:	Gegenstand steht:	Bild erscheint:	Das Bild ist:
Projektionslinse	Zwischen einfacher und zweifacher Brennweite	Außerhalb der zweifachen Brennweite	Umgekehrt, vergrößert, reell
Photographische Linse	Außerhalb der zweifachen Brennweite	Zwischen einfacher und zweifacher Brennweite	Umgekehrt, verkleinert, reell
Lupe	Innerhalb der einfachen Brennweite	Nur mit Hilfe einer weiteren Linse, z. B. dem Auge	Aufrecht, vergrößert, virtuell

Gleichung 11.10 gilt exakt nur für unendlich dünne Linsen, die es natürlich in der Praxis nicht geben kann. Aber in guter Näherung gilt es auch für dünne Linsen. Unter einer dünnen Linse versteht man dabei eine Linse, deren Breite (Dicke) klein ist gegen ihre Länge.

11.6.1.5 19. Praktikumsaufgabe (Bestimmung der Brennweite einer Sammellinse)

Es ist mit Hilfe des Linsengesetzes nach Gl. 11.10 die Brennweite f einer Sammellinse zu bestimmen. Da jede Linse eine endliche Dicke d besitzt und sich meist in einer Fassung befindet, ist es äußerst schwierig, den Mittelpunkt der Linse und damit b und g zu bestimmen. Diese Schwierigkeit läßt sich durch Anwendung des *Bessel-Verfahrens* umgehen.

Dazu geht man wie folgt vor: Als Gegenstand G dient in diesem Fall ein kleines speziell gemustertes farbiges Dia, das von hinten beleuchtet wird. Mit Hilfe einer Linse wird von dem Dia auf einem Schirm ein Bild erzeugt. Der Abstand zwischen Dia und Bild wird fest eingestellt. Gegenstand also das Dia und Bild sind weiter als das Vierfache der Brennweite der Linse voneinander entfernt. Diese Entfernung bleibt während des Versuchs fest und wird mit a bezeichnet. Die Linse kann auf diese Weise zwei scharfe reelle Bilder auf dem Schirm erzeugen. In Stellung II erzeugt sie als

photographische Linse auf dem Schirm ein verkleinertes Bild. Nach entsprechender Verschiebung der Linse in Abb. 155 in Stellung I wirkt sie als Projektionslinse und erzeugt dabei auf demselben Schirm ein vergrößertes Bild.
Aus Symmetriegründen gilt nach Abb. 155 $b_{ph} = g_P$ und $g_{ph} = b_P$. Die Größe e ist die Entfernung zwischen den beiden Linsenstellungen. Zur Bestimmung von e ist es dabei nicht erforderlich, die Linsenmitte zu kennen. Man kann dazu jeden Punkt der Linse oder auch der Fassung nehmen und von diesem Punkt aus e bestimmen. Es gilt nach Abb. 155:

$$a = b_{ph} + g_{ph} \tag{11.11a}$$

bzw.

$$a = b_P + g_P \tag{11.11b}$$

mit:

b_{ph} = Bildweite der photographischen Linse
b_P = Bildweite der Projektionslinse
g_{ph} = Gegenstandsweite der photographischen Linse
g_P = Gegenstandsweite der Projektionslinse

Da Gl. 11.11 für beide Linsenstellungen gilt, können wir die Indizes an der Bild- bzw. Gegenstandsweite auch weglassen und statt Gl. 11.11 allgemein schreiben:

$$a = b + g \tag{11.12}$$

Weiterhin gilt:

$$b_P - e = b_{ph} \tag{11.13}$$

wegen $b_{ph} = g_P$ gilt:

$$b_{ph} - g_p = e \tag{11.14}$$

Auch Gl. 11.14 gilt wie Gl. 11.11 allgemein, also in der Form:

$$e = b - g \tag{11.15}$$

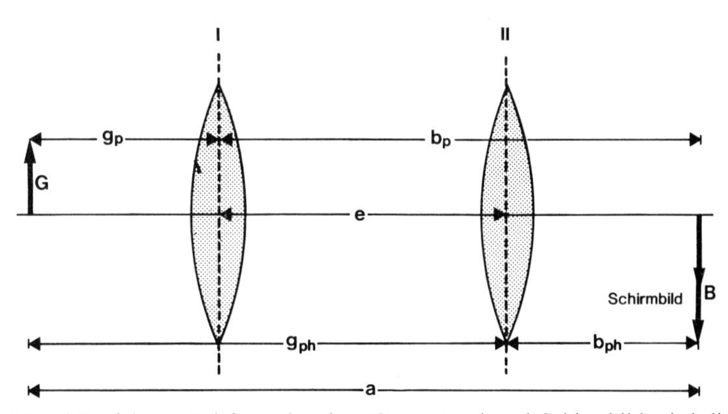

Abb. 155. Bessel-Verfahren. Bei feststehendem Gegenstand und Schirmbild wird die Linse in 2 Stellungen gebracht, in denen sie ein scharfes reelles Bild erzeugt. In Stellung *I* wirkt sie als Projektionslinse und erzeugt ein vergrößertes Bild, in Stellung *II* wirkt sie als photographische Linse und erzeugt ein verkleinertes Bild. g_{ph}, g_p Gegenstandsweite der photographischen bzw. Projektionslinse, b_{ph}, b_p Bildweite der photographischen bzw. Projektionslinse, e Abstand zwischen den beiden Linsenstellungen *I* und *II*, a Abstand zwischen Gegenstand und Bild

Die Summe von Gl. 11.12 und Gl. 11.15, also $a + e$ ergibt:

$$a + e = (b + g) + (b - g) = 2b \tag{11.16}$$

und die Differenz, also $a - e$ ergibt:

$$a - e = (b + g) - (b - g) = 2g \tag{11.17}$$

Aus Gl. 11.16 folgt:

$$b = \frac{a + e}{2} \tag{11.16a}$$

und aus Gl. 11.17

$$g = \frac{a - e}{2} \tag{11.17a}$$

Da wir eine dünne Linse verwenden, gilt das Abbildungsgesetz nach Gl. 11.10. In dieser Gleichung ersetzen wir b und g durch die in Gl. 11.16a und Gl. 17a dargestellten Größen.
Es folgt:

$$\frac{1}{\frac{a + e}{2}} + \frac{1}{\frac{a - e}{2}} = \frac{1}{f} \tag{11.18}$$

Diese Gleichung rechnen wir ein wenig um. Dazu bringen wir sie auf den Hauptnenner $(a + e) \cdot (a - e)$. Es ergibt sich:

$$\frac{2 \cdot (a - e) + 2(a + e)}{(a + e) \cdot (a - e)} = \frac{1}{f}$$

mit $(a + e) \cdot (a - e) = a^2 - e^2$ (3. binomischer Lehrsatz) folgt:

$$\frac{2a + 2a}{a^2 - e^2} = \frac{1}{f}$$

Bildet man den reziproken Wert, so ergibt sich für f:

$$\boxed{f = \frac{a^2 - e^2}{4a}} \tag{11.18a}$$

Um die gesuchte Brennweite f der verwendeten Sammellinse zu erhalten, müssen also nur a und e gemessen werden, und zwar ohne Kenntnis der Linsenmitte.

Meßergebnisse und Auswertung

Mit den Ergebnissen von Tabelle 29 ergibt sich für die Brennweite f:

$$f = \frac{(74{,}98\ \text{cm})^2 - (50{,}83\ \text{cm})^2}{4 \cdot 74{,}98\ \text{cm}}$$

also:

$$\boldsymbol{f = 10{,}13\ \text{cm}}$$

Fehlerrechnung: Für einen weiteren Praktikumsversuch benötigen wir die Standardabweichung s_f. Aus diesem Grund geben wir als Fehler nicht den Größtfehler Δf

Tabelle 29. Meßergebnisse der Messung der Brennweite einer Sammellinse nach dem Bessel-Verfahren

a_i [cm]	e_i [cm]
$a_1 = 75,0$	$e_1 = 50,45$
$a_2 = 74,98$	$e_2 = 50,8$
$a_3 = 74,96$	$e_3 = 50,9$
$a_4 = 74,98$	$e_4 = 50,19$
$a_5 = 74,98$	$e_5 = 50,95$
$a_6 = 74,98$	$e_6 = 50,55$
$a_7 = 75,0$	$e_7 = 51,6$
$a_8 = 74,96$	$e_8 = 50,6$
$a_9 = 74,98$	$e_9 = 51,64$
$a_{10} = 74,99$	$e_{10} = 50,65$
$\bar{a} = 74,98$	$\bar{e} = 50,83$

an, sondern $s_{\bar{f}}$. Die Standardabweichung des Mittelwertes der Brennweite $s_{\bar{f}}$ berechnet sich mit Hilfe von Gl. 1.9 wie folgt:

$$s_{\bar{f}} = \sqrt{\left(\frac{1}{4} + \frac{\bar{e}^2}{4\,\bar{a}^2}\right)^2 \cdot s_{\bar{a}}^2 + \left(\frac{-\,\bar{e}}{2\,\bar{a}}\right)^2 \cdot s_{\bar{e}}^2} \tag{11.19}$$

mit:

$\bar{a} = 74,98$ cm
$\bar{e} = 50,83$ cm
$s_{\bar{a}} = 0,00433$ cm
$s_{\bar{e}} = 0,1486$ cm

ergibt sich für $s_{\bar{f}}$:

$$s_{\bar{f}} = \sqrt{\left(\frac{1}{4} + \frac{(50,83)^2\ \text{cm}^2}{4\cdot(74,98)^2\ \text{cm}^2}\right)^2 \cdot 0,00433^2\ \text{cm}^2 + \left(\frac{-\ 50,83\ \text{cm}^2}{2\cdot 74,98\ \text{cm}}\right)^2 \cdot 0,1486^2\ \text{cm}^2}$$

ausgerechnet:

$$s_{\bar{f}} = 0,05\ \text{cm}$$

Somit lautet das Ergebnis der Messung:

$$\boldsymbol{f = 10,13\ \text{cm} \pm 0,05\ \text{cm}}$$

11.6.2 Mikroskop

Ein Mikroskop ist ein optisches Instrument, das sich im Prinzip aus einer Projektionslinse und einer Lupe zusammensetzt. Die Projektionslinse liegt objektnahe und wird daher als Objektiv bezeichnet. Die Lupe liegt augennah und wird daher als Okular bezeichnet. Die Projektionslinse erzeugt dabei ein vergrößertes Zwischenbild, das mit der Lupe nochmals vergrößert betrachtet wird (Abb. 156).
Das Zwischenbild der Projektionslinse kann man auf einem Schirm auffangen.
Das Zwischenbild ist zum Verständnis der Bildentstehung dargestellt und kann sozusagen als „neuer Gegenstand", von dem Licht ausgeht, betrachtet werden.

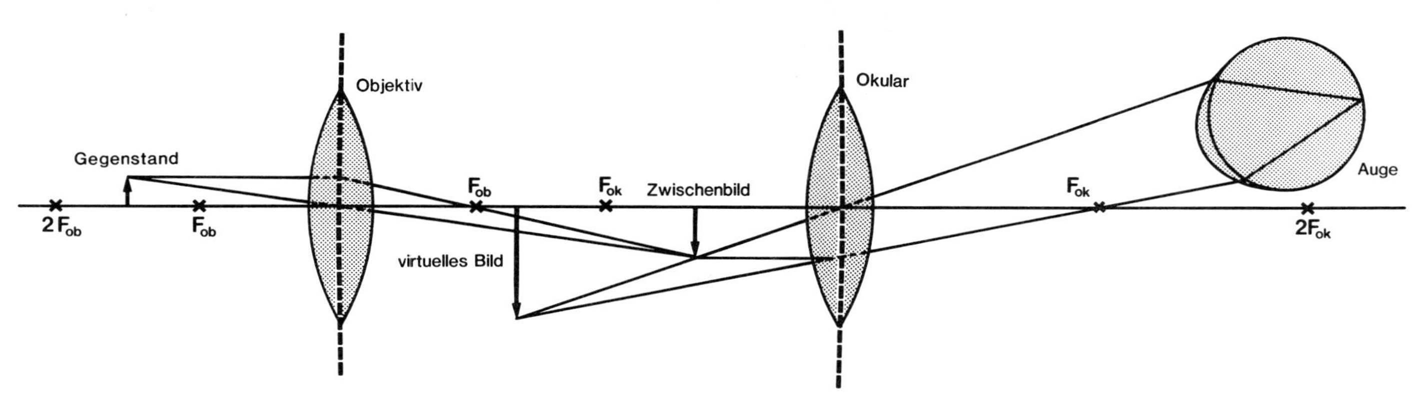

Abb. 156. Bildentstehung in einem Mikroskop. Ein Mikroskop setzt sich prinzipiell aus 2 Linsen zusammen. Die 1. Linse (Objektiv) wirkt als Projektionslinse. Mit Hilfe der 2. Linse (Okular) wird das von der Projektionslinse erzeugte vergrößerte Bild betrachtet und nochmals vergrößert. Es entsteht ein virtuelles, umgekehrtes, stark vergrößertes Bild des Gegenstands, das mit Hilfe einer weiteren Linse, z. B. dem Auge, aufgefangen werden kann.

Natürlich ändern die Strahlen im luftgefüllten Innern eines Mikroskops nicht plötzlich einfach die Richtung. Der *tatsächliche* Strahlengang ist daher etwas anders. Um möglichst das volle Licht der Projektionslinse auf der Lupe zu sammeln, wird in Höhe des Zwischenbilds eine weitere Linse eingebracht. Diese Linse wird als *Feldlinse* bezeichnet. Sie hat auf die optischen Eigenschaften wie Auflösung und Vergrößerung keinen bzw. so gut wie keinen Einfluß. Sie dient ausschließlich der Gesichtsfelderweiterung. In Abb. 156 ist sie nicht eingezeichnet.

11.6.2.1 Auflösungsvermögen (*A*)

Zwei beliebige, in einem Abstand *d* nebeneinanderliegende kleine Gegenstände sollen in 25 cm Abstand von einem Betrachter ohne ein Instrument als getrennt wahrgenommen werden. Verringert man den Abstand *d* der Gegenstände, so wird irgendwann der Fall eintreten, daß die beiden Gegenstände nicht mehr getrennt, sondern sozusagen nur noch als ein Objekt wahrgenommen werden können. Allgemein wird die Fähigkeit eines optischen Systems, zwei Punkte als getrennt erkennen zu lassen, als Auflösungsvermögen *A* bezeichnet. Will man z. B. in einem Labor die Erythrozyten einer Blutprobe auszählen, so muß man natürlich jeden einzelnen Erythrozyten erkennen können. Ohne Einsatz eines Mikroskops erkennt man, wie jeder weiß, nur einen roten Fleck.
Die Vergrößerung eines optischen Instruments allein ist nicht ausschlaggebend für seine Qualität. Es kommt genauso auf das Auflösungsvermögen an.
Der kleinste Abstand d_0, den zwei Punkte (Objekte) bei der Betrachtung mit einem Mikroskop gerade noch besitzen dürfen, damit man sie getrennt wahrnehmen kann, berechnet sich wie folgt:

$$d_0 = \frac{\lambda}{n \cdot \sin \alpha} \tag{11.20}$$

mit:

d_0 = Abstand zweier Punkte (Objekte), die man bei Betrachtung mit einem Mikroskop gerade noch getrennt wahrnehmen kann

λ = Wellenlänge des benutzten Lichts

n = Brechungsindex des Mediums, das sich zwischen Objektiv und Objekt befindet, in der Regel Luft oder Öl

$\sin \alpha$ = Sinus des halben Öffnungswinkels α, der in Abb. 157 dargestellt ist

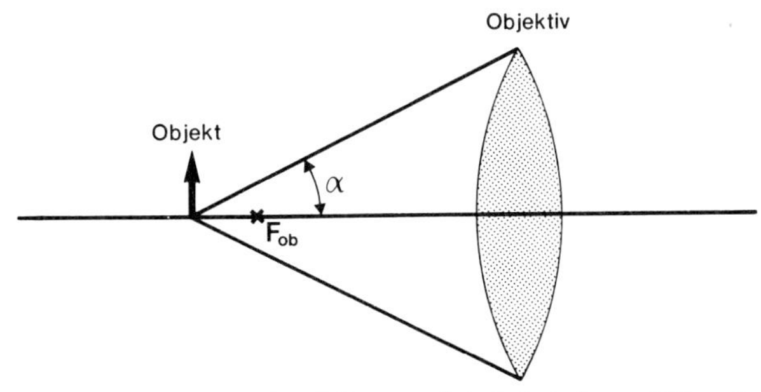

Abb. 157. Definition des Öffnungswinkels bei einem Mikroskop

Man möchte natürlich ein möglichst kleines d_0 erhalten, so daß auch sehr eng beieinander liegende Objekte aufgelöst, also getrennt wahrgenommen werden können. Nach Gl. 11.20 bedeutet das ein möglichst kleines λ, so daß man violettes Licht benutzen sollte (UV-Licht kann nicht verwendet werden, da es unsichtbar ist). Der Brechungsindex n sollte möglichst groß sein. Daher wird bei dem 100er Objektiv Öl zwischen Objekt und Objektiv gebracht. Außerdem soll $\sin\alpha$ möglichst groß sein. Das geschieht bei vorgegebener fester Linsengröße dadurch, daß man das Objekt möglichst dicht an das Okular bringt, natürlich nur kurz vor den Brennpunkt F, da die Objektivlinse sonst nicht mehr als Projektionslinse wirkt.

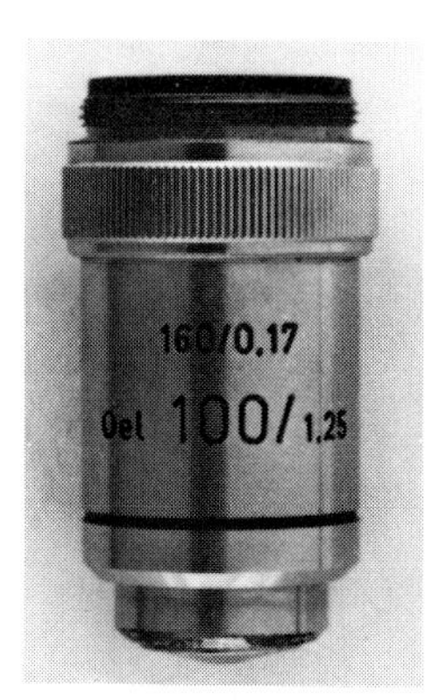

Abb. 158. Objektiv eines üblichen Lichtmikroskops. Die Zahl 100 gibt die Objektivvergrößerung an, die Zahl 1,25 die numerische Apertur. Die beiden anderen Zahlen sind für unsere Betrachtungen nicht weiter von Interesse.

Den Nenner von Gl. 11.20, also das Produkt $n \cdot \sin\alpha$, bezeichnet man als *numerische Apertur*. Der Wert der numerischen Apertur steht auf den Objektiven aufgedruckt. Er besitzt bei einer Objektivvergrößerung von 100 beispielsweise den Wert 1,25 (Abb. 158). Das Auflösungsvermögen A ist definiert als der reziproke Wert des kleinsten Abstands d_0 zwischen zwei Punkten, die man gerade noch getrennt wahrnehmen kann:

$$A = \frac{1}{d_0} \tag{11.21}$$

Mit Hilfe von Gl. 11.20 folgt für A:

$$A = \frac{n \cdot \sin\alpha}{\lambda} \tag{11.22}$$

Beispiel. Wie groß ist bei Verwendung des in Abb. 158 dargestellten Objektivs und bei Verwendung von Licht mit einer Wellenlänge von 400 nm der kleinste noch gerade auflösbare Abstand d_0 zweier Objekte?
Mit Hilfe von Gl. 11.20 folgt:

$$\mathbf{d_0 = \frac{400}{1{,}25}\,nm = 0{,}32\,\mu m}$$

Damit man zwei Objekte mit einem Mikroskop bei Verwendung des 100er Objektivs noch getrennt wahrnehmen kann, dürfen sie theoretisch nicht weiter als 0,32 µm voneinander entfernt sein. Dasselbe gilt natürlich für Strukturen innerhalb zu betrachtender Objekte.

11.6.2.2 Vergrößerung

Die Vergrößerung V eines Mikroskops berechnet sich aus dem Produkt der Objektivvergrößerung und Okularvergrößerung:

$$V = V_{ob} \cdot V_{ok} \tag{11.23}$$

mit:

V = Vergrößerung des Mikroskops
V_{ob} = Objektivvergrößerung
V_{ok} = Okularvergrößerung

Die Objektiv- und Okularvergrößerung stehen bei Mikroskopen üblicherweise auf Objektiven bzw. Okular aufgedruckt. Die Okularvergrößerung besitzt bei den üblichen Laborgeräten den Wert 8, 10 oder 12. In der Regel besitzt ein übliches Labormikroskop drei verschiedene Objektive, die drehbar angebracht sind. Die Vergrößerungen sind dabei 10, 40 und 100. Somit folgt für die maximale Gesamtvergrößerung eines Mikroskops der dargestellten Art:

$$V = 12 \cdot 100 = 1200$$

Ein Erythrozyt mit einer Größe von 7 μm erscheint in dem Mikroskop somit 8,4 mm groß.

11.6.3 Elektronenmikroskop

Das Auflösungsverfahren eines Mikroskops ist nach Gl. 11.22 im wesentlichen von der Wellenlänge λ der verwendeten Strahlung abhängig. Ein Lichtmikroskop findet deshalb bei einer Wellenlänge des Lichts von etwa 350 nm seine Auflösungsgrenze. Es stellt sich daher die Frage, warum man nicht ein Mikroskop baut, das z.B. mit Röntgenstrahlen arbeitet, da die Wellenlänge dieser Strahlung erheblich kleiner als die von Licht ist. Es wären dann Bilder mit erheblich besserer Auflösung zu erwarten. Man könnte das Bild dann zwar nicht direkt sehen, aber beispielsweise wie beim Röntgen photographisch aufnehmen oder auf speziellen Leuchtschirmen sichtbar machen. Leider ist die Anwendung von Röntgenstrahlung in dieser Weise unmöglich. Der Brechungsindex n (s. 11.2) der in einem Mikroskop verwendeten Glaslinsen ist stark von der Frequenz der verwendeten Strahlung abhängig (Dispersion). Für Röntgenstrahlung ist der Brechungsindex von Luft, Glas, Wasser etc. jedoch stets $n = 1$. Es ist daher nicht möglich, für diese Strahlung fokussierende Linsensysteme herzustellen. Dennoch gibt es abbildende Systeme, die mit Röntgenstrahlen arbeiten, nämlich die Röntgenbeugung, z.B. bei der Untersuchung von Kristallen. Diese Art der Bilderzeugung mit Röntgenstrahlen unterscheidet sich jedoch völlig von dem Prinzip eines Mikroskops. Um ein abbildendes System zu erhalten, das einem Lichtmikroskop vergleichbare Bilder, – jedoch mit wesentlich höherer Auflösung – erzeugt, verwendet man anstelle von sichtbarem Licht *Elektronen*. Es läßt sich zeigen, daß Elektronen, obwohl sie Teilchen sind, auch Welleneigenschaften besitzen. Daher kann man den Elektronen eine Wellenlänge zuordnen, die als de-Broglie-Wellenlänge bezeichnet wird. Sie berechnet sich wie folgt:

$$\lambda_e = \frac{h}{m \cdot v} \tag{11.24}$$

mit:

λ_e = Wellenlänge des Elektrons, de-Broglie-Wellenlänge
h = Plancksches Wirkungsquantum
m = Elektronenmasse (in Energieeinheiten = 511 keV)
v = Geschwindigkeit des Elektrons

Wird ein Elektron mit einer Spannung von 100 kV beschleunigt, so beträgt seine de-Broglie-Wellenlänge beispielsweise:

$$\boldsymbol{\lambda_e = 3{,}7 \cdot 10^{-9}\ \mathrm{m} = 3{,}7\ \mathrm{nm}}$$

Elektronen sind geladene Teilchen und lassen sich daher mit Hilfe von elektrischen und magnetischen Feldern ablenken. Man benutzt in einem Elektronenmikroskop hierzu Kondensatoren oder Spulen, mit denen die Elektronen fokussiert werden. Es sind dies rotationssymmetrische elektrostatische Felder. Diese Felder werden in Anlehnung an das Lichtmikroskop ebenfalls als Linsen bezeichnet.

Das von den Elektronen erzeugte Bild wird mit Hilfe eines speziellen Leuchtschirms oder photographischer Platten sichtbar gemacht. Das Auflösungsvermögen eines Elektronenmikroskops ist rund 1000mal so groß wie das eines Lichtmikroskops und liegt in der Größenordnung bis zu 0,1 nm (1 Å).

11.6.3.1 Transmissionselektronenmikroskop

Die zur Erzeugung einer Abbildung erforderlichen Elektronen werden von einer speziellen Kathode ausgesendet und mittels einer elektrischen Hochspannung auf die Anode hin beschleunigt. Nach Durchgang durch die zylinderförmige Anode durchstrahlen die beschleunigten Elektronen das zu untersuchende Objekt (s. Abb. 159a). Beim Durchstrahlen des Objekts werden die Elektronen in Abhängigkeit von der Struktur des Objekts gestreut. Sie erfahren bei dieser Streuung eine Richtungs- und Phasenänderung. Die Bildentstehung beruht daher auf einem Streu- und Phasenkontrast.

Bei Elektronenmikroskopen, die nach diesem Prinzip arbeiten, dürfen die zu untersuchenden Objekte nur eine Dicke von etwa 0,1 µm besitzen, da sonst die beschleunigten Elektronen absorbiert werden und kein Bild mehr entstehen kann.

Aus diesem Grund liegen die zu untersuchenden Objekte als Dünnschichtschnitte vor. Sie besitzen eine Fläche von etwa 2 mm · 2 mm.

Die Hochspannungen, mit denen die Elektronen beschleunigt werden, liegen bei medizinischen Geräten in der Regel zwischen 20 kV und 100 kV. Sie können bei speziellen Elektronenmikroskopen im Extremfall sogar bis über 2 MV betragen.

11.6.3.2 Oberflächenrasterelektronenmikroskop

Ein weiteres in der Medizin oft benutztes spezielles Elektronenmikroskop ist das Oberflächenrasterelektronenmikroskop. Aufbau und Funktionsweise dieses Mikroskops unterscheiden sich dabei erheblich von der eines Transmissionsmikroskops. Es sei erwähnt, daß es neben dem Oberflächenrasterelektronenmikroskop noch Durchstrahlungsrasterelektronenmikroskope gibt, auf die wir hier aber nicht weiter eingehen.

In diesem Fall wird die Oberfläche des zu untersuchenden Materials mit Hilfe eines Elektronenstrahls mit einem Durchmesser von ca. 10 nm rasterförmig abgetastet. Die Abtastung wird von einer speziellen Elektronik – in Abb. 159b als Ablenkgenerator bezeichnet – gesteuert. Der rasterförmig über das zu untersuchende Objekt geführte Elektronenstrahl führt zu Streu- und Sekundärelektronen sowie zu charakteristischer Röntgenstrahlung. Die in einem Detektor „gemessene" Intensität führt mit Hilfe der Elektronik auf einem Monitor zu dem gewünschten Bild. Für den Bildaufbau wird der Elektronenstrahl des Monitors synchron mit dem abtastenden Elektronenstrahl abgelenkt. Das Intensitätssignal steuert dabei den Wehnelt-Zylinder des Monitors und damit die Helligkeit des Schirms. Die gleichzeitig entstehende charakteristische Röntgenstrahlung wird mittels eines Halbleiterdetektors gemessen und führt in einem Vielkanalanalysator zu der in Abb. 159b erkennbaren Abbildung. Auf diese Weise lassen sich z. B. chemische Analysen des Probenmaterials durchführen.

Rasteraufnahmen besitzen wegen der großen Schärfentiefe (bis zu ca. 100 μm) oft eine erstaunlich plastische Form. Ein weiterer großer Vorteil ist, daß man die Oberfläche relativ großer Objekte (im Zentimeterbereich) betrachten kann.

Ein Nachteil des Rasterelektronenmikroskops ist das im Verhältnis zum Transmissionselektronenmikroskop schlechte Auflösungsvermögen von 5–10 nm.

Die Oberflächentiefe des Objekts, die vernünftigerweise dargestellt werden kann, liegt in der Größenordnung von ca. 100 nm.

11.6.4 Zerstreuungslinsen

Eine Zerstreuungslinse ist so beschaffen, daß auffallendes Licht die Linse divergierend wieder verläßt. Dies läßt sich dadurch realisieren, daß die Linsenmitte stets dünner ist als der Linsenrand. Es gibt drei Arten von Zerstreuungslinsen, die in Abb. 160a–c dargestellt sind.

Eine Zerstreuungslinse besitzt wie eine Sammellinse einen Brennpunkt F_z (Abb. 161). Dieser Brennpunkt ist wie folgt definiert:

> Der Brennpunkt einer dünnen Zerstreuungslinse ist der Punkt, in dem sich die rückwärtigen Verlängerungen von parallel zur optischen Achse einfallendem Licht vereinigen.

Der Brennpunkt einer Zerstreuungslinse ist virtuell, da sich Strahlen, die parallel einfallen, ja dort nicht tatsächlich treffen. Strahlen, die so auf die Linse fallen, daß sie sich ohne die Linse in F_z vereinigen würden, verlassen die Zerstreuungslinse parallel.

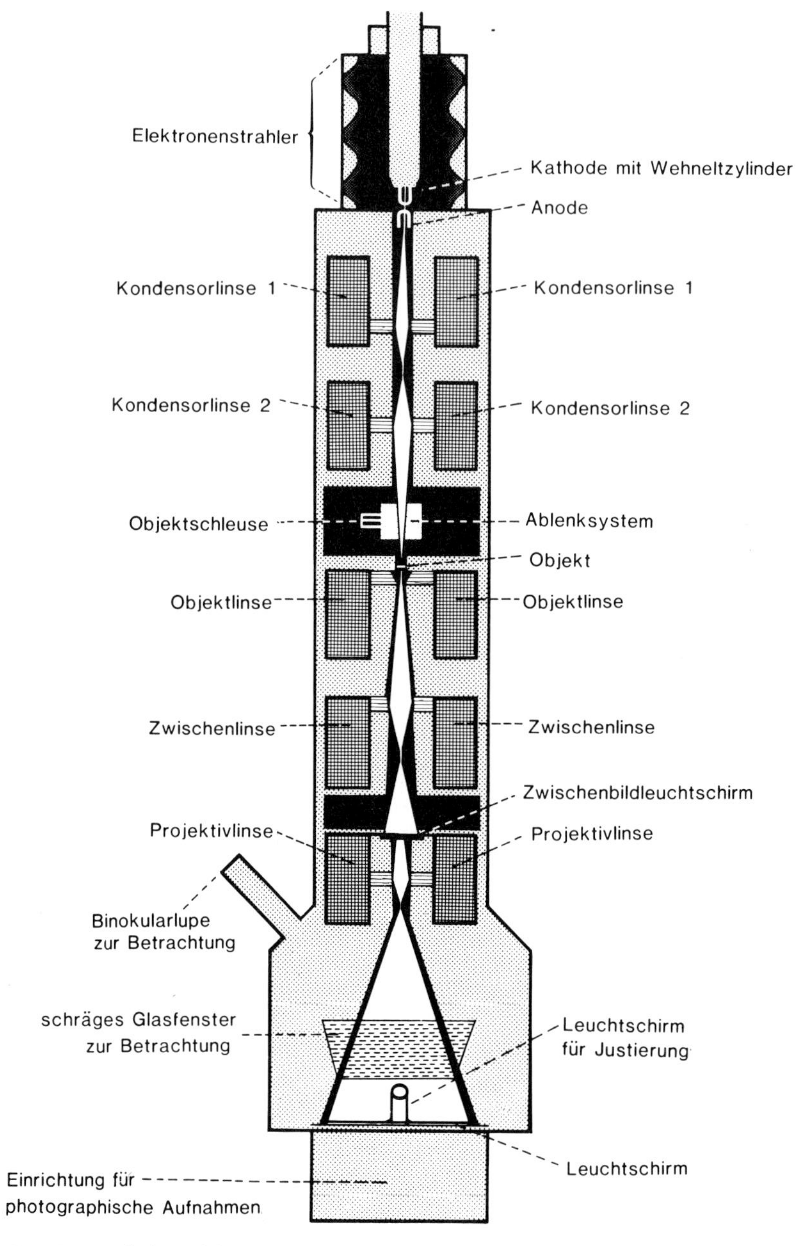

Abb. 159a. Transmissionselektronenmikroskop. Das Bild wird in der Regel durch ein Glasfenster direkt betrachtet. Es kann aber auch mit Hilfe einer Binokularlupe betrachtet werden. Für photographische Aufnahmen muß der Leuchtschirm nach oben aus dem Strahlengang geklappt werden.

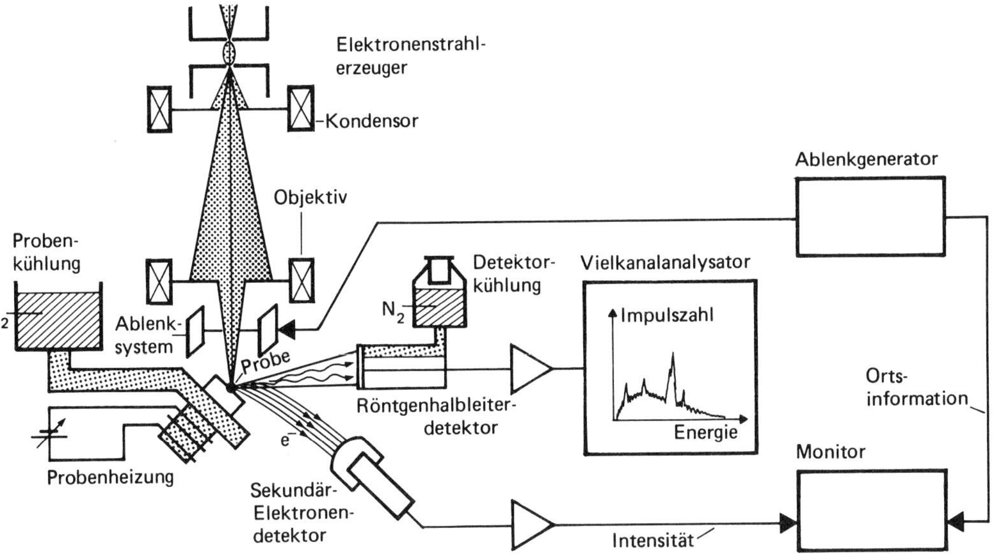

Abb. 159 b. Oberflächenrasterelektronenmikroskop. Die Oberfläche des zu untersuchenden Objekts wird mit Hilfe eines sehr dünnen ($\sim$ 10 nm) Elektronenstrahls abgetastet. Die Abtastung erfolgt mit Hilfe einer Ablenkeinheit, die ihre Ablenkspannung von einem speziellen Ablenkgenerator erhält. Das Ablenkprinzip ist demjenigen in einem Fernsehapparat vergleichbar. Weiteres s. Text.

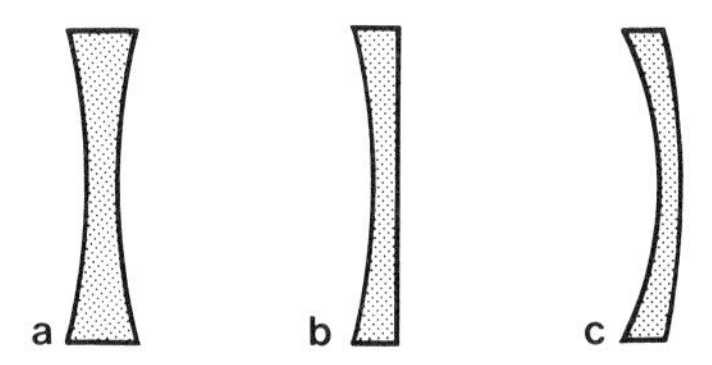

Abb. 160 a–c. Zerstreuungslinsen. **a** Bikonkavlinse, **b** Plankonkavlinse, **c** Konvexkonkavlinse

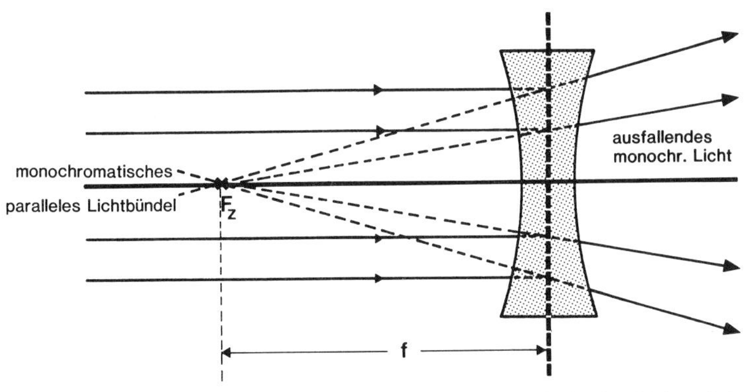

Abb. 161. Monochromatisches, parallel zur optischen Achse einfallendes Licht wird so gebrochen, daß die rückwärtige Verlängerung durch einen Punkt geht. Dieser Punkt wird als Brennpunkt F_Z bezeichnet. Er ist jedoch virtuell, da sich in ihm tatsächlich kein Licht vereinigt. Bei Rechnungen mit dem Linsengesetz wird die Brennweite einer Zerstreuungslinse negativ gerechnet.

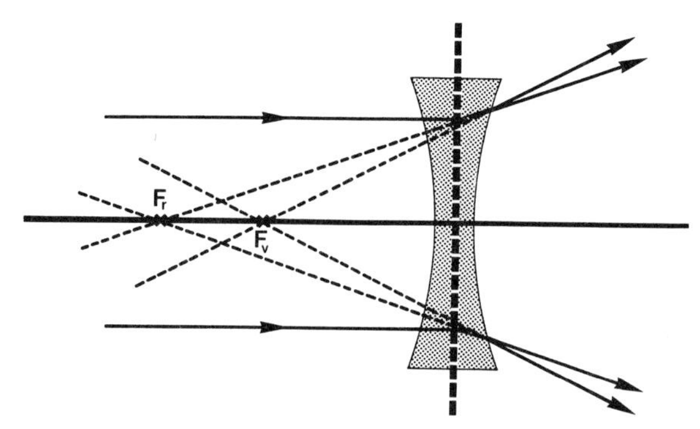

Abb. 162. Dispersion bei einer Zerstreuungslinse. Weißes, parallel auffallendes Licht wird so gebrochen, daß die rückwärtigen Verlängerungen der einzelnen Farben jeweils einen von den anderen Farben verschiedenen Brennpunkt besitzen (Rot F_r, Violett F_v).

Die Brennweite f, also die Entfernung von der Linsenmitte zum Brennpunkt, wird negativ gerechnet. Zerstreuungslinsen werden in vielen optischen Systemen verwendet. Auch bei Zerstreuungslinsen tritt Dispersion auf. Aus diesem Grund besitzen auch Zerstreuungslinsen bei Verwendung von mehrfarbigem Licht mehrere virtuelle Brennpunkte.

11.6.4.1 20. Praktikumsaufgabe (Bestimmung der Brennweite einer Zerstreuungslinse)

Es ist mit Hilfe des Linsengesetzes nach Gl. 11.10 die Brennweite f_z einer Zerstreuungslinse zu bestimmen. Da aber eine Zerstreuungslinse kein reelles Bild erzeugt, benutzt man zur Erzeugung eines reellen Bildes eine Sammellinse und eine Zerstreuungslinse gemeinsam. Dieses Linsensystem mit der gesamten Brennweite f_{gs} erzeugt dann ein reelles Bild, wenn die Brennweite der Sammellinse kleiner ist als die der Zerstreuungslinse. Es gilt für dieses Linsensystem die folgende Gleichung:

$$\boxed{\frac{1}{f_{gs}} = \frac{1}{f} + \frac{1}{f_z} - \frac{d}{f_z \cdot f}} \qquad (11.25)$$

mit:

f_{gs} = gesamte Brennweite eines Systems, das aus einer Sammellinse und einer Zerstreuungslinse besteht
f = Brennweite der Sammellinse
f_z = Brennweite der Zerstreuungslinse
d = Abstand der beiden Linsen

Da die Linsen direkt aneinandergeheftet werden, ist der Abstand d der beiden Linsen so klein, daß er vernachlässigt werden kann. Daher kann man statt Gl. 11.25 in guter Näherung Gl. 11.26 schreiben:

$$\frac{1}{f_z} = \frac{1}{f_{gs}} - \frac{1}{f} \qquad (11.26)$$

Nach f_z aufgelöst ergibt sich:

$$f_z = \frac{f \cdot f_{gs}}{f - f_{gs}} \qquad (11.26\,a)$$

Für die Bestimmung von f_z nach Gl. 11.26a benutzen wir die Sammellinse, deren Brennweite wir bereits in der Praktikumsaufgabe 19 gemessen haben. In der Messung behandelt man das Linsensystem f_{gs} dabei so, als wenn es sich nur um eine Sammellinse wie in Aufgabe 19 handelt. Nach Kenntnis von f_{gs} und der von S. 240 her bekannten Brennweite f läßt sich f_z dann mit Hilfe von Gl. 11.26a berechnen.

Meßergebnisse und Auswertung

Tabelle 30. Meßergebnisse der Bestimmung der Brennweite f_{gs} eines Linsensystems nach dem Bessel-Verfahren

a_i [cm]	e_i [cm]
a_1 = 92,95	e_1 = 35,5
a_2 = 92,95	e_2 = 34,77
a_3 = 92,95	e_3 = 35,1
a_4 = 92,92	e_4 = 34,57
a_5 = 92,95	e_5 = 34,59
a_6 = 92,98	e_6 = 34,2
a_7 = 92,95	e_7 = 34,93
a_8 = 92,94	e_8 = 35,33
a_9 = 92,95	e_9 = 35,05
a_{10} = 92,95	e_{10} = 35,81
$\bar{a}$ = 92,95	$\bar{e}$ = 34,99

Für f_{gs} gilt analog der Berechnung von f:

$$f_{gs} = \frac{\bar{a}^2 - \bar{e}^2}{4\,\bar{a}} \qquad \text{(s. Gl. 11.18 a)}$$

Mit:

$\bar{a} = 92{,}95$ cm

$\bar{e} = 34{,}99$ cm

folgt:

$$f_{gs} = 19{,}95 \text{ cm}$$

und

$$f = 10{,}13 \text{ cm} \qquad \text{(s. S. 240)}$$

ergibt sich mit Hilfe von Gl 11.26a für f_z:

$$f_z = \frac{10{,}13 \cdot 19{,}95}{10{,}13 - 19{,}95}\left[\frac{\text{cm}^2}{\text{cm}}\right]$$

ausgerechnet:

$$\boldsymbol{f_z = -\,20{,}58\ \text{cm}}$$

Fehlerrechnung

1. Fehler von f_{gs}

Die Standardabweichung des Mittelwertes $s_{\bar{f}_{gs}}$ berechnet sich entsprechend Gl. 11.19:

Mit:

$\bar{e} = 34{,}99$ cm
$\bar{a} = 92{,}95$ cm
$s_{\bar{a}} = 0{,}00459$ cm
$s_{\bar{e}} = 0{,}1519$ cm

ergibt sich:

$$s_{\bar{f}_{gs}} = \sqrt{\left(\frac{1}{4} + \frac{(34{,}99\text{ cm})^2}{4 \cdot (92{,}95\text{ cm})^2}\right)^2 \cdot (0{,}00459\text{ cm})^2 + \left(\frac{34{,}99\text{ cm}}{2 \cdot 92{,}95\text{ cm}}\right)^2 \cdot (0{,}1519\text{ cm})^2}$$

ausgerechnet:

$$\mathbf{s_{\bar{f}_{gs}} = 0{,}029\text{ cm}}$$

2. Fehler von f_z

Mit Hilfe von Gl. 1.11 und Gl. 11.26a ergibt sich der Größtfehler von f_z zu:

$$\Delta f_z = \bar{f}_z^2 \cdot \left(\frac{s_{\bar{f}}}{\bar{f}^2} + \frac{s_{\bar{f}_{gs}}}{\bar{f}_{gs}^2}\right) \tag{11.27}$$

Mit:

$\bar{f}_z = -20{,}58$ cm
$s_{\bar{f}} = 0{,}05$ cm
$s_{\bar{f}_{gs}} = 0{,}029$ cm
$\bar{f} = 10{,}13$ cm
$\bar{f}_{gs} = 19{,}95$ cm

ergibt sich:

$$\Delta f_z = (-20{,}58\text{ cm})^2 \cdot \left(\frac{0{,}05\text{ cm}}{(10{,}13\text{ cm})^2} + \frac{0{,}029\text{ cm}}{(19{,}95\text{ cm})^2}\right)$$

ausgerechnet:

$$\Delta f_z = 0{,}24\text{ cm}$$

Somit lautet das Ergebnis für die Bestimmung der Brennweite f_z einer Zerstreuungslinse:

$$\mathbf{f_z = -20{,}58\text{ cm} \pm 0{,}24\text{ cm}}$$

11.6.5 Brechkraft, Dioptrie (*B*, dpt)

In der Optik, vor allem in der medizinischen Optik, gibt man bei Linsen oft nicht ihre Brennweite an, sondern ihre Brechkraft *B*. Die Brechkraft einer Linse ist dabei wie folgt definiert:

$$B = \frac{1}{f} \tag{11.28}$$

mit:

B = Brechkraft einer Linse (bei Sammellinsen positiv, bei Zerstreuungslinsen negativ)
f = Brennweite der Linse

Das Rechnen mit Brechkräften anstelle von Brennweiten hat den Vorteil, daß sich die Brechkräfte mehrerer Linsen addieren und nicht, wie in Gl. 11.25 für zwei Linsen gezeigt, mit den reziproken Werten der Brennweiten gerechnet werden muß. Für den idealen Fall, daß n Linsen hintereinander geschaltet werden und ihr Abstand d voneinander so klein ist, daß er vernachlässigt werden kann, gilt für die von diesen Linsen erzeugte gesamte Brechkraft B_{gs}:

$$B_{gs} = B_1 + B_2 + B_3 + \ldots B_n \tag{11.29}$$

mit:

B_{gs} = gesamte Brechkraft eines Linsensystems, das aus n Linsen (Sammel- oder Zerstreuungslinsen) besteht
$B_1, B_2, B_3, \ldots, B_n$ = Brechkraft der 1., 2., 3., n-ten Linse

Dabei ist zu beachten, daß die Brechkraft von Zerstreuungslinsen negativ ist. Die Einheit der Brechkraft ist die Dioptrie (Abk. dpt). Dabei ist die Dioptrie nach Gl. 11.28 der reziproke Wert der in Metern angegebenen Brennweite.
Also:

$$\text{dpt} = \frac{1}{f\,(\text{in Metern})} \tag{11.30}$$

Beispiele

1. Sie sind weitsichtig. Ihre Brille besitzt eine Brechkraft von 3 dpt. Welche Brennweite f besitzt sie?

$$\boldsymbol{f \quad (\text{in Metern}) = \frac{1}{3\,\text{dpt}} = \frac{1}{3}\,\text{m}}$$

2. Sie sind kurzsichtig. Ihre Brille besitzt eine Brechkraft von − 2,5 dpt. Welche Brennweite f_z besitzt sie?

$$f_z \quad (\text{in Meter}) = \frac{1}{-2{,}5}\,\text{m}$$

also:

$$\boldsymbol{f = -0{,}4\,\text{m}}$$

3. Die Linse eines Photoapparats besitzt eine Brennweite $f = 35$ mm. Welche Brechkraft B besitzt sie?

$$B \quad (\text{in dpt}) = \frac{1}{0{,}035\,\text{m}}$$

also

$$\boldsymbol{B = 28{,}57\,\text{dpt}}$$

11.7 Schwächung von Licht in einer Lösung, Extinktion

Man mißt die Intensität I_0 von Licht an einem bestimmten Ort. Anschließend bringt man in den Lichtweg eine lichtschwächende Lösung mit der Konzentration c und der

Dicke d. Danach mißt man an demselben Ort eine geringere Intensität, die wir mit I bezeichnen wollen.
Es zeigt sich, daß die Lichtintensität I der folgenden Gleichung gehorcht:

$$I = I_0 \cdot e^{-c \cdot d \cdot \varepsilon} \tag{11.31}$$

mit:

I = Lichtintensität nach Durchgang durch eine Lösung der Dicke d und der Konzentration c

I_0 = Lichtintensität ohne schwächende Schicht (also $c = 0$ und $d = 0$)

e = Euler-Zahl

ε = Extinktionskoeffizient (Konstante, abhängig von der Wellenlänge des Lichts sowie der Art der Lösung)

d = Dicke der schwächenden Schicht (Lösung)

c = Konzentration der Lösung

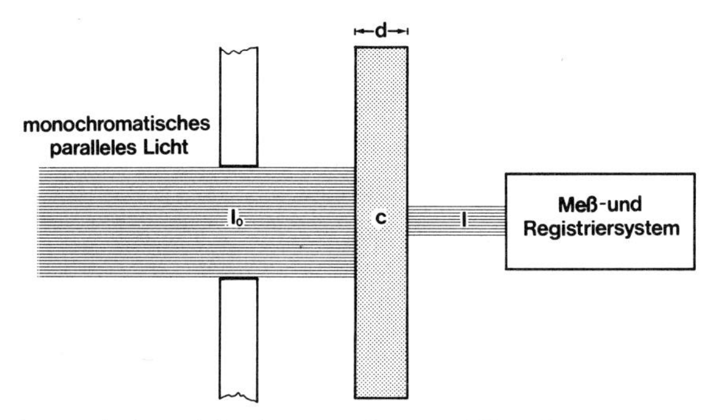

Abb. 163. Monochromatisches Licht der Intensität I_0 trifft auf eine durchsichtige Lösung der Konzentration c und der Dicke d. Das Licht wird auf die Intensität I geschwächt.

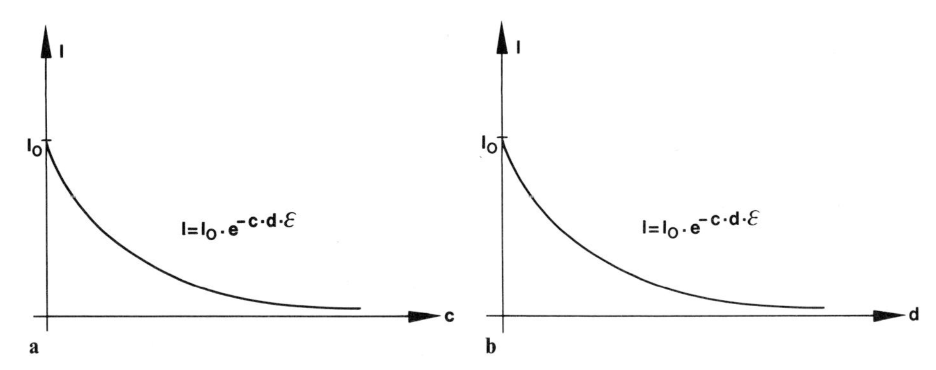

Abb. 164. a Graphische Darstellung der Lichtschwächung entsprechend Gl. 11.50. In diesem Fall ist die Schichtdicke d konstant gehalten und nur die Konzentration c verändert worden. **b** Graphische Darstellung der Lichtschwächung wie in **a**, jedoch bei konstanter Konzentration und veränderlicher Dicke d

Den natürlichen Logarithmus des Quotienten aus ungeschwächtem Licht I_0 und dem durch die Lösung geschwächten Licht I bezeichnet man als Extinktion und kürzt ihn mit E ab. Also:

$$E = \ln \frac{I_0}{I} \tag{11.32}$$

E ist ein Maß für die Schwächung des Lichts. Je kleiner I ist, je stärker das Licht also geschwächt wird, desto größer wird E.
Um E zu berechnen, logarithmiert man beide Seiten von Gl. 11.31. Mit Hilfe der Logarithmenregeln folgt:

$$\ln I = \ln I_0 - \varepsilon \cdot d \cdot c \cdot \ln e \tag{11.33}$$

Mit $\ln e = 1$ ergibt sich:

$$\ln I_0 - \ln I = \varepsilon \cdot d \cdot c$$

Mit $\ln I_0 - \ln I = \ln I_0/I$ folgt:

$$\ln \frac{I_0}{I} = \varepsilon \cdot d \cdot c \tag{11.33a}$$

Die linke Seite von Gl. 11.33a ist nach Gl. 11.32 gleich E.
Somit ergibt sich für die Extinktion E:

$$E = \varepsilon \cdot d \cdot c \tag{11.34}$$

Lambert-Beersches Gesetz

Mit:
E = Extinktion
ε = Extinktionskoeffizient (abhängig von der Art der Lösung sowie der Wellenlänge des Lichts)
d = Dicke der absorbierenden Flüssigkeit = Schichtdicke
c = Konzentration der Lösung

11.7.1 Photometer

Das Photometer ist neben dem Mikroskop, der Analysenwaage und der Zentrifuge sicherlich das in einem medizinischen Labor am häufigsten benutzte Gerät. Es dient

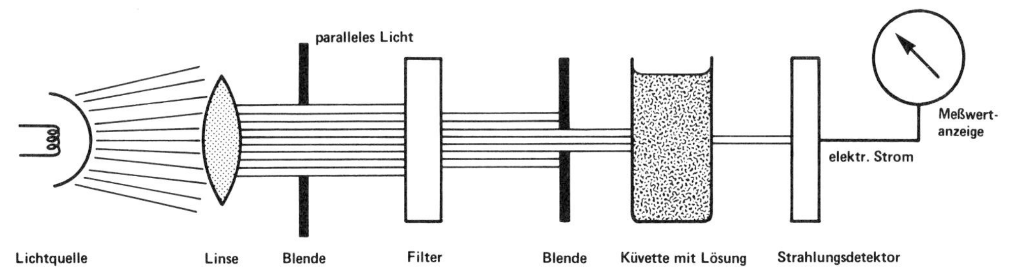

Abb. 165. Prinzipieller Aufbau eines Photometers. An der Stelle des Filters kann sich auch ein Strichgitter zur Erzeugung von monochromatischem Licht befinden.

der Messung der Konzentration c von Lösungen. Es ist möglich, mit Hilfe eines Photometers Konzentrationen im Bereich von mg/l zu messen. Ein Photometer ist prinzipiell wie folgt aufgebaut (Abb. 165):
Als Lichtquelle dient in der Regel eine Quecksilberdampflampe: Mit Hilfe von auswechselbaren Filtern oder mit Prismen ist es möglich, aus dem Spektrum der Lampe die jeweils benötigte Wellenlänge herauszufiltern. So wird die Lösung von monochromatischem Licht durchstrahlt. Die auszumessende Lösung wird für die Messung in eine Küvette mit bekannter Dicke d gefüllt. Dann wird die Extinktion E gemessen. Vorher wird das Photometer dadurch geeicht, daß man die Skala mit der Küvette und dem Lösungsmittel, aber ohne die gelöste Substanz, in den Strahlengang des Photometers bringt und die Skala auf 0 stellt. Auf diese Weise mißt man nur, wie gewünscht, die Extinktion der gelösten Substanz. Nachdem E gemessen wurde, ließe sich mit Hilfe von Gl. 11.34 dann c berechnen. In der Regel liegen die Konzentrationen bei Benutzung eines bestimmten Photometers in Abhängigkeit von der Extinktion in Tabellenform vor, so daß sich eine Berechnung erübrigt.

11.8 Wellenoptik

Wie bereits zu Anfang dieses Kapitels erwähnt, gibt es optische Erscheinungen, die sich nicht mit Hilfe der Strahlenoptik erklären lassen. Dies sind vor allem die Erscheinungen der Interferenz und der Beugung, also die Erscheinungen, die bei der Überlagerung von Wellen auftreten.

11.8.1 Interferenz

Wenn sich zwei Wellen mit gleicher Wellenlänge überlagern, so können die Wellenberge der einen Welle genau mit den Wellenbergen der anderen zusammenfallen. Entsprechendes gilt für die Wellentäler. Die beiden Wellen verstärken sich in diesem Fall. Das Resultat ist eine größere Helligkeit als jene, die jede einzelne Welle erzeugen würde. Damit jeweils Wellenberge und -täler zusammenfallen, müssen die beiden Wellen einen Gangunterschied besitzen, der gleich ist ihrer Wellenlänge λ oder einem

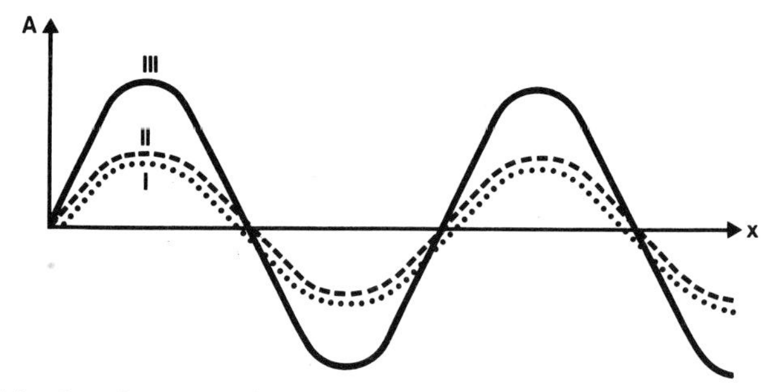

Abb. 166. Positive Interferenz. Zwei Wellen *I* und *II* besitzen einen Gangunterschied von einer Wellenlänge λ bzw. einem ganzzahligen Vielfachen, also $n \cdot \lambda$ ($n = 0, 1, 2, 3$). Dann ergibt die Addition der Wellen die Welle *III*. In diesem Fall erfolgt also eine positive Interferenz.

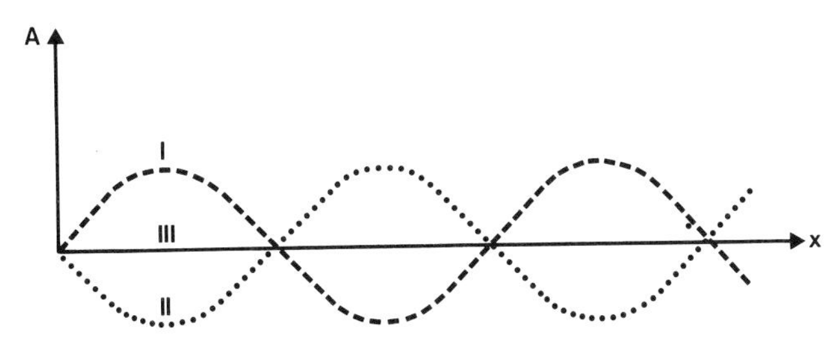

Abb. 167. Negative Interferenz. Zwei Wellen *I* und *II* besitzen gerade eine Phasendifferenz von $\lambda/2$ bzw. einem Vielfachen, also $(2n+1)\cdot\lambda/2$ ($n = 1, 2, 3 \ldots$). Dann ergibt die Addition der beiden Wellen eine Welle *III*, die stets genau 0 ist. Die beiden Wellen *I* und *II* interferieren also zu 0.

ganzzahligen Vielfachen n davon. Für das Auftreten maximaler Helligkeit muß also die Bedingung gelten:

$$\text{Gangunterschied} = n \cdot \lambda \tag{11.35}$$

Dabei ist n eine ganze Zahl, die von $n = 0$ bis $n = \infty$ alle ganzen Zahlen annehmen kann ($n = 0, 1, 2, 3, \ldots$). Eine derartige Helligkeitsverstärkung bezeichnet man als *positive Interferenz*.

Wenn jedoch ein Wellenberg der einen Welle mit dem Tal der anderen Welle zusammenfällt, so löschen sie sich gegenseitig aus. Aus Licht plus Licht kann also Dunkelheit werden. Diese im ersten Moment befremdlich wirkende Tatsache ist ebenfalls mit Hilfe des Wellenmodells zu erklären.

Damit stets Tal und Berg der beiden Wellen zusammenkommen, muß der Gangunterschied der beiden Wellen $\lambda/2$ oder ein ungerades ganzzahliges Vielfaches davon betragen. Es muß also für den Fall der Auslöschung gelten:

$$\text{Gangunterschied} = (2n+1)\cdot\frac{\lambda}{2} \tag{11.36}$$

Dabei ist n wiederum eine ganze Zahl von 0 bis ∞. Setzt man $n = 0$, so entsteht ein Gangunterschied von $\lambda/2$, für $n = 1$ ein Gangunterschied von $^3/_2\ \lambda$ usw.

Es ist leicht nachzurechnen, daß für alle Werte von n stets ein halbzahliges Vielfaches von λ auftritt. Eine derartige Auslöschung wird als *negative Interferenz* bezeichnet.

11.8.2 Kohärenz

Wie bereits erwähnt, entsteht Licht u.a. durch Übergänge der Elektronen in den äußeren Schalen von Atomen. Diese Übergänge geschehen ungeordnet nach statistischen Gesetzen. Daher interferieren Lichtquellen immer nur ganz kurze Momente miteinander, und zwar sowohl positiv als auch negativ. Aber nie bleibt ihre Beziehung (Phase) so zueinander, daß sie sich über längere Zeit auslöschen oder verstärken. Da die Wellen ständig ihre Phase zueinander ändern, sich also einmal auslöschen, einmal verstärken, ist im Mittel die Helligkeit so, als wenn die Wellen gar nicht interferieren würden.

Um eine dauernde Interferenz zu erhalten, müssen die Wellen daher stets dieselbe Phase zueinander behalten. Dieser Zustand wird als Kohärenz bezeichnet. Kohärentes Licht ist also Licht, das eine feste unveränderliche Phasenbeziehung zueinander besitzt. Licht, das diese Bedingung besonders gut erfüllt, ist z. B. Laserlicht.

11.8.3 Huygenssches Prinzip

Bevor wir uns mit Beugungs- und Interferenzerscheinungen näher beschäftigen können, ist es notwendig, einige Bemerkungen über die Ausbreitung von Wellen zu machen. Wir nehmen dazu eine ideale punktförmige Lichtquelle an. Von dieser Lichtquelle gehen in alle Richtungen Lichtwellen aus. Die Einhüllende, also die Verbindungslinie aller Wellen mit gleicher Phase, besitzt Kugelform. Daher wird eine derartige Lichtquelle auch als Kugelwelle bezeichnet. Die Einhüllende kann aber auch eine Ebene sein. Eine derartige Lichtquelle wird dann als ebene Welle bezeichnet. Alle Lichtstrahlen stehen senkrecht auf der Wellenfläche dieser ebenen Welle (Abb. 168). Die Ausbreitung von Licht läßt sich mit Hilfe eines Prinzips von Huygens wie folgt darstellen:

> Jeder Punkt einer Wellenfront ist der Ausgangspunkt einer neuen Elementarwelle. Die Wellenfront der Welle wird durch Überlagerung aller Elementarwellen gebildet.

Die Anwendung dieses Prinzips führt bei der Lichtausbreitung in einem homogenen Medium, wie z. B. Luft, zu keinem anderen Verhalten, als es oben bereits beschrieben wurde.

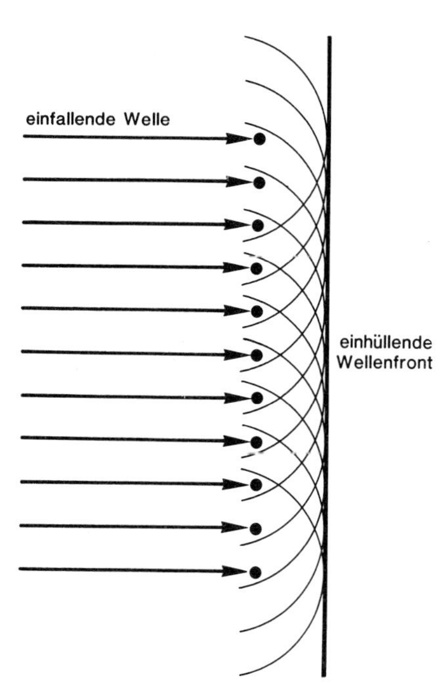

Abb. 168. Huygenssches Prinzip. Jeder Punkt einer Welle ist Ausgangspunkt einer neuen Elementarwelle. Die Einhüllende aller Elementarwellen ist die Wellenfront der Welle.

Trifft das Licht jedoch auf ein Hindernis, in dem sich ein schmaler Spalt oder ein kleines Loch befindet, so treten Beugungserscheinungen auf, die man mit Hilfe des Huygensschen Prinzips veranschaulichen kann.

11.8.4 Beugung am Spalt

Fällt paralleles monochromatisches Licht auf einen dünnen Spalt, so wird der Spalt auf einem dahinterliegenden Schirm oder einer photographischen Platte nicht scharf abgebildet. Statt des Spalts erscheint ein Muster von hellen und dunklen Streifen. Wenn man das Licht hinter dem Spalt mit Hilfe einer Linse sammelt, so werden jeweils die unter einem bestimmten Winkel gebeugten parallelen Strahlen an einem Punkt vereinigt. An diesem Punkt herrscht entweder Helligkeit oder Auslöschung, je nach dem Winkel, unter dem die Strahlen gebeugt werden.
Prinzipiell lassen sich die folgenden Überlegungen auch auf andere Öffnungen wie z.B. Löcher o.ä. übertragen.
Im folgenden betrachten wir alle Strahlen, die speziell unter dem Winkel φ_1, bezogen auf das ursprüngliche Strahlenbündel, gebeugt werden.

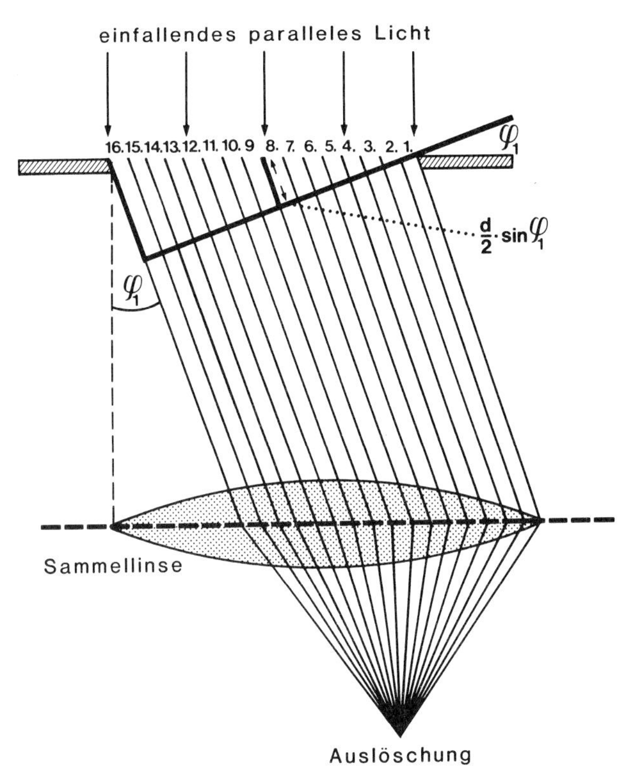

Abb. 169. Auf einen dünnen Spalt fällt paralleles monochromatisches Licht. Das Licht wird gebeugt. Wir betrachten speziell den Winkel φ_1, unter dem das Licht so gebeugt wird, daß die Vereinigung aller unter φ_1 gebeugten Strahlen durch eine Sammellinse zu einem dunklen Streifen führt. Es tritt für diesen Fall negative Interferenz auf. Ein Lichtstrahl wird jeweils durch zwei Linien begrenzt, er besitzt in diesem Fall eine Breite von $d/16$, wenn d die Breite des Spalts ist.

Wir haben in den Spalt, der eine Breite d besitzen soll, zum Verständnis der Beugungserscheinungen 16 Strahlen eingezeichnet. Wir hätten auch mehr oder weniger nehmen können. Der 9. Strahl „hinkt" dem 1. Strahl um den in Abb. 169 gezeigten Anteil hinterher. Dieses Stück Weg berechnet sich mit Hilfe der Definition des Sinus (Gegenkathete zu Hypothenuse) zu $(d/2 \cdot \sin \varphi_1)$. Wenn der 9. Strahl aufgrund seines „Hinterherhinkens" um $d/2 \cdot \sin \varphi_1$ mit dem 1. Strahl gerade einen Gangunterschied von einer halben Wellenlänge (also $\lambda/2$) besitzt, so löschen sich die beiden Strahlen gegenseitig aus. Entsprechend löschen sich dann auch der 2. und 10., der 3. und 11. usw. bis zum 8. und 16. Strahl alle aus. Wenn der Winkel φ_1 also gerade so groß ist, daß diese Bedingung erfüllt ist, ergibt das gesamte Bündel bei seiner Vereinigung durch eine Linse auf einem Schirm einen dunklen Streifen.
Mathematisch ausgedrückt muß für die Auslöschung also gelten:

$$\frac{\lambda}{2} = \frac{d}{2} \cdot \sin \varphi_1 \tag{11.37}$$

bzw.

$$\lambda = d \cdot \sin \varphi_1 \tag{11.37a}$$

mit:

λ = Wellenlänge des verwendeten Lichts
d = Spaltbreite
φ_1 = Winkel des gebeugten Strahlenbündels, bei dem Auslöschung auftritt

Genausogut kann man aber auch ein Strahlenbündel betrachten, das unter dem Winkel φ_2 gebeugt ist, und es entsprechend einteilen. Dann herrscht ebenfalls Dunkelheit, wenn sich der 1. und 5. Strahl, der 2. und 6., der 3. und 7. etc. bis zum 12. und 16. Strahl auslöschen (Abb. 170). Die genannten Strahlen löschen sich aus, wenn ihr Gangunterschied, der jeweils $d/4 \cdot \sin \varphi_2$ beträgt, ebenfalls gerade gleich $\lambda/2$ ist.
Mathematisch muß also für *diesen* Fall entsprechend gelten:

$$\frac{d}{4} \cdot \sin \varphi_2 = \frac{\lambda}{2} \tag{11.38}$$

bzw.

$$d \cdot \sin \varphi_2 = 2 \cdot \lambda \tag{11.38a}$$

Auf die gleiche Weise läßt sich die Einteilung fortführen. Wenn man das tut, kann man verallgemeinert feststellen, daß für den Fall der *Auslöschung* bei einem Spalt allgemein gilt:

$$\boxed{d \cdot \sin \varphi_n = n \cdot \lambda} \tag{11.39}$$

mit:

n = ganze Zahl (1, 2, 3, ...), Ordnungszahl der dunklen Streifen
λ = Wellenlänge des verwendeten Lichts
d = Spaltbreite
φ_n = Winkel, bei dem dunkle Streifen n-ter Ordnung erscheinen

Wenn man den gesamten Spalt in eine ungerade Zahl von Strahlen zerlegt, so folgt mit Hilfe ganz ähnlicher Überlegungen, daß für das Aufteten von *Helligkeitsstreifen* die folgende Bedingung gelten muß.

$$\boxed{d \cdot \sin \varphi_n^* = (n+1) \cdot \frac{\lambda}{2}} \tag{11.40}$$

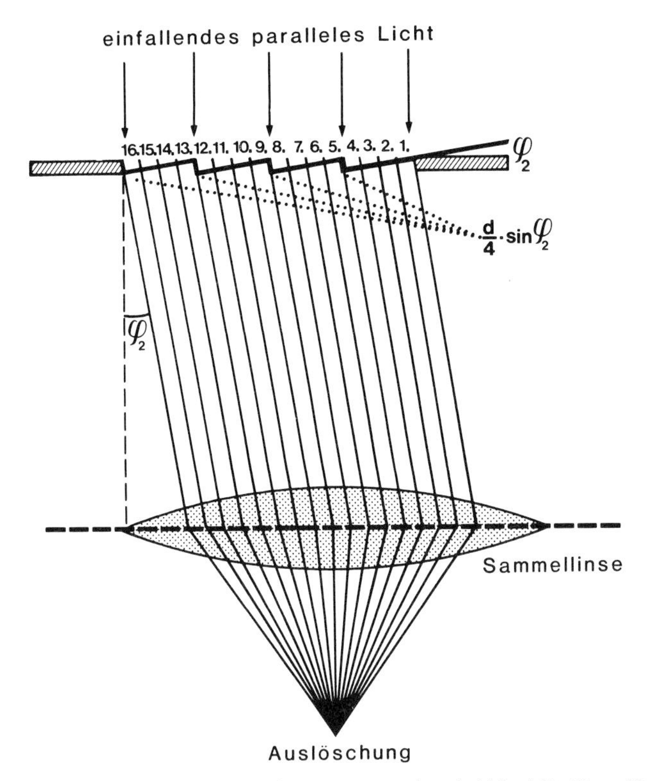

Abb. 170. Wir betrachten dieselbe Anordnung entsprechend Abb. 169. Zum Verständnis des Zustandekommens des 2. dunklen Streifens betrachten wir jetzt alle unter dem Winkel φ_2 gebeugten Strahlen. In diesem Fall ergibt sich wiederum bei der Vereinigung aller unter diesem Winkel gebeugten Strahlen durch eine Sammellinse Dunkelheit.

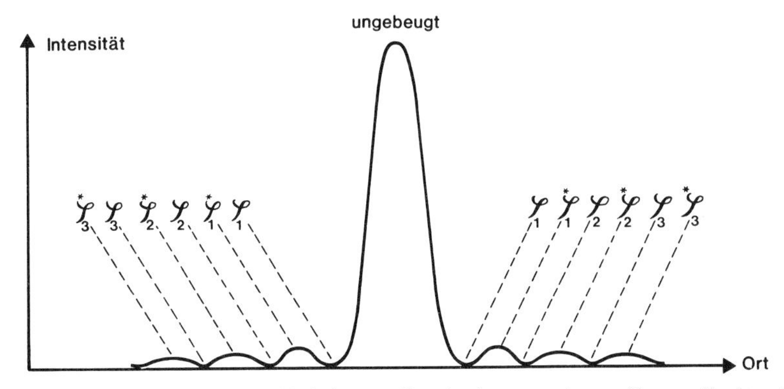

Abb. 171. Beugungsmuster (= Helligkeitsverteilung) eines an einem dünnen Spalt gebeugten parallelen monochromatischen Lichtstrahls nach Vereinigung mit Hilfe einer Sammellinse. φ = Beugungswinkel, unter dem Dunkelheit eintritt (Beugungsminima); φ^* = Beugungswinkel, unter dem Helligkeit eintritt (Beugungsmaxima)

mit:

n = ganze Zahl (1, 2, 3, ...), Ordnungszahl der hellen Streifen
λ = Wellenlänge des verwendeten Lichts
d = Spaltbreite
φ_n^* = Winkel, bei dem helle Streifen n-ter Ordnung erscheinen

Die Helligkeitsverteilung der durch Beugung an dem Spalt zustandegekommenen Interferenzen ist in Abb. 171 dargestellt.
Die nicht gebeugten Strahlen treffen unter einem Winkel von 0° auf die Linse und erscheinen im zentralen Maximum. Dann erscheint symmetrisch links und rechts unter dem Winkel φ_1 das Minimum 1. Ordnung ($n = 1$), also jeweils ein dunkler Streifen, danach das Maximum 1. Ordnung unter dem Winkel φ_1^*, dann das Minimum 2. Ordnung unter dem Winkel φ_2 usw. Selbstverständlich sind die Winkel φ_n sowie φ_n^* verschieden voneinander.

11.8.5 Beugung am optischen Gitter

Unter einem optischen Gitter versteht man eine Anordnung von dicht beieinanderliegenden schmalen Spalten. Für die Praxis werden derartige Gitter dadurch erzeugt, daß eine durchsichtige Glasplatte dicht an dicht so geritzt oder geätzt wird, daß diese Teile jeweils undurchsichtig sind. Ein Gitter kann z.B. pro Millimeter bis zu 2000 Striche besitzen. Den Abstand zweier Striche bezeichnet man als Gitterkonstante g. Die Bedingung für das Auftreten von Auslöschung, also dunkle Streifen, bei einem Gitter lautet wie folgt:

$$g \cdot \sin \varphi_n = (2n + 1) \cdot \frac{\lambda}{2} \qquad (11.41)$$

mit:

n = ganze Zahl (1, 2, 3, ...), Ordnungszahl des jeweiligen Beugungsminimums (= dunkle Streifen)
λ = Wellenlänge des verwendeten Lichts
g = Gitterkonstante (Linien pro mm)
φ_n = Winkel, unter dem das n-te Beugungsminimum erscheint

Entsprechend ergibt sich für das Auftreten von Beugungsmaxima, also Helligkeitsstreifen:

$$g \cdot \sin \varphi_n^* = n \cdot \lambda \qquad (11.42)$$

mit:

n = Ordnungszahl des jeweiligen Beugungsmaximums (= helle Streifen)
λ = Wellenlänge des verwendeten Lichts
g = Gitterkonstante (Linien pro mm)
φ_n^* = Winkel, unter dem das n-te Beugungsmaximum erscheint

Fällt auf ein derartiges Gitter paralleles monochromatisches Licht der Wellenlänge λ, so entsteht wie beim Spalt hinter dem Gitter auf einem Schirm oder einem photographischen Film ein Muster aus vielen hellen und dunklen Linien. Die Erklärung für das Auftreten dieser Interferenzmuster ist prinzipiell sehr ähnlich der beim Spalt.

In Gl. 11.42 sieht man, daß für maximale Helligkeit der Sinus des Ablenkwinkels φ_n^* proportional der Wellenlänge λ ist. Je größer daher die Wellenlänge, desto größer wird auch die Ablenkung. Fällt also weißes paralleles Licht auf ein Gitter, so wird es wie beim Prisma in seine Farben zerlegt. Jedoch wird hier rotes Licht stärker abgelenkt als blaues. Die Verhältnisse sind also gerade umgekehrt wie beim Prisma. Das Auflösungsvermögen eines Gitters ist dabei wesentlich besser als das eines Prismas. Mit Hilfe eines Strichgitters erzeugt man z.B. in Photometern monochromatisches Licht.

11.8.6 21. Praktikumsaufgabe (Wellenlängenbestimmung mit Hilfe von Newton-Ringen)

Es ist eine unbekannte Wellenlänge λ mit Hilfe von Newton-Ringen zu bestimmen. Newton-Ringe sind konzentrische schwarze und weiße Ringe, die bei der Reflexion von monochromatischem Licht an den Grenzen einer dünnen Luftschicht auftreten, die sich zwischen einer sehr schwach gekrümmten sphärischen Glasfläche und einer ebenen Glasfläche befindet (Abb. 172). Die Ringe entstehen durch Interferenz des Wellenanteils, der an dem Übergang von der sphärischen Glasfläche in Luft reflektiert wird, und dem Wellenanteil, der an dem Übergang von der Luft in die ebene Glasfläche reflektiert wird.
Es interferiert also bei einer derartigen Anordnung jeweils eine Lichtwelle mit „sich selbst". Aus diesem Grund ist natürlich die Phasenbeziehung der an verschiedenen Stellen reflektierten „Wellenteile" stets konstant. Die Kohärenzbedingung für das

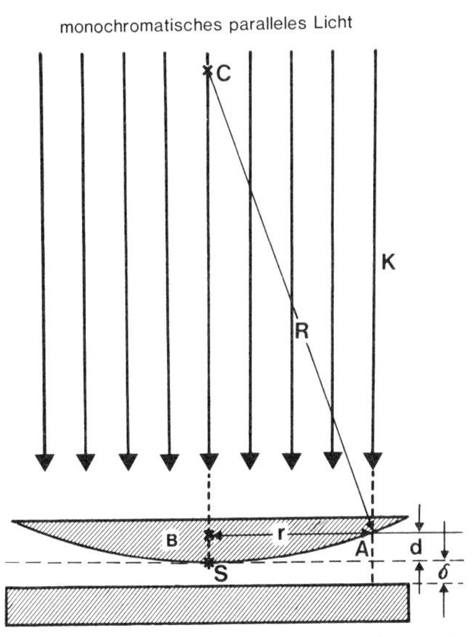

Abb. 172. Zum Verständnis der Entstehung von Newton-Ringen. Es wird ein willkürlich herausgegriffener Strahl K von dem einfallenden parallelen monochromatischen Licht betrachtet. Der Strahl K verläßt die sphärische Glasfläche im Punkt A. Ein Teil davon (ca. 5%) wird in A reflektiert. An der ebenen Fläche wird ebenfalls ein Teil (ca. 5%) reflektiert. Die beiden reflektierten Strahlen interferieren miteinander. Erklärung der Punkte und Strecken s. Text.

Auftreten von Interferenz ist daher erfüllt. Ein Teil der Welle hat dabei den zusätzlichen Weg $[2 \cdot (d + \delta)]$ zurückgelegt, bevor er wieder auf den bereits vorher reflektierten Teil derselben Welle trifft. Wir greifen speziell den Strahl heraus, der durch die Stelle A in Abb. 172 geht. An sich sollte die sphärische Fläche auf der ebenen Fläche exakt aufliegen. Aber durch kleine Staubteile oder andere Art von Schmutz kann sie sich im Abstand δ von der ebenen Glasplatte befinden. Der Abstand δ kann sogar negativ werden, nämlich dann, wenn die sphärische Ebene die Glasplatte an der Oberfläche leicht eindellt.
Sofern Licht beim Übergang vom dünneren ins dichtere Medium reflektiert wird, erleidet das Licht dabei stets einen Phasensprung von $\lambda/2$. Wenn sich die beiden Strahlenteile von K nach der Reflexion also wieder vereinigen, so besitzt der eine Wellenteil gegenüber dem anderen insgesamt einen Gangunterschied von $[2 \cdot (d + \delta) + \lambda/2]$. Für den Fall der Auslöschung muß gelten, daß der Gangunterschied der beiden Wellenteile gerade eine halbe Wellenlänge also $\lambda/2$ bzw. ein ganzzahliges Vielfaches, also $(2n + 1) \cdot \lambda/2$ betragen muß. Es gilt für die dunklen Ringe daher die folgende Bedingung:

$$2(d + \delta) + \frac{\lambda}{2} = (2n + 1) \cdot \frac{\lambda}{2} \tag{11.43}$$

mit:

δ = Abstand des Scheitelpunktes der sphärischen Glasfläche von der ebenen Glasfläche
n = Ordnungszahl der dunklen Ringe (1, 2, 3, ...)
R = Radius der sphärischen Glasfläche
d = Abstand $\overline{BS}$ in Abb. 172
λ = Wellenlänge des verwendeten Lichts

Für die hellen Ringe, also die Orte maximaler Helligkeit, gilt entsprechend, daß der Gangunterschied der beiden Wellenteile gerade ein ganzzahliges Vielfaches der Wellenlänge λ betragen muß. Für die hellen Ringe gilt also:

$$\boxed{2 \cdot (d + \delta) + \frac{\lambda}{2} = n \cdot \lambda} \tag{11.44}$$

Die dunklen Ringe sind leichter zu messen, daher betrachten wir im folgenden nur diesen Fall. Umgerechnet ergibt Gl. 11.43:

$$\boxed{2 \cdot (d + \delta) = n \cdot \lambda} \tag{11.43a}$$

Es interessiert die Abhängigkeit der Ordnungszahl n des dunklen Interferenzenringes von seinem Radius r. Dazu betrachten wir das Dreieck ABC in Abb. 172. Nach dem Satz von Pythagoras ist das Quadrat der Hypothenuse – also R^2 – gleich der Summe der Quadrate der beiden Katheten:

$$R^2 = (R - d)^2 + r^2 \tag{11.45}$$

mit:

R = Radius der sphärischen Glasfläche
r = Radius der schwarzen konzentrischen Kreise
d = Abstand $\overline{BS}$ in Abb. 172

Nach r^2 aufgelöst und umgerechnet folgt aus Gl. 11.45:

$$r^2 = d \cdot (2R - d) \tag{11.45a}$$

Da der Radius R in der Größenordnung von Metern und d in der Größenordnung von Mikrometern liegt, also gilt $d \ll 2R$, können wir d in Gl. 11.45a vernachlässigen. Es folgt also:

$$r^2 = 2d \cdot R \tag{11.46}$$

oder

$$d = \frac{r^2}{2R} \tag{11.46a}$$

Nach Einsetzen dieses Wertes von d in Gl. 11.43a folgt:

$$2\left(\frac{r^2}{2R} + \delta\right) = n \cdot \lambda \tag{11.47}$$

Ausgerechnet und nach r^2 aufgelöst ergibt sich:

$$\boxed{r^2 = R \cdot \lambda \cdot n - 2R \cdot \delta} \tag{11.47a}$$

Trägt man in einem Koordinatensystem r^2 gegen die Ordnungszahl n auf, so erhält man eine Gerade. Nach Gl. 1.13 gilt für eine Gerade: $y = mx + b$.
Man sieht beim Vergleich von Gl. 1.13 und Gl. 11.47a, daß r^2 dem y und n dem x entspricht. Dann entspricht $R \cdot \lambda$ als Koeffizient von n der Steigung m und $2R \cdot \delta$ dem Achsenabschnitt b.
Es gilt also:

$$R \cdot \lambda = m \tag{11.48}$$

und

$$2R \cdot \delta = b \tag{11.49}$$

mit:

R = Radius der sphärischen Glasfläche
λ = Wellenlänge des Lichts
δ = Abstand des Scheitelpunkts der sphärischen Glasplatte von der ebenen Glasplatte
m = Steigung einer Geraden
b = Achsenabschnitt auf der y-Achse

Meßergebnisse und Auswertung

Es werden mit Hilfe einer bekannten Wellenlänge $\lambda = 546$ nm ($= 546 \cdot 10^{-9}$ m) 6 Radien von dunklen Ringen mit der jeweils dazugehörigen Ordnungszahl n ausgemessen.
Die Meßwerte von Tabelle 31 werden graphisch aufgetragen. Es ergibt sich eine Gerade, wie in Abb. 173 dargestellt. Mit Hilfe des Steigungsdreiecks folgt für die Steigung $m = R \cdot \lambda$ der Geraden:

$$m = \lambda \cdot R = 8{,}2 \text{ mm}^2$$

Mit diesem Wert folgt aus Gl. 11.48:

$$R = \frac{m}{\lambda} = \frac{8{,}2 \text{ mm}^2}{546 \cdot 10^{-6} \text{ mm}}$$

Tabelle 31. Meßergebnisse der Messung mit Hilfe von Newton-Ringen

n_i	r_i [mm]	r_i^2 [mm^2]
$n_1 = 1$	$r_1 = 4{,}0$	$r_1^2 = 16$
$n_2 = 2$	$r_2 = 5{,}0$	$r_2^2 = 25$
$n_3 = 3$	$r_3 = 5{,}9$	$r_3^2 = 34{,}81$
$n_4 = 4$	$r_4 = 6{,}4$	$r_4^2 = 40{,}96$
$n_5 = 5$	$r_5 = 7{,}0$	$r_5^2 = 49$
$n_6 = 6$	$r_6 = 7{,}3$	$r_6^2 = 53{,}29$

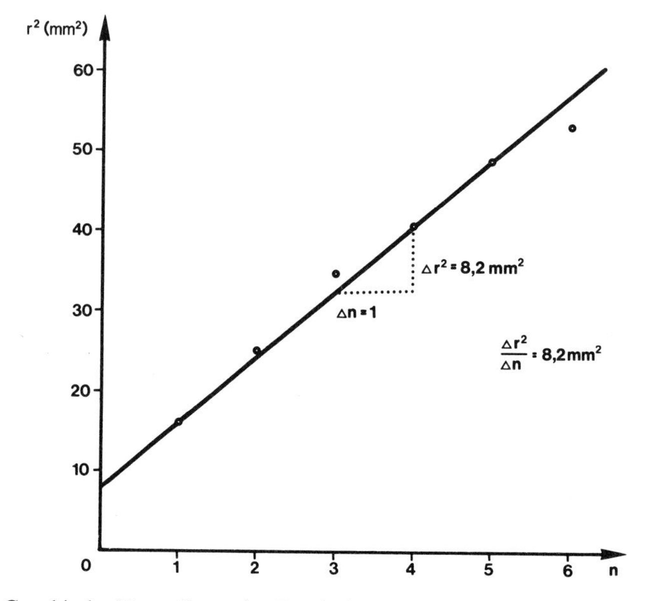

Abb. 173. Graphische Darstellung der Ergebnisse der Messung mit Newton-Ringen entsprechend Tabelle 31

Der Radius der sphärischen Glasfläche beträgt somit:

$$R = 15{,}01 \text{ m}$$

Mit Hilfe derselben Meßanordnung wird im folgenden eine unbekannte Wellenlänge λ^* bestimmt. Dazu wird mit Hilfe eines anderen Filters Licht dieser neuen, aber unbekannten Wellenlänge λ^* benutzt und dann wieder r^2 gegen n aufgetragen. Ergebnisse s. Tabelle 32.

Es ergibt sich eine Gerade, die in Abb. 174 dargestellt ist. Aus Abb. 174 errechnet sich die Steigung m^* wie folgt:

$$m^* = R \cdot \lambda^* = 9{,}71 \text{ mm}^2$$

Tabelle 32. Meßergebnisse bei der Bestimmung einer unbekannten Wellenlänge mit Hilfe von Newton-Ringen

n_i	r_i [mm]	r_i^2 [mm²]
$n_1 = 1$	$r_1 = 4,2$	$r_1^2 = 17,62$
$n_2 = 2$	$r_2 = 5,1$	$r_2^2 = 26,01$
$n_3 = 3$	$r_3 = 6,1$	$r_3^2 = 37,21$
$n_4 = 4$	$r_4 = 6,9$	$r_4^2 = 47,61$
$n_5 = 5$	$r_5 = 7,6$	$r_5^2 = 57,76$
$n_6 = 6$	$r_6 = 8,1$	$r_6^2 = 65,61$

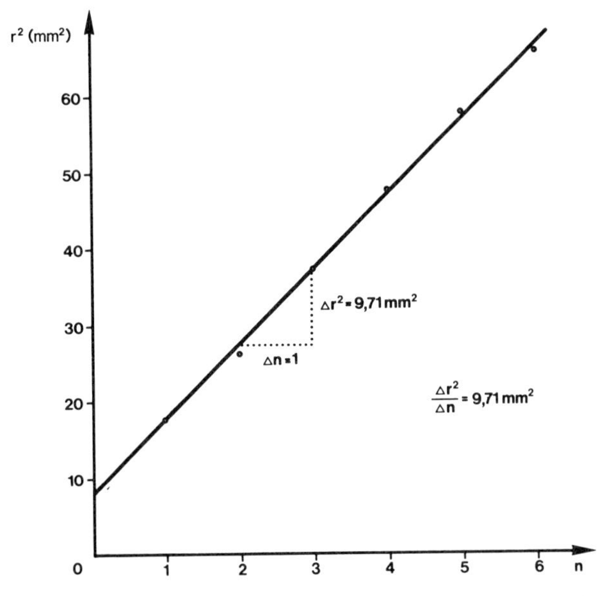

Abb. 174. Graphische Darstellung der Ergebnisse der Messung einer unbekannten Wellenlänge entsprechend Tabelle 32

Dividiert man diesen Wert durch den mit Hilfe des Steigungsdreiecks von Abb. 173 gewonnenen so folgt:

$$\frac{m^*}{m} = \frac{\lambda^*}{\lambda} \tag{11.50}$$

Nach λ^* aufgelöst:

$$\lambda^* = \frac{m^*}{m} \cdot \lambda \tag{11.50a}$$

Mit Hilfe der Werte für $m^* = 9{,}71\ \text{mm}^2$ und $m = 8{,}2\ \text{mm}^2$ sowie der bekannten Wellenlänge $\lambda = 546$ nm ergibt sich die unbekannte Wellenlänge zu:

$$\boldsymbol{\lambda^* = 645{,}5\ \text{nm}}$$

12 Strahlenphysik

Es gibt *natürliche* und *künstliche* Radioaktivität. Physikalisch besteht zwischen beiden Arten von Strahlung keinerlei Unterschied. Der einzige Unterschied besteht darin, daß natürliche Radioaktivität von Substanzen herrührt, die seit der Entstehung der Welt „von selbst" strahlen. Künstlich erzeugte radioaktive Substanzen dagegen müssen erst durch spezielle Prozesse, wie z. B. durch Neutronenbestrahlung in einem Reaktor, radioaktiv gemacht werden. Danach verhalten sie sich exakt so wie natürliche radioaktive Substanzen.
Es gibt eine ganze Reihe radioaktiver Strahlungen. Es sind dies in der Hauptsache α-, β-, γ-Strahlung, Röntgenstrahlung. Aber auch Protonen, Neutronen, Deuteronen, sogar ganze Atomkerne als Kerntrümmer beim Kernzerfall können als Strahlung auftreten. Man faßt all diese Arten von Strahlung unter dem Begriff „ionisierende Strahlung" zusammen.
Neben radioaktiven Substanzen gibt es Strahlenquellen, in denen mit Hilfe von elektrischen Feldern geladene Teilchen auf große Energien beschleunigt werden. Diese Teilchen, z. B. Elektronen oder Protonen, stehen dann ebenfalls als radioaktive Strahlung zur Verfügung. Weiterhin können diese Teilchen, insbesondere Elektronen, beim Auftreten auf Materie Röntgenstrahlung erzeugen. Auch diese Strahlung ist natürlich ionisierende Strahlung, da sie in der Lage ist, Materie zu ionisieren, also Ionen und Elektronen zu erzeugen.
Bevor wir auf einige ionisierende Strahlungsarten näher eingehen, wollen wir einiges über den Aufbau des Atoms sowie einige seiner Eigenschaften erläutern.

12.1 Atome

Jeder Stoff setzt sich aus Atomen oder Molekülen zusammen. Ein Molekül seinerseits besteht aus Atomen. *Das Atom ist die kleinste chemische Einheit*, die es gibt. Es gibt insgesamt 92 natürliche Atomarten, die als Elemente bezeichnet werden. Es ist möglich, durch Kernreaktionen künstliche Elemente zu schaffen, so daß es mittlerweile weit über 100 Elemente gibt.
Ein Atom besteht aus dem Atomkern und der Atomhülle.

12.1.1 Atomkern

Der Atomkern, kurz Kern genannt, besteht aus Protonen und Neutronen. Protonen und Neutronen werden als Nukleonen bezeichnet. Bis auf einen sehr geringen Prozentsatz besitzen Protonen und Neutronen die gleiche Masse von rund $m_p \approx m_n = 1{,}67 \cdot 10^{-24}$ g. In Energieeinheiten ausgedrückt sind das: $m_n \approx m_p = 938$ MeV. Das Proton besitzt eine positive Ladung, die, vom Vorzeichen abgesehen, gleich ist der Ladung eines Elektrons, also gleich der Elementarladung, und das trotz der Tatsache, daß das Proton rund 1836mal soviel Masse besitzt wie das Elektron. Das Neutron besitzt keine Ladung, ist also neutral. Im Kern sind Neutronen und Protonen über *Kernkräfte* (s. 3.3.3.1) miteinander verbunden. Die Anzahl der Protonen bestimmt die *Ordnungszahl* Z eines Atoms. Dabei ist Z eine ganze Zahl. Ein neutrales Atom besitzt in der Hülle exakt so viele Elektronen wie Protonen im Kern. Das Element Wasserstoff besitzt im Kern ein Proton, hat also die Ordnungszahl $Z = 1$. Helium mit 2 Protonen besitzt die Ordnungszahl $Z = 2$. Uran besitzt 92 Protonen, hat also ein Z von 92. Die Massenzahl A ist die Summe aus der Anzahl der Protonen und der Anzahl an Neutronen:

$$A = Z + N \tag{12.1}$$

mit:

A = Massenzahl
Z = Ordnungszahl = Anzahl der Protonen bzw. Elektronen
N = Anzahl der Neutronen

A darf nicht mit dem Atomgewicht verwechselt werden. Man schreibt die Massenzahl A bei einem Atom entweder links oben vor das chemische Zeichen oder auf gleicher Höhe dahinter. Die Ordnungszahl Z steht unten vor dem chemischen Zeichen ($^{131}_{53}J$ oder Jod 131).

12.1.2 Nuklid

Als Nuklid wird ein Atom mit einem bestimmten Z und einer bestimmten Massenzahl A bezeichnet. Da ein Element, wie z.B. Jod, eine verschiedene Anzahl von Neutronen besitzen kann, ist Jod kein Nuklid. Dagegen ist ^{131}J ein Nuklid. Auch ^{123}J oder ^{125}J sind Nuklide.

12.1.3 Isotop

Die Nuklide eines Elements, also Atome mit gleichem Z, aber verschiedener Anzahl von Neutronen, werden als Isotope bezeichnet. Die Isotope eines Atoms können stabil oder radioaktiv sein. Wasserstoff z.B. besteht aus zwei stabilen und einem instabilen Isotop. Instabil ist das Tritium, das im Kern 1 Proton, also $Z = 1$, und zwei Neutronen, also $N = 2$, besitzt. Tritium zerfällt über einen β-Zerfall (s. 12.3) in ^{3}He.

12.1.4 Atomhülle

Die Atomhülle besteht aus Elektronen. Ein Elektron ist ein Teilchen, das eine negative Ladung e^- besitzt. Es besitzt eine Masse von $m_e = 0{,}9109 \cdot 10^{-27}$ g, in Energieeinheiten ausgedrückt: $m_e = 511$ keV. Die Elektronen bewegen sich auf bestimmten

„Bahnen" um den Kern. Diese Bahnen geben die auf den Kern bezogene Bindungsenergie des jeweiligen Elektrons an. Zur Charakterisierung der verschiedenen Energiezustände der Elektronen eines Atoms hat man sog. *Quantenzahlen* eingeführt. Dazu ein Vergleich:

Sie kaufen bei der Bundesbahn eine Platzkarte. Um Ihren Platz eindeutig festzulegen, steht auf der Karte die Zugnummer. Da der Zug aus mehreren Wagen besteht, auch die Nummer des Waggons. Ein Waggon besitzt in der Regel mehrere Abteile, also steht die Abteilnummer und schließlich die eigentliche Platznummer darauf. Meist wird die Sitz- und Abteilnummer bei der Deutschen Bundesbahn zu einer zweistelligen Zahl zusammengefaßt. Dabei bedeutet die linke Ziffer das Abteil, die rechte Ziffer den Sitzplatz. Auf einem Sitzplatz kann im Prinzip jeweils nur eine Person sitzen.

In sehr ähnlicher Weise läßt sich die Charakterisierung des „Platzes" eines Elektrons in der Hülle eines Atoms mit Hilfe von Quantenzahlen verstehen.
Es gibt eine Hauptquantenzahl n, die von der Zahl 1 bis theoretisch ∞ läuft. Also: $n = 1, 2, 3 \ldots$. Die Elektronenbahn mit $n = 1$ heißt K-Schale, die mit $n = 2$ L-Schale, die mit $n = 3$ M-Schale usw. In unserem Beispiel entspricht diese Hauptquantenzahl n der Zugnummer. Zu jeder Quantenzahl n gehört die *Drehimpulsquantenzahl* l. Diese Quantenzahl nimmt alle Werte von $l = 0$ bis $l = n - 1$ ein. Für $n = 3$ z.B. gibt es drei Werte von l, und zwar $l_1 = 0$, $l_2 = 1$ und $l_3 = 2$. Die Drehimpulsquantenzahl entspricht in unserem Bild der Waggonnummer.
Zu jedem l gehört die magnetische Quantenzahl m. Diese Quantenzahl nimmt alle Werte von $-l$ bis $+l$ ein. Für $l = 2$ z.B. gibt es die folgenden magnetischen Quantenzahlen: $m_1 = -2$, $m_2 = -1$, $m_3 = 0$, $m_4 = +1$ und $m_5 = +2$. In unserem Bild entspricht m der Abteilnummer.
Schließlich besitzt jedes Elektron noch eine Spinquantenzahl s. Der Spin kann die Werte $s = +{}^1/_2$ oder $s = -{}^1/_2$ besitzen. Er kann modellhaft als Eigenrotation des Elektrons, und zwar als „links herum" oder „rechts herum", verstanden werden. In unserem Bild entspricht diese Quantenzahl der Platznummer. In unserem Fall gibt es nur zwei Werte, bei der Bundesbahn dagegen besitzt jedes Abteil sechs Sitze. Das Platzkartenmodell ist – natürlich nicht nur aus diesem Grund – nur sehr bedingt zu übertragen.
Nach einem Satz von Pauli darf es in der Hülle eines Atoms nicht zwei Elektronen geben, die in allen vier Quantenzahlen übereinstimmen. In mindestens einer Quantenzahl müssen sie sich unterscheiden. Das bedeutet, daß sich zwei Elektronen nie in demselben Energiezustand befinden können. Mit Hilfe dieses Satzes können wir berechnen, wieviele Elektronen maximal auf die K-, L-, M- usw. -Schale passen.

Beispiele

1. *K-Schale* $n = 1$

Für l gilt: $l = 0$
Für m gilt: $m = 0$
Für s gilt: $s = +\frac{1}{2};\ -\frac{1}{2}$

Insgesamt passen also auf die K-Schale 2 Elektronen, und zwar mit $s = +{}^1/_2$ und $s = -{}^1/_2$. Es handelt sich bei diesem Atom um das Helium.

2. *L-Schale* $n = 2$

Für l gilt: $l_1 = 0$; $l_2 = 1$

Für m gilt: (bei $l_1 = 0$) $m_0 = 0\}$ 2 Elektronen,

(bei $l_2 = 1$) $\left.\begin{array}{l} m_0 = -1 \\ m_2 = 0 \\ m_3 = +1 \end{array}\right\}$ 6 Elektronen, da es für jedes m jeweils $s = +\,^1/_2$ und $s = -\,^1/_2$ gibt

Insgesamt finden also auf der L-Schale 8 Elektronen Platz. Nach dem gleichen Schema läßt sich die maximale Belegung der M-, N-, O-Schale usw. berechnen. Für die M-Schale berechnet man insgesamt 18 Elektronen. Die vorangegangenen Überlegungen lassen sich in der folgenden Formel zusammenfassen:

$$\text{maximale Anzahl an Elektronen auf der } n\text{-ten Bahn} = 2n^2 \qquad (12.2)$$

Für $n = 1$, also die K-Schale, folgt mit Hilfe von Gl. 12.2 für die maximale Belegung: $2 \cdot 1^2 = 2$. Für $n = 2$ folgt: $2 \cdot 2^2 = 8$ und für $n = 3$ folgt: $2 \cdot 3^2 = 18$.

Zusammenfassung. Die Hülle des Atoms besteht aus Elektronen, die bestimmte Energien besitzen. Jedes Elektron besitzt dabei eine ganz bestimmte Energie, die mit Hilfe von Quantenzahlen dargestellt werden kann.
Die Quantenzahlen sind:

Hauptquantenzahl (n):	1, 2, 3, 4, ...
Drehimpulsquantenzahl (l):	läuft von 0 bis $n - 1$
magnetische Quantenzahl (m):	läuft von $-l$ bis $+l$
Spinquantenzahl (s):	besitzt entweder den Wert $+\,^1/_2$ oder $-\,^1/_2$

Zwei Elektronen müssen sich in mindestens einer Quantenzahl unterscheiden.

12.2 α-Strahlung

Es gibt Atomkerne, die zuviel Masse besitzen. Entweder sind sie bereits von der Natur so geschaffen oder aber künstlich erzeugt worden. Diesen Massenüberschuß können sie u.a. in Form von α-Strahlung abgeben. Ein α-Teilchen besteht aus 2 Protonen und 2 Neutronen, die vom Kern in Form *eines* Teilchens abgestrahlt werden. Die Tatsache, daß ein Kern gerade 1 α-Teilchen abgibt, hängt mit der sehr hohen Bindungsenergie der α-Teilchen zusammen. Der Kern von Helium besteht aus 2 Protonen und 2 Neutronen. Daher ist ein α-Teilchen identisch mit einem Heliumkern. Ein beliebiges Atom X mit der Massenzahl A und der Ordnungszahl Z wandelt sich beim α-Zerfall in ein anderes Atom Y mit der Massenzahl $(A - 4)$ und der Ordnungszahl $(Z - 2)$ um. Der α-Zerfall des beliebigen Elements X läßt sich daher wie folgt darstellen:

$$^A_ZX \rightarrow {}^{(A-4)}_{(Z-2)}Y + {}^4_2\alpha \qquad (12.3)$$

mit:

^A_ZX = beliebiges Element, das α-Strahlung aussendet

A = Massenzahl

Z = Ordnungszahl
α = α-Teilchen
${}^{A-4}_{Z-2}Y$ = beim α-Zerfall des Elements X entstandenes neues Element

Die Energien von α-Strahlen können im MeV-Bereich liegen.

12.2.1 α-Strahlen-Spektrum

Betrachtet man die kinetische Energie E_α der von *einem* bestimmten Element ausgesendeten α-Strahlen und zählt jeweils die α-Strahlen aus, die dieselbe Energie besitzen, trägt also ihre Häufigkeit gegen ihre Energie auf, so stellt man fest, daß alle von einem Element ausgesandten α-Strahlen dieselbe Energie besitzen. Man sagt:

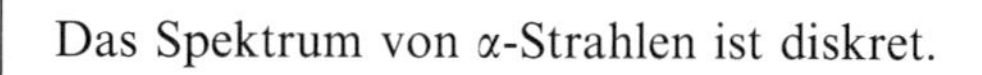
Das Spektrum von α-Strahlen ist diskret.

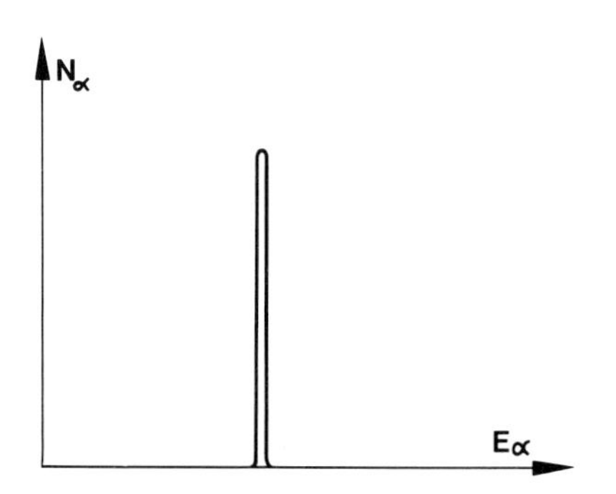

Abb. 175. α-Spektrum. Ein bestimmtes α-strahlendes Nuklid sendet α-Strahlen mit nur einer bestimmten Energie aus. N_α = Anzahl der mit der Energie E_α ausgesandten α-Strahlen

12.3 β-Strahlung

Es gibt weiterhin Kerne, die zu viele Protonen oder zu viele Neutronen besitzen. Um zu einem stabilen Zustand zu gelangen, zerfällt entweder ein Proton in ein Neutron oder ein Neutron in ein Proton. Im ersten Zerfall spricht man von β^+-Zerfall, im zweiten von β^--Zerfall.

12.3.1 β^--Strahlung

Ein freies ungebundenes Neutron, wie es z.B. bei Kernreaktoren, Neutronenquellen wie Ra-Be- oder Am-Be-Quellen oder bei Atombombenexplosionen entsteht, ist instabil. Es zerfällt mit einer Halbwertszeit* von rund 11 min in ein Proton, ein Elektron und ein Antineutrino.
Der β^--Zerfall sieht formal wie folgt aus:

$$ {}^1_0\mathrm{n} \rightarrow {}^1_1\mathrm{p} + \beta^- + \bar{\nu}_{e^-} \qquad (12.4)$$

* Die Zahlenwerte für die Halbswertszeit des Neutrons schwanken je nach Literatur sehr stark. Meyers Physiklexikon gibt z.B. 15,8 min an.

mit:

$^1_0$n = Neutron mit $Z = 0$ und $A = 1$

$^1_1$p = Proton mit $Z = 1$ und $A = 1$

β^- = Elektron, das in diesem Fall als β^--Teilchen bezeichnet wird

$\bar{\nu}_{e-}$ = Antineutrino

Das Antineutrino $\bar{\nu}_{e-}$ tritt mit Materie so gut wie überhaupt nicht in Wechselwirkung. Aus diesem Grund wurde es erst im Jahre 1956 experimentell nachgewiesen. Seine Existenz wurde jedoch bereits erheblich früher von Pauli aufgrund theoretischer Überlegungen vorausgesagt.

Das β^-Teilchen ist ein „normales“ Elektron. Es wird nur deshalb als β^--Teilchen und nicht als Elektron bezeichnet, weil es beim β^--Zerfall neu im Kern entstanden ist und nicht aus der Hülle stammt.

Wegen des Gesetzes über die Erhaltung der Ladung muß die Summe der Ladungen vor dem Zerfall und nach dem Zerfall gleich sein. Vor dem Zerfall ist die Ladung des Neutrons gleich Null. Nach dem Zerfall sind eine negative Ladung (β^-) und eine positive Ladung (p^+) entstanden. Daher bleibt die gesamte Ladung, wie gefordert, Null. Wie erwartet, ist also der Satz von der Ladungserhaltung erfüllt.

In einem *Kern* kann das Neutron stabil oder instabil sein. Ob es in einem Kern stabil oder instabil ist, hängt von dem jeweiligen Kern ab. In ^{16}O z.B. sind die Neutronen stabil, in ^{14}C nicht. Ein beliebiger Kern ^A_ZX erhöht beim β^-Zerfall seine Ordnungszahl Z um den Wert 1. Es entsteht also ein neues Element. Der β^--Zerfall eines Nuklids X sieht formal wie folgt aus:

$$^A_ZX \rightarrow {}^{\;\;\;\;A}_{(Z+1)}Y + \beta^- + \bar{\nu}_{e-} \qquad (12.5)$$

mit:

^A_ZX = beliebiges β^--strahlendes Nuklid

$^{\;\;\;\;A}_{(Z+1)}Y$ = beim β^--Zerfall entstandenes neues Nuklid

β^- = β-Teilchen (Elektron)

$\bar{\nu}_{e-}$ = Antineutrino

Tabelle 33. Einige β^--strahlende Nuklide mit Halbwertszeit $T_{1/2}$ sowie maximaler Zerfallsenergie E_{max}; a = Jahre, d = Tage

Nuklid (Massenzahl)	Abkürzung	Halbwertszeit $T_{1/2}$	Zerfallsenergie E_{max} [MeV]
Tritium (3)	T, ^{3}H	12,26 a	0,018 (100%)
Kohlenstoff (14)	^{14}C	5730 a	0,156 (100%)
Jod (131)	^{131}J	8,06 d	0,61 (87%)
			0,33 (9%)
			0,25 (3%)
			0,81 (1%)

12.3.2 β^+-Strahlung

Jedes freie Proton, z.B. das H$^+$-Ion, ist stets stabil. Aber in einem *Kern* kann ein Proton in ein Neutron, ein β^+-Teilchen sowie ein Neutrino zerfallen:

$$^1_1\text{p} \rightarrow {}^1_0\text{n} + \beta^+ + \nu_{e-} \qquad (12.6)$$

mit:
^1_1p = Proton
^1_0n = Neutron
β^+ = Positron, positiv geladenes Elektron
ν_{e-} = Neutrino (ν: sprich nü)

Die Ladung bleibt auch in diesem Fall erhalten, wie man in Gl. 12.6 leicht erkennen kann. Liegt ein beliebiges Nuklid ^A_ZN vor, das zuviele Protonen besitzt, so zerfällt es in der folgenden Form:

$$^A_ZN \rightarrow {}^A_{(Z-1)}M + \beta^+ + \nu_{e-} \quad (12.7)$$

mit:
^A_ZN = beliebiges β^+-strahlendes Nuklid
$^A_{(Z-1)}M$ = Nuklid, das beim β^+-Zerfall des Nuklids ^A_ZN entstanden ist
β^+ = positiv geladenes Elektron (wird auch als Positron bezeichnet)
ν_{e-} = Neutrino

Tabelle 34. β^+-strahlende Nuklide mit Halbwertszeit und maximaler Zerfallsenergie E_{max}

Nuklid (Massenzahl)	Abkürzung	Halbwertszeit $T_{1/2}$ [min]	Zerfallsenergie E_{max} [MeV]
Kohlenstoff (11)	^{11}C	20,3	0,97 (100%)
Stickstoff (13)	^{13}N	9,93	1,2 (100%)
Sauerstoff (15)	^{15}O	2,067	1,74 (100%)
Fluor (18)	^{18}F	110	0,635 (97%) EC (3%)

12.3.3 β-Strahlen-Spektrum

Die gesamte für den β-Zerfall vorhandene Energie wird als Zerfallsenergie bezeichnet. Sie ist eine für jedes Nuklid charakteristische Energie. Diese Energie teilen sich das β-Teilchen und das (Anti-)Neutrino. Theoretisch kann das (Anti-)Neutrino die gesamte Energie übernehmen, dann bleibt für das Elektron bzw. Positron keine mehr

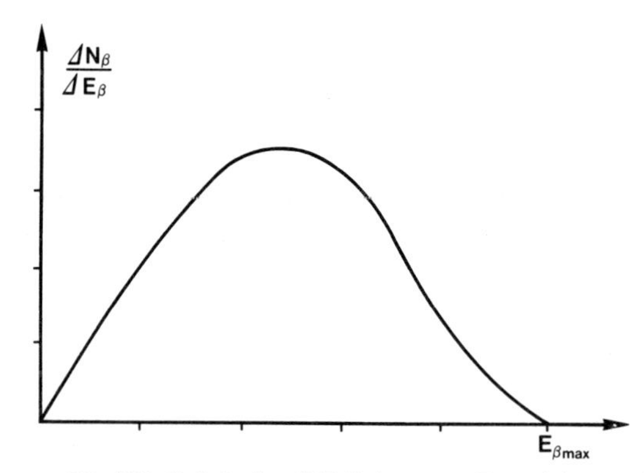

Abb. 176. β-Spektrum. Die Häufigkeit der β-Teilchen pro Energieintervall $\Delta N_\beta/\Delta E_\beta$ ist gegen die β-Energie (E_β) aufgetragen. Das Spektrum ist kontinuierlich.

übrig. Oder das β-Teilchen übernimmt die gesamte Energie. Natürlich sind auch alle Zwischenzustände möglich. Aus diesem Grund ist das β-Spektrum kontinuierlich. Die abgestrahlten β-Teilchen können daher jede Energie 0 und E_{max} einnehmen. Die maximale kinetische Energie des β-Teilchens E_{max} wird als Zerfallsenergie bezeichnet.

12.4 γ-Strahlung

Nach einem α- oder β-Zerfall oder auch nach dem Beschuß mit Strahlung kann sich ein Kern in einem *angeregten Zustand* befinden. Beim Übergang in den Grundzustand, also den energetisch günstigsten Zustand, kann der Kern seine Energie in Form von γ-Strahlung abgeben. Das γ-Spektrum eines beliebigen Nuklids ist dabei diskret. In Abb. 177 ist beispielhaft der Zerfall des ^{60}Co dargestellt. Man sieht, daß der angeregte Kern des ^{60}Co über zwei γ-Zerfälle in den Grundzustand übergehen kann. Genaugenommen stammen die beiden γ-Linien daher gar nicht von Kobalt, sondern von Nickel.

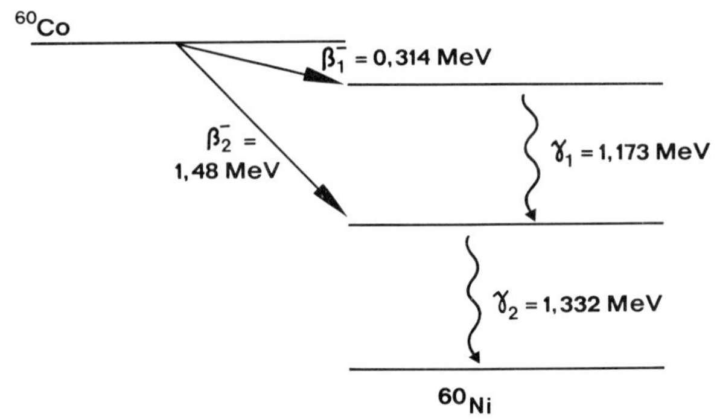

Abb. 177. Zerfallsschema von Kobalt-60. Wie man sieht, stammen die beiden Kobaltlinien mit 1,173 MeV und 1,332 MeV nicht vom Kobalt selbst, sondern vom Nickel als Zerfallsprodukt des Kobalts.

12.5 Andere Strahlung

Durch Kernreaktionen, die z. B. durch den Beschuß mit hochenergetischen Teilchen oder γ-Strahlung induziert werden, können eine ganze Reihe weiterer Strahlen emittiert werden, z. B. Neutronen, Protonen und Kerne mit höheren Massenzahlen. In speziellen Schwerionenbeschleunigern können ganze Atomkerne beschleunigt werden. Nach der Beschleunigung wirken sie dann als ionisierende Teilchen.

12.6 Auger-Elektronen

Wenn ein Elektron in der Hülle eines Atoms durch irgendwelche energiereiche Strahlung aus dem Atom herausgeschlagen wird, so springt ein Elektron aus einer der nächsthöheren Bahnen in diese Lücke. Dabei wird Energie frei. Diese Energie kann als diskrete Röntgenstrahlung abgegeben werden (s. 12.13). Aber es ist auch möglich, daß das entstandene Röntgenquant das Atom gar nicht erst verläßt, sondern statt dessen ein anderes Elektron, vergleichbar dem Photoeffekt, aus demselben Atom herausschlägt. Die auf diese Weise entstandenen Elektronen werden als Auger-Elektronen bezeichnet.

12.7 Innere Konversion

Ein angeregtes Proton oder Neutron im Kern eines Atomkerns sendet γ-Strahlung aus, wenn es in den Grundzustand übergeht. Es ist aber auch möglich, daß statt zur Aussendung von γ-Strahlung die Energie dazu verwendet wird, ein Elektron aus der Hülle herauszuschlagen. Die auf diese Weise entstandenen Elektronen werden als Elektronen der inneren Konversion bezeichnet. Die Auger-Elektronen werden durch Übergänge in der Hülle ausgelöst; hier handelt es sich um Übergänge im Kern.

12.8 Wechselwirkung zwischen γ-Strahlung und Materie

Wenn γ-Strahlung auf Materie trifft, so reagiert sie mit der Materie. Es können dabei eine ganze Reihe von Prozessen auftreten. Aber alle Prozesse führen letztendlich zu Absorption oder Streuung. Beide Prozesse zusammen schwächen die auffallende Strahlung. Also:

$$\boxed{\text{Schwächung} = \text{Absorption} + \text{Streuung}} \qquad (12.8)$$

Im folgenden soll eine Reihe von Prozessen, die zur Schwächung von γ- bzw. Röntgenstrahlen führen, besprochen werden.

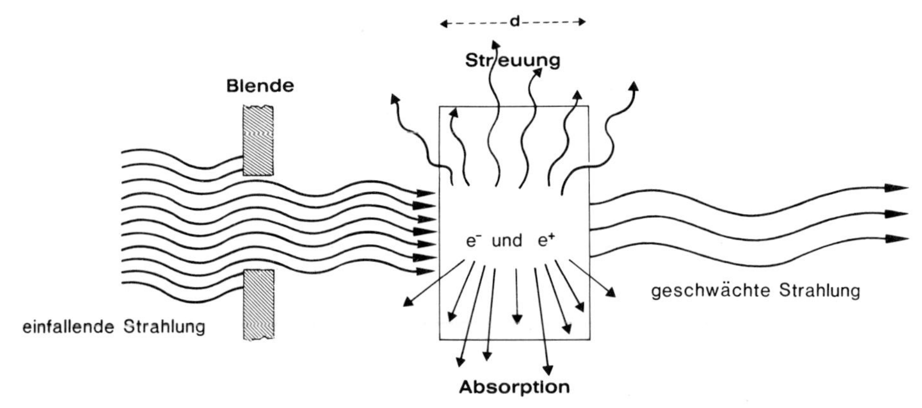

Abb. 178. Prinzipielle Darstellung der Schwächung von radioaktiver Strahlung

12.8.1 Photoeffekt

Die Energie von Röntgenstrahlen, die aus einer diagnostischen Röntgenröhre stammt, besitzt Werte bis zu 150 keV. Bei Therapiegeräten ist die Energie höher; sie

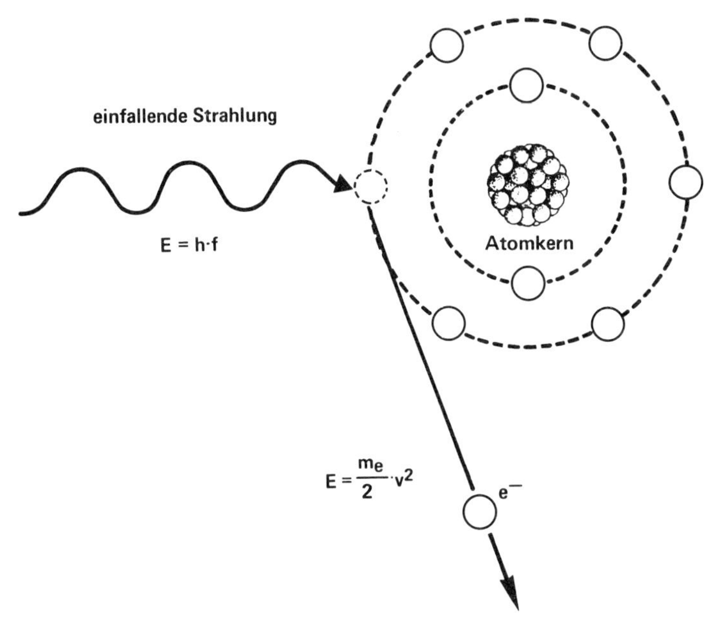

Abb. 179. Photoeffekt. Ein γ-Quant (Photon), das auf ein Atom trifft, kann ein Elektron aus dem Atom herausschlagen und dabei völlig absorbiert werden.

liegt in der Größenordnung bis ca. 400 keV. In einem Beschleuniger ist es möglich, Röntgenstrahlung zu erzeugen, die wesentlich größere Energien besitzt als die γ-Strahlung, die beim radioaktiven Zerfall frei wird. Aus diesem Grund kann Röntgenstrahlung auch alle die Effekte zur Folge haben, die von γ-Strahlung bewirkt werden. Wenn wir im folgenden nur von γ-Strahlung sprechen, so ist dabei Röntgenstrahlung mit entsprechender Energie eingeschlossen.

Wenn γ-Strahlung auf Materie mit der Ordnungszahl Z trifft, so kann sie ein Elektron aus dem Atom herausschlagen. Das Elektron verläßt dabei den Atomverband mit der kinetischen Energie $E = \frac{m_e \cdot v^2}{2}$, während das γ-Quant vollständig absorbiert wird. Der Photoeffekt läßt sich formal wie folgt beschreiben:

$$h \cdot f = \frac{m_e}{2} \cdot v^2 + W_A \tag{12.9}$$

mit:

W_A = Ablösearbeit (= die Energie, die aufgewendet werden muß, um das Elektron aus dem Atom zu lösen)

$h \cdot f$ = Energie des auffallenden γ-Quants

f = Frequenz des γ-Quants

$\frac{m_e}{2} \cdot v^2$ = kinetische Energie des herausgeschlagenen Elektrons (m_e = Masse des Elektrons, v = Geschwindigkeit des Elektrons)

Der Photoeffekt ist stark abhängig von der Energie E_γ der einfallenden γ-Strahlung, und zwar nimmt die Wahrscheinlichkeit für sein Auftreten mit dem reziproken Wert der 3. Potenz der Energie, also E^{-3} ab. Die Abhängigkeit von der Ordnungszahl Z ist noch größer; und zwar steigt die Wahrscheinlichkeit für das Auftreten des Photoeffekts mit der 4. bis 5. Potenz, also Z^4 bis Z^5.

12.8.2 Compton-Effekt

Ein γ-Quant mit der Energie $E_\gamma = h \cdot f$ trifft auf Materie mit der Ordnungszahl Z. Dabei schlägt es ein Elektron aus dem Atomverband heraus. Aber das γ-Quant gibt bei dem Prozeß nicht seine gesamte Energie an das Elektron ab. Es wird also nicht absorbiert, sondern verläßt die Materie, jedoch mit geringerer Energie als vorher. Der Compton-Effekt läßt sich wie folgt beschreiben:

$$h \cdot f = h \cdot f' + \frac{m_e}{2} \cdot v^2 + W_A \tag{12.10}$$

mit:

$h \cdot f$ = Energie des auffallenden γ-Quants
$h \cdot f'$ = Energie des γ-Quants nach dem Prozeß ($h \cdot f' < h \cdot f$)
$\frac{m_e}{2} \cdot v^2$ = kinetische Energie des herausgeschlagenen Elektrons
W_A = Ablösearbeit

Wegen des Energieerhaltungssatzes muß natürlich die Energie $h \cdot f'$ des γ-Quants nach dem Prozeß kleiner sein als die des auftreffenden γ-Quants mit der Energie $h \cdot f$. Der Compton-Effekt ist von der Energie des einfallenden Quants abhängig, und zwar

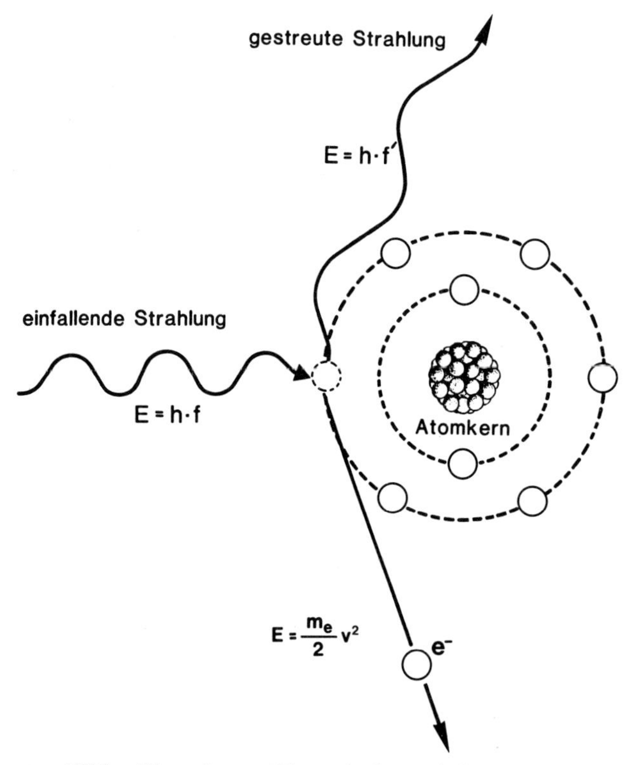

Abb. 180. Compton-Effekt. Ein γ-Quant (Photon), das auf ein Atom trifft, kann dabei ein Elektron aus dem Atom herausschlagen. Dabei verliert das Quant einen Teil seiner Energie und verläßt das Atom daher mit geringerer Energie und in einer anderen Richtung.

sinkt die Wahrscheinlichkeit für das Aufheben des Comptoneffekts linear mit der Energie des einfallenden γ-Quants und steigt etwa linear mit Z. Durch die Richtungsänderung der einfallenden Strahlung ensteht Streustrahlung.

12.8.3 Paarbildung

Ein γ-Quant mit einer Energie $E = h \cdot f$, die größer als 1,02 MeV sein muß, trifft auf Materie mit der Ordnungszahl Z. Im Feld des Kerns „verwandelt" sich dabei das γ-Quant vollständig in ein Elektron und ein Positron. Es entsteht in diesem Fall aus

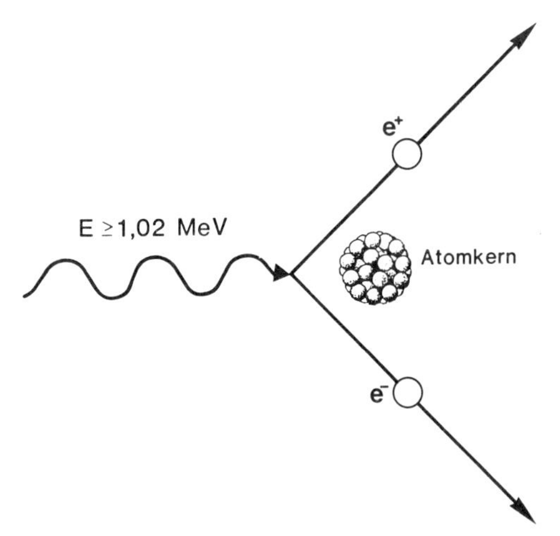

Abb. 181. Paarbildung. Ein γ-Quant (Photon) mit einer Energie von mehr als 1,02 MeV kann sich in Gegenwart eines Atomkerns oder mit einer anderen Wahrscheinlichkeit in Gegenwart eines Elektrons in 2 Teilchen, 1 Elektron und 1 Positron, umwandeln. Aus Energie wird Materie.

reiner Energie Materie. Um sich in Materie umwandeln zu können, muß das γ-Quant daher mindestens eine Energie besitzen, die gleich der Masse der beiden Teilchen ist. Da das Elektron und das Positron in Energieeinheiten je eine Masse von 511 keV besitzen, muß das γ-Quant, wie erwähnt, mindestens 1,02 MeV besitzen. Unterhalb dieser Schwelle findet die Paarbildung nicht statt. Besitzt ein γ-Quant mehr Energie, so tritt sie als kinetische Energie der beiden Teilchen auf. Trifft das Positron auf ein Elektron, so zerstrahlt es sofort in zwei oder seltener drei γ-Quanten. Diese Strahlung wird als *Vernichtungsstrahlung* bezeichnet.

Für die Paarbildung gilt:

$$h \cdot f = 2 \cdot \frac{m_e}{2} \cdot v^2 + 1{,}02\ \text{MeV} \qquad (12.11)$$

mit:

$h \cdot f$ = Energie des einfallenden γ-Quants

$2 \cdot \frac{m_e}{2} \cdot v^2$ = kinetische Energien der beiden entstandenen Teilchen (e^- und e^+)

1,02 MeV = doppelte Ruhemasse des Elektrons in Energieeinheiten

Die Wahrscheinlichkeit für das Auftreten der Paarbildung nimmt mit dem Logarithmus der Energie des einfallenden γ-Quants, also $\log E_\gamma$ zu und steigt quadratisch mit Z, also Z^2.

12.8.4 Klassische Streuung

Bei der klassischen Streuung wird die einfallende γ-Strahlung nur aus ihrer Richtung abgelenkt. Sie verliert bei diesem Prozeß keine Energie. Die klassische Streuung tritt vor allem bei kleinen Energien der auftreffenden γ-Strahlung auf.

12.8.5 Kernphotoeffekt

Bei Energien im MeV-Bereich kann die auf Materie treffende γ-Strahlung aus dem Kern der Materie Neutronen oder Protonen herausschlagen. Man bezeichnet diese Reaktionen als (γ, n)- oder (γ, p)-Reaktionen. Der (γ, n)-Prozeß mit der geringsten Energie von ca. 2 MeV findet beim Deuterium statt.
Formal schreibt sich dieser Prozeß wie folgt:

$$^{2}H(\gamma, n)\,^{1}H \tag{12.12}$$

Das auftreffende γ-Quant schlägt aus dem Deuterium ein Neutron heraus; es entsteht „normaler“ Wasserstoff.

12.9 Schwächungsgesetz

Wie erwähnt, führen alle bisher aufgeführten Prozesse zur Schwächung von auf Materie treffende γ-Strahlung. Wenn man an einem festen Ort eine bestimmte Intensität I_0 der einfallenden monoenergetischen Strahlung mißt und dann vor den Meßort ein Material, wie z. B. Blei, mit veränderlicher Dicke d bringt und in Abhängigkeit von der Dicke d jeweils die Intensität I mißt, so gilt das folgende Schwächungsgesetz:

$$\boxed{I = I_0 \cdot e^{-\mu \cdot d}} \tag{12.13}$$

mit:

I = Intensität der γ-Strahlung hinter Materie der Dicke d
I_0 = Intensität der γ-Strahlung ohne Materie
e = Konstante (Euler-Zahl $e \approx 2{,}71$)
μ = linearer Schwächungskoeffizient, abhängig von dem Material sowic der Energie der einfallenden γ-Strahlung
d = Dicke der schwächenden Schicht

Der Schwächungskoeffizient μ setzt sich aus allen Anteilen zusammen, die bisher erwähnt wurden, also den Koeffizienten des Photoeffekts, des Compton-Effekts, der Paarbildung, der klassischen Streuung und des Kernphotoeffekts. In der Medizin spielt der Kernphotoeffekt jedoch keine Rolle, so daß er vernachlässigt werden kann. Es gilt daher:

$$\mu = \tau + \tau_s + \tau_R + \varkappa \tag{12.14}$$

mit:
μ = gesamter linearer Schwächungskoeffizient
τ = Photoabsorptionskoeffizient
τ_s = Compton-Streukoeffizient
τ_R = Koeffizient der klassischen Streuung
$\varkappa$ = Paarbildungskoeffizient

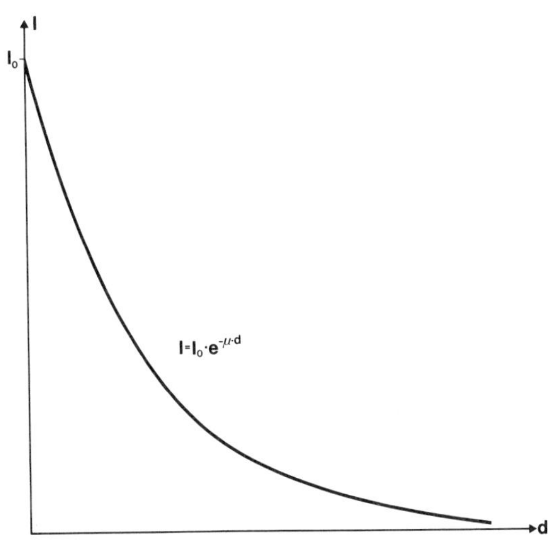

Abb. 182. Graphische Darstellung des Schwächungsgesetzes entsprechend Gl. 12.13

In Abb. 183 sind die in Gl. 12.16 aufgeführten Koeffizienten für Blei in Abhängigkeit von der Energie dargestellt.
Da μ von der Energie der γ-Quanten abhängt, gilt Gl. 12.13 in der vorliegenden Form nur für Quanten einer festen Energie, also für monoenergetische Strahlung. Für Röntgenstrahlung gilt Gl. 12.13 in dieser Form *nicht*.

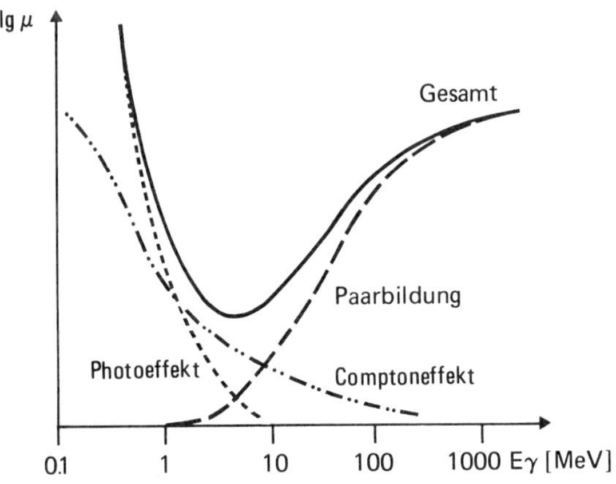

Abb. 183. Verlauf des gesamten Schwächungskoeffizienten μ von Blei sowie der Anteile des Photo- und Compton-Effekts sowie der Paarbildung in Abhängigkeit von der γ-Energie (E_γ)

12.10 Kernspaltung

Beschießt man bestimmte Nuklide wie ^{233}U, ^{235}U oder ^{239}Pu mit langsamen Neutronen, so kann das Neutron den gesamten Kern in zwei Teile spalten. Der Kern „platzt“ dabei in zwei Teile auseinander. Die Art der Spaltprodukte ist bei diesem Vorgang statistisch verteilt. So spaltet sich ^{235}U beispielsweise in Barium und Krypton oder Brom und Lanthan. Jeder Kern spaltet sich jeweils in genau zwei Teile. Bei der Spaltung jedes einzelnen Nuklids werden im Mittel 2 bis 3 Neutronen frei, die ihrerseits wiederum andere Kerne spalten können. Es kommt so zu einer Kettenreaktion. In einer Atombombe wird darauf „geachtet“, daß die meisten der entstehenden Neutronen zu einer neuen Spaltung führen, so daß es zu einer explosionsartigen Vermehrung der Neutronen kommt. Bei einem Kernreaktor dagegen werden die Neutronen durch entsprechende Steuerstäbchen, wie z.B. Cadmium, so absorbiert, daß ihre Vermehrungsrate stets knapp über 1 liegt. Fällt sie unter 1, erlischt der Reaktor. Steigt sie zu weit an, so würde der Reaktor nicht mehr steuerbar sein. Auf diese Weise ist ein allmähliches Abbrennen, also Spalten des Brennmaterials, gewährleistet. Das Brennmaterial ist in der Regel auf etwa 5% angereichertes ^{235}U. Im natürlichen Uran befindet sich nur 0,7% ^{235}U mit 99,3% ^{238}U. Die Anreicherung ist ein teures, aufwendiges und recht kompliziertes Verfahren.

12.11 Radioaktives Zerfallsgesetz, Aktivität (A)

Wir betrachten ein einziges radioaktives Atom, z.B. Tritium, oder ein freies Neutron. Es stellt sich die Frage, wann zerfällt das Tritium oder das Neutron?
Die Frage ist so nicht zu beantworten. Das Neutron oder Tritium kann sofort zerfallen, aber auch erst nach Jahren. Der radioaktive Zerfall ist ein statistischer Prozeß. Aus diesem Grund läßt sich über ein einzelnes Teilchen *keinerlei* Aussagen machen. Aber, und das ist der Inhalt statistischer Phänomene: Über *viele* Teilchen lassen sich sehr präzise Aussagen machen. So läßt sich z.B. feststellen, daß von sehr vielen Neutronen nach ca. 11 min die Hälfte zerfallen ist: beim Tritium ist nach rund 12 Jahren die Hälfte zerfallen. Der Zerfall von instabilen Kernen läßt sich mit dem folgenden Gesetz beschreiben:

$$N_t = N_0 \cdot e^{-\lambda \cdot t} \tag{12.15}$$

mit:

N_t = Anzahl der zur Zeit t noch vorhandenen Kerne
N_0 = Anzahl der am Beobachtungsbeginn (also zur Zeit $t = 0$) vorhandenen Kerne
e = Euler-Zahl
λ = Zerfallskonstante, sie ist eine für jedes Nuklid charakteristische Größe
t = Meßzeit

Meist interessiert aber nicht die Anzahl der Kerne, die noch vorhanden sind, sondern die Anzahl der pro Zeiteinheit Δt zerfallenden Kerne ΔN. Den Quotienten $\Delta N/\Delta t$ bezeichnet man als Aktivität. Die Aktivität wird mit A abgekürzt.
Es gilt also:

$$A = \frac{\Delta N}{\Delta t} \tag{12.16}$$

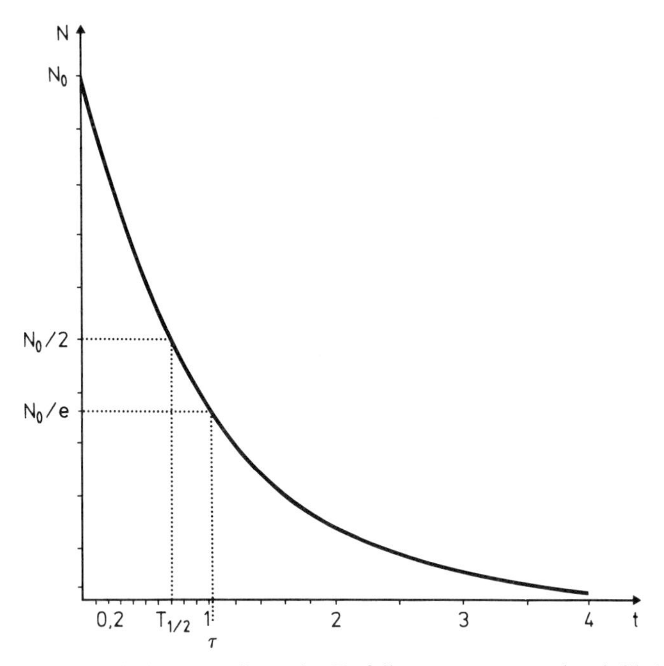

Abb. 184. Graphische Darstellung des Zerfallsgesetzes entsprechend Gl. 12.17

Für die Aktivität A gilt entsprechend Gl. 12.15:

$$A_t = A_0 \cdot e^{-\lambda \cdot t} \tag{12.17}$$

mit:

A_t = Aktivität zum Zeitpunkt t
A_0 = Aktivität zum Zeitpunkt t_0, also am Versuchsbeginn

Die Aktivität einer radioaktiven Substanz wird in Becquerel gemessen. Dabei besitzt eine Substanz eine Aktivität von 1 Bq wenn pro Sekunde 1 Teilchen zerfällt. Bis 1985 ist noch das Curie (Abk. Ci) erlaubt. Dabei besitzt eine radioaktive Substanz eine Aktivität von 1 Ci wenn pro Sekunde $3{,}7 \cdot 10^{10}$ Teilchen zerfallen. Somit hängen Ci und Bq wie folgt zusammen:

$$1\ \text{Ci} = 3{,}7 \cdot 10^{10}\ \text{Bq} \tag{12.18}$$

12.11.1 Halbwertszeit $T_{1/2}$

Die Halbwertszeit $T_{1/2}$ ist die Zeit, in der die Hälfte der ursprünglich vorhandenen Anzahl an Teilchen einer radioaktiven Substanz zerfallen ist, vorausgesetzt natürlich, daß es sich um viele Teilchen handelt. Die Halbwertszeit $T_{1/2}$ ist also die Zeit t in Gl. 12.15, in der $N_t = N_{T_{1/2}}$ gerade auf die Hälfte, also $N_0/2$ reduziert ist. Es gilt mit Hilfe der Halbwertszeit $T_{1/2}$ statt Gl. 12.15

$$N_{T_{1/2}} = N_0 \cdot e^{-\lambda \cdot T_{1/2}} \tag{12.19}$$

Mit $N_{T_{1/2}} = N_0/2$, ergibt sich:

$$\ln \frac{1}{2} = -\lambda \cdot T_{1/2} \cdot \ln e$$

Mit Hilfe der Logarithmenregel $\ln 1/a = -\ln a$ folgt:

$$-\ln 2 = -\lambda \cdot T_{1/2} \cdot \ln e$$

Da $\ln e = 1$, folgt:

$$T_{1/2} = \frac{\ln 2}{\lambda} = \frac{0{,}693}{\lambda} \qquad (12.20)$$

12.11.2 Mittlere Lebensdauer τ (sprich thau)

Die mittlere Lebensdauer τ ist die Zeit, in der N_0 Kerne gerade auf den e-ten Teil, also auf N_0/e, zerfallen sind bzw. die Aktivität auf A_0/e abgenommen hat. Mit Hilfe von Gl. 12.15 bzw. 12.17 gilt somit:

$$N_\tau = \frac{N_0}{e} = N_0 \, e^{-\lambda \cdot \tau} \qquad (12.21)$$

Logarithmiert und umgerechnet folgt:

$$\ln \frac{1}{e} = -\lambda \cdot \tau \cdot \ln e$$

Mit:

$$\ln \frac{1}{e} = -\ln e \quad \text{sowie} \quad \ln e = 1$$

folgt:

$$1 = \lambda \cdot \tau$$

Also:

$$\tau = \frac{1}{\lambda} \qquad (12.22)$$

12.11.3 Zusammenhang zwischen τ und $T_{1/2}$

Es gilt:

$$T_{1/2} = \frac{\ln 2}{\lambda} = \frac{0{,}693}{\lambda} \qquad \text{(s. Gl. 12.20)}$$

Nach Gl. 12.22 aber ist $1/\lambda$ gleich τ. Dies in Gl. 12.20 eingesetzt, ergibt:

$$T_{1/2} = \tau \cdot \ln 2 = 0{,}693 \cdot \tau \qquad (12.23)$$

Die Halbwertszeit $T_{1/2}$ ist also 0,693mal so groß wie die mittlere Lebensdauer τ. In Abb. 184 sind die Halbwertszeit und die mittlere Lebensdauer graphisch dargestellt.

12.11.4 22. Praktikumsaufgabe (Messung der Halbwertszeiten der beiden Silberisotope ^{108}Ag und ^{110}Ag)

Natürliches Silber besteht normalerweise aus den beiden stabilen Silberisotopen ^{107}Ag und ^{109}Ag. Durch Beschuß mit Neutronen werden die beiden Isotope zu radioaktivem Silber ^{108}Ag und ^{110}Ag aktiviert. Als Neutronenquelle kann im Praktikum eine Radium-Beryllium- oder Americium-Beryllium-Quelle dienen. In diesen Neutronenquellen führen die vom Radium bzw. Americium ausgesendeten α-Strahlen zu der folgenden Reaktion

$$\mathrm{Be}(\alpha, n)\,\mathrm{C}$$

Das α-Teilchen dringt in das Beryllium ein; dabei wird ein Neutron freigesetzt; und aus dem Beryllium entsteht das Kohlenstoffisotop ^{12}C. Das bei diesem Prozeß entstandene Neutron aktiviert das Silber, das anschließend über den β^--Zerfall in Cadmium zerfällt. Das dabei zusätzlich freiwerdende Antineutrino spielt für diesen Versuch keine Rolle. Also:

$$^{108}_{47}\mathrm{Ag} \rightarrow {}^{108}_{48}\mathrm{Cd} + \beta^- + \bar{\nu}_{e^-}$$

$$^{110}_{47}\mathrm{Ag} \rightarrow {}^{110}_{48}\mathrm{Cd} + \beta^- + \bar{\nu}_{e^-}$$

Mit Hilfe eines Geiger-Müller-Zählerohrs, das mit einer Spannung von ca. 600 V betrieben wird, werden die β^--Strahlen nachgewiesen. Die Elektronik des Auswerteteils des Zählers ist so geschaltet, daß jeweils für 20 s die Impulse des Zählers aufsummiert werden. Diese Impulsrate wird dann mit Hilfe von Leuchtdioden digital angezeigt, und zwar 10 s lang. Intern jedoch ist der Zähler nach der Meßzeit von 20 s sofort wieder auf 0 gestellt und wieder bereit zum Zählen. Die neue Zählrate wird dann wiederum angezeigt. Auf diese Weise werden die unnötigen Zeitverluste durch Ablesen und Aufschreiben der Meßwerte sowie das Rückstellen des Zählers auf 0 bei einem „normalen" Zählgerät vermieden. Die Meßwerte werden anschließend auf halblogarithmischem Papier aufgetragen. Es läßt sich zeigen, daß die halblogarithmische Darstellung der Zählraten *eines* radioaktiven Nuklids eine Gerade ergibt:
Nach Gl. 12.17 gilt:

$$A_t = A_0 \cdot e^{-\lambda \cdot t}$$

logarithmiert:

$$\lg A_t = \lg A_0 - \lambda \cdot t \qquad (12.17\,\mathrm{a})$$

Gleichung 12.17a ist aber die Darstellung einer Geraden, sofern man anstelle des y $\lg A_t$ und anstelle von x die Zeit t aufträgt. Dabei ist $-\lambda$ die Steigung und $\lg A_0$ der y-Achsen-Abschnitt der Geraden.

Meßergebnisse und Auswertung

Für die Untergrundstrahlung Z_u wurde eine mittlere Impulsrate von 8 Impulsen pro 20 s gemessen. (Die Untergrundstrahlung besteht aus der Summe der Strahlungen, die nicht von der zu messenden Substanz stammen. Dies sind u.a. die kosmische Strahlung, terrestrische Strahlung etc.) Bei der anschließenden Messung der Zählrate des aktivierten Silbers ergaben sich die in Tabelle 35 dargestellten Meßergebnisse. Sie sind

Tabelle 35. Meßergebnisse bei der Bestimmung der Halbwertszeiten der Silberisotope ^{108}Ag und ^{110}Ag. Z_u = mittlere Zählrate der Untergrundstrahlung pro 20 s (hier 8 Impulse), Z_i = gemessene Zählrate pro 20 s, $^*Z_i$ = gemessene Zählrate ohne Untergrundstrahlung pro 20 s

t_i [s]	Z_i [Impulse/20 s]	$^*Z_i = Z_i - Z_u$ [Impulse/20 s]
t_1 = 10	Z_1 = 2294	$^*Z_1$ = 2286
t_2 = 30	Z_2 = 1538	$^*Z_2$ = 1530
t_3 = 50	Z_3 = 1098	$^*Z_3$ = 1090
t_4 = 70	Z_4 = 754	$^*Z_4$ = 746
t_5 = 90	Z_5 = 620	$^*Z_5$ = 612
t_6 = 110	Z_6 = 451	$^*Z_6$ = 443
t_7 = 130	Z_7 = 359	$^*Z_7$ = 351
t_8 = 150	Z_8 = 310	$^*Z_8$ = 302
t_9 = 170	Z_9 = 273	$^*Z_9$ = 265
t_{10} = 190	Z_{10} = 259	$^*Z_{10}$ = 251
t_{11} = 210	Z_{11} = 230	$^*Z_{11}$ = 222
t_{12} = 230	Z_{12} = 201	$^*Z_{12}$ = 193
t_{13} = 250	Z_{13} = 175	$^*Z_{13}$ = 167
t_{14} = 270	Z_{14} = 179	$^*Z_{14}$ = 171

in Abb. 185 auf halblogarithmischem Papier dargestellt. Die Zählrate Z^* ist jeweils die Summe der Zerfälle von *beiden* Silberisotopen. Es gilt also:

$$Z^* = Z^*_{108} + Z^*_{110} \tag{12.24}$$

mit:

Z^* = Zählrate beider Silberisotope, vermindert um die Untergrundstrahlung Z_u
Z^*_{108} = Zählrate des Silberisotops ^{108}Ag vermindert um Z_u
Z^*_{110} = Zählrate des Silberisotops ^{110}Ag vermindert um Z_u

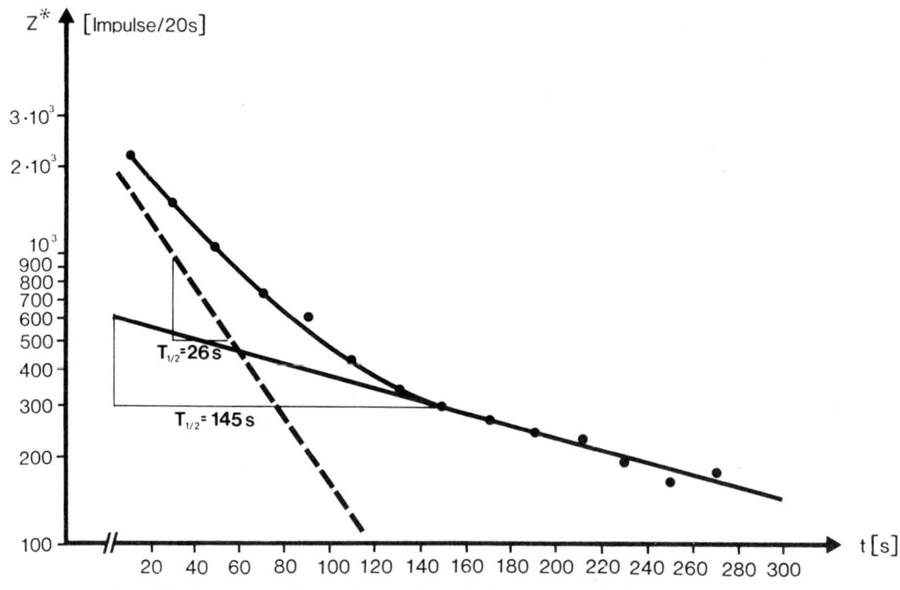

Abb. 185. Graphische Darstellung der Meßergebnisse von Tabelle 35 in halblogarithmischer Form. Nähere Erläuterungen s. Text.

Da wir wissen, daß die Halbwertszeit von ^{110}Ag nur rund 25 s beträgt, können wir davon ausgehen, daß nach etwa 150 s die Zählimpulse Z^* fast nur noch von dem längerlebigen ^{108}Ag herrühren. Wenn aber ab ca. 150 s die Zerfälle nur noch von dem Silberisotop ^{108}Ag herrühren, so müssen die Zählraten nach Gl. 12.17a eine Gerade ergeben. Diese Gerade verlängern wir rückwärts bis zum Wert $t = 0$. Ziehen wir von den Zählraten Z^* jeweils die Zählraten Z^*_{108} auf dieser Geraden, also die des ^{108}Ag ab, so erhalten wir für jeden Zeitpunkt t_i die Zählrate Z^*_{110} des Silberisotops ^{110}Ag. Diese Zählraten des ^{110}Ag ergeben nach Gl. 12.17a ebenfalls eine Gerade. Die Halbwertszeit $T_{1/2}$ für die beiden Silberatome finden wir dadurch, daß wir auf beiden Geraden jeweils mit irgendeiner Zählrate beginnen – z. B. bei 1000 bzw. 600 – und die Zeit ausmessen, die vergangen ist, bis diese Zählrate auf die Hälfte, also 500 bzw. 300, gefallen ist. Diese Zeit ist dann definitionsgemäß die jeweilige Halbwertszeit $T_{1/2}$. Aus Abb. 185 lesen wir die folgenden Ergebnisse ab:

$$T_{1/2}(^{110}\mathrm{Ag}) = \mathbf{26\ s} \quad (\text{Tabellenwert: } 24\ \mathrm{s})$$
$$T_{1/2}(^{108}\mathrm{Ag}) = \mathbf{145\ s} \quad (\text{Tabellenwert: } 144\ \mathrm{s} = 2{,}4\ \mathrm{min})$$

12.12 Röntgenröhre

Eine Röntgenröhre dient der Erzeugung von Röntgenstrahlen. Dies geschieht, indem aus einer Glühkathode Elektronen emittiert werden, die in einem zwischen Kathode und Anode liegenden Hochspannungsfeld beschleunigt auf die positive Anode prallen. In der Anode erzeugen die hochenergetischen Elektronen charakteristische Röntgenstrahlung sowie Bremsstrahlung. Dieser Prozeß soll im folgenden etwas genauer beschrieben werden (Abb. 186a, b).

Die Kathode besteht aus einer Glühwendel, die in einen Wehnelt-Zylinder eingebettet ist. Mit Hilfe einer Wechselspannung bis zu ca. 20 V wird die Glühwendel auf Hochglut erhitzt, so daß Elektronen austreten können. Der Wehnelt-Zylinder dient der Bündelung der emittierten Elektronen. Der Wehnelt-Zylinder liegt gegenüber der Kathode auf einer negativen Spannung oder auf Kathodenpotential. Die Hochspannung zwischen Anode und Kathode beträgt bei medizinischen Diagnostikgeräten 30 000–150 000 V, bei Therapiegeräten bis zu ca. 400 000 V. Kathode und Anode befinden sich in einem Glasgehäuse mit einem Vakuum von ca. 10^{-5} mmHg $= 1{,}33 \cdot 10^{-3}$ Pa. Die Anode muß sehr hitzebeständig sein und besteht daher aus einer Wolfram-Rhenium-Legierung. Bei den meisten Hochleistungsröhren besitzt die Anode Tellerform und rotiert bis zu etwa 10 000mal pro Minute. Auf diese Weise wird eine wesentlich bessere Wärmeverteilung erreicht als bei einer Stehanode. Stehanoden sind Anoden, die nicht bewegt werden. Sie werden bei Röhren verwendet, die eine geringe Leistung erbringen und damit keiner allzu großen thermischen Belastung ausgesetzt sind, wie z. B. Röhren für Zahnaufnahmen oder Therapieröhren.

12.13 Diskrete Röntgenstrahlung

Die energiereichen Elektronen, die auf die Anode aufprallen, können Elektronen der Atome des Anodenmaterials aus ihren Bahnen herausschlagen. In diese Lücke

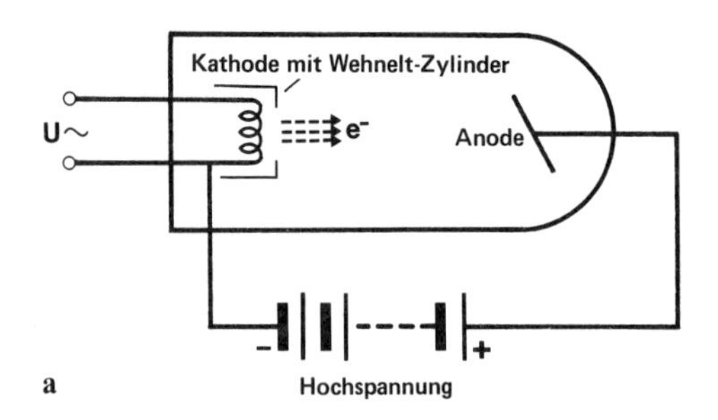

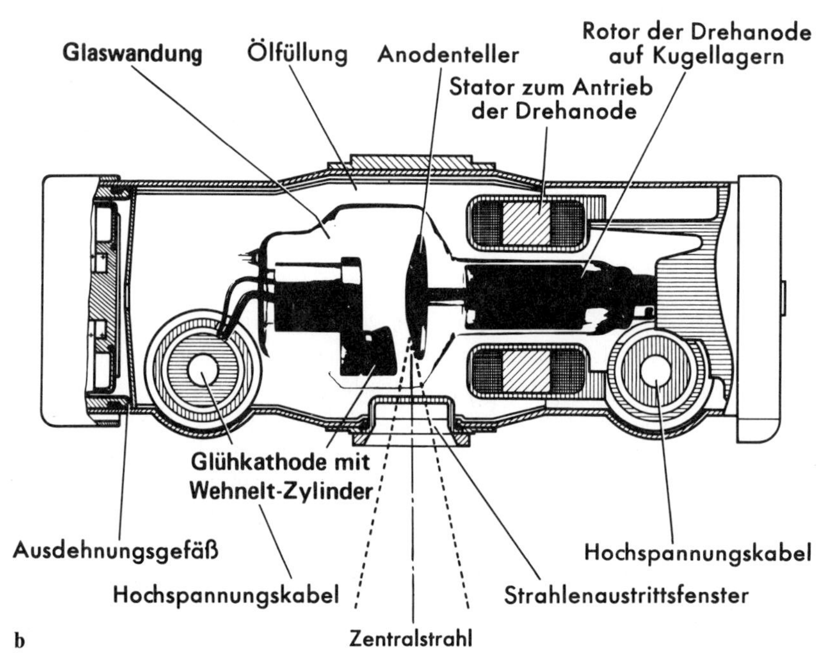

Abb. 186. a Prinzipieller Aufbau einer Röntgenröhre. **b** Röntgenstrahler. Die eigentliche Röntgenröhre ist nur der Glaszylinder mit Kathode, Anode und Stator. Öl, Motor, Strahlenaustrittsfenster, Filter usw. bilden zusammen mit der Röhre den Strahler. Was Sie in einer Röntgenabteilung als „Röhre" sehen, ist daher stets der Strahler.

„springt" ein Elektron aus einer höheren Bahn. In die dadurch entstandene Lücke kann wiederum ein Elektron von einer noch weiter „außen" liegenden Bahn springen. Bei jedem Sprung können die Elektronen ihre Energie, die sie verlieren, in Form von diskreter Röntgenstrahlung abgeben; diskret deshalb, weil bei einem Sprung jeweils nur die feste Energiedifferenz frei werden kann, die das Elektron auf den beiden Bahnen jeweils besitzt. Auf diese Weise entsteht durch die verschiedenen Sprünge Röntgenstrahlung mit verschiedenen, aber jeweils festen Energien. Die auf diese Weise entstehende Röntgenstrahlung spielt jedoch, von der Mammographie abgesehen, in der Röntgendiagnostik bzw. -therapie keine wesentliche Rolle. Von wesentlich größerer Wichtigkeit dagegen ist die Röntgenbremsstrahlung.

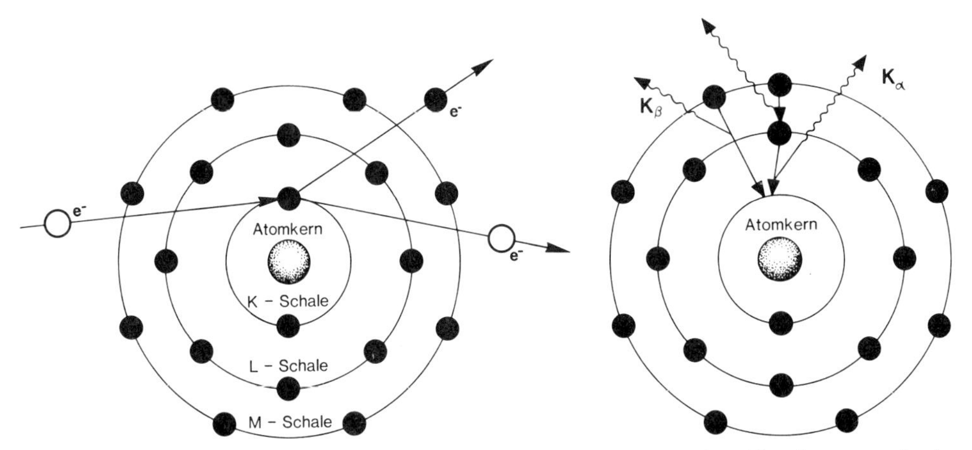

Abb. 187. Entstehung diskreter Röntgenstrahlung. Die in der Röhre beschleunigten energiereichen Elektronen schlagen beim Auftreten aus den Atomen der Anode Elektronen heraus. In diese Lücken springen Elektronen von höheren Bahnen. Bei dem Sprung können sie ihre Energie in Form von diskreter Röntgenstrahlung abgeben.

12.14 Röntgenbremsstrahlung

Die energiereichen Elektronen können in der Anode in den Bereich der Atomkerne des Anodenmaterials gelangen. Dabei werden sie von dem positiv geladenen Kern aus ihrer Bahn abgelenkt, also beschleunigt. Nach einem Grundgesetz der Elektrodynamik strahlt jede beschleunigte elektrische Ladung Energie ab. Dabei ist die Intensität der abgestrahlten Bremsstrahlung umgekehrt proportional dem Massenquadrat des abgebremsten Teilchens, also $I \sim 1/m^2$. Aus diesem Grunde spielt die Bremsstrahlung von schweren Teilchen wie von Protonen praktisch keine Rolle. Je stärker ein Elektron abgelenkt und abgebremst wird, um so mehr Energie gibt es ab. Fliegt ein Elektron sehr dicht an dem Kern vorbei, so wird es sehr viel Energie verlieren, fliegt es sehr weit vom Kern entfernt vorbei, nur sehr wenig. Da das Elektron im Prinzip in allen Entfernungen an den Kernen vorbeifliegen kann, wird es alle Energien von der totalen Abbremsung bis zu nicht mehr meßbaren Abbremsung abstrahlen. Die auf diese Weise entstandene Röntgenstrahlung besitzt daher alle Energien von Null

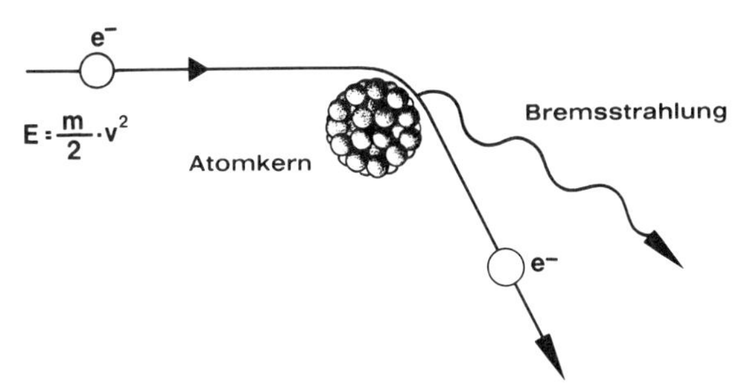

Abb. 188. Röntgenbremsstrahlung. Im Feld der Atomkerne des Anodenmaterials der Röntgenröhre werden die hochenergetischen Elektronen abgebremst. Die Energie, die sie dabei verlieren, geben sie in Form von Röntgenbremsstrahlung ab.

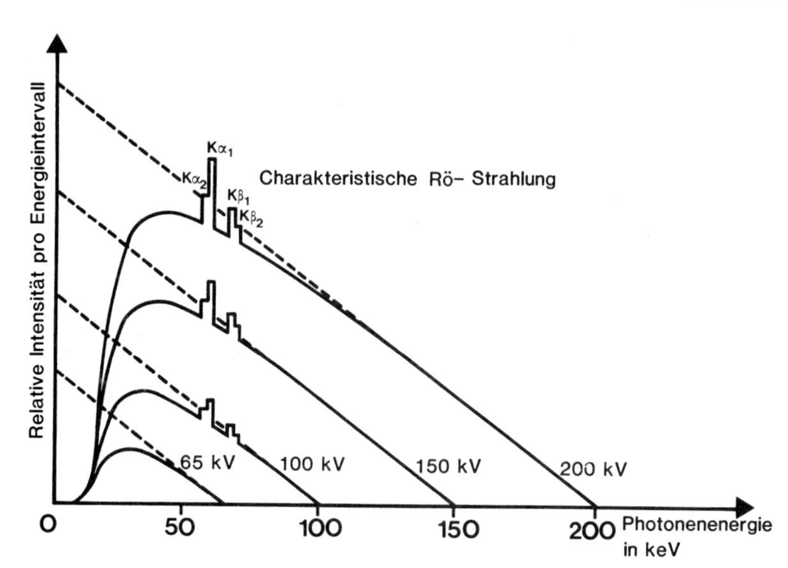

Abb. 189. Das gesamte Spektrum der eine Röhre verlassenden Röntgenstrahlung setzt sich aus dem Bremsspektrum, sowie dem diskreten Spektrum (charakteristische Rö.-Strahlung) zusammen. Die gestrichelte Linie wäre der Verlauf des Bremsspektrums, das die Röhre verlassen würde, wenn keinerlei Schwächung durch Glas, Öl und Filter stattfinden würde.

bis zur maximalen Energie, die gerade gleich der kinetischen Energie der Elektronen beim Aufprall auf die Anode ist. Das Röntgenbremsspektrum ist daher kontinuierlich verteilt. Die kinetische Energie E der Elektronen, also $m/2 \cdot v^2$, ist gleich der ihr durch die Hochspannung verliehenen Energie $e^- \cdot U$.
Es gilt also:

$$E_{\max} = \frac{m}{2} \cdot v^2 = e^- \cdot U \tag{12.25}$$

mit:

$E_{\max}$ = maximale Energie der Röntgenstrahlung, gemessen in Kiloelektronenvolt (keV)

$\frac{m}{2} \cdot v^2$ = kinetische Energie der beschleunigten Elektronen

U = Hochspannung der Röhre

e^- = Ladung des Elektrons

Die maximale Energie der Röntgenstrahlung, die in keV angegeben wird, ist daher zahlenmäßig gleich der anliegenden Hochspannung, die in kV angegeben wird. Die (mittlere) effektive Energie der Strahlung liegt je nach Filterung bei etwa der Hälfte der Maximalenergie. In diesem Bereich besitzt die Strahlungsintensität ihr Maximum. Theoretisch ergibt sich für die Bremsstrahlung in Abb. 189 der gestrichelte Verlauf, also eine Gerade. Wegen der Absorption bzw. Schwächung der kleinen Energien in dem Filter, dem Glaskolben, dem Öl usw. ergibt sich ein tatsächliches Spektrum, wie es die durchgezogene Linie in Abb. 189 darstellt.

13 Dosimetrie

Die Dosimetrie ist der Bereich der Physik, der sich mit der Definition und der Messung einer Reihe von Größen der ionisierenden Strahlung beschäftigt. Wenn ionisierende Strahlung auf Materie auftrifft, so überträgt sie Energie. Diese Energieübertragung auf die Materie kann z.B. in der Bildung von Ionen und Elektronen, in der Erzeugung von Wärme oder in der Bildung von angeregten Zuständen des Kerns oder der Hülle bestehen.

13.1 Ionendosis (*J*)

Für den messenden Physiker ist die Entstehung von Elektronen besonders leicht nachzuweisen. Die durch ionisierende Strahlung erzeugte Anzahl von geladenen Teilchen (Elektronen, Ionen) pro Massenelement der schwächenden Materie wird als Ionendosis J bezeichnet.

$$J = \frac{\Delta Q}{\Delta m} \qquad (13.1)$$

mit:

J = Ionendosis

ΔQ = in dem Massenelement Δm erzeugte Anzahl an geladenen Teilchen eines Vorzeichens

Δm = Massenelement einer bestimmten von ionisierender Strahlung getroffenen Materie

Die Maßeinheit der Ionendosis folgt aus Gl. 13.1 nach Einsetzen einer speziellen Masse, nämlich 1 kg, und einer speziellen Ladung, nämlich 1 Coulomb:

$$[J] = \frac{\text{Coulomb}}{\text{Kilogramm}} = \frac{\text{C}}{\text{kg}} \qquad (13.1\text{a})$$

Das Coulomb pro Kilogramm ist die gesetzliche Einheit der Ionendosis. Bis 1985 ist noch die alte Einheit *Röntgen* (R) statthaft. Das Röntgen als Maßeinheit für die Ionendosis von ionisierender Strahlung ist wie folgt definiert:

1 R ist diejenige Ionendosis, die in 1 cm^3 trockener Luft unter Atmosphärendruck (760 Torr) bei 0 °C genau $2{,}082 \cdot 10^9$ Ionenpaare erzeugt.

Die gesetzliche Einheit C/kg der Ionendosis und das Röntgen hängen wie folgt zusammen:

$$1\,\mathrm{R} = 2{,}58 \cdot 10^{-4} \frac{\mathrm{C}}{\mathrm{kg}} \tag{13.2}$$

13.2 Ionendosisleistung ($\dot{J}$) (sprich J-Punkt)

Die Ionendosisleistung $\dot{J}$ ist als Ionendosis pro Zeiteinheit definiert

$$\dot{J} = \frac{\Delta J}{\Delta t} \tag{13.3}$$

Die Einheit der Ionendosisleistung folgt aus Gl. 13.3 nach Einsetzen der Einheiten für die Ionendosis in C/kg und der Zeit in s.

$$[\dot{J}] = \frac{\mathrm{C}}{\mathrm{kg} \cdot \mathrm{s}} \tag{13.3a}$$

Nach Gl. 2.12 ist ein Coulomb pro Sekunde (1 C/1 s) 1 Ampere. Somit folgt aus Gl. 13.3a für die Einheit der Ionendosisleistung:

$$[\dot{J}] = \frac{\mathrm{A}}{\mathrm{kg}} \tag{13.3b}$$

Die gesetzliche Einheit der Ionendosis ist also das Ampere pro Kilogramm. Bis 1985 sind weiterhin erlaubt:

$$\frac{\text{Röntgen}}{\text{Sekunde}} \left(\frac{\mathrm{R}}{\mathrm{s}}\right) \tag{13.4}$$

$$\frac{\text{Röntgen}}{\text{Minute}} \left(\frac{\mathrm{R}}{\mathrm{min}}\right) \tag{13.4a}$$

$$\frac{\text{Röntgen}}{\text{Stunde}} \left(\frac{\mathrm{R}}{\mathrm{h}}\right) \tag{13.4b}$$

13.3 Energiedosis (D)

Die direkte Messung der von ionisierender Strahlung auf Materie übertragenen Energie ist äußerst schwierig. Man geht daher in der Regel so vor, daß man die Ionendosis mißt und aus ihr rechnerisch auf die Energiedosis schließt. Trotz der meßtechnischen Schwierigkeiten bei der Messung der Energiedosis ist sie natürlich exakt definiert:

$$D = \frac{\Delta W}{\Delta m} \tag{13.5}$$

mit:
D = Energiedosis
ΔW = auf die Masse Δm durch ionisierende Strahlung übertragene Energie
Δm = Masseneinheit, auf die durch ionisierende Strahlung Energie übertragen wird

Die gesetzliche Einheit der Energiedosis folgt aus Gl. 13.5 nach Einsetzen der gesetzlichen Einheiten für die Energie in Joule und die Masse in Kilogramm:

$$[D] = \frac{J}{\text{kg}} \tag{13.5a}$$

Ein Joule pro Kilogramm wird als Gray (Gy) bezeichnet:

$$1\ \text{Gy} = \frac{1\ \text{J}}{1\ \text{kg}} \tag{13.6}$$

Bis 1985 ist als weitere Einheit noch das rad (rd) erlaubt. Das rad ist die Energiedosis bei der auf 1 g Masse eine Energie von 100 erg übertragen wird. Das rad und das Gray hängen wie folgt zusammen:

$$1\ \text{Gy} = 100\ \text{rd} \tag{13.7}$$

13.4 Energiedosisleistung ($\dot{D}$) (sprich D-Punkt)

Die Energiedosisleistung ist definiert als Energiedosis pro Zeiteinheit:

$$\dot{D} = \frac{\Delta D}{\Delta t} \tag{13.8}$$

Mit den gesetzlichen Einheiten für die Energiedosis D nach Gl. 13.6 folgt aus Gl. 13.8 für die Einheit der Energiedosisleistung:

$$[\dot{D}] = \frac{\text{Gy}}{\text{s}} \tag{13.8a}$$

$$[\dot{D}] = \frac{\text{Gy}}{\text{min}} \tag{13.8b}$$

$$[\dot{D}] = \frac{\text{Gy}}{\text{h}} \tag{13.8c}$$

Es läßt sich zeigen, daß ein Joule gleich einer Wattsekunde (W · s) ist. Somit folgt mit Gl. 13.5a aus Gl. 13.8a

$$[\dot{D}] = \frac{\text{J}}{\text{kg} \cdot \text{s}} = \frac{\text{W} \cdot \text{s}}{\text{kg} \cdot \text{s}} = \frac{\text{W}}{\text{kg}} \tag{13.9}$$

Bis 1985 sind als alte Einheiten für die Energiedosisleistung noch zugelassen:

$$[\dot{D}] = \frac{\text{rd}}{\text{s}} \tag{13.10}$$

$$[\dot{D}] = \frac{\text{rd}}{\text{min}} \tag{13.10a}$$

$$[\dot{D}] = \frac{\text{rd}}{\text{h}} \tag{13.10b}$$

Beispiele zu Dosisleistungen in der Medizin. Eine Röntgenröhre in der medizinischen Diagnostik besitzt in 1 m Abstand eine Dosisleistung von ca. 10^2 Gy/min.
Dabei ist jedoch zu berücksichtigen, daß diese hohe Leistung bei der Aufnahme nur für Bruchteile von Sekunden erzeugt wird. Eine Kobaltquelle, die zur Strahlentherapie benutzt wird, besitzt eine Dosisleistung in 1 m Abstand von ca. 1,5 Gy/min.
Ein Linearbeschleuniger zur Strahlentherapie mit hochenergetischer γ-Strahlung besitzt in 1 m Abstand eine Dosisleistung von ca. 6 Gy/min.

13.5 Äquivalentdosis (D_q)

Die biologische Wirkung von verschiedenen Strahlen, wie z.B. α- oder Röntgenstrahlung, auf Gewebe ist trotz gleicher Energiedosis verschieden. Dabei spielt die Ionisierungsdichte pro Länge sowie die Reparaturfähigkeit des betreffenden Gewebes eine entscheidende Rolle. Aus diesem Grund hat man einen biologischen Bewertungsfaktor q eingeführt. Mit Hilfe dieses Faktors ist die Äquivalentdosis D_q wie folgt definiert:

$$D_q = q \cdot D \tag{13.11}$$

mit:

D_q = Äquivalentdosis
q = Bewertungsfaktor (q = 1 für γ-, β- sowie Röntgenstrahlung,
q = 10 bis 20 für α-Strahlung,
q = 10 für schnelle Neutronen)
D = Energiedosis

Da q ein dimensionsloser Faktor ist, ist die gesetzliche Einheit für die Äquivalentdosis gleich der der Energiedosis. Um die beiden Größen aber voneinander unterscheiden zu können, bezeichnet man die Äquivalentdosis, die sich bei einer in Gray gemessenen Energiedosis ergibt, als Sievert (Sv):

$$[D_q] = \text{Sv} \tag{13.12}$$

Bis 1985 ist noch die Einheit rem erlaubt. Zur Definition des rem wird in Gl. 13.11 statt des Gray das rad als Energiedosis eingesetzt. Der Bewertungsfaktor q bleibt derselbe. Aus diesem Grund gilt für die Umrechnung von Sievert in rem derselbe Faktor wie für die Umrechnung von Gray in rad:

$$1\ \text{Sv} = 100\ \text{rem} \tag{13.13}$$

Beispiele. Besitzt eine bestimmte Strahlung eine Energiedosis von 1 Gy und die Strahlung einen Bewertungsfaktor von $q = 10$, so besitzt die Äquivalentdosis den folgenden Wert:

$$D_q = 10 \cdot 1\ \text{Gy} = 10\ \text{Sv} \tag{13.11a}$$

Die Äquivalentdosis ist in diesem Fall 10mal so groß wie die Energiedosis. Vereinfacht ausgedrückt, schädigt diese Strahlung Gewebe 10mal so stark wie Strahlung mit derselben Energiedosis, aber einem Bewertungsfaktor mit dem Wert von $q = 1$. Betrachten wir beispielsweise Röntgenstrahlung und α-Strahlung: Beide sollen die gleiche Energiedosis, z. B. 2 Gy = 200 rd, im menschlichen Gewebe besitzen. Da α-Strahlung je nach ihrer Energie einen Bewertungsfaktor q von 10 bis 20, Röntgenstrahlung einen Faktor von $q = 1$ besitzt, ist die biologische Wirkung von α-Strahlung bis zu 20mal so groß wie die von Röntgenstrahlung. Also besitzen α-Strahlen mit einer Energiedosis von 2 Gy = 200 rd auf Gewebe die gleiche schädigende Wirkung wie Röntgenstrahlung von 40 Gy = 4000 rd.

13.6 Nachweisgeräte für ionisierende Strahlung

Es gibt eine große Anzahl verschiedener Arten von Wechselwirkungen zwischen ionisierender Strahlung und Materie. So kann Strahlung in Materie Ionen bzw. Elektronen erzeugen, in Halbleitern die Leitfähigkeit verändern, sie kann photographische Filme schwärzen, sie kann in speziellen Substanzen Licht erzeugen oder quantitativ meßbare chemische Umwandlungen, wie z. B. in Eisensulfat, zur Folge haben. Die wichtigste Meßmethode in der Physik besteht jedoch in der Anwendung von Ionisationskammern, also Ausnutzung der Fähigkeit der Strahlung, in Materie Ionen zu erzeugen. Auf diese Meßmethode wird ausführlicher eingegangen, die anderen Meßmethoden werden mehr oder weniger kurz besprochen.

13.6.1 Ionisationswirkung in Gasen

Um die Ionisation von Gasen durch ionisierende Strahlung auszunutzen, werden Kammern mit Volumina von ca. 1 mm^3 bis zu mehreren m^3 hergestellt. Über ein strahlendurchlässiges Strahleneintrittsfenster gelangt die Strahlung in das Gasvolumen. Das Gas in der Kammer kann Luft oder Edelgas sein. In dem Volumen befindet sich ein dünner, gegen die Umwandung elektrisch isolierter Draht, der sich auf einer positiven Spannung von mehreren hundert Volt befindet. Die Kammerumwandung besitzt gegenüber diesem Draht Erdpotential. Es gibt Kammern, die kein besonderes Eintrittsfenster besitzen, da die Hülle aus luftäquivalentem Material besteht, so daß die Absorption in der Hülle keine Rolle spielt, ja für bestimmte Gleichgewichtsbedingungen sogar notwendig ist. Tritt Strahlung in die Kammer ein, so werden Elektronen und Ionen erzeugt. Die gebildeten Elektronen bewegen sich in Richtung auf den positiv geladenen Draht zu, wegen ihrer im Vergleich zu den Ionen geringeren Masse jedoch sehr viel schneller als die Ionen. Betrachtet man den durch die Strahlung in der Kammer erzeugten Strom I in Abhängigkeit von der an die Kammer angelegten Spannung U, so lassen sich mehrere Fälle unterscheiden. Im Rekombinationsbereich von Abb. 190 ist die an die Kammer angelegte Spannung noch so gering, daß sich ein Teil der durch die einfallende Strahlung erzeugten Elektronen bereits vor Erreichen des Drahtes mit den Ionen wieder vereinigt hat, rekombiniert, wie man auch sagt. Im Sättigungsbereich erreichen alle in der Kammer gebildeten Elektronen den Draht, es fließt ein Ionisationsstrom, der sich auch bei Erhöhung der Kammerspannung

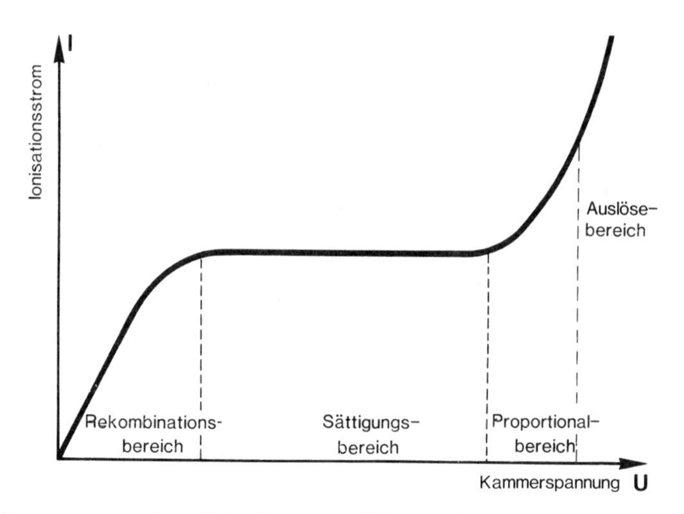

Abb. 190. Stromspannungskennlinie einer gasgefüllten, auf dem Prinzip der Ionisation beruhenden Strahlungsnachweiskammer. Es wird betrieben: im Sättigungsbereich eine Ionisationskammer, im Proportionalbereich eine Proportionalkammer, im Auslösebereich ein Geiger-Müller-Zähler.

nicht verändert. Eine Meßkammer, die in diesem Bereich betrieben wird, wird als *Ionisationskammer* bezeichnet. Wird die Spannung weiter erhöht, gelangt man in den Proportionalbereich. Jetzt ist die Energie, die den Sekundärelektronen durch das elektrische Feld des Drahtes verliehen wird, bereits so groß, daß diese ihrerseits weitere Elektronen erzeugen. Die Anzahl der gebildeten Elektronen ist dabei proportional der Energie der einfallenden Strahlung. Eine Kammer, die in diesem Bereich arbeitet, wird als *Proportionalzählrohr* bezeichnet. Bei weiterer Erhöhung der Kammerspannung wird die den Elektronen durch das elektrische Feld des Drahtes übertragene Energie so groß, daß bereits ein paar Elektronen ausreichen, praktisch das gesamte Kammergas zu ionisieren. Diesen Bereich bezeichnet man als Auslösebereich. Mit derartigen Spannungen arbeiten *Geiger-Müller-Zählgeräte*. Bei noch weiterer Erhöhung der Kammerspannung kommt es auch ohne Strahlung zu Dauerentladung. Im folgenden soll auf die genannten Kammern näher eingegangen werden.

13.6.1.1 Ionisationskammer

Im *prinzipiellen Aufbau* unterscheiden sich eine Ionisationskammer, ein Proportionalzählrohr und einen Geiger-Müller-Zählrohr nicht. Sie differieren, wie erwähnt, nur in der Höhe der angelegten Spannung. Aus diesem Grund bildet Abb. 191 eine prinzipielle Darstellung aller drei Kammerarten. In der Ionisationskammer werden relativ viele Quanten bzw. Teilchen benötigt, um einen meßbaren Strom zu erzeugen. Wenn man die in der Kammer durch die Strahlung erzeugten Ladungen auf einem Kondensator sammelt, der nach einer einstellbaren Zeit elektronisch jeweils wieder gelöscht wird, so arbeitet die Kammer als *Dosismeßgerät*. Schaltet man dagegen anstelle des Kondensators einen Widerstand in den Kreis der Meßelektronik, mißt man eine

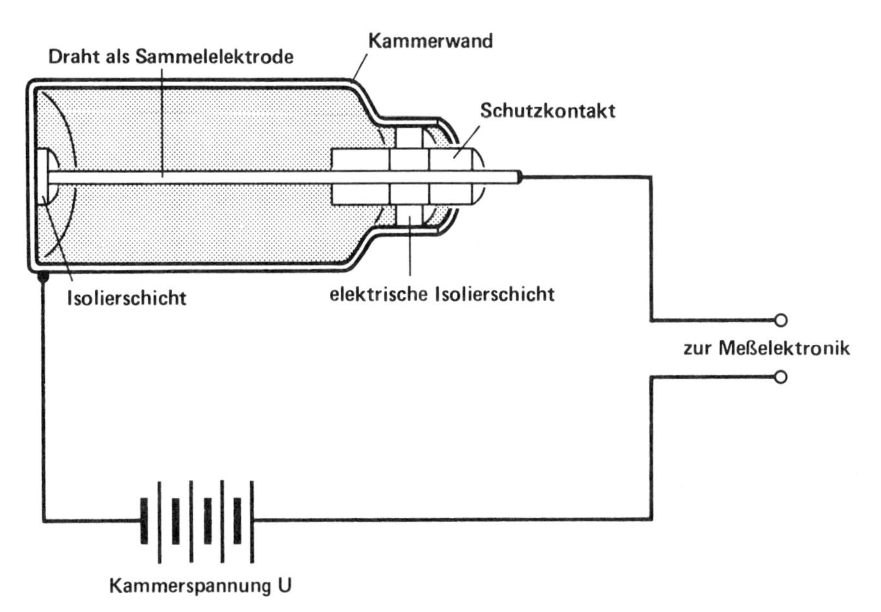

Abb. 191. Prinzipielle Darstellung einer Ionisationskammer zur Messung von Dosen bzw. Dosisleistungen

Dosisleistung. Die Energie sowie die Anzahl der einfallenden Quanten bzw. Teilchen sind mit einer Ionisationskammer nicht meßbar, was in der Medizinphysik meist auch nicht erforderlich ist. Um Energien und Quanten bzw. Teilchenzahlen zu messen, kann man u.a. eine Proportionalkammer verwenden.

13.6.1.2 Proportionalkammer

Jedes einfallende Quant bzw. Teilchen ergibt einen kurzen Strom- bzw. Spannungsimpuls. Die Anzahl dieser Impulse kann elektronisch gezählt und dargestellt werden. Es ist auf diese Weise also möglich, die *Anzahl* der einfallenden Teilchen oder Quanten zu messen. Zusätzlich aber ist die Höhe dieser Impulse proportional der *Energie* der einfallenden Strahlung. Man mißt also nicht nur die Anzahl der einfallenden Teilchen oder Quanten, sondern auch deren Energie. Mit Hilfe eines Proportionalzählrohres lassen sich Dosis- bzw. Dosisleistungen messen.

13.6.1.3 Geiger-Müller-Zählrohr

Die Kammerspannung ist jetzt bereits so groß, daß praktisch jedes erzeugte Sekundärelektron zu einer Gesamtentladung des Kammergases führt. Aus diesem Grund ergeben sich unabhängig von der Energie der einfallenden Strahlung Impulse von stets gleicher Größe, also Einheitsimpulse. Man mißt auf diese Weise jedes einzelne einfallende Quant bzw. Teilchen, aber nicht dessen Energie. Das Geiger-Müller-Zählrohr ist also ein reines Meßgerät, um die Anzahl von Teilchen bzw. Quanten zu messen. Durch entsprechende Kalibrierung kann es zu Dosismessungen verwendet werden.

13.6.2 Filmdosimeter

Trifft ionisierende Strahlung auf einen photographischen Film, so wird er – wie beim Auftreffen von Licht – geschwärzt. Innerhalb bestimmter Grenzen ist dabei die Filmschwärzung ein Maß für die Energiedosis. Um zusätzlich Aussagen über die Strahlenqualität, also die Energie z.B. von Röntgen- oder γ-Strahlung, machen zu können, werden über dem Film eine Reihe verschiedener Filter aus Kupfer und Blei angebracht. Der Film befindet sich zusammen mit den Filtern in einem lichtundurchlässigen Gehäuse aus Kunststoff. Beruflich strahlenexponiertes Personal trägt derartige Filmplaketten für die Strahlenschutzüberwachung an einer repräsentativen Stelle der Arbeitskleidung. Die Filme werden monatlich ausgewechselt und zentral ausgewertet.

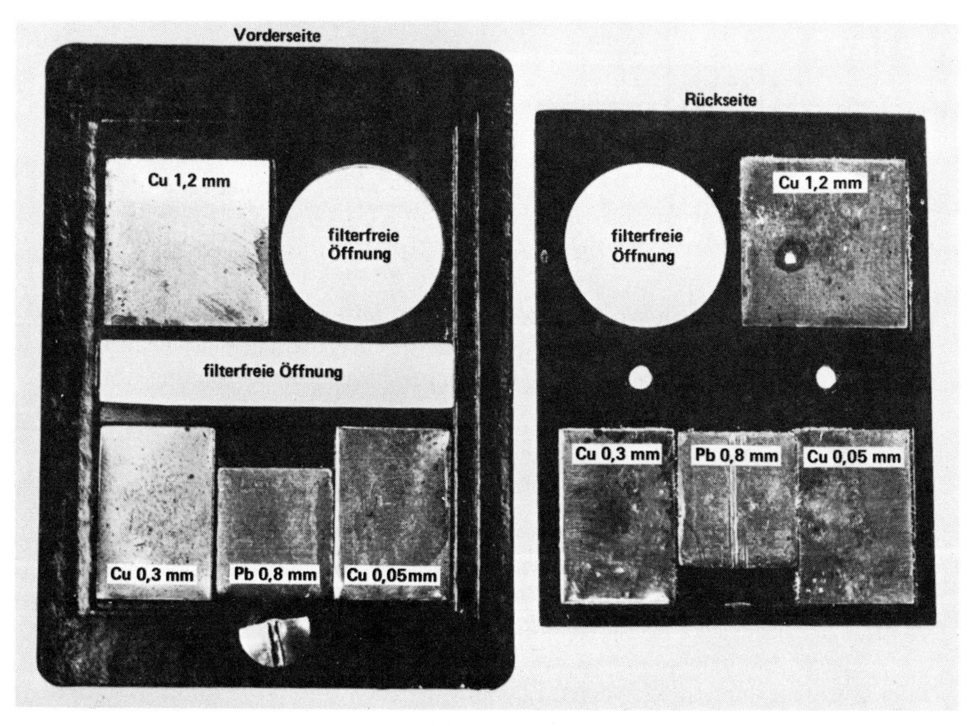

Abb. 192. Photographie des Innenteils eines häufig verwendeten Filmdosimeters. Die verschiedenen Filter dienen der Unterscheidung der Strahlenqualität sowie der Einfallsrichtung. Der Film liegt zwischen der Vorder- und Rückseite.

13.6.3 Thermolumineszenzdosimeter (TLD)

Spezielle Substanzen, wie CaF_3 oder LiF, ändern beim Auftreffen von Strahlung dauerhaft ihre Elektronenkonfiguration, z.B. durch Elektronenanregung. Diese angeregten Elektronen können jedoch durch Erhitzen der Substanz wieder in den Grundzustand zurückgebracht werden. Beim Übergang in den Grundzustand geben die Substan-

Abb. 193. Übliches in der Medizin verwendetes Fingerringdosimeter als Thermolumineszenzdosimeter. Wegen der geringen Abmessungen der TLDs kann auf diese Weise die Dosis auch an Orten gemessen werden, an denen nur wenig Platz für ein Meßgerät zur Verfügung steht.

zen ihre absorbierte Energie in Form von Lichtblitzen wieder ab. Diese Lichtblitze können elektronisch gezählt und ausgewertet werden. Man bestrahlt TLDs mit der zu messenden Strahlung. Anschließend bringt man sie in spezielle Auswertegeräte mit entsprechender Heizung sowie der notwendigen elektronischen Ausrüstung. Auf diese Weise läßt sich die Energiedosis der gemessenen Strahlung bestimmen. Thermolumineszenzdosimeter sind besonders klein und für sehr große Dosisleistungen zu benutzen. Sie werden u. a. für den Strahlenschutz in sog. Fingerringdosimetern verwendet.

13.6.4 Halbleiterdosimeter

Eine Halbleiterdiode ist in 10.5 beschrieben worden. Trifft auf die Sperrschicht eines derartigen Halbleiters ionisierende Strahlung, so entstehen Ladungsträger und es

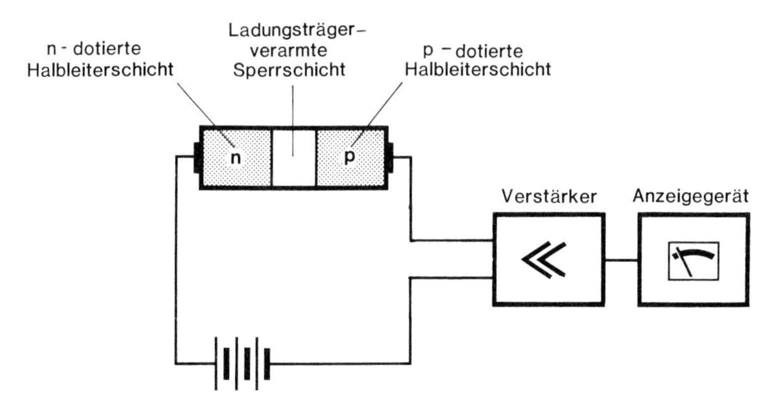

Abb. 194. Halbleiterdosimeter. Die auffallende Strahlung erzeugt in der Sperrschicht Ladungsträger. Dabei ist die Anzahl der erzeugten Ladungsträger in bestimmten Bereichen proportional der Energie der einfallenden Strahlung.

fließt ein Ionisationsstrom. Dieser Strom wird verstärkt und entsprechend elektronisch weiterverarbeitet. Halbleiterzähler eignen sich in der Physik besonders gut zur Messung der Anzahl von Teilchen oder Quanten sowie zur Messung der Energie, also zur Aufnahme des Spektrums radioaktiver Substanzen. Dazu wird als Auswerteeinheit beispielsweise ein Vielkanalanalysator verwendet.

13.6.5 Eisensulfatdosimeter

Ein kleines Fläschchen mit gelöstem Eisen(2)-sulfat wird in die zu messende Strahlung gebracht. Durch die Strahlung entsteht in der Lösung eine geringe Menge Eisen(3)-sulfat. Die Menge des gebildeten Eisen(3)-sulfats ist dabei proportional der Energiedosis der Strahlung. Sie wird mit Hilfe eines Photometers bestimmt. Diese Meßmethode wird vor allem in der medizinischen Strahlentherapie verwendet, wo man es mit relativ hohen Dosen zu tun hat.

13.7 23. Praktikumsaufgabe (Poisson-Verteilung, Messung der Zerfälle eines Radiumpräparates)

Es soll die statistische Verteilung der Zählimpulse einer langlebigen radioaktiven Substanz gemessen werden. Dazu wird eine sehr langlebige radioaktive Substanz, wie z.B. Radium, als Meßsubstanz verwendet. Langlebig bedeutet in diesem Fall, daß die Substanz während der Meßzeit, also innerhalb von einigen Stunden, praktisch keine Änderung ihrer Aktivität erfährt. Das ist beim Ra mit einer Halbwertszeit von rund 1600 Jahren sicherlich gut erfüllt. Wir messen bei diesem Versuch daher nicht eine Zerfallskurve wie im Versuch vorher, sondern jeweils die Zählimpulse während einer festen Meßzeit Δt. Wir wählen für unseren Versuch speziell eine Meßzeit Δt von 1 s. Es wird sich zeigen, daß man trotz absolut gleicher Bedingungen während der Meßzeit Δt bei wiederholten Messungen jeweils andere Meßergebnisse erhält. Die Meßergebnisse n_i sind um den Mittelwert $\bar{n}$ statistisch verteilt. Diese statistische Verteilung liegt in der Natur des radioaktiven Zerfalls und ist durch keinerlei Maßnahmen zu ändern. Wenn wir sehr oft, theoretisch unendlich oft, jeweils die Zählimpulse n_i während 1 s messen und die Meßwerte gegen die relative Häufigkeit h_{ni} bzw. die Wahrscheinlichkeit w_{ni} graphisch auftragen, so erhält man eine Verteilungskurve, die als Poisson-Verteilung bezeichnet wird. Die Poisson-Verteilung ist eine theoretische mathematische Verteilung, die die folgende Form besitzt:

$$h_{ni} = w_{ni} = \frac{\bar{e}^{\bar{n}} \cdot \bar{n}^{n_i}}{n_i!} \tag{13.14}$$

mit

h_{ni} = relative Häufigkeit
w_{ni} = Wahrscheinlichkeit für das Eintreten eines ganz bestimmten Zählereignisses
$\bar{n}$ = Mittelwert = Parameter der Verteilung
$n_i! = 1 \cdot 2 \cdot 3 \cdot 4 \cdot \ldots \cdot n$ (sprich n-Fakultät)
e = Euler-Zahl ($\approx$ 2,71)

Die Häufigkeit z_i ist die Zahl, die eine Aussage darüber macht, wie oft ein bestimmter Meßwert, bestehend aus n_i Impulsen, insgesamt auftritt. Die relative Häufigkeit ist das Verhältnis der jeweiligen Häufigkeit z_i, bezogen auf die gesamte Anzahl z der

Messungen. Die relative Häufigkeit ist, vereinfacht ausgedrückt, gleich der Wahrscheinlichkeit w_{ni} für das Eintreffen des jeweiligen Meßwertes n_i. Es gilt also:

$$h_{ni} = w_{ni} = \frac{z_i}{z} \tag{13.15}$$

Der Mittelwert $\bar{n}$ der Meßwerte berechnet sich mit Hilfe von Gl. 1.2a:

$$\bar{n} = \frac{1}{z} \cdot \sum_{i=1}^{m} n_i \tag{13.16}$$

mit:

$\bar{n}$ = Mittelwert der Poissonverteilung
z = Häufigkeit aller Meßergebnisse (gesamte Häufigkeit)
z_i = Häufigkeit für das Auftreten eines ganz bestimmten Meßergebnisses
n_i = die jeweiligen Zählereignisse (in Impulsen)
i = Zählindex, läuft vom ersten Meßergebnis mit $i = 1$ bis zum letzten Meßergebnis $i = m$

Wenn man Messungen durchführt, die sehr geringe Zählraten und damit einen kleinen Mittelwert $\bar{n}$ besitzen, so erhält man eine Poisson-Verteilung der Meßwerte, wie in Abb. 195 dargestellt. Die Verteilung besitzt einen Mittelwert von $\bar{n} = 5$ und ist nicht symmetrisch. Die Verteilung wurde auf Rechnern unserer Klinik nach Gl. 13.14 theoretisch berechnet und ist nicht das Ergebnis aus den Messungen. Bei einer Rechnung mit einem großen Mittelwert $\bar{n}$, wie er z. B. in der Nuklearmedizin auftritt, geht die schiefe Poisson-Verteilung in eine symmetrische Verteilung über. In Abb. 196 ist die Rechnung mit einem Mittelwert von $\bar{n} = 80$ dargestellt. Man erkennt, daß bereits bei diesem relativ kleinen Mittelwert schon praktisch eine symmetrische Verteilung vorliegt. Die Standardabweichung entsprechend Gl. 1.3 berechnet sich bei einem großen Mittelwert, also einer symmetrischen Verteilung, wie folgt:

$$\boxed{s_n = \sqrt{\bar{n}}} \tag{13.17}$$

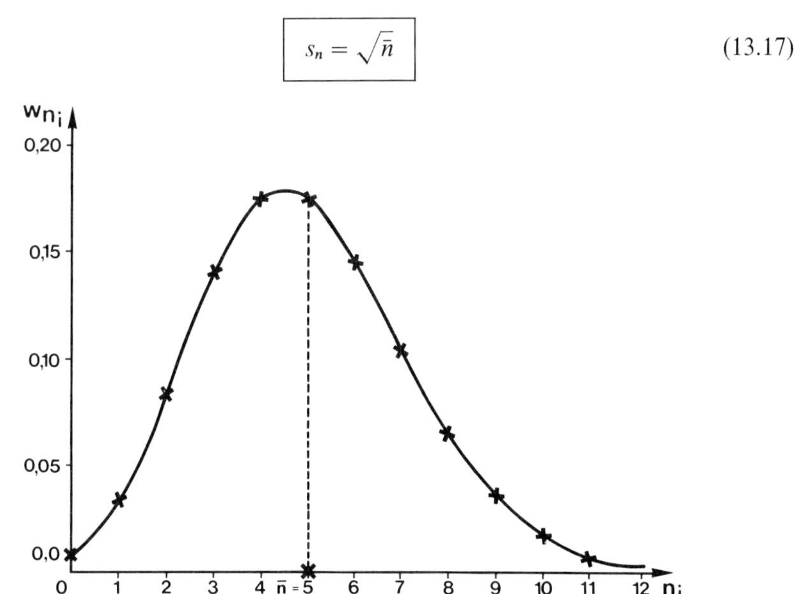

Abb. 195. Theoretischer, mit einem Rechner berechneter Verlauf einer Poisson-Verteilung mit einem Mittelwert von $\bar{n} = 5$. Die Kurve ist asymmetrisch.

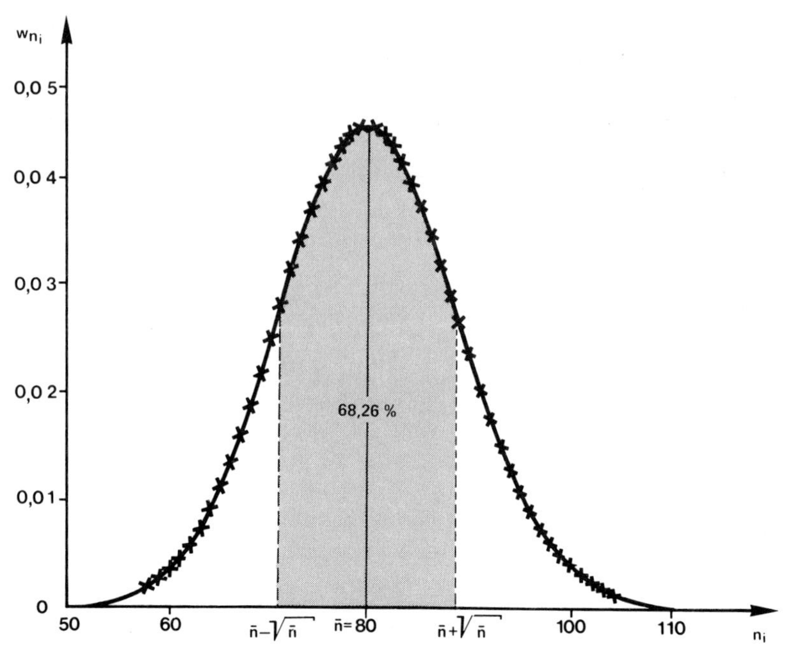

Abb. 196. Theoretischer, mit einem Rechner berechneter Verlauf einer Poisson-Verteilung mit einem Mittelwert von $\bar{n} = 80$. Die Kurve ist nahezu symmetrisch.

Tabelle 36. Meßergebnisse der Zählimpulse eines Radiumpräparates

Anzahl der Zählimpulse pro Messung (n_i)	Absolute Häufigkeiten (z_i)	Relative Häufigkeit = Wahrscheinlichkeit für das Auftreten eines Zählimpulses ($h_{n_i} = w_{n_i}$)
$n_1 = 0$	$z_1 = 457$	$h_{n_1} = w_{n_1} = \frac{457}{1500} = 0{,}3046$
$n_2 = 1$	$z_2 = 541$	$h_{n_2} = w_{n_2} = \frac{541}{1500} = 0{,}3606$
$n_3 = 2$	$z_3 = 318$	$h_{n_3} = w_{n_3} = \frac{318}{1500} = 0{,}212$
$n_4 = 3$	$z_4 = 132$	$h_{n_4} = w_{n_4} = \frac{132}{1500} = 0{,}088$
$n_5 = 4$	$z_5 = 46$	$h_{n_5} = w_{n_5} = \frac{46}{1500} = 0{,}0306$
$n_6 = 5$	$z_6 = 6$	$h_{n_6} = w_{n_6} = \frac{6}{1500} = 0{,}004$
$n_7 = 6$	$z_7 = 0$	$h_{n_7} = w_{n_7} = \frac{0}{1500} = 0$
	$z = \sum_{i=1}^{m=7} z_i = 1500$	$\sum_{i=1}^{7} w_{n_i} = 1$

Bei Meßreihen mit einem großen Mittelwert geht die Poisson-Verteilung, wie erwähnt, in eine symmetrische Verteilung über. Daher liegt bei einer Meßreihe mit großem n der tatsächliche, aber unbekannte Mittelwert als gesuchter Meßwert mit einer Wahrscheinlichkeit von rund 68% innerhalb des Bereichs von $\bar{n} - \sqrt{\bar{n}}$ bis $\bar{n} + \sqrt{\bar{n}}$.

Versuchsdurchführung und Auswertung. Es steht, wie erwähnt, ein langlebiges Präparat (Radium) zur Verfügung. Mit Hilfe einer speziellen Zählelektronik registrieren wir nur die α-Strahlung des Radiums. Die Zählautomatik zählt dabei jeweils 1 s lang die Impulse des Radiumpräparates. Dabei werden einmal 3 ($n = 3$), einmal 2 ($n = 2$) etc. und hin und wieder auch gar kein Impuls ($n = 0$) gemessen. In Tabelle 36 sind die Meßergebnisse aufgetragen; dabei wird die Bedeutung von z_i und n_i ersichtlich. So tritt z.B. der Meßwert $n_2 = 1$ Zählimpuls bei der Messung insgesamt 541mal auf. Entsprechend tritt der Meßwert $n_4 = 3$ Zählimpulse insgesamt 132mal auf. Der Mittelwert $\bar{n}$ ergibt sich mit Hilfe von Tabelle 36 wie folgt:

$$\bar{n} = \frac{0 \cdot 457 + 1 \cdot 541 + 2 \cdot 318 + 3 \cdot 132 + 4 \cdot 46 + 5 \cdot 6 + 6 \cdot 0}{1500}$$

aufgerundet:

$$\bar{n} = 1{,}19$$

Die Ergebnisse von Tabelle 36 werden graphisch dargestellt. Dabei werden sowohl die Zählimpulse n_i gegen ihre absolute Häufigkeit z_i als auch gegen ihre Wahrscheinlichkeit w_{n_i} aufgetragen.

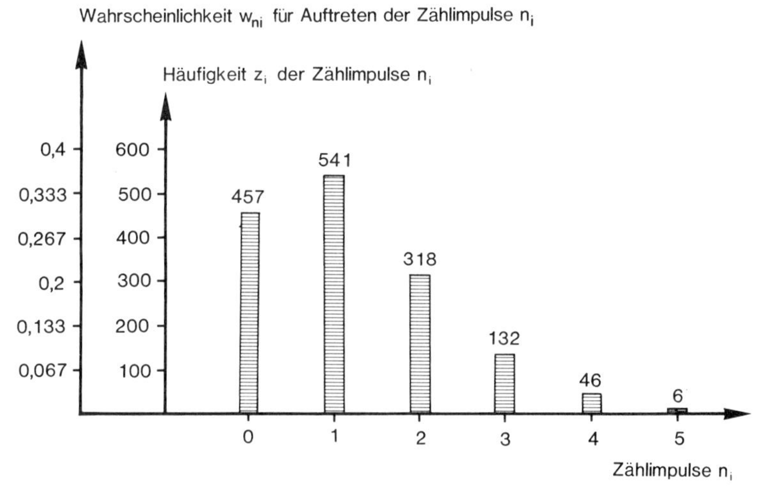

Abb. 197. Graphische Darstellung der Meßergebnisse entsprechend Tabelle 36. Es ergibt sich eine stark asymmetrische Poisson-Verteilung mit einem Mittelwert von $\bar{n} = 1{,}12$.

Fehlerrechnung. Eine Berechnung der Standardabweichung nach Gl. 13.17 ist nur bei einer symmetrischen Verteilung, also bei großen Zählraten, sinnvoll und möglich. In diesem Fall ergäben sich zwei Standardabweichungen, eine „linke" und eine „rechte". Zu ihrer Berechnung ist Gl. 13.17 nicht geeignet.

Sachverzeichnis